ワインの真実

本当に美味しいワインとは?

Mondovino

ジョナサン・ノシター　加藤雅郁 訳

作品社

ワインの真実

本当に美味しいワインとは？

目次

ジョナサン・ノシター

加藤雅郁

【日本語版序文】
日本の愛好家の皆さんを、ワインの味わいが変わる旅に招待いたします　11

序章　本当に美味しいワインとは何か？——ワインの真実と嗜好の自由　19

第Ⅰ部　カヴィストたちの物語——ワインを売る人々／買う人々

第2章　ラヴィニアをめぐって――グローバル化・ポストモダン化するワインの現場　76

第Ⅳ部 ブルゴーニュにて——テロワールの造り手たちの真実

第Ⅴ部 パリのワイン業界人との対決

本書に登場する〈ワイン〉関連事典

［凡例］
・本文で太字になっている語句は、〈ワイン銘柄〉〈ワイン造り手〉〈ワイン産地〉〈葡萄の品種〉などで、巻末の「本書に登場する〈ワイン〉関連事典」に解説を掲載した。ルビの合印は、以下の略号である。
（V）：〈ワイン銘柄〉（W）：〈ワインの造り手〉（R）：〈ワイン産地〉（C）：〈葡萄の品種〉
・ワイン関連語句のカタカナ表記は、一般的に流通しているものに合わせたが、誤った表記が流通している場合は、適切な表記を用いた上で、（日本では○○）と付記した。
・ワイナリー名は「ドメーヌ」「シャトー」などを省略して表記している場合とない場合の両方が混在している。
・▼がついている語句は、訳注を見開きの左端に掲載した。

〔日本語版序文〕

日本の愛好家の皆さんを、ワインの味わいが変わる旅に招待いたします

ワインとテロワールの真実を求めて

本書の日本語版の刊行に際して、日本の皆さんにご挨拶できることをたいへん光栄に思います。私が、日本文化に対して抱いている敬愛と賛嘆の念は、**ブルゴーニュ®**のワインをより深く知るとともに、さらに強くなりました。ブルゴーニュワインと、その造り手たちは、西欧文明を最高のかたちで結実させています。それには、複雑で精妙な細部、そして崇高なまでに不思議な矛盾がさまざまにともなっています。**ブルゴーニュ®**に恋してしまった人なら、誰もが必ず思うことですが、過去からつづく歴史が今も生きており、それが現在を楽しみ、未来を見通すための重要な要素なのです。ブルゴーニュワインは、「テロワール」という考え方をもとにして成り立っていますが、これは文化的な価値をもつワインはすべて同じです。

私は、この「テロワール」という言葉の意味を追い求めて、ニューヨークやパリから、ブルゴーニュ、ボルドー、リオハまで、レストランやワインバー、凄腕のソムリエから、ワイン屋、そして神業的な職人の造り手、葡萄畑まで、ワインの世界をめぐりました。テロワールは、その地域に歴史的に育まれてきた

独特の感覚によって存在しています。それは、それぞれの地域の造り手の生活や生き方にまで深く浸透しているため、彼らのありとあらゆる行為は、現在と過去、そして未来をつなげる行為となります。例えば、葡萄の木の剪定は、次の年の収穫だけでなく、自分の次の世代、さらにその次の世代の収穫をも考慮した、未来につながる行為なのです。また人の一生を超える樹齢の葡萄の木も、数千年の人類の葡萄栽培やワイン造りの歴史の直系の子孫として、現在を生きているのです。

本書は、ワインの世界の旅によって見えてきた、本当の美味しいワインとは何なのか、テロワールの危機と造り手たちの苦悩、ワインという農産物であり人類の文化の結晶である不思議な液体の真実を、できるだけ誠実に皆さんにお伝えしようとしたものです。

日本文化とブルゴーニュ文化

私は、映画『モンドヴィーノ』▼の公開に合わせて、二〇〇五年九月、初めて日本を訪れました。そして、ブルゴーニュワインを熱烈に愛する方々、しかもこれまで出会った中でも最高に洗練された方たちと、日本で数多く出会うことができました。しかし、これは驚くべきことではないことも知りました。なぜなら、日本とブルゴーニュ®の美食と芸術をめぐる文化は、共鳴し合うところが実に数多くあるからです。残念ながら、私は日本語を話せませんし、また初の日本訪問だったのですが、ワインという世界共通の言葉のおかげで、日本で触れたものの多くに自分の感覚と共通するものを感じました。そのせいか、日本文化にある比類ない美しさと素晴らしさを、比較的容易に味わうことができたと思います。それは、東京の国立博物館を見学の際にも、また映画配給会社の方々や妻パウラの友人で素晴らしいジャズマンにして食通でもある小野誠彦氏らに連れていっていただいた蕎麦屋や寿司屋でも感じることができました。そして、特に私が感動したのは、本当にささやかな事柄に注目し、そこから最大限の複雑さと神秘を生み出そうとする精神のあり方、そして単純な真理などあり得ないとする考え方でした。こうした考え方こそ、素晴らしいワインが花を咲かせるのに基本となるものであり、映画を撮る私にとっても創造的な仕事をするうえで大切な基本です。

この日本文化への共感は、私が抱いてきた文化観への確信をより深めました。それは地方の文化を守ることは、けっして保守反動的であるとか、ナショナリズム的なものではないということです。むしろ、世界各地を転々としながら成長したアメリカ人の私であるからこそ、フランスと日本においては地方の文化がしっかりと守られ、また共鳴し合っていると感じて、リラックスした気分でいられたのです。妻と私は、二〇〇五年と二〇〇六年に生まれた三人の子どもをできるだけ早い機会に日本に連れていきたいと思っております（そうすれば小野誠彦氏のお嬢さんたちに、箸の持ち方から日本料理の美味しさまで、正しく教えていただけることに違いありませんから）。

しかしここで、私が日本で気づいた好ましくない徴候についても申し上げなければなりません。東京に一〇日間滞在している間、日本のワインのお好きな方々の鑑識眼はとても高いとはいえ、いくつか気になる兆しが見受けられました。それは、大量消費を煽る広告活動やグローバリゼーションによって発生しているテロワールやワインの危機が、華やかさをまとい増幅されたかたちで、激しく日本のワインへの意識に入り込もうとしていると感じられたことです。私が居住しているブラジルやアメリカは、そうした動きが巨大な津波となって襲ってきています。**ブルゴーニュ**®とも通じる、歴史とともにある素晴らしい繊細な日本の味覚が、あの即席の権威によるビジネスの力によって破壊されることがないことを、心から祈るばかりです。そのために本書が微力ながら貢献できれば、これ以上の喜びはありません。

▼**『モンドヴィーノ』** 二〇〇四年、著者ジョナサン・ノシターが監督したドキュメンタリー映画。ワイン業界を取り巻く現状を、関係者へのインタビューによって鋭く告発した内容は、世界のワイン関係者・愛好家に衝撃を与え、大きな話題となった。詳細は、本書の「日本語版解説」および五三八ページを参照。

日本の読者なら、誰にとっても疑いのないことですが、日本料理の素晴らしさは、旨み・苦み・酸味・塩加減・ヨード分・ミネラル分など、実に繊細な味覚を大切にしていることにあります。こうした感受性は、世界のワイン産業の支配的な意見からすると、すべて抹殺すべきことなのです。ロバート・パーカー▼による批評、雑誌『ワイン・スペクテーター』、アメリカやオーストラリア、そして南アメリカのワイン企業のすべてが口をそろえて連呼しています。アメリカの**ナパヴァレー**Ⓡの一〇ドルのワインであろうと、スペインの一〇〇〇ドルの**ピングス**Ⓥであろうと、味覚の悪しきグローバル化とでも言うべきですが、世界で最も好まれているワインのベースは、アルコール度数が高く、甘やかなフルーツの香りと樫《オーク》の木の樽によるヴァニラの甘い香り、そして酸味の少ないことです。

ところが、日本料理には、例えばドイツのきわめて軽やかな**リースリング**Ⓒ、ミネラル分と酸味が感じられるもっと艶っぽいフランスのワインなどを合わせると、見事に調和すると思います（お寿司を**モーゼル**Ⓡの**リースリング**Ⓒと合わせると、それは美食の極みだと私には思えます）。大量に世界中から入ってくる、あのケチャップ味のハンバーガーのような怪物ワインが、日本の食卓に並ぶということは何とも無残なことだと思われます。

私もチーズバーガーとフライドポテトを美味しく食べますし、他の人が食べるのを否定しようなどとは思いません。しかし、ケチャップ味のハンバーガーのようなワインが、世界市場を席捲していくことは否定します。例えば、ほんの数年のうちに、日本の蕎麦やうどん、そして寿司といった伝統的な食文化の八割が壊滅し、それがすべてハンバーガーとフライドポテトなどのファストフードに取って代わられることを想像してみてください。それも、ファストフードでありながら、権威をひけらかした超高価な店まで登場するのです。日本の方々のアイデンティティにとって、それは衝撃的な出来事だと思います。私の考えでは、西欧において数千年の歴史のあるワイン文化の伝統に起こったことが、まさにこのことなのです。

しかしながら、私は絶望していません。私が、映画『モンドヴィーノ』を制作して数年のうちに、イタリアやフランスで素晴らしい動きが起こっているのを目にしました。また、ドイツでは「ケチャップ・ハンバーガー・ワイン」とその文化に対する抵抗の動きが発生し、世界の注目するところとなりました。こうした楽観的な気持ちをもって、本書を一つのささやかな私の信念の表明として世に出しました。西欧が地方の文化的な価値を再認識していき、それを契機に世界の東と北と南のさまざまな文化と広く喜びを分かちあい、理解しあう始まりとなっていくことができればという願いが込められています。

本書は、映画『モンドヴィーノ』の書籍版ではありません

映画『モンドヴィーノ』をご覧になった方たちには、本書は『モンドヴィーノ』を文章で表現したものではないということをはっきり申し上げたいと思います。この映画では、ワインの世界での〝人間模様〟を描いていますが、ワインそのものにはほとんど触れていないのです。つまり、ワインの味、飲まれ方、その存在の仕方、そして私が最も関心を抱いているワインと文化の深く密接な関係については、映画では触れられていません。私は、三歳の頃から少しずつワインの味を憶えてきました。それは祖国アメリカを離れてパリに暮らしていた両親の文化観によるものであり、また騒々しい息子四人をおとなしくさせるための両親なりの手段だったのです。そして私は、ワインについて修行を積むために、ロンドンで若い頃の一時期を過ごしました。ワインの年代を当てられる夢のような力が得られると期待してのことでした。二〇代半ばになると、ニューヨークで人気レストランのワインリストを作成したり、ワインに関する記事を執筆するようにもなりました。しかし一方で、この二五年間、私にとって映画を作ることが最も重要な創作活動となったために、ワインの世界ではアウトサイダーになりました。それほどにワインの世界とは、内輪的な、時に排他的な、そして常にカルト的なものなのです。ですから、私は一般の読者にとっては近

▼ロバート・パーカー　第2章・八三ページの注を参照。

い立場にいることになります。

本書は、まったくの個人的な旅の記録と言えます。それも、ワインを飲むという不思議で、矛盾した、しかも喜びに満ちた世界の内側と外側を、あますところなく映し出す鏡の中の旅の記録です。ワイン文化を理解しようという試みであり、それゆえに、ワインを飲んでみようと思いもしなかった人々（ワインは飲むが、考えたり話したりすることを嫌ってきた方たち）にとっても面白いものになり得ると考えます。ワインが、書物や絵画、映画や音楽、そして性と同じように文化として非常に力のあるものだと考えることは、これまでワインを語ったり通ぶることに慎重だった方たちにとっては、驚きになるかもしれません。

かつてパリで、映画監督でありパリ社交界の名士であるアンヌ・フォンテーヌを、夕食の席で紹介されたことがあります。彼女は、私がワインの世界と関係があると耳にした途端、グラスのワインを飲みながら、私に向かって振り返り、こう言ってのけました。

「食卓でワインの話を始める連中は、その場で即刻、有罪宣告するわ。退場ね！　ワインの話なんて、うんざり。ワインを語りたがるやつは、私と会話をしたいんじゃなくて、ウンチクを自慢したいだけ。そんなのを聞いても、〝偉そうに知識を誇示したい、かわいい坊やだこと〟って思うだけね。ワインの話なんて、まったく我慢ならない、ろくでもないことね」

これは、相手を黙らせるための社交界特有の先制攻撃の一種なのかもしれませんが、それでも、彼女のワイン話への嫌悪には、私も共感しました。ワイン評論家、ソムリエ、レストラン経営者、そして自称ワイン通たちの言葉遣いは、共通して、全体主義の香り漂う倒錯的なものであり、作家ジョージ・オーウェルが描き出した未来世界と通じるものだと、私自身も感じています。彼らのワイン話は、ワインをわかりやすく説明したり、その魅力を感じさせるためではなく、威張りちらしたり、相手を見下げたり、排除したりするためだったりします。

例えば、『ワイン・スペクテーター』誌（世界で最も影響力のあるワインに関する高級雑誌）二〇〇八年七月号に、ハーヴェイ・スタイマンによる次のような記事が掲載されています。ワシントン州のカベルネ・ソーヴィニヨン©のワインについてなのですが、この一一五ドルもするワインを買うべきだと確信を持って薦めているのですが。

「香り豊かで、黒スグリと赤スグリに溢れた芳香、味わいはエスプレッソコーヒーとブラックチョコレートが影を落としたような調子が、いくらかざらつく感じのタンニンに対照的に感じられる。豊かな厚みのある調子がさらに深みを加えて、味わいはどこまでもつづき、タンニンに対抗する出来栄えである。二〇一〇年から二〇一七年までがベストの飲み頃」

このわけのわからない呪文のような言葉の羅列を読んで、このワインを買うことで、食事が素晴らしくなると思う人はいるのでしょうか。また、この推奨する消費期限とやらは、これから産まれてくる子どもの寿命を予言するくらい「科学的」な行為と言えるでしょう。

同雑誌の別のワイン記事の執筆者は、フランスのシャトー＝ヌフ＝デュ＝パップ®という素晴らしい地域産のワインについて、次のように書いています。

「ひどい風邪を引いたようなスタイルのワイン。甘いタプナード・ペーストとたばこ、熱い石、そして揚げた栗の味わいが、黒いベリーとイチジクの実と組み合わせられている。しっかりとした仕上げには、ラベンダーのすてきな刺激が感じられる。二〇一〇年から二〇二八年までがベストの飲み頃」

私はこれを読んで、ルイス・キャロルが描いたアリスの物語の世界にでも、迷い込んでしまったような錯覚すら感じてしまいます。

このようなワイン専門家の世界に対して、アリスの物語に登場する女王のように、まったく反対のことを主張する存在もあります。「自分が美味しいと思うものだけが良いものなのだ」という主張をする、ワインは文化など関係ないとする自称「庶民派」の人たちです。しかしそれは、「好きなものが芸術だ」という旅行者用の美術館モールの入口に掲げられている看板のようなものです。軽薄なスローガンによって、文化と農業の数千年におよぶ歴史の成果を価値のないものにしてしまうのです。せっかくの味わい深く面白いワインを、ごみ箱に放り投げてしまうような行為と言えるでしょう。

ワインと嗜好の自由を守るために

本書は、ワインのおかげで私が子どもの頃から味わってきた感覚的で知的な楽しみを、いくらかでも伝えようとする試みです。人それぞれの自らの嗜好の発見を妨害する権威的、権力的な抑圧、作家ジョージ・オーウェルやルイス・キャロルの作品のような、わけのわからない言葉遣い、そして自己防衛のために通ぶる行為などに対して懐疑的であろうと心がけている方たち、そしてワインの知識を振りかざす人々によって嫌な思いをしたくないと思っている方々に、この本は向けられています。

本書は、ワインやテロワールを造り出している現場、そしてそれを抹殺しようとしている現場、その両方を描きました。このことによって、なぜワインが普遍的な一つの価値として存在し得てきたのか、私たち個々人の嗜好や味覚はどのように複雑な形成をしてきているのかについて考える一助になればと思います。それが、よりワインを味わうことにつながるではないかと思います。読者の皆さんは、本書を読んだ後、ワインの味わいが少し変わるかもしれません。

さらに、ワインという文化について再検討してみることで、ワインだけでなく、芸術や政治などあらゆる物事について、私たちの個人的な嗜好がどのように形成されているのか、今一度考えてみるきっかけとなるかもしれません。自信をもって専門知識をひけらかす人々によって脅かされることなく、あるいは逆に、何も知らないと胸を張って断言する人たちに脅かされることなく、最も大切な自由を主張するにはどうしたらよいのか、そのことを考える契機となればと願っています。

序章　本当に美味しいワインとは何か？——ワインの真実と嗜好の自由

1……「テロワール」——それは〝出発点〟であるとともに〝目的地〟である

私にとって〝グローバル化〟などというものは、まったく問題になりえないことである。私自身が、グローバル化されて育った子どもだからだ。私は二歳の時、父親がワシントンからパリに転勤になり、引っ越しを余儀なくされて以来、さまざまな国の文化の中で育ってきた。フランス、イタリア、インド、イギリス、そしてアメリカ……。いったい私は、どの国の文化に属していると言えばよいのだろうか。

あるドイツ人の映画監督から、こんな話を聞いたことがある。ある日のこと、彼がラインガウ(R)の葡萄畑を自転車で散歩していると、偶然、スチュアート・ピゴット▼に出くわしたという。その映画監督はドイツ

▼**スチュアート・ピゴット**　Stuart Piggot, イギリス人でドイツ在住の若手ワイン評論家。『ザ・ワイン・アトラス・オブ・ジャーマニー』や“Life beyond Liebfraumilch”（一九八八年）、また毎年のワイン批評ブックなどワインに関する多数の著書がある。

ワインの利き酒では超一流の男だった。彼は、イギリス人であるピゴットに「あんたの〝ハイマート▼〟は、どこだい？」と聞いてやったという。このイギリス人はベルリンに住んでいる。「ハイマート」という言葉は、「起源」や「生まれ」、そして「わが家」、あるいは「故郷」というような意味のドイツ語なのだが、ぴたっとくる言葉は他の国にはないものだ。ピゴットは少し考えると、こう答えたという。

「おれの〝ハイマート〟だって？　ドイツの**リースリング**Ⓒに決まってるさ？」

　これ以上、カッコいい返事は想像もつかない。もちろん、私自身の「ハイマート」は、**ラインガウ**Ⓡ、**モーゼル**Ⓡ、**フランケン**Ⓡの超エレガントな**リースリング**Ⓒだけからできているのではなく、**ロワール**Ⓡの**ヴーヴレー**Ⓡ、さらには**ブルゴーニュ**Ⓡの**ヴォルネー**Ⓡでもあるのだろうと思う。私の「ハイマート」には国境がないのだ。それに加えて、もっと多数のワインも挙げなければなるまい。例えば、私がいま住んでいるリオ・デ・ジャネイロでつい最近飲んでみたワイン、南イタリアの**バジリカータ州**Ⓡの**アリアニコ・デル・ヴルトゥーレ**Ⓥも、その一つだ。**パテルノステル**Ⓦが、一九九八年に造ったこのヴルトゥーレが私の「ハイマート」に今後加えられるとすれば、それは私の隣人で映画における戦友であるカリム・アイノウズ▼とウォルター・サレス▼とともに賞味したことにもよる。

　私の「ハイマート」は、いったい何によって形成されているのか？　そもそも文化についての、あるいは単に愛情についての表現と同様に、ワインの持つ力はそのワインとどのような状況で出会い、味わい、つまりは体験していくかにもよるところが大きい。同席していた人たちに、そのヴルトゥーレのワインの出自を説明しているうちに、私は突然、この凶暴なまでに辛口で、田舎くさく、甘苦いこの酒は、パゾリーニ▼が映画『奇跡の丘』を撮影した石ころだらけの地方で造られたワインであることを思い出した。そしてこの映画こそが、共通の何かを受け継ぐという意味で、カリムとウォルターと私を結びつけたのである。さらに言えば、私たちはパゾリーニ、とりわけあの『奇跡の丘』が、私たち三人の「ハイマート」なのだと主張したいと思っている。そうでなければ、これほど異なった作風の映画監督である私たちが、ヴルトゥーレのワイン一本を囲んで愉快にテーブルについたあの晩のことを、どのように説明できようか。

本当に、あの映画によって、私たちが結びつけられたことは不思議だ。端的に言うと、奇妙なのだ。イエスの話を語りつつ、パゾリーニは自分のカトリックに対する想いと強烈な同性愛、そしてイタリアの革命家グラムシの抱いたマルクス主義を融合したいと考えたのである。もし『奇跡の丘』によって、これほどまでに異なった三人の弟子がそれぞれ創作意欲を刺激されたと知ったとすれば、パゾリーニは何を感じただろうか。そういえば、バチカンの法王庁は、奇跡的に一九六三年にこの映画へ承認を与えたのであった。

カリムは、アルジェリアの血が半分流れ、残りの半分はブラジルの北東部の国境近くの貧困地域の血が流れている。その彼と彼の映画『マダム・サタン』▼について、パゾリーニはどう考えただろうか。この映

▼ハイマート　heimat, ドイツ語で「生まれ故郷」や「出自」、あるいは帰属意識を持った土地などを意味する言葉。

▼カリム・アイノウズ　ブラジルの映画監督。一九六六年生まれ。代表作に、『マダム・サタン』（二〇〇二年）、"O Céu de Suely (Suely in the sky)"（二〇〇六年）など。

▼ウォルター・サレス　ブラジルのリオデジャネイロ出身の映画監督。一九五六年生まれ。『セントラル・ステーション』（一九九八年）で、ベルリン国際映画祭金熊賞を受賞。またドキュメンタリー作品も多く手がけている。

▼パゾリーニ　イタリアの映画監督。一九二二～七五年。グラムシの影響で共産主義に共鳴し、また同性愛者として知られる。最後の作品『ソドムの市』の撮影直後に無残な轢死体で発見され、当時は、性的関係を迫った少年に殺害されたと警察が発表した。しかし近年、ネオファシストによる政治的な暗殺であったという証言が公表され話題となった。映画『奇跡の丘』（一九六四年）は「マタイによる福音書」をもとにイエスの生涯を追った作品で、ヴェネツィア国際映画祭審査員特別賞を受賞。

画は、リオの女装したボクサーの話で、優しくそしてラディカルな人物描写がある。
お人好しのウォルターは、ブラジル人外交官の息子であり、フランスで育ち、『異境の地』（あるブラジルの青年がポルトガルを彷徨する物語）という作品で、監督としての仕事を始めた。そして私については、根無し草のアメリカのユダヤ人、ただしユダヤ教の熱心な信者ではない。それが『モンドヴィーノ』の監督だ。私たちについて、パゾリーニはどう思うだろうか。

三人にとってパゾリーニこそ「ハイマート」だと主張したからといって、彼に何か責任があるというのではない。私は、何かが自分の「ハイマート」であると自由に主張できて、しかし、そのことに依存や束縛を感じないことが一番の基本だと考えている。「ハイマート」に「恩義」を感じることがないと言ってもよい。愛国心などというと逆の話になってしまう。このように「ハイマート」を考えると、最も大きな喜びへと自分を導いてくれる道が開けた気がするし、この気持ちは映画でもワインでも同じである。この「ハイマート」の最もフランス的なあり方が「テロワール」なのである。どこに私が住んでいようと、私の好みのあり方をいつも変わらず導いてくれるのは、この「テロワール」である。今、この本を書くように促してくれたのも「テロワール」なのだ。

「ハイマート」についての定義が、単なる「帰属」意識や「ナショナリズム」といった感情と区別されて初めて、「テロワール」とはいったい何なのかを理解することができた。そして、私が育った「ハイマー

このように、テロワールについては開放的に考えなければ、個性、尊厳、寛容、そして共有できる文明などあり得ない。それはワインにおいても、映画でも、人生でも言えることだ。私はこの三つが一緒になった時ほど、幸せを感じる時はない。テロワールとは心の広いあり方である。全体の利益を考えて、個を分け持つことである。党派的な価値や反動的価値のまさに逆である。そもそも『モンドヴィーノ』が世に出て、何度もこうしたひどい誤解、しかも時には意図的な誤解に出会ったが、そうした誤解の原因は、党派的・反動的な価値観である。たとえば、アヴィニョンでの「おフランス」的な排外主義、そしてサンフ

ランシスコでの「政治的な正当性《ポリティカル・コレクトネス》」の行き過ぎがそうである。テロワールについての真の表現ならば、どれも、あるアイデンティティ、ある既存の文化の持つ豊かさを世界中に分配するという行為に結びついていくはずなのだ。たとえば、**ジャン＝マルク・ルーロ**(W)の**ムルソー・リュシエ**(V)がそうだが、単に父親ギィの作った**ムルソー**(V)と違うだけでなく、自分の考えが変化し、土壌と天候が微妙に変動するにしたがって、毎年変わっていくのである。それは、ある場所から生じてくるものを利するということである。排除するのではなく、反対に含み入れて、私たち一人一人に「他者」の持つ不思議さとそれぞれに特有の美について手ほどきしてくれる。しかも、その「他者」がどのような「他者」であっても。

映画では、「ここではない他の場所」がもっと自然に受け入れられる。アイラ・サックス▼が監督した『ザ・デルタ』は、アメリカの魂を精神的にも肉体的にも細かなところまでうまく表現できた、ここ二〇年でも稀な作品の一つである。テネシー州のメンフィスに住むひと握りの貧しい人たちが生きている様をこの映画で見ると、アメリカの生活にある現実が一瞬にして感じ取られ、それがとても人間的で理解できるものになっている。

▼**『マダム・サタン』** 一九三〇年代、リオのカーニヴァルのゲイチーム「カサドール・ヂ・ヴィアード（オカマの狩人）」で活躍した伝説の黒人ゲイ・ボクサー、ジョアン・フランシスコ・ドス・サントスを描いた作品。マダム・サタンという名前は彼のあだ名。子ども七人を養子として育て、自分の夢を追ってリオの裏社会で格闘しつつ、ステージスターになっていく。

▼**『異境の地』** 〝Foreign Land〟ブラジル映画史上で最重要な作品と言われ、ベルガモをはじめ八つもの国際的な映画賞を受賞している。一九九五年制作。

▼**アイラ・サックス** 一九六五年生まれ。『ああ、結婚生活』（二〇〇七年）で知られるアメリカの映画監督。二〇〇五年には〝Forty Shades of Blue〟でサンダンス映画祭グランプリを受賞した。『ザ・デルタ（The Delta）』は一九九七年の作品。

ウォン・カーウァイの映画『天使の涙』を観ると、香港の現実、つまり、ありとあらゆる悪趣味の寄せ集めと中国の伝統的な考え方が混ざりあっており、中国のアイデンティティがいったいどのようになっているのか何となく身近に感じられてしまう。とはいっても、それは「他者」であることに違いはない。この映画から一〇年経って、彼の作品の中で、この「他者性」自体がどれほど歪んでしまったのか見てみるのも面白いだろう。彼が国際的な成功を収めたことにより、『天使の涙』の後、彼の作品では、西欧の市場に合わせて「他者性」に味付けをしてしまった。それにより、私が見るところでは、彼の作品には親近感も他者性も失われてしまった。

ワインについてだって、同じようなことにならないと、誰が言えるだろう。テロワールを守ることは、頑なに反動的なまでに伝統に執着することと同じではない。その反対である。共通の過去にしっかりと根を下ろしながらも、未来に向かって進んでいく意志を持つことである。いま現在、その根から地上において自由に枝を伸ばし、大きくなっていって、自分にふさわしい明確なアイデンティティを創造することである。それが、グローバル化という波に屈して均質化されてしまうことと闘う道である。それが倫理的な意味で積極的に行動する唯一の方法である。過去を尊重し、過去を基準点としつつ、しかし猿真似に終わらせないことである。

テロワールとは、嗜好の点でも知覚の点でも固定されたものではない。一つの文化的な表現であって、常に変化しつづける。現代に特徴的なのは、何でも即席にできること、そしていったん変化が起こると、あっという間に広まることである。昔は、何世紀にもわたって世代から世代へとテロワールの深い意味が進化していた。つまり、ゆっくりと知恵と経験とが堆積物のように積み重なっていき、テロワール自体の地理的な基礎が築かれてきた。今日では、このような地層の重なりは一夜にして失われ、毎年のように更新されるのみである。進歩と近代化を愚直に信奉するお調子者たちは、それでどこがいけないのかと問い返えす。ちょうど、この新たな世界秩序を、意識的にか無邪気にかは別として、利用している者たちと同じように。なぜ危険なのかと言えば、そうすることが私たちの歴史的な記憶を根こそぎにしかねないからである。つまり、歴史的な記憶は、市場と文化、そして国際政治の破廉恥な開拓とマーケティングという何もかもを蹂躙していく嘘に対して、たった一つ残されている歯止めである。

ワインの独自性を守るための闘い、個人個人の嗜好を生き残らせるための闘いは、私たち一人一人の闘いである。私たちは今、何もかも平準化しようという暴力に直面している。それも、ひと握りの誰かによってそうした権力が振るわれている。この闘いは映画の世界でも行なわれている。しかし、そこにあるさまざまな違い、文化の多様で個性的な表現、私たちを過去に結びつけてくれる生きた絆が脅かされているとすれば、保存しなければならないもの、保護しなければならないものを決定する責任は誰が負うべきであろうか。誰が、生き残らせるべきものを決めるのだろうか。そして生き残るための方法とは、どのようなものか。例えば、つい最近、ワイン用の葡萄品種として評価され始めたブラジルの**タナ**©種よりも、**ブルゴーニュ**®の**ヴォルネー**®を、その個性がよりはっきりしているからといって、どうして守らなければならないのか。それはどのような味がするのか。それを決めるのは、いったい誰なのか。私たちが自分の嗜好について表明する時、それはいったいどういう意味を持つのか。そして私たちの言う自分の好みは、本当に私たちに固有なものであると言えるのだろうか。

そもそも、嗜好とは何だろう。あるものよりも、別のもののほう好きだと表現することにすぎないと言

▼**ウォン・カーウァイ**　一九五八年、香港生まれの映画監督。『天使の涙』（Fallen Angels）は一九九五年の作品で金城武が出演。一九八九年以降、香港のチンピラの生態を描いたアクションものの作品を撮り、一九九七年『ブエノスアイレス』でカンヌ映画祭監督賞受賞。この映画は国を捨ててアルゼンチンにさまよう香港の中国人の悲哀を描いた作品。二〇〇七年には、ニューヨークを舞台にした『マイ・ブルーベリー・ナイツ』を発表。

うこともできよう。しかしながら、「意見」と「嗜好」ははっきりと異なっている。というのは、嗜好とは感覚的で心情的なものだからだ。そして嗜好は、自らの好みを解読し、なぜ好むのかを自分自身や他者に対して説明するという知的な作業によって、継続していけるものである。嗜好の基本的な性質とは、好みと、その好みにしたがって行なわれる行為とが、首尾一貫して結びついているところにある。それはつまり、個人それぞれが、自分と自らが存在する世界とを結びつけている倫理的な関係なのだ。

2……ワインとは人類の記憶を保管する液体

ワインとは、人間の記憶を保管し伝えてくれるものだと、私は確信している。最も重要な記憶の守り手ではないかもしれないが、ワインは最も不思議な守り手の一つだと思う。

歴史的な記憶を持っていることが、人と動物を分ける基本的な能力の違いであり、私たちが物事の形態や意味、そして倫理を理解する能力の基本になっている。ワインが私たちの歴史的な記憶とどう結びついているのかを考えてみるのは、無駄なことではないだろう。もし私たちの祖先の記憶や歴史を動かしてきた出来事の記憶、そして私たち自身の過去の記憶を振り返ることがなければ、私たちの思考は右往左往し、あらゆる搾取と虚偽（そこには私たち自身による搾取と虚偽も含まれている）のなすがままになって、私たちはとても愚かな存在になってしまうからだ。

美術館に所蔵されている芸術作品は、ある特定の記憶と感性を表現して作品となしたものである。私たちはこれらの作品を観賞し、その感性を理解する能力をもつが、それは何と豊かで多彩であることか。小説についても同様である。また、昔の建築物の古色蒼然たる姿も、ある時代の記憶と感性を表現している。それがすでに廃墟の状態になっていたとしても同様である。

それではワインは、歴史的な記憶とどのような関係にあるのだろうか。ワインとは、飲む人あるいは造り手の個人的な記憶として、または思い出の一部として、「個人」の記憶を伝えると同時に、「共通」の記憶も伝える唯一のものである。「共通」の記憶と言ったのは、ワインとはテロワールの記憶でもあるからだ。それは、時代とともに変化していきながら、前向きな嗜好を表現しつづけていく。ワインは、まず何よりもワインが造られるその地域の特性を表現し、ワインを造る人々の個性、その地域の文明の歴史、そして土地の土壌や気候といった自然との関係の歴史を伝えてくれるものなのである。

良いワインとは、葡萄が化学的な毒素を含まず生気がみなぎった状態で収穫され、そして複雑な要素から形成されているテロワールから生み出されるものだが、人間と同様に六〇年から八〇年の寿命があると考えられる。これはもちろん、葡萄の木がきちんと育てられているところでの話であり、その年数も偶然というわけではない。さらに、その誕生から死に至るまで（〝死〟とはワインが飲まれるということだが）、ボトルに詰められてもワインは絶えず変化していくものである。ワインの「記憶」という表現の意味は、私たちと同様に、絶え間のない生理的な変化にある。ワインの記憶とは、人間たちの記憶に最も似ているものである。

文学や絵画、映画、音楽、そして建築の記憶という言葉を使っても、つまり人間が築いたどの文明にも関わる分野においても、実際ワインほど複雑で、ダイナミックで個性的なものは他に見られない。しかし、テロワールも自然も、そして人間も絶対不変のものではなく、ワインそれ自体も消費されるよう運命づけられている。つまり、いずれ消えてなくなってしまうものであり、あるテロワールのワインは、もともと決めつけることのできない、また量的に限りのある記憶の運び手なのである。等級付けや絶対化をしたがる合理主義者や実用主義者たちはどこにでもいるものだが、そういう者たちにはまったく困ったことであろう。しかし、そうではない他の者にとっては、たいへん幸せなことである。

中近東の古代に栄えたさまざまな文明以降、そして最近までユダヤ・キリスト教の長い伝統において私たちの文化の一部を育んできたギリシア・ローマの文明以降、ワインは独特な形で、私たちはいったい何者なのか、そしてこれも少なからず大切なことだが、私たちがそうありたいと思い、そうであるとするものを表現してきた。ワインは、大もとにある真実、土地の血とも言えるが、またワインほど気取りや思い上がり、そして欺瞞を煽るものはないと言ってもよい。数千年の長きにわたるワインの味覚の移り変わりを調べると、味覚について語る人にさまざまな深い事実を明かしてくれる。

　フランセス・イエイツ▼は、記憶に関する芸術を研究している伝説的な歴史家だが、以下のように述べている。長く蛮族として歴史を刻んだ後に、カロリング王朝（七五一～九八七年）の帝国ができたので、カール大帝▼は教育制度を整備しようと考えて、碩学アルクィン▼を招請した。そのアルクィンが、大帝とのやりとりを書き残している。

　カール大帝「記憶について、余は、修辞学の最も高貴なものであると見なしておるが、そちは何か言うべきことがあるか？」

　アルクイン「何と申しましょうか。ただ、キケロの言葉を引いて、同じことを言うのみでございます。曰く『記憶は、あらゆるものの宝である。これまで人の考えたありとあらゆる物事・言葉が記憶に託されなければ、すべてはおしまいとなる』」

　ホメロスからプリモ・レーヴィ▼に至るまでの偉大な作品が教えてくれるのは、年月を超えて世代から世代へと受け継がれていく一つの聖なる規則があるということである。それは、どんなに残酷なものであろうと、私たちが精神的に生き延びていくには、経験を証言することが不可欠だということである。記憶を証言し、守っていくことは、いかなる文明にとっても基本である。そしてワインは、最も流動的で活発な形での記憶なのである。

3……嗜好とは精神的自由の象徴

郵便はがき

料金受取人払郵便

102-8790

麹町支店承認

9189

差出有効期間
平成27年1月
30日まで

切手を貼らずに
お出しください

102

[受取人]
東京都千代田区
飯田橋2−7−4
株式会社 作品社
営業部読者係 行

【書籍ご購入お申し込み欄】

お問い合わせ 作品社営業部
TEL 03(3262)9753／FAX 03(3262)9757

小社へ直接ご注文の場合は、このはがきでお申し込み下さい。宅急便でご自宅までお届けいたします。送料は冊数に関係なく300円(ただしご購入の金額が1500円以上の場合は無料)、手数料は一律200円です。お申し込みから一週間前後で宅配いたします。書籍代金(税込)、送料、手数料は、お届け時にお支払い下さい。

書名	定価　　円	冊
書名	定価　　円	冊
書名	定価　　円	冊
お名前	TEL　(　　)	
ご住所 〒		

フリガナ
お名前

男・女　　　　歳

ご住所
〒

Eメール
アドレス

ご職業

ご購入図書名

●本書をお求めになった書店名

●ご購読の新聞・雑誌名

●本書を何でお知りになりましたか。

イ　店頭で

ロ　友人・知人の推薦

ハ　広告をみて（　　　　　　）

ニ　書評・紹介記事をみて（　　　　　　）

ホ　その他（　　　　　　）

●本書についてのご感想をお聞かせください。

ご購入ありがとうございました。このカードによる皆様のご意見は、今後の出版の貴重な資料として生かしていきたいと存じます。また、ご記入いただいたご住所、Eメールアドレスに、小社の出版物のご案内をさしあげることがあります。上記以外の目的で、お客様の個人情報を使用することはありません。

映画プロデューサーのフィリップ・カルカソンヌは、嗜好と権力をちょうど同じ程度に、しかも適正に持っている非常に稀な人物だが、その彼の妻にして映画監督のアンヌ・フォンテーヌ▼は、ある夕食の際、私を紹介された後、このように語った。

「食卓でワインの話をはじめる連中は、その場で即刻、有罪宣告するわ。退場ね！　ワインの話なんて、うんざり。ワインを語りたがるやつは、私と会話をしたいんじゃなくて、ウンチクを自慢したいだけ。そんなのを聞いても、〝偉そうに知識を誇示したい、かわいい坊やだこと〟って思うだけね。ワインの話なんて、まったく我慢ならない、ろくでもないことね」

シモニデスは、ソクラテス以前の紀元前六世紀の古代ギリシアの叙情詩人で、記憶術を発明したと言われている。その彼に、ある王妃が、もし生まれ直すとすれば、お金持ちがよいのか、それとも天才がよい

▼**フランセス・イエイツ**　イギリスの女性歴史学者。一八九九～一九八一年。ルネサンス期の精神史を主に研究した。著書に『記憶術』（一九六六年）、『世界劇場』（一九六九年）など。

▼**カール大帝**　カロリング朝の第二代の王（在位七六八～八一四年）。別名カール一世あるいはシャルルマーニュ。五三回もの軍事的遠征によって西ヨーロッパに領土を広げ、フランク王国に安定をもたらした。

▼**碩学アルクィン**　イングランドのヨーク出身の神学者。七三五？～八〇四年。カール大帝のもとで教会制度と教育制度の相談役を務め、カロリング・ルネサンスと呼ばれる文化運動に寄与した。

▼**プリモ・レーヴィ**　イタリア系ユダヤ人の科学者・作家。一九一九～八七年。ナチスのアウシュヴィッツ収容所から生還した体験をもとに『アウシュヴィッツは終わらない』『休戦』など多くの作品を著わしたが、最後は自殺した。

▼**アンヌ・フォンテーヌ**　フランスの映画監督。一九五九生まれ。一九九五年、『おとぼけオーギュスタン』で、カンヌ国際映画祭のジュネス賞受賞。その後も『ドライ・クリーニング』『オーギュスタン／恋々風塵』『恍惚』『ココ・アヴァン・シャネル』などを発表。

のかと尋ねた。すると「金持ちですな。なぜなら、天才は常に富のあるところに現われるものですから」と答えたという。嗜好は、常に権力に仕えるものである。しかしながら、まったく皮肉なことに、真の嗜好が世に現われると、権力は必ずくつがえってしまうのである。嗜好の表現は、自由の表現である。嗜好に関して無責任になったり、他の人に責任転嫁しようとすることは、自由を放棄することなのだ。哲学者カントによれば、嗜好を表現することは、人間の自主独立を表わすことであり、精神的な自由の象徴である。

私たちは奇妙で、独特な時代に生きている。なぜなら、その自由を自ら進んで、あるいはみんな一緒になって放棄しているからだ。このことは、映画から政治、ワインから知的な領域に至るまで、どんな場においても見られる（そもそも政治的な通念とは、私たちに固有の嗜好を合議によって廃止していくことにほかならない）。「権力への嗜好《センス》」が話題となる場合、それはたいてい権力そのもののことである。いや、まさに嗜好《センス》が欠如しているから権力に向かうのだ。一般的に権力を求める場合、それは嗜好《センス》が欠けていることを意味する。あるいは、もっと正確に言うと、嗜好《センス》を自分の権力の表現とすることができないから、権力を求めてしまうのである。その違いは、所有と願望の違いにでる。この区別は、ワインにおいても映画においても、至るところに画然としている。

映画のプロデューサーなら、ワインを愛飲する者と同様に、そうした違いをはっきりと、時にはかなり乱暴に見てとることができる。彼らは、芸術家、作家、監督、役者、つまり嗜好《センス》の表現を生業としている者たちに取り巻かれるのが好きである。しかし、嗜好《センス》のおかげで、こうした芸術家たちが自分のものとしている力を前にして、プロデューサーが深く恨みを抱くこともある。そうなると、彼らの唯一の表現方法は、「非創造的」であることしかなくなる。自分の権力の基礎を固めるために仕事をぶち壊したり、いい加減にしたりする。自分に嗜好《センス》がないことを知って、いらだっているからである。あるいは、たとえ嗜好《センス》があったとしても、それを表現する勇気がないからである。

ハリウッドで仕事をはじめて、私の映画『SUNDAY それぞれの黄昏』▼のおかげで、きらめくこの街の中で少し評価を得てきた頃に、代理人に諭されたことがある。

「この街で知っておかなければならないルールは、たった一つ。映画スタジオのパトロンたちとプロデューサーの仕事は、〝ノー〟と言うことだってことさ。映画を作らないってことなんだよ」

それで私は、純朴にもその理由を聞いてみた。

「なぜって、もしある映画にOKを出してしまえば、その瞬間に自分の嗜好《センス》と自分の評判を危険にさらすことになるからね。プロデューサーとして仕事に成功するには、〝ノー〟と言うことが、一番確かな道なんだよ」

権力を持つ者は、しばしば嗜好《センス》を怖れるものである。なぜなら、嗜好《センス》が新たに表現されることで、権力は、権威、共同体、制度、そして国家から引き離され、個人の手にゆだねられてしまうものであるから。

最近、私は、エットーレ・スコラ▼の映画『ヴァレンヌの夜』(一九八二年、原題『新世界(Il Mondo Nuovo)』)を久しぶりに観る機会があった。二〇年来、この映画は、魅力はあるが一貫性のない映画だと思っていた。未熟さを感じていた。しかし映画の深みや活気が、軽く子どもじみたタッチに巧妙に隠されていた。それは、アルコールの下に強い酸味とかすかなタンニンのあるモーゼルの**リースリング**(C)に少し似てい

▼『SUNDAY それぞれの黄昏』 著者ジョナサン・ノシターが一九九七年に監督した長編映画。サンダンス映画祭で審査員大賞を受賞。ニューヨークの貧しい地区クイーンズランドを舞台に、妻も家族も失った中年ホームレスのオリバーの体験を描いた。日本未公開。DVD(英語版)が販売されている。

▼エットーレ・スコラ イタリアの映画監督・脚本家。一九三一年生まれ。『醜い奴、汚い奴、悪い奴』(一九七六年)でカンヌ国際映画祭監督賞受賞。日本での公開作品に『特別な一日』『あんなに愛しあったのに』『ル・バル』『スプレンドール』他がある。

る。二〇年を経て、私は、この映画は、自由の概念と嗜好《センス》の問題の間にある絶えざる緊張について、そのことで得られる大きな恩寵をじっくりと考えて表現したものなのだとわかった。スコラは、イタリア人映画監督としては、偉大な監督のわりには評価の低い監督の一人と言えるが、私にとっては、少なくとも傑作を四本残している。『ヴァレンヌの夜』、『人生最高の宵』（一九七二）、『あんなに愛しあったのに』（一九七四年）、『特別な一日』（一九七七年）である。彼の評価は、五〇年後には、ヴィスコンティ▼、デ・シーカ▼、そしてロッセリーニ▼をもはるかに凌駕するものになるだろうと、私は信じている。そして失敗作はあるものの、パゾリーニ、フェリーニ▼と並んで、イタリア映画の三大巨匠と見なされる日がくるだろう。

『ヴァレンヌの夜』で主役の二人を演ずるのは、ジャン＝ルイ・バロー▼とマルチェロ・マストロヤンニ▼である。フランスとイタリアの映画の歴史を通じて、最も魅力のある、そして複雑さのある俳優だ。マルチェロが演じているのはジャコモ・カサノバ▼で、体はボロボロになってはいるが元気旺盛で、過激な政治転覆を狙う勢力の近くを徘徊している老いた耽美主義者といった役どころ。バローは、作家レチフ・ド・ラ・ブルトンヌ▼を演じている。同じ時代の作家としては大家だが、好色ジジイである。一七九一年春に逃亡したルイ一六世を追跡する民衆の泣き言に同情的である。パリから国境の町ヴァレンヌまでつづく二人の冒険から浮き上がってくるのは、嗜好《センス》と正義との闘いであり、これが見事に表現されている。

　マルチェロが演じているカサノバは、自分も旧体制の権力の犠牲者であるにもかかわらず、崩壊していく旧体制に共感し同情している。彼自身は、ドイツ貴族のお抱え道化役はもうこりごりだと、逃亡している最中であるにもかかわらず。そしてダンディであって、快楽をこよなく愛する男であり、一級の文句のつけようのない嗜好《センス》の持ち主である。満月の下、並んで用を足す場面で、カサノバは「場面は、すでに変わったのだ」と、バロー演じるレチフに辛辣に告げる。「舞台の上で役を演じるのは、今度は民衆になったのだ」。いったい私たちが相手にしているのは、嗜好《センス》の守り手なのか、それとも貴族の特権を守ろうとしている者なのか（あるいはテロワールの）。これは現状の譬《たと》え話ではないのか。そうでもあり、そうでも

ない。なぜなら、マストロヤンニ演じるカサノバは急進的な人物で、放蕩者であり、既成価値を転覆する

▼**ヴィスコンティ**　イタリアの映画監督。一九〇六〜七六年。ネオリアリズモを代表する監督。代表作に『郵便配達は二度ベルを鳴らす』『山猫』『ベニスに死す』『ルードヴィヒ』『家族の肖像』など。その映像美には定評がある。

▼**デ・シーカ**　イタリアの映画監督・俳優。一九〇一〜七四年。ネオリアリズモの巨匠と評される。代表作に『自転車泥棒』『終着駅』『ひまわり』など。

▼**ロッセリーニ**　イタリアの映画監督。一九〇六〜七七年。ネオリアリズモ運動の先駆者。一九四五年の『無防備都市』はネオリアリズモ映画の金字塔と言われ、後の映画に影響を与えた。またヌーヴェル・バーグの映画監督にも支持され、トリュフォー、ベルトルッチ、ゴダールにその精神は受け継がれ、さらにイタリアではタヴィアーニ兄弟が後継者的監督とされている。

▼**フェリーニ**　イタリアの映画監督・脚本家。一九二〇〜九三年。『道』によって国際的な名声を固め、以後、『甘い生活』『８１／２』『サテリコン』『カサノバ』『女の都』などで知られる。

▼**ジャン＝ルイ・バロー**　フランスの俳優・演出家。一九一〇〜九四年。マルセル・カルネの『天井桟敷の人々』でバチスト役（パントマイムの役者）を演じたことで世界的に有名。

▼**マルチェロ・マストロヤンニ**　イタリアを代表する俳優。一九二四〜九六年。主な出演作に『甘い生活』『８１／２』『異邦人』『特別な一日』『女の都』など。

▼**ジャコモ・カサノバ**　ヴェネツィア出身の作家。一七二五〜九八年。ヨーロッパ各地を訪れ、華やかな恋愛遍歴を類い稀な知識と知性とによって著わした自伝『カザノヴァ回想録』によって知られる。ローマ教皇、ロシアの女帝エカテリーナ二世、フリードリヒ大王、ヴォルテール、フランクリンなどの多くの著名人と親交を結んだ。

▼**レチフ・ド・ラ・ブルトンヌ**　フランスの小説家。一七三四〜一八〇六年。書簡体小説『堕落百姓』で作家として認められ、『パリの夜』や自伝小説『ムッシュー・ニコラ』を発表。近年、一種の全体小説をめざした作家として評価が高い。パリの日常生活を克明に描いた『パリの夜』は、風俗歴史資料としても興味深い。

者であり、嗜好《センス》に従うと同時に嗜好《センス》を生み出すような者なのである。ここで、監督スコラが天才的だと思われるのは、役者と演じている人物が精神的に双子のように結びついていると、映画を観ている者に思わせるところである。国を追われた者であり、永遠の異邦人としてヨーロッパ中の宮廷から宮廷へとさまよい歩くカサノバは、どのような秩序のもとにあっても、それがわが家とは思えない。彼の嗜好《センス》はしたがって、進歩に対して賛同するものでもあり、同時に反対を唱えるものでもある。あるいは、嗜好《センス》を創造する者の常として、進歩が自分の嗜好《センス》にかなっている時には拍手喝采し、自分と逆を向いている時には拒絶するのである。

　一方、バロー演じるレチフは、さらに急進的であり、やはり引き裂かれた存在である。彼は自らを、年代記作家、あるいはジャーナリスト、のぞき魔と定義しているが、言わば「映画人」のような存在となっている。映画監督というのはやや倒錯したところがあり、じっと何かを観察し、また何かに参加したいと願っている人種だからである（これは映画監督の実態を、もっともらしく肯定的に定義する唯一のやり方だろう）。レチフの嗜好《センス》の主な特徴は、自分を、常に現状に対立する者として考えるところにある。レチフは、ハンナ・シグラ▼が演じる貴族の婦人とともに、民衆の権利を伝える先駆者となる。その一方で、民衆のただ中にあって、旧体制における精神の喜びと洗練された趣味を守ろうとする。つまり彼は「一元的な考え」に反対するのだ。その姿は、映画『モンドヴィーノ』に登場してくれた**ユベール・ド・モンティーユ**Ⓦを思わせる。この映画で、**ブルゴーニュ**Ⓡのワイン醸造家であるモンティーユ氏の姿は、バローが演じたかと見まごうようである。バロー演じるレチフは、自由を奪われ権力を失っていく者たちに感じる本能的な共感を抱いているが、王の姿と権威が崩れ落ちていくにしたがって、旧体制への共感と哀惜の念は薄らいでいく。哀惜の念とは言っても、レチフ自身はほとんど自分では味わったことのない「最も甘美な生活」への哀惜であった。結局、彼は、見かけでは自分の嗜好《センス》と理性とに反していながらも、民衆の立場に加わることになる。監督スコラとバロー演じるレチフは、私たちに甘く苦い感情と胸の痛みを残し、自由と洗練は同時に持ち得ず、万民に対する正義と良い趣味は両立しないことを思い知らせている。ここに私たちが見出すのは、良き嗜好《センス》の民主化なるものの最大の逆説の一つである。そしてそれこそが、この本で取り扱いたい主題の一つなのである。

4……本書はガイドブックではない

ワインとは、気のおけないものである。性のことに次いで、ワインは外的な世界と私たちの肉体との間にあり得る最も個人的な接触と言える。これは食べ物についても同様であり、食べ物との接触についてはビル・ビュフォードが『厨房の奇人たち——熱血イタリアン修行記』▼で指摘し、食文化についての深淵で滑稽な考えを読むことができる。ワインに対する嗜好、ワインのセンスは私たちの個性に関わる重要な部分である。

本書は、ガイドブックではない。ワインのガイドブック、つまり私たち一人一人の個人的な嗜好を、専門家の決めた掟《おきて》に無理やり従わせる文化に、私は賛同しない。それは邪悪なことであり、グロテスクなことだ。自分の性的な好みを誰か専門家に任せたり、ガイドブックの助けで選んだりすることがあるだろうか。したがって本書は、ガイドとはまったく異なるものである。その代わりに本書はいったい何かと言えば、四〇年の経験がもたらしてくれた果実ということになろうか。まだ私が二歳の時から、パリで両親

▼ハンナ・シグラ　ドイツの女優・シャンソン歌手。『ヴァレンヌの夜』でソフィー・ド・ラ・ボルド役を演じた。一九八二年『ピエラ／愛の遍歴』でカンヌ国際映画祭主演女優賞受賞。

▼『厨房の奇人たち——熱血イタリアン修行記』　『ニューヨーカー』編集長のビル・ビュフォードが、全米で最も著名なシェフのマリオ・バタリをはじめ、世界各地のイタリアンをめぐる驚くべき舞台裏を取材したノンフィクション。邦訳：白水社刊。

はワインの手ほどきをしてくれた。私は地球のあちこちを旅しているが、パリは私にとって本拠地となってくれている所だから、パリにあるワイン屋、そしてレストランに皆さんをお連れしたいと思った。こうした場所が、ワイン世界を一周するにあたっての出発基地となってくれるだろう。私が皆さんをお連れして引き合わせたいと思うのは、もちろん私が最大の幸せを感じた人たち、そして私が最も怒りに震えた人たちである。どうにもできないことだが、ワインは人間と似ている。

そうでなければ、そう、皆さんが手にしているのは、言わば〝ガイドするつもりのないガイドブック〟かもしれない。〝嫌々ながらの案内人〟によって書かれた本というより、私の個人的な経験を皆さんと共有したい、ただそれだけを望んでいる案内人が書いたものである。この経験が私の判断を豊かにし、揺るぎないものにしてほしいと望んではいるものの、私は権威になろうなどとはまったく考えていない。本書は、ある意味では、嗜好を批評し、判断できると自認する者すべてに対して、論争を仕かける攻撃になるだろう。なぜなら彼らは、自分の意見を人に押しつけてワインの楽しみを台なしにし、ワイン文化を破壊しているからである。

ところで、そうした人たちを批判しているのだから、私を信頼してほしいと思うなら、私自身の嗜好を明らかにして、私の権威も問題にして俎上に載せる必要があるだろう。権威を批判することを、自らの権威を高めるのに利用するというのは、昔から使われてきた常套手段だからだ。

最後に、本書とともにする旅は、皆さん自身の〝嗜好の自由〟を発見することへの招待である。さあ、私と一緒に、パリのワイン屋、レストラン、ビストロへの探訪の旅に出よう。そこで味わうワインの一本一本が、〝嗜好〟と〝権力〟の世界に私たちを招いてくれるであろう。さらにその旅は、リオ・デ・ジャネイロ、パリのグラン・ゾギュスタン河岸にあるスペインレストランを経由して、そしてニューヨークへと至ることになる。

5……〝失われたワインを求めて〟

　ワインの入っているボトルとは、私の目には、命のないものではない。それはボトルの中に入っている液体が、化学的な変化がつづいているという観点からすると生きているから、というだけではない。ドメーヌ▼の名前、家族の名前、葡萄の収穫された年がきちんと記されているラベル、ボトルの形、そうしたすべてが深遠な人間の歴史を思わせ、その歴史はワインが飲まれた後も生きたまま残る。あるワインを目にする時、私はそのワインが生まれた土地へと空間を旅する。もちろんそのワインの個性と性格が尊重されている場合である。また私は、そのワインを飲んだ場所、誰とどのように飲んだのかも同じく思い出す。

　ワインのボトルは、記憶の少なくとも二本の糸が交差する場となる。多彩で、限りなく変化しながらも一つだけの道を通って、私は時を旅する。ワインが成長し、変化し、知恵のある年齢まで熟成できたのは（あるいは「老いる」と言ってもよいかもしれない）、単にラベルに年号が示されているから、あるいは時が流れたから、というだけではない。一本のワインは、一つの時間旅行である。なぜならワインには、単に自分の出自の記憶だけでなく、自分の目的地についての思い出もすべて保存されているから。それに、その思い出は必ずしも過去に想いをはせる曖昧模糊としたものとは限らない。ワインが細かな情報を多くもった正確なものであればあるほど、後に同じワインと出会った時に、そのワインが伝えてくれる響きは複雑で見識豊かなものになる。

▼ドメーヌ　もともとは「領域」「領地」を意味するが、ワインの世界では造り手の一つの単位のこと。ボルドーなどでは「シャトー」という単位が好んで使われるが、葡萄園内や隣接してワイナリーとしての城（シャトー）があるため。他には、造り手自身の名前や「家」を意味する“Maison”、あるいは「囲われた畑」を意味する“Clos”も使われている。

子どもの頃におもちゃ屋に行った時の喜びは、青年期になってワイン屋が与えてくれるようになり、それ以来、私にとってワイン屋は魔法の場所となっている。ワイン屋に入った時、あるいはレストランでワインリストを手に取って眺める時、初めてのデートの時のように、何か心わき立つものを感じる。パリのワイン屋やレストランなど、ワインが主要な役回りを演ずる場所をひと巡りすることは、私にとっては三つの意味で、プルースト▼的な旅である。まず最初に、あのサスカチュワン▼の森でのあの日以来、私が出会ってても飲んでもいいなかったあの一本をまざまざと思い出すことによって、私は時の流れをさかのぼることになる。第二に、まだ私の知らない、そしていつか出会うことになるかもしれない数百万本のワインたちを思って、自分の気持ちを投影してみる。そして最後に、私を現在に根付かせる第三の時がある。人は、友を選ぶかのようにワインを選ぶものである。自分の性格と自分の嗜好を、瞬間の啓示のように見て取るのである。

私は、妻のパウラと三人の赤ん坊とともに住んでいるリオの町を離れて、つい先日、パリに着いた。パリは私の子どもの頃の街であって、どんなに遠くに離れても、決して心からパリは離れてしまうことがなかった。私はここで、私の思い出の〝マドレーヌ〟を追い求めて、細心の喜びを感じながら数週間を過ごした。それは、私の〝液体のマドレーヌ〟と私自身がどれほど成長したのか、そのことを思い知る時間となった。

▼プルースト　一〇世紀のフランス文学を代表する小説家。一八七一～一九二二年。長編小説『失われた時を求めて』は、幼少の頃に口にしたマドレーヌ菓子の味をきっかけに、記憶をめぐる旅が綴られていく。

▼サスカチュワン　カナダの中央に位置する州。カナダで唯一、イギリス系とフランス系の住民が過半数を占めない州で、先住民との混血、ドイツやウクライナ系の住民が多数住んでいる。北部には針葉樹林が広がる。

第I部

カヴィストたちの物語

ワインを売る人／買う人

第1章　ルグランをめぐって——パリのワイン愛好家の嗜好を創ってきた店

一一月の凍てついたパリの朝、今はさびしげな公園になっているが、もとはレ・アール▼の市場だった所を、私は歩いた。この公園の木々とコンクリートでできている陰気なたたずまいは、何度も姿を変えてきたが、その目的はずっと変わらず〝新しいレ・アール〟を視線から隠すことである。しかし、その目的は達せられていない。まるで薄汚れたショッピングセンターの一部は、地下の墓から突き出てきたかのように見えるからだ。ここは、二つの意味で墓である。七〇年代パリにあった伝説的な青空市場の墓であり、ショッピングセンターの混沌とした迷路は、実際にその「地下」に建設されたものであるからだ。

私は、六〇年代に、母とここに来たことを憶えている。ここは、パリ全体に、肉やその他の食料を供給していたメッカであった。ありとあらゆる社会階層の人、主婦、浮浪者、証券市場から来た仲買人たち、そしてレストランの経営者たちであふれかえっていた。ここは地理的にも街の心臓部であった。レ・アールは、パリの人々の胃袋を満たす中心だった。シャルダン▼の絵に描かれているような、土に汚れた果物と野菜の色を憶えている。今の果物や野菜よりも鮮烈な色ではないが、細部にわたってもっと豊かでさまざまな種類の色調があった。四歳や五歳の子どもにとっては、どこまでも魅惑してやまない不思議の源であった。

サロペットを着た男たちが、まだ朝も早いというのにガブ飲みしている辛口で酸味のある溌剌とした赤ワインと、あたりのカフェのどぎつくクラクラするような匂いにも、私は心を奪われた。こうした匂いから感じられる元気溌剌とした雰囲気にふれると、両親が私たち子ども四人に飲ませてくれたワインの活き活きとした味を思い出す。もちろん飲む量は少なく限られたものだったが、そのおかげで私は、ワインの酸味、果実味、繊細な味に、幼い頃から慣れ親しむことができた。こうしたワインは、現在飲んでいるものと比べて美味しいわけでも不味いわけでもないが、はっきりと違うのは、ずっと軽い味で色も薄く、糖分も少ないことである。

興味深いことに、中世以来、農民たちが昼食の憩いのひと時に飲んでいたのは、色の明るい酸味のある赤ワインで、アルコール度数もせいぜい六、七度を超えなかった。一方、現在の平均的なワインのアルコール度数は、**ロワール**[R]産からニュージーランド産までおしなべて一二〜一四度である。もし、一九世紀初頭までこうした軽くて酸味の強いワインが、水を飲むよりも好まれていたとすれば、それはこうしたワインに何かエネルギーを与えてくれる元気や活力の素のような効果が期待されていたからではないだろうか、と私は思っている。レ・アールで働く人たちが、一日中、暇さえあれば「赤を一杯ひっかける」のを目にして、ワインが「燃料」であるかのような考え方に慣れ親しんだというわけだ。

ある意味、こうしてよく母に連れられて（母は、自由な精神とまではいかなくとも、少なくともこだわりの

▼**レ・アール**　パリの一区にあるかつては中央卸売り市場だった場所で、一八五〇年以降は「パリの胃袋」として知られた。市場はパリ郊外に移転し、現在は、地上は遊歩道のある広場、地下は「フォーラム・レ・アール」という巨大ショッピングセンターとなっている。「新しいレ・アール」とは、このショッピングセンターのこと。

▼**シャルダン**　一八世紀フランスの画家。一六九九〜一七七九年。ロココ美術全盛の時代にあって、一線を画し、中産階級のつつましい生活や静物画を描きつづけた。

ないしたたかな料理人であった）、市場のわき立つような雑多で混雑した場、いわばあまりにもパリ的な意味で秘密の通路が張りめぐらされた迷宮に来ていたおかげで、私の味覚、ワインに対する嗜好《センス》は形作られていくのだが、ここで私がふれていたのは、謎めいた感じと酸味、そして何というか民主主義的な感覚であった。

とは言っても、一一月のパリの朝の凍えるような寒さから、子どもの頃を思い出したわけではない。それはまったくもって、地球に温室効果が発生している二一世紀の時代の寒さでしかない。私は、六〇年代のレ・アールの亡霊のような想い出にひたるのはやめて、ヴィクトワール広場を横切った。広場には人気《ひとけ》もなく、くすんだ寒さがあるばかりだ。銀行通りの脇にあるルグラン▼というワイン屋に入ってみることにした。この店は、かつて一九世紀にそうだったように、ワイン屋というよりも食料品店のような感じがする。だが、時間が早すぎたのか、店のドアは固く閉まっていた。もう少し道を歩いて、パサージュ▼のギャルリー・ヴィヴィエンヌ▼に入った。ここは一八二三年に建設されたアーケード街で、帝政様式の商業施設だが、まさに芸術的な宝石のようだ。建築的にもたいへん魅力のある場所で、改装の脅威をかいくぐって現在まで生き延びたのである。もし改装がなされていれば、時の重みはすっかり消し去られて、観光地のような安っぽい魅力だけの平凡な場所になっていただろう。狭くエレガントな回廊が数百メートルにわたってつづき、アーケードの下には、ワイン屋・レストラン・美容院・古本屋などいろいろな店が立ち並んでいる。ショッピングセンターにすぎないと言われればそうだが、活き活きとして活気があり、近隣の人にも、遠くからわざわざ来る人にも、それぞれ人間の尺度に合った場である。生きた歴史の場なのだ。

ワイン屋ルグランのギャルリー・ヴィヴィエンヌ側の入口は、一九〇〇年に造られた木の枠組みとステンドグラスがしつらえてあって、あまりにも「本物」らしくて、模造ではないかと疑いたくなるほどだ。言わば、外国人の観光客、あるいは海外の映画監督が思い描くとおりの歴史あるワイン屋という感じだ。「古きパリ」「パリ時代博物館」のようで、絵葉書の写真みたいという風情である。しかしそれは、実際とは異なっている。このワイン屋には溌剌としたエネルギーがあって、このギャルリー・ヴィヴィエンヌと同様に、しっかりと現在に根を張っている。このあまりにも美しいワイン屋が生き残っている理由は、取り扱っているワインの品揃えによるものである。まさに最先端の、新しいワインの選び方をしており、それがずっとつづいている。少なくとも、店主だったリュシアン・ルグランが父親から食料品店を受け継いだ一九四五年から、この店はずっと変化しつづけている。その場で焙煎したコーヒーや食料品だけでなく、リュシアンはベルシー▼で樽買いしたワインに「食料品店店主ボトル詰め」のラベルを貼って販売しはじめた。四〇年間、ルグランは近隣のワイン愛好家たちの間では一つの基準でありつづけ、人々はここに来てリュシアンとともにワインの味見をし、おしゃべりをし、発見をしていった。そうしたワインには、一九七〇年代末の**ル・マス・ド・ドーマス・ガサック**(V)も含まれている。リュシアンの娘のフランシーヌは、一九八〇年代に店の跡継ぎとなった。一本のワインが、突然、欲望の対象として神聖視され、その造り手がまるで創造主のように高みに祭り上げられるようになると、葡萄栽培者自身がボトル詰めしたワインを集中的に扱って、客が選択できるドメーヌの幅を広げた。二〇〇〇年、彼女は、店を常連客のジェラール・

▼ルグラン　パリのワイン商（カーヴ／カーヴィスト）。正式名は、Legrand Fills et Files（ルグラン・フィーユエ・フィス）。所在地は、1, rue de la Banque 75002 Paris.

▼パサージュ　一八世紀後半以降、パリに建設されたガラス製アーケードに覆われた商店街。

▼ギャルリー・ヴィヴィエンヌ　パリ二区にあるパサージュ。一九七四年に歴史建造物に登録。メトロの最寄り駅は3号線ブルス駅。一九七〇年に高田賢三が出店、一九八六年にジャン＝ポール・ゴルチエと鳥居ユキが出店している。

▼ベルシー　パリ一二区にある地区で、近くを流れるセーヌ川の岸辺は、一八世紀以降、上流からの貨物、特にワインを降ろす船着き場があり、一九世紀中期以降は鉄道のリヨン駅に到着する貨物の倉庫も多く建てられた。現在は再開発され、公園と近くにミッテラン国立図書館、そして新たに鉄道の駅やパリ第七大学もできている。

シブール＝ボードリーと共同経営者のクリスチャン・ド・シャトーヴィユーに譲った。

1……NYのバルタザールのワイン・リスト

ルグランに初めて行った時のことを、もう憶えていない。が、それはおそらく八〇年代のことだろう。そのころ私は、かけだしの映画監督で、ニューヨークでソムリエを副業にしていた。私は今では、むしろ逆で、非主流の映画監督であり、初々しい気持ちを保っているソムリエである。二〇年前にパリに戻ってきた時、私は文なしの訪問客だった。ワイン愛好家が多くそうであるように、私も自分の分限をはるかに超えて、ワインにお金を注ぎ込んでいた。あまり知られていないワイン、なるべく良い年とされていない年のワインを探していた。場合によっては、最悪とされる年のものでもかまわなかった。ただし、最良の生産者のワインに限っての話だ。そうした買い方は今でも変わらないやり方で、私が一番の幸せを感じるものだ。「ぱっとしない」フェリーニの映画の方が、リュック・ベッソン▼の「最高傑作」よりもはるかにまし、というわけである。

このワイン屋の店員には、何かいつも恐れをなしてしまう。それは、どのワイン屋でもたいてい同じことなのだが。というのは、どのワイン屋でも店員は横柄な調子で、特に若い外国人にはそういう対応をする。しかし、威嚇的な対応に直面して不安になっていたものの、ワインに対する愛情が打ち勝って、手の届く価格で、すごいワイン（私にとって）を数々見つけられた。**モンティーユ**Ⓦの**ヴォルネー**Ⓡ、**ラフォン**Ⓦの**ムルソー**Ⓡ、**ジョルジュ・ルーミエ**Ⓦの**シャンボール**Ⓡ、**ジャック・ピュフネー**Ⓦの**ジュラ**Ⓡ、**シャルル・ジョゲ**Ⓦの崇高なる比類なき**シノン**Ⓡである。この**シャルル・ジョゲ**Ⓦは、このあとルグランで私がすることになる冒険において、非常に重要な役を演ずる驚くべき人物である。

いずれにしても、ニューヨークにある私個人のワイン貯蔵庫には、ルグランで見つけて運んできた逸品が何年も経つうちに貯まっていった。一九九六年一〇月にパリに来た時、私は映画『SUNDAY それぞれの黄昏』を資金面で支えてくれる手立てをどうにか見つけようとしていた。この映画は、私にとっては二番目の長編で、初めての完全なフィクションだった。すでに撮り終えて、半ば編集もしていたが、技術的な仕上げをするための資金が底をついてしまった。それは、醸造を終えているのにボトル詰めする資金のないワインのようなものだった。ニューヨークの陽の当たらない人間の中で交わされる愛の物語には、アメリカでも、フランスでも、誰も関心を持ってくれないように思われた。三週間で、パリで最も「進歩的な」配給元やプロデューサーのもとを二〇回ほど訪ねたが、どこに行っても結果は同じだった。一銭の資金も得られず、無名の若いアメリカ人映画監督などには気遣い無用とばかりに、鼻先でぴしゃりとドアが閉ざされることも少なからずあった。ワイン屋ルグランの近くを通りかかるのも控えようと考えていたことを憶えている。当時、本当にお金がなくて、浪費は厳に慎まなければならなかった。気分が少し落ち込んでいたので、店の「通」たちに面と向かう勇気がなかったようにも思う。一本のワインを買うにも勇気がいる時もある。それは映画の資金を求める時と同じことだ。

私が撮った次の映画『サインズ&ワンダーズ』▼は、よい思い出ばかりだ。この映画は、前作『SUNDAY』の思いもかけなかった展開のおかげで、皮肉にも制作できたと言ってもよい。パリで最悪の旅をし

▼**リュック・ベッソン**　フランスの映画監督・脚本家・プロデューサー。一九五九生まれ。『グラン・ブルー』で映画監督として地歩を固め、『ニキータ』『レオン』でフランスを代表する人気映画監督となった。

▼**『サインズ&ワンダーズ』**　"Signs & Wonders". 著者ノシターの監督第三作目のフィクション映画。二〇〇〇年公開。シャーロット・ランプリングとステラン・スカルスガルド主演。ギリシアに住むアメリカ人夫妻を主人公とした心理スリラー映画。日本では未公開。DVD（英語版）が販売されている。

た数週間後、私は『ＳＵＮＤＡＹ』がサンダンス映画祭▼でグランプリを獲得したことを知った。資金もなく、何の後ろ楯も得られなかったフィクション映画なのに。アメリカの自主制作映画としては、選考の対象に選ばれるだけで、オスカーにノミネートされるのと同じことにある。しかもグランプリを獲得したことで、私の映画監督としての生活は一変した。助監督を一〇年以上務め上げ（エイドリアン・ライン監督『危険な情事』もやった）、私の最初の長編映画『異邦の住民』はフランスではどの映画館にも掛からなかったのに、今度は世界の扉が開かれたのである。そう、カンヌ映画祭に招かれたのだ（コンペ部門と平行して行なわれている「〈ある視点〉部門」に選ばれた）。また、ＭＫ２というフランスの映画配給会社から、そしてハリウッドでは主要なエージェントから二つも声がかかり、さらにフォックス映画からは新しい映画の脚本を書く契約が舞い込んできた。半年前には『ＳＵＮＤＡＹ』が駄作で見込みがない映画だと言っていた人たちが、今度は「傑作」であるとか、「新たな古典」だのと厚顔にも言ってきた。私はワインの仕事をしていたおかげで、こうした意味ある判断とはかけ離れた、悪夢とも言うべき権力による罠に陥らないでいられたのかもしれない。

皮肉にも、私がソムリエとして本格的に独り立ちしたのは、もはや生活のためにソムリエの仕事をしなくてもよくなった、その頃であった。ニューヨークのレストラン「バルサザール▼」のために私が作成したワインリストは、途方もないものであった。アメリカではワインリストは基本的に葡萄の品種ごとに作成されているのに対して、各産地ごとに分類された各産地の造り手によるワインをすべて並べたのである。これは、映画が脚本家の名前によってではなく、出演者のスターの名前によって営業されているのと似ている。そのうえ、このリストにはフランスの醸造家のものしかなかったのである。これは驚異だった。ニューヨークにある屈指のフレンチレストランでも、カリフォルニアのワイン産業によるものや、イタリアのマフィアに九割方は実権を握られている販売網から入手したものが、かなりの部分を占めているのが実情である。

ニューヨーカーにとって、「フランス風」高級ビストロであるバルサザールは、五〇〇万ドルの投資によって開店にこぎ着けたと言われているが、マネージャーは、フランスワインしか置かないこと、葡萄品種による「スターシステム」を作らないことは、経営的には自殺行為だと言った。映画『SUNDAY』がサンダンス映画祭でグランプリを獲得する前、映画配給元は、スターが出ていないこと、しかもクイーンズ区というニューヨークでもパッとしない〝テロワール〟が舞台であることを難点だと言っていた。私は、このワインリストについての指摘も、似ている気がした。

バルサザールのオーナー、キース・マクナリー▼は、ニューヨークで最も著名な(そして改革派の)レストラン経営者というだけでなく、映画監督でもあることは、私には幸運だった。ロンドンのタクシー運転手の息子である彼が、ナイトクラブやレストランを何軒も開いたのは八〇年代から九〇年代にかけてのことだった。そうした店には、いつも時代に少し先んじた雰囲気があり、当時のニューヨークに独特の洗練されたシックな感覚とあいまって、まさに流行の場となったのである。キースの店(あるいは競合する兄弟のブライアンの店)は当時の流行の先端であり、最も愉快な場所だった。一九八六年に開店した店「ネルズ▼」は〝ダウンタウン〟の常連にとって、この街では最後の魅惑的な、何が起こるかわからない、何で

▼**サンダンス映画祭**　アメリカのユタ州のパークシティで開かれている映画祭。日本のNHKもスポンサーになっている。自主制作映画を対象として新しい才能の開拓を旨とし、コーエン兄弟やロドリゲス、タランティーノなどを育てた。

▼**バルサザール**　ニューヨークのソーホーにある、一年中、朝から行列ができる人気店。オニオンスープが名物。キース・マクナリーがオーナー。Balthazar. 80 Spring St. New York City.

▼**キース・マクナリー**　一九五一年、ロンドン生まれ。ニューヨークの「レストラン・キング」と称される。「バルサザール」「ネルズ」の他に、「パスティス」「シラーズ・リカーバー」「モランディ」と、それぞれに特徴ある人気店を経営している。映画監督でもあり、一九九〇年と九二年に作品を発表。

もありのクラブだった。一九九六年に開店した「プラウダ」▼も、あのジュリアーニ市長によってニューヨークを金持ちと特権階級のための街にしてしまうという新しい時代が始まって、最初の（そして唯一感じのよい）ブラスリー・クラブと言えるが、ずっと変わらずその質を保っている。

　ニューヨークの文化で誇るべき点は、熱いコスモポリタニズムや境界のない階級の混合、そしてマネーと人種とイデオロギーの流動性によって、常に文化が生まれてきたことである。この雑多なニューヨークで私の父は生まれたが、私はこの街とは、七〇年代初めから、「ソムリエ」として初めてワインリストを作った八〇年代末までつき合ってきた。そのワインリストのレストランは、ロウワー・イースト・サイドのかなり危険な地区、アベニューCと九丁目の交差点近くにあった。「麻薬の売人」たちが歩道にたむろしているようなところだ。最初「ベルナール」という店名だったが、映画俳優ドゥパルデューに似たフランス人のオーナーがあまりに街の悪業を利用しすぎているのに対して、ソムリエとウエイターたち、シェフと皿洗いがこぞってクーデタを起こし、新たに「メテック（よそ者）」と名前を変えた。キース・マクナリーの友人から資金援助を得て、レストランは社会主義的な運営に生まれ変わり、非合法に滞在しているメキシコ人の皿洗いも利益の一端を得られるようになった。しかしこの実験的経営は、半年しかもたなかった。

　しかし、このレストラン・ベルナールとメテックという名の店は、短い営業期間ではあったが、有機作物を使うという方針と本格的な美食を結びつける試みを、ニューヨークで初めて行なったと言える。客層は、最後まで常連客として来てくれていた近隣の住民と、高級な「アップタウン」の住人だった。後者の人々はタクシーで乗り付けてくるが、この地区に恐怖を抱いており、タクシーを降りると店の入口まで走ってくる人も多かった。私たちは毎日のように、その様子を見て笑い転げたものだ。そうした中には、エミール・デ・アントニオ▼、ジム・ジャームッシュ▼、ロバート・ラウシェンバーグ▼など芸術家や映画関係者、ニューヨーク大学の学生、店からすぐ近くのトンプキンス・スクウェア▼近辺に住む若いミュージャンたち、かつてデヴィッド・ボウイやイギー・ポップ▼が活動したライブハウスCBGB▼に集う音楽家たちがいた。街の雰囲気があまりに「クール」なので、名もない者もスターもみんな同じ家に住んでいるかのようにくつろいでいた。同じ街を共有していたというわけだ。

ニューヨークの〝テロワール〟は、若者たちだけでなく、イギー・ポップのような「老いぼれ」によっ

▼**ネルズ**　Nell's, Nells. ニューヨークのマンハッタン中心部、西14丁目246番地にあったナイトクラブ。二〇〇四年に閉店。有名人でも入場を断わられる超人気店だった。映画『アメリカン・サイコ』の舞台にもなった。

▼**プラウダ**　ニューヨークのノリータにあるバー。七〇種類のウォッカとロシア系の料理が揃っている。Pravda. 281 Lafayette St New York, NY 10012.

▼**エミール・デ・アントニオ**　一九一九～八九年。アメリカのドキュメンタリー映画の監督・プロデューサー。ケネディ大統領暗殺に関する映画『Rush to Jugement』、ベトナム戦争のドキュメンタリー『In the Year of the Pig』などで知られる。

▼**ジム・ジャームッシュ**　一九五三年生まれ。ニューヨーク・インディーズ派を代表する映画監督。代表作に『ストレンジャー・ザン・パラダイス』『ブロークン・フラワーズ』など。

▼**ロバート・ラウシェンバーグ**　一九二五～二〇〇八年。アメリカにおけるネオダダの代表的な美術家。のちのポップ・アートにも影響を与えた。

▼**トンプキンス・スクウェア**　マンハッタンのイースト・ヴィレッヂの中心にある公園。当時は麻薬取引のメッカで治安が悪かった。

▼**イギー・ポップ**　一九四七年生まれ。パンク・ロックの先駆者とされる歌手。一九六七年、バンド「ザ・ストゥージズ」結成。現在「パンクのゴッドファーザー」と称されている。

▼**CBGB**　ロック・パンク系で有名なライブハウス。一九七三年に営業開始し、セックス・ピストルズ、ラモーンズ、トーキング・ヘッズなど、多くの音楽家・アーティストを輩出した。二〇〇六年閉店。

てもめまぐるしく過去が再創造され、そして更新されていくという意味で、他にはないものである。街が変化していくほどに、むしろその街らしくなっていくという感じだ。文化的な熱狂という点でも、これほど活き活きとしたテロワールは他に想像できない。しかし、ジュリアーニが市長として政治権力を奪ってから、この街の現実は変わってしまった。市長在任の八年の間、貧しい者、陽の当たらない者、(文字通り警察の網にかかってしまう)住所不定の者たちを、この街から追い出すことによって、雑多なことで成立していた活気を徹底的に消し去ってしまった。ますます独断専横になっていったジュリアーニは、不動産業者たちが雑多な地区(当時はどこもほとんどそうだった)を破壊して、いわゆる「デラックスな」匿名の建物を次々と建てていくままにまかせたのである。たとえ最近のものであろうと、そうした地区がもっていた歴史の艶やかさは消し去られてしまった。彼が意図していたのは、マンハッタンを巨大な権力のショッピングセンターにする政策を推し進めることだった。つまりこれは、「儲かる」ことだけを求めて、「凡庸なものを目指した」ということである。

かけだしの芸術家、音楽家、映画人、ジャーナリストたちには、もうマンハッタンに住む手立ては残されていなかった。ブルックリンやクイーンズ、ブロンクス、ニュージャージーに散っていくしかなかった。この現象からは二重の結果が生じた。ここに残った人たちは新しい世代によって刺激を受けることもなくなり、したがって他の場所と同じように日ごとに少しずつ無気力になり、現状に満足するようになっていった。一方、ここに来る若者たちはあまりにもまとまりがないので、マンハッタンにあったあの摩擦感に刺激を受けることもなくなった。一九八八年と九九年にイースト・ヴィレッヂで私が撮った最初の映画『異邦の住民』を改めて観てみると、ボヘミアン生活の終焉に対する、あるいは本当の〝ニューヨーク的思考〟が終わってしまったことに対する、無意識の挽歌を感じてしまう。

ソーホーは、もともとは職人と芸術家の街だったが、今では偽物の職人の店が集まったショッピングセンターと化してしまった。バルサザールが開店した一九九七年は、そうしたマンハッタンの消滅の最終段階であり、私はそこに立ち会ったわけである。しかし、まだジュリアーニ化に抵抗する、小さな飛び地のように残された場があった。キース・マクナリーは、自分の新しいレストランにそうした響きのよいシックな、同時に深い意味で民主的なニューヨークを見出そうとしていた。私にとってまさに幸運だったことに、私の提案したワインリストにある急進的な嗜好《センス》の押しつけが、「スタイル」として戦略的だとキースは考えてくれた。これ以上ないほど品質と値段のバランスの取れた最上のワインだけを選んで、マドンナやウッディ・アレン、そして当時まだニューヨークに立ち寄ることが多かったジェット機族の国際的な政治家・俳優などに出すという考えを、キースは面白いと思ったのである。その後しばらくの間、この地球で美食に関わる最も冷笑的な行ないに慣れ親しんだ人たちが（ここで念のために言うと、財布のひもの一番ゆるい人たちが最も他人の冷笑にさらされているということ、それは無視できない法則である）、ニューヨークで一番の流行の場所に行き、異論の余地のない典型的な自然有機製法のワインだけを、しかもまったくの安価で飲みまくったのである。この安価であるということによって、以前のように、嗜好《センス》はあるがお金のない若者も、この店に入ることができた。

私が映画『サインズ＆ワンダーズ』のためにギリシアとパリを旅してからかなりの時が経たが、キース・マクナリーは私が念入りに仕上げたワインリストをまだ使っている。これは、ワインの世界では審美的で厚かましくない考え方が、結果的には損をさせないものだと明らかになったからである。

ワインの世界では、葡萄畑の土地との誠実な〝契約〟（化学肥料を使わず、自然を尊重することなど）によって、またワインの醸造を通じてその土地の風土が表現されることによって、都市の住民である私たちも、「生産品」や関係者との間に、美的な関係を結ぶことが可能になるのである。

2……カリフォルニアワインとハリウッド映画

サンダンス映画祭での受賞の後、ヴィトルド・ゴンブロヴィッチ▼の小説『コスモス』に着想を得たアイロニカルな心理スリラーの映画『サインズ&ワンダーズ』のシナリオを書こうとして、ハリウッドでせっかく契約を交わしたにもかかわらず、その半年後には、いかに双方が真摯に歩み寄ろうとしても文化的な意味で埋められない溝があると、はっきりと私には見えてきた。ニューヨークに居を構えたイギリス人の詩人で、私とともにシナリオを書いていたジェームス・ラスダンと一緒に、何度もカリフォルニアのロサンゼルスに赴いて、フォックス映画のパトロンたちとシナリオについて、共通の言葉、つまり妥協点を見出そうと試みた。その度に、彼らの映画についての見方と、私のカリフォルニアワインについての見方とが類似していることに気がついて驚かされた。

この二つに共通しているのは、「カリフォルニア・テイスト」が素晴らしく仕上がっていること、醸造の姿勢として一貫して見事に「カリフォルニア・テイスト」を出していること、この二つが誰の目にも明らかなことである。しかし一方ではっきりと言えるが、映画と同様にワインにも、「カリフォルニア・テイスト」には、思いもかけない偶然というものの喜び、また歴史とのつながりを感じる可能性がほとんど期待できない。そうした偶然の喜びや歴史とつながっているという感覚が、少なくとも私にとって幸福のためにきわめて重要な要素なのである。

一九九八年の春、伝説的なプロデューサーのマリン・カルミッツ▼が、『サインズ&ワンダーズ』をMK2で引き受けることを約束してくれた。すぐに私はアテネに移って、ロケハンを始めた。そして時々パリに赴いて、キャスティング▼などの打ち合わせをした。その中には、最終的に主演を務めることになる女優シャーロット・ランプリングとの記念すべき出会いも含まれている。私は、最初に会う約束をした昼食の席に遅刻してしまったのだが、彼女を見て、びっくりしたとともに、うれしくなってしまった。彼女はすでに**メドック**Ⓡのワインを注文して、呑気に飲み始めていたのだ。ロサンゼルスなら、キャスティングを決める昼食では、たとえノンアルコールのビールでさえ飲むような俳優はいない。私は、自分が〝権力〟ではなくむしろ〝嗜好《センス》〟で選んだのも、また〝野心〟よりも〝偏愛〟で選んだのも正しかったと、身に染みて感じた。もう一人の主演、ステラン・スカルスガルドが出演を引き受けた時にも、同じ直感があった。ただ、彼は一つ条件を付けていた。それは私が、フランス、イタリア、そしてドイツのワインをたっぷり供給して、アテネでの撮影を我慢できるように改善するというものだった。アテネの町は、これ以上ないほどうるさくて、埃っぽく、汚れていた。奇妙なことに、七〇年代のニューヨークを思わせたし、そのおかげで撮影にぴったりな場所だった。

そういうわけで私は、パリに足を運ぶ度に、ワイン屋ルグラン、あるいはバスティーユの素晴らしいワイン屋、レ・カプリス・ド・ランスタン▼（店名は「一瞬の気紛れ」という意味）に寄って、ワインの買い出しをした。**ラヴノー**Ⓦの**シャブリ**Ⓡ、**ジンド＝ウンブレシュト**Ⓦの**リースリング**Ⓒ、**シノン**Ⓡにある魅惑的なテロ

▼**ヴィトルド・ゴンブロヴィッチ**　一九〇四〜六九年。ポーランド出身の小説家・脚本家。アルゼンチンに旅行中に祖国ポーランドがナチス・ドイツに占領され、そのまま亡命生活を送る。一九六五年の『コスモス』では国際文学賞を受賞。現代社会と過去の文化との葛藤、実存主義的な不条理を、明晰な描写によって作品化し、後にサルトルをはじめ、フーコーやロラン・バルト、ラカン、ドゥルーズらにも影響を与えた。

▼**マリン・カルミッツ**　一九三八年生まれ。映画のプロデュース・監督・配給に携わり、フランスでは「MK2」という自主制作映画を主に配給する会社を創立した。

▼**シャーロット・ランプリング**　一九四六年生まれ。イギリスの映画女優。代表作に、ヴィスコンティ『地獄に堕ちた勇者ども』、リリアーナ・カヴァーニ『愛の嵐』など。著者ノシターが『モンドヴィーノ』の次に監督した作品『Rio Sex Comedy』（二〇一〇年）にも主演している。

ワールで**シャルル・ジョゲ**Ⓦの愛と才能によって花開いた**シェーヌ・ヴェール**Ⓥ（青樫）と**クロ・ド・ラ・ディオットリ**Ⓥのここ数年のワイン……。撮影が終わって夜になると、これらのワインを囲むことで、ギリシア風心理スリラー映画の撮影現場は穏やかな雰囲気になっていった。一九九八〜九九年のワイン市場では、**シャルル・ジョゲ**Ⓦの最後のワインがまだ出回っていたが、実はその時にもう彼は、自分の名前のついたドメーヌを売却しなければならないところまで追い込まれていた。そんなことも知らずに、テロワールが大事だ、あるいは人の手の方が大事だと相反する議論をしながらワインを味わっていた（テロワールと人の手の両方がなければ、まったく意味がないのだから、そもそもそういう議論は間違っている）。それから二年後、その矛盾した議論が題材となって、『モンドヴィーノ』が撮られることになる。

3……夫と妻、そして息子のドメーヌ物語——イヴォンヌ・エゴビュリュ

二〇〇二年、『サインズ＆ワンダーズ』につづき、長編映画『モンドヴィーノ』を撮影している際に、私をワイン屋ルグランに連れ戻してくれたのは、**ベアルネ**Ⓡのワイン醸造家**イヴォンヌ・エゴビュリュ**Ⓦであった。彼女は自分の造っている**ジュランソン**Ⓡのワインの試飲会を催していた。この原産地名で出ているワインでは、私が知っているかぎり最高のワインを彼女は造っている。もちろん**ベアルネ**Ⓡは、やや甘口のワインで知られている。

イヴォンヌには、八か月前に、一度だけ会ったことがあるだけだった。その日は、朝の九時にポーの近くにある彼女の葡萄畑に出向いて、彼女を撮影するかどうか決めるために短いインタヴューだけをする予定だった。言わばキャスティングのためだけだった。それが、一日中、撮影を止めることができなくなって、結局、八時間もずっと一緒にいることになった。ジーンズに大きめのセーターを着て、丈夫で活き活きとした七五歳のこの女性は、見た目には一五歳は若い。葡萄畑になっている丘の粘土質の土を手ずから

耕し、葡萄の木一本一本に情熱を傾け、有機栽培に対する熱烈な、しかも愛情の深い入れ込み方、その率直なもの言い、そうしたことすべての点で、私は彼女に本当に魅了されてしまった。ああ、こういう人が根っからの田舎の女性なのだと思った。

ところが、八か月後に、ギャルリー・ヴィヴィエンヌのパサージュで、黒のシャネルスーツを着た彼女と再会しようとは、何という驚きか。それもお洒落な装いをしたパリの人々四〇人ばかりに囲まれてである。

ピレネー山脈の麓にあるイヴォンヌのドメーヌを訪ねた時、彼女の夫が癌のために六五歳で亡くなったこと、そしてその死から半年経った一九八七年に、六ヘクタールの畑に葡萄を植え始めたことを話してくれた。その畑の土地は、一九七二年に夫と二人で手に入れたのだという。畑に根を張っていった葡萄の木は、ジャーナリストとしての一生に捧げた夫の精神の象徴のように感じたという。夫の名「ルネ・エゴビュリュ」を冠したワインは、現在、彼女の造っている最高のワインである。夫ルネは、第二次大戦中はナチスに抗するレジスタンスとして活動し、戦後はポーでジャーナリストとして活躍した。イデオロギーを遵守するよりも自由に思考することが重要だと考える彼は、フランスで左派が政権を執ると（一九八一年、ミッテラン政権）、半日も経たないうちに、権力をチェックするジャーナリストとしての立場から妻にこう宣言したという。「おれは、これからは、左派を批判する立場になる」と。

イヴォンヌを初めて見たとき、私の母ジャッキーの茶目っ気たっぷりの優しさを思い出した。有機栽培

▼**レ・カプリス・ド・ランスタン**　パリのバスティーユ広場近くにあるワイン専門店。客の好みに的確に応えるとともに、最良の選択を促すための詳しい説明を丁寧にしてくれる。Les Caprices de l'Instant, 12 Rue Jacques Cœur 75004 Paris.

▼**ポー**　Pau. フランス南西部、ピレネー山脈の渓流ポー川沿いに位置する、ピレネー・アトランティック県の県庁所在地。

を通じて自然をいかに尊重すべきかという話の合間に、彼女は夫のレジスタンス活動の素敵な話を、畑のまん中で私にしてくれた。その話しぶりは茶目っ気たっぷりではあるものの、目には涙があふれそうだった。映画の演出としては、これ以上に感動的なものは考えられないと思う。私の父も同じくジャーナリストだったが、一九九二年に癌で亡くなった。父は、ケインズ的な考え方を持っていたが、ルーズベルトのニュー・ディール政策に影響を受けて、どのように社会と関わっていくかの信念を抱いたようだ。しかし私が憶えているのは、右派でも左派でも、神聖不可侵と思われている人を攻撃するのを楽しみにしていたということである。父は、四〇年間、ジャーナリストとして働き、『ワシントン・ポスト』や『ニューヨーク・タイムズ』で政治経済に関する記事を数多く執筆し、著書を五冊出版した。亡くなる二週間前のこと、自分の頭が思考能力を失えば命には執着しないという医師への手紙を、もうペンを握る力がなくなっていたため、私が父の言葉を聞きながら代筆した。

「人々が理解しあうこと、人々が才能を開花させること、これらをさまたげるものを打ち破るために、私は、私的にも公的にも人生の大半を過ごしてきました。希望のない、植物のような存在として、命だけをただ長引かせることは、私は偽善的なことだと考えます」

父は、ジャーナリストとしての義務は、誰であれ自由に発言できなくなることがあれば、すべての言論弾圧に対して闘うこと、そして権力の行使を徹底的に調査することであると深く信じていた。当時、私はこうした考えは左翼的だと考えていた。しかし今では、ありとあらゆるイデオロギーを超えた、美しい社会との関わり方だと理解している。

そういうわけで、イヴォンヌが息子さんを紹介してくれた時、私はとても感動してしまった。彼は、癌で亡くなった闘う独立不羈のジャーナリストの父と、自由で気ままな心を持った母から生まれた子である。パサージュの店にあふれんばかりになって、気取った人々がイヴォンヌのワインを次々と試飲する中で、私は、濃いヒゲを生やした彼と握手しながら、自分自身の〝テロワール〟の雰囲気と対面しているような気がした。

しかし、ジャン＝ルネ・エゴビュリュという四五歳の息子さんは、珍しいケースだった。彼は弁護士で、パリ弁護士会の元会長。そして、とても消極的で、外国人の私には父親のことを話したがらないように見えた。これは理解できることであるし、同じテロワールでも、必ずしも誰とでも共感できるとはかぎらない。後になってイヴォンヌが説明してくれたのは、もしジャン＝ルネが煮えきらない態度に見えたとすれば、彼がパリの弁護士の職を捨てて、**ベアルン**®で葡萄作りをするという意思を示してこなかったからだという。これもまたよくわかる。こうした事情こそが、ワインの世界にある基本的な問題点を垣間見させてくれる。

父母が、成功したと思っている事業を子どもが継いでほしいと願うのは、どの世界でも見られることだ。しかしその場合、二つの世代の意志が一致していることが鍵となる。ある映画監督の作品が時代を超えて評価され、監督の存在をも超えていくような意味を持つには、誰かがその監督の仕事を受け継いでくれる必要などない。例えばだが、私の映画▼が傑作かどうかは別として、時代を超える作品になるためには、私の子どもが映画作家になって跡継ぎとなり、手を加えたり、工夫したりする必要はまったくない。

それに対して、ワインの造り手は、自分の造った最後のワインとともに消えてなくなる運命にある。自分とは同じ価値を共有しない誰かがドメーヌを継げば、同様に自分が消えてなくなる。四季それぞれの仕事、長い期間にわたる投資も、心を分かち合える跡継ぎや、絶え間ない再発見なしに生き残ることはほとんど不可能である。

イヴォンヌの置かれた状況は、伝統のあるドメーヌに比べて、良い点もあり、悪い点もあった。良い点

▼**私の映画**（原注）あまりにも厚かましい譬えかもしれない。オーソン・ウェルズ曰く「最も下品なことは、お金の話を除いて、自分の自慢をすることである」。

とは、**シャルル・ジョゲ**[W]のように先祖代々受け継いできたドメーヌがある一方で、ピレネー地区のスーシュにある彼女のドメーヌは二〇年しか歴史がないことだ。そして悪い点というのは、彼女が自分のドメーヌを立ち上げたのが人生の終わり頃になってからということである。しかも無から、途方もない努力をして、独立した力強いテロワールを求めてドメーヌを作ってきたのである（これは、はっきりとした性格を持たずに出荷されるワインがあまりに多い**ジュランソン**[R]では希有なことである）。そして、もし息子が彼女の跡を継がなければ、すべてが消えてなくなってしまうかもしれない。しかし、このドメーヌとワインは、父と母の愛の力の成果としてこの世にあるのだから、まさに彼こそがその跡継ぎとなり、また次の新たな世代へと生かしつづけることのできる唯一の存在なのである。

　なぜ、この母は闘いつづけているのだろうか。自分が死ぬと消えてしまうものを守るためだろうか。ドン・キホーテのような闘いなのだろうか。彼女の矛盾した状態を知れば知るほど、私は母のことを思い起こしていた。私の母はイヴォンヌと違ってずいぶん前から生きる力をなくしているけれど、だからこそ母を思った。母と同じ気ままなところ、あまりに不器用なので、それを繊細さと感じられてしまうようなある種の魅力、そして自分にも他人に対してもあまりに頼りない感動的なまでに困った不安定さを、私はイヴォンヌに感じていた。ルグランでのこの試飲会の時には、そんなことを思いもしなかったが、母はその三か月後に亡くなった。その時、私はアルゼンチンの奥地にある葡萄畑にいた。突然、母が亡くなったことで、三年間に及んだ『モンドヴィーノ』の撮影は、終わりを告げることになった。その後の編集の期間は、言わば母に対する感謝を思いつづけた喪の日々となった。撮影が、父に対する敬意の確認の日々となったように。

　すでに彼女のワインに魅了されている客もいれば、あるいはこれから納得してもらわねばならない客もいる。その間を精力的にイヴォンヌがめぐっている時、ジャン＝ルネは私のカメラを避けるかのように端っこの方に遠慮がちに立っていた。けれども、彼が飲んでいるワインにある策略が隠されているのに、私は気がついていた。その口当たりのよいワインは、彼の娘の名前、つまりイヴォンヌとルネ・エゴビュリュのたった一人の孫の名をとって「キュヴェ・マリ＝カタラン」と名付けられていた。マリ＝カタランは、一九九三年に生まれた。二〇一一年には一八歳になっているだろう。その時、イヴォンヌは八八歳になっているはずだ。

4……シノンの魔術師シャルル・ジョゲ——本物の味と模写の味

その一年半後の二〇〇三年一〇月、私はパリに戻って、『モンドヴィーノ』の編集を終えようとしていた。五〇〇時間、二年をかけた編集である。私は、一〇区にある屋根裏部屋で仕事をし、寝泊まりしていた。そこはとてもよい場所だったが、アレクサンドラ・ド・レアルという大家さんの厚意で、特別に安い家賃で借りられたところだった。生粋のパリっ子だが、不思議に彼女もまた母を思わせた。最初はジャン＝ジャック・サンペ▼と離婚し、次にフランク・ホーヴァット▼と離婚した彼女は、写真家であり、素晴らしい美人であったが、まさにプルースト的な、自由奔放な生き方が感じられた。彼女自身がプルーストを最愛の作家としているのは偶然ではないのかもしれない。自宅の祭壇のような書棚には『失われた時を求めて』の初版と草稿をまとめた版が収められている。彼女は、まさに偶然によって引き合わされた守護聖人のような人で、『モンドヴィーノ』の完成を見守ってくれた人である。

編集作業に勢いをつけるため（そして、計画では三か月で終えるつもりだったのに、資金もないのに四年も

▼ジャン＝ジャック・サンペ　フランスでも国民的な人気のある漫画家。一九三二年生まれ。一九六〇年に描き始めた『プティ・ニコラ』シリーズで人気を得た。
▼フランク・ホーヴァット　一九二八年、イタリア生まれ。パリで活躍している、ファッション写真のカメラマン。

費やしてしまった不安を払いのけようと）、ほとんど毎晩のように六時頃になると白ワインを一本開けて、編集仲間と飲んだ。『モンドヴィーノ』が初めての映画で、私のアシスタントをしてくれた才能豊かなロラン・ゴルスはいつも一緒で、時にはファン・ピッタルーガ▼が顔を出すこともあった。彼は、私に協力してくれる最良の友人であり、映画監督でもある。そしてパウラ・プランディーニ、今は私の妻だ。ブラジル人の写真家で、初めて編集作業をした時、六時間の上映で、最後まで立ち会ってくれたたった一人の人物。それが愛の証となった。

イヴォンヌが造った素直で香りのよい辛口の**ジュランソン**Ⓡ、**オーベール・ド・ヴィレーヌ**Ⓦの品のよい、力のある**ブルゴーニュ・アリゴテ**Ⓥ、あるいは**フィリップ・フォロー**Ⓦの落ち着いた、しかし生きのよい**ヴーヴレー・ドゥミ・セック**Ⓥなどの白ワインを味わった後、もし編集作業が夜一〇時を過ぎてもつづく場合は、赤ワインを飲まなければつづける勇気が沸いてこないというものだ。パリでこの作業を始めた時、「本物」の**シャルル・ジョゲ**Ⓦの**シノン**Ⓡ、**シェーヌ・ヴェール**Ⓥか**ディオットリ一九九二年**Ⓥもの、あるいは九三年ものをワイン屋ルグランで買って飲んでいた。けれどもある日のこと、何となく、もっと最近のミレジム（ワインの製造年度）、例えば九八年や二〇〇〇年のを飲んでみることにした。

何百本も転がっている編集テープの上の棚には、空になった九二年のボトルが飾ってあるが、新しいものも古いものもラベルには「ジョゲ」とある。同じラベルで、同じテロワール、同じ名前。**シノン**Ⓡの魔術師**シャルル・ジョゲ**Ⓦの名前を聞いたことのあるワイン愛好家なら、誰でもうれしくてたまらなくなるという代物だ。土まみれになっても陽気に仕事をする農民であり、また絵描きでもある彼は、見た目と魅力、才能、そしてユーモアの点で、いにしえの俳優ミシェル・シモン▼と瓜二つである。シノンの町の名を世に知らしめたのは、この町の出身の大作家ラブレー以来かもしれない。

ルグランで**シャルル・ジョゲ**Ⓦの最近のミレジムを買ってみたのは、ある不安を確認するためだった。それは、**イヴォンヌ・エゴビュリュ**Ⓦの家にもいずれ起こるかもしれない悲劇が、**シャルル・ジョゲ**Ⓦのドメーヌで実際に起こっていたからである。シャルルには跡継ぎがいなかった。そのためドメーヌは他人に売り払われた。職人の頂点を極めた男の名前は、すでに一つのブランドとなっていた。パリからニューヨーク、リオから東京に至るまで、「シャルル」のワインを買っていた数千もの人たちが実際に買っていたのは、職人仕事の「ブランド」であった。

子どももなく借金に苦しんでいるシャルルが、財政的に共同経営をして支えてくれていた近隣のドメーヌのオーナーにドメーヌを売り渡さなければならなくなった一九九七年から、「ジョゲ」と名の付いたワインが美味しくなくなったと言うつもりはない。しかし、芸術家の感覚が失われてしまうと、ワインはあっという間にありきたりのものになってしまった。シャルルは、パリの美術学校ボーザールで学んでいたし、葡萄栽培とワイン醸造の実績を上げていくとともに、画家としての仕事もつづけていた。産地証明(アペラション)の付いた二つの最も素晴らしいテロワール▼でさえも、細部と複雑さ、とりわけ思いがけない発見をする感覚がなくなって、人と葡萄とテロワールとの間の共生関係によって発生する、わくわくさせるような何かが失われてしまった。

そのことは、いかなる芸術においても同様である。音楽でも、絵画でも、そして映画でも。芸術作品の本当の魔術が発揮されるのは、思いがけないものが一瞬生み出され、表現に影響を与えた時だけである。

▼**ファン・ピッタルーガ**　一九六〇年、マドリッド生まれ。映画監督・プロデューサー・シナリオライター。映画『モンドヴィーノ』でもプロデューサーを務めた。

▼**ミシェル・シモン**　一八九五～一九七五年。スイス生まれの映画俳優。個性的な風貌と卓越した演技力で知られ、フランス映画界に欠かせない俳優となる。代表作に、ジャン・ルノワール監督『牝犬』『素晴らしき放浪者』など。

▼**二つの最も素晴らしいテロワール**　AOCシノン内の区画クロ・デュ・シェーヌ・ヴェールとクロ・ド・ラ・ディオットリーを指す。

道具とともに生きている芸術家だけが、この恩寵にあずかることができる。映画監督であれば、役者それぞれの精神状況を見抜き、魂を共鳴させて、現実の、しかも一瞬の光景として捉える。ジャズミュージシャンならば、楽器だけでなく、演奏者たちとの親和感や共犯感があって初めて、「うまくできた」だけのものとは次元の違う演奏となる。葡萄の実と、そして土とともに生きている。葡萄栽培職人（芸術家と言ってもよい）も同じように、葡萄の木と葡萄の持ち主が毎週のように来るから、はたまた毎日見習いの職人が技術をじっと観察しているからといって、「一瞬の思いがけないもの」が生ずるわけではない。

「ドメーヌ・シャルル・ジョゲ(W)」のワインは、どの年のものも、すべて味わってみた。近年のは個性がなくなって、中身にハッとさせるところのない、謎のない味だ。まるでニューヨークのMOMA（ニューヨーク近代美術館）に入って、ジャクソン・ポロックやデ・クーニングの作品の代わりに、その模写を見せられたという感じだ。いや、もっと悪い。模写を、本物だと偽ってはないからだ。確かに、法律上、そして流通上は「本物」なのかもしれない。しかし、ポロックやデ・クーニングの模写が、平凡で光るものがなく死んでいると感じたとしても、それを口に出さず、仕方なく受け入れているようなものだ。「間違ったことを言う」のを怖れて、「自分の味覚に自信がない」から、あきらめてしまうのかもしれない。あるいは、「私は何も感じないけれど、それは何も知らないからだ。私が悪いのだ」と思うのかもしれない。そう、これが巧妙に大衆の「嗜好」を駄目にしていくやり方である。大衆から嗜好を取り上げる。個性の発露を禁ずる。ムッソリーニとファシストのプロパガンダは、まさにこういうやり方をした。

二〇〇四年一月の中旬のある夜のこと、カンヌ映画祭の選考委員会に見せられるように、今や五時間少しにしたフィルムをさらに編集しようと絶望的な努力をつづけていた私は、ひと休みして夕食にすることにした。サンドイッチを作って、ジョゲのところの**ディオットリ一九九九年**(V)を開けた。豊かな味わいがあり、しかし重たくはない。ぐっとつまった感じだが、洗練さに欠けていない。けれども、このワインは黙ったまま語りかけてこない、という感じだった。「間違って」はいないが、物語がなく、何も語りかけてこない。このワインをしっかり受け止められない「状態」にあるのは、私のせいなのか。私がこのドメーヌの歴史を知ってしまったことが、味覚に影響してしまったのだろうか。それとも、他の年代の「偽ジョゲ」の**シノン**Ⓡがっかりするような味だったせいで、この一本をきちんと味わうことができないのだろうか。そうかもしれない。しかし、新しい経営体制のものを、もう三〇本近く味を見てきたのだから（その中には真摯でいいものである、あのアラン・ドロネーとともに**シャルル・ジョゲ**Ⓦのワイン貯蔵所を訪ねた時のも含まれている）、その晩の私の味覚は何かを正しく感じていたのだと思う。

一九九七年にジャック・ジュネが買い取った**シャルル・ジョゲ**Ⓦのドメーヌは、一一ヘクタールの畑で年産およそ七万本の規模だった。二〇〇四年には「ジョゲ」を冠するラベルの付いた新しいドメーヌはすでに三九ヘクタールと畑を広げ、年産三五万本になっていた。さらに悪いことに、ワインの大部分はシャルルのテロワールとはまったく関係のない畑から持ち込まれており、そのうち二二ヘクタールは盆地にあるたった二つの区画からだった。もともと**シャルル・ジョゲ**Ⓦは小さな区画しか持っていなかったし、それもすべて丘になっている畑だった。そして新しい「ジョゲ」という名のチームがやった最大の暴挙は、これまで出したことのない一番質の悪い土地からできたワインを、こともあろうに「テロワール」と称して出したことである。そこには悲しいことに、いかなる皮肉も込められていない。

そうなるとテロワールと造り手の論争は、どう考えるとよいのだろうか。あまりにも悲しくなるようなこうした話から、どのような結論が導かれるのだろうか。**シャルル・ジョゲ**Ⓦなら第一に、自分の腕前を精一杯見せたにもかかわらず、このワインはどれ一つとして自分のものではない、と言うであろう。つまり、特別なテロワールを意味する**クロ・ド・ラ・ディオットリ**Ⓥ、あるいは**クロ・デュ・シェーヌ・ヴェール**Ⓥの**シノン**Ⓡのことである。「結局、テロワールが大切なんだよ」と、彼は何度も繰り返して言った。しかし、葡萄の造り手とは、助産婦と魔術師の間の存在のようなものだ。魔法の杖がなければ、テロワールはうまく自分を表現できない。したがって、造り手とテロワールのどちらを選ぶべきかというと、どちらでもなく、二つとも必要なのである。人は、文化の上に立っているのでなければ、滅びるものであり、いかなる文化も個人個人の表現がなければ、死んだも同然である。

私の貯蔵庫には、現在たった一本しか、**シャルル・ジョゲ**Ⓦの時代の**シノン**Ⓡは残っていない。二〇〇五年と二〇〇六年に生まれた私の子ども三人は、父親の味覚の形成に重要な役割を果たした芸術的表現とも言えるワインを、一度も味わうことができないのかもしれないと思うと、私は悲しくなった。

5……傷んでいた〝フォンサレット一九九七年〟

「偽ジョゲ」を、私なりに「試飲」した次の日、私は**フォンサレット**Ⓥの白で一九九七年ものを開けて、悲しみを和らげることにした。**コート・デュ・ローヌ**Ⓡの名のあるワインで、**シャトーヌフ＝デュ＝パップ**Ⓡの街道筋の反対側に開けた土地で、あの伝説的な造り手**ジャック・レイノー**Ⓦの甥が磨きをかけたワインである。レイノー氏は、王党派的意見の持ち主としても知られている。ともあれ、一九七八年から亡くなる一九九七年まで、天才葡萄栽培家にして芸術家のレイノー氏は、**シャトー・ライヤス**Ⓥと**シャトー・ド・フォンサレット**Ⓥの白と赤によって、自分のテロワールの表現を最高に引き上げたのである。**ジャック・レイノー**Ⓦは一九二〇年に父ルイの跡を継いだが、その父は自分のワインをボトル詰めした最初の醸造家の一人であった。レイノー家の造るワインについて、造り手の政治的な意見を考えると飲むべきなのか、もう飲まない方がよいのか、いつも迷ってしまう。たとえば、作家セリーヌ▼を私はたいへん好きだが、何ら後ろめたい思いはない。したがってレイノー家のワインをボイコットするのは矛盾している。ある芸術家が性格が悪い、あるいは意見や趣味が攻撃的だからといって、その偉大な芸術家に対してどのような判断をするべきなのか。美的な嗜好はどこから始まり、どこへ行くものなのか。

ニューヨークからアテネに持っていった白の**フォンサレット一九六二年**(V)のことをよく憶えている。シカゴの競売で見つけたものだった。それを一九六二年生まれのギリシア人の友達の誕生祝いに持っていったのだ。一九九一年六月のことで、ワインも友達も二九歳だった。魚料理の店タヴェルナで友達と皆でそのワインの栓を抜いた時、まだ若くて溌剌としたワインからハーブのような香りが立ち上り、アテネのリカヴィトスの丘に生えている樅の木のスパイシーな香りと響き合っているかのような気がした。二つの香りが混ざり合っていると感じたのは、私がそう望んだからだろうか。まあ、どちらでもよい。いずれにせよ、そういう気を起こさせるほどワインが光り輝やかんばかりに力強かった事実こそ、このワインに力がある証拠である。

フォンサレット一九八七年(V)のことも憶えている。二〇〇〇年にサンフランシスコの店で、たった一〇ドルで見つけた掘り出し物だ。「周知のように」一九八七年はフランスでは壊滅的な年だからである。しかしワインはまったく問題なかった。たしかに平年と比べると味が痩せて酸味が強い。それは収穫の直前に降った雨のせいで葡萄が水を含んでしまったことによる。また酸味が少し強いのは、この一九八七年の夏は日照不足であったことによる。しかし高貴な人が皆そうであるように、最もストレスのかかった時にこそ、高貴さはとりわけ現われるものだ。この白の**フォンサレット**(V)は最も魅力的で、最も人を誘惑してやまない一本ではないかもしれないが、本物のワインの中に座を占めていることは間違いない。

さて、それから四年経った二〇〇四年の一月末、私はパウラと**フォンサレット一九九七年**(V)を開けて、その日の編集で一五分ほど映画を縮められたことを祝うはずだった。ところが何という失望。そのワインは良くなかった。コルク栓が不良だったわけではないし、コルク自体の問題でもなかった。第一、栓の不良の場合、はっきりとカビの臭いでわかる。この問題は塩素分子によって栓が傷んだことによって起こり、

▼**セリーヌ**　フランスの作家。第二次大戦中に対独協力を行ない、戦後、戦犯として逮捕された。

かなり広く存在する。ワイン自体が酸化してもなかったし、色も変わっていなかった（これもワインによくありがちな変質である）。しかし、私が**フォンサレット**(V)という名で知っている味は、そこにはなかった。ここ二〇年で少なくとも四〇本近くの**フォンサレット**(V)の白を飲んでおり、一九九七年のはそれ以前に二度味わっていたことを申し添える。その時の味は弱々しく、痩せて、水っぽく、苦みがあった。色も鈍く、香りはムッとする感じだ。何か異常な苦みが表に出ていた。たとえば、とてもよく知っていて好意を持っている人が、調子を崩して具合が悪い時にはわかるものである。しかし、だからといって、理由がわかるわけではない。そういう感じだ。それで私は、この具合の悪い**フォンサレット**(V)をルグランに持っていって取り替えてもらおうと考えた。そういうことは世界中どこのワイン屋でも、二五年来、何回もあったことだった。

そこで、そのボトルを冷蔵庫にしまった。翌日、もう一度確かめてみようくらいに思っていた。一か月後にカンヌ映画祭に提出しなければならない映画の編集によるストレスがなければ、とても重要なことだった。そのストレスが大きかったので、このワインのことは簡単に忘れるほど軽くなっていた。『SUNDAY』と『サインズ&ワンダーズ』（この作品は二〇〇〇年にベルリン映画祭のコンペに出品したが、ドイツのずば抜けた**リースリング**(C)をたっぷり注がれた）によって手にしたささやかな映画界における地位にもかかわらず、私は映画『モンドヴィーノ』についてはひどくプレッシャーを感じていた。ハリウッドの代理人は、その前年に私をもう見限っていた。「ちゃんとした映画を作る合間に撮った、ケチなドキュメンタリー映画」にすっかり私が入れ込んで、次の映画を撮るのが四年も遅れてしまったというのが理由だった（「自分のキャリアをゴミ箱に捨ててしまったんだぞ」と言われた）。

『モンドヴィーノ』は友達二人に手伝ってもらって撮った。たいていはその一人と、あるいは私一人で撮った。最初はフィリップ・カルカッソンヌとCNC（国立映画センター）のヴェロニク・カイラ▼のおかげで、その後はマッシモ・サイデル▼と彼のソフィー・デュラック▼との友情のおかげで手にしたお金は、少なかったこともあって二〇〇三年一一月には底をついていた。その時が最も暗い時期だった。資金がなくて編集がストップしてしまうのではないかと思った（パリにいた自称「共同制作者」は、援助するでも何とか作りあげようとするでもなく、自分の無能力に満足しきったかのように、映画を見放してしまっていた。嗜好も権力もない人たちによく見られる古典的な姿勢である）。

それがまるで奇跡的に、アルゼンチンのプロデューサー、リック・プレーヴェによって救われることになった。彼による資金のおかげで、借りていた屋根裏部屋の家賃、ニューヨークからついてきてくれた助手のロランの給料を支払い、私たちの食費と美味しいワイン代が払えたのである。四年が経ち、この映画の計画は、私にとって個人的意味でも、経済的にも、そして映画監督としてのキャリアの上でも、たいへんな危険をはらんでいた。映画自体とそのテーマが普通ではないことからして、カンヌ映画祭の選考対象になるという天恵がなければ、フランスで日の目を見ることなど絶対にないだろうとわかっていた。そしてフランスというこの世にある最後のワイン好きの国なしには、この映画がこの世で生きていくのは難しいこともわかっていた。

ところで一か月後にルグランに持ち込んだ**フォンサレット**(V)の白が、ブラジルの新聞なら記事になりそうな話の引き金を引くことになった。話それ自体はひどく破廉恥で、奇妙で、（それに関わった人すべてにと

▼**ヴェロニク・カイラ**　フランス国立映画センターの所長。フランス文化省に入省後、映画関係の仕事をジスカール＝デスタン大統領の下でつづけ、MK2における管理職を歴任した。
▼**マッシモ・サイデル**　映画制作と映画ソフトの海外輸出を行なっている。二〇〇一年の『不倫の残り香』（ビル・ベネット監督、バート・レイノルズ主演）（原題 Tempted）で制作総指揮者として名を連ねている。
▼**ソフィー・デュラック**　フランスで映画配給関係の仕事をしており、二〇〇六年、文化省から文化功労者としてシュヴァリエ勲章を叙勲されている。

って）屈辱的とも言ってよいくらいだったので、二年経って私はもう一度ルグランに赴いて、オーナーのジェラール・シブール＝ボードリーと話し合いを持ったのである。

6……ルグランにワインの交換を要求すると――「フォンサレット事件」

　というわけで、二〇〇五年の一一月の寒い朝、店で会う約束を交わしていた。ルグランの店主、歴史家でワインジャーナリストのロール・ガスパロット、そして私である。彼女は私のパリ巡りについてきてくれたが、その日は店のバーの椅子に座って待っていてくれた。現在のオーナーのジェラール・シブール＝ボードリーのことは、ほとんど知らなかった。五〇歳くらいで、品があって、少しダンディで、立ち居振る舞いが少し芝居がかっていて、そのわりに温かい感じだ。二年前の出来事を憶えていないようだった。リュシアン・ルグランが一九四五年から八五年まで店主だったが、私が常連客になったのは七〇年代のことだ。リュシアンは店を娘のフランシーヌに譲った。そして彼女が二〇〇〇年まで店をやってきた。ところが癌を患ってしまい、店を誰かに託す決心をし、ジェラールに売ったというわけである。ジェラールは、次のようにワインについての考えを話してくれた。

「ワインは現在、社交の分野では、かつてと同じ地位を占めていないと思う。最近、驚いたことがあるんだけれど、夕食で会食している人たちが褒めたたえるのは、その家の奥さんが作った料理が美味しいことではなく、出てきたワインの質が良いことなんだ。子どもだった頃は、ワインについての雑誌記事なんてなかった。ワイン評論家なんていなかった。昔、ワインが好きだった人たちは、どうしていたんだろうかって？　樽で買っていたんだ。そしてリュシアンが『食料品店店主ボトル詰め』ってラベルを貼っていた。樽が空になると、次の樽を買ったんだ。そんな風にしてニコラは大儲けしたんだ。醸造している現場でボトル詰めするなんて、すごく最近のことだよ。六〇年代には、ドメーヌやシャトーからグランクリュ（特級）でもプルミエクリュ（第一級）でも、ワインを樽で買えたんだ。それで、リュシアンときたら大したもんだよ。自分で小さな車に乗って、いつも葡萄畑に行ったのさ。当時は誰もワインのことを調べて発表しようなんて思わなかった。今は、マスコミが俺たちの仕事を奪ったってことだな。俺たちよりも先に、葡萄農家がどうなっているかを発表しちゃうんだ。もともとリュシアンがしていたのもそういうことで、**ロワール**(R)や**アルザス**(R)、**ボジョレ**(R)のワインというワインを持ち帰ったんだ。美味しいのを探していたんだよ。そうやって、**シャンパーニュ**(R)で**ジャック・セロス**(W)、ローヌでは**ジャック・レイノー**(W)という突破口を一番最初に開いたんだ」

「ああ、それは亡くなった**フォンサレット**(V)の元オーナーですね。その話は後でしましょう。もともと、私が今日ここに来たのもそのためですから」

その時、ジェラールに何かわかっているよ、という素振りが見られたのだろうか。「**フォンサレット**(V)」という名前に彼が何か反応したのだろうか。事件のことを憶えていたのだろうか。彼はつづけて言った。

「リュシアンが五〇年代から六〇年代にした仕事は、カーンワイラー▼がピカソやマチスにしたのと同じことだ。その三〇年前に、ポール・デュラン＝リュエル▼が印象派の画家たちにしたことと同じとも言える。リュシアンの時代には、素晴らしいドメーヌなんて誰も知らなかったし、見向きもしなかった」

「もちろん**ブルゴーニュ**(R)には、何人かアメリカ人の輸入業者がいたけれどね。アメリカやイギリス、そして現代ではブラジルといった国の大きな輸入業者、そして真面目なワイン屋の経営者もそうだけれど、最

▼**ニコラ**　ワイン・チェーン店。一八二二年創業。現在、フランスに四四五店舗、イギリスにも八〇店舗を展開している。比較的安価にワインが買える店として知られている。

▼**カーンワイラー**　ドイツ出身のパリの画商。一八八四～一九七九年。二〇世紀初めにパリで店を持ち、特にピカソの絵を扱ったとして有名。フォービスムにとりわけ理解を示し、キュビスムの名前がつくもととなった美術展を企画するなど、理論的な美術評論を展開した。

高の画商や出版者とまったく同じように仕事をしている。むしろ今日の問題は反対なんだ。一つの発見を飯の種にしている人が、今ではあまりに多すぎるってことだよ。それに見つけちゃいけないことも、どんどん公開してしまうからね」

「私がしているのは、まさに画商と同じことだよ。ある特定の時に、ある絵が他の絵よりも素晴らしく見えるのは、どうしてだと思う？　展覧会がどこであろうと、どこの美術館であろうと、いつだって人がハッとして立ち止まる、そういう絵があるものなんだよ」

私は、自分が持ちかけたい話の方に引っぱるために、彼をからかうように見つめて言った。

「じゃあ、ある絵の前で感動したけれど、後になってそれが偽物とわかったってことは、今までにありますか？」

彼は、驚いたように私をじっと見た。

「そういうこともありましたよ。恥ずかしいことですけれどね。そういうことがワインでも起こるんじゃないかって思いますが」

「ひょっとすると、もうすでに騙されたことがあるかもしれない。けれども、そういう経験はこれまでなかったと思うな。いろいろな状況がある。あなたは感動する心の準備がちゃんとできていますか？　女性との出会いとか？　素敵な女性が通りかかって、あなたが見初めてしまい後を追うこともある。でも、たとえば電車が駅に到着したのに、気がつかないで、乗りそこなう時もある。感動を得るには、自分が恩寵を得られる状態にいなければならないんです」

「〝恩寵〟という言葉が出てくるなんて、面白いですね。ワインには宗教的とも言える側面があることは、まったくそうだと思います。あなたが言われたような、信仰的な行為ですね。信者であろうがそうでなかろうがです。ただ、そうした行為がそうであるように、いわゆる『あり得ない』こともたくさんあって、それが受け入れられているんです。徹頭徹尾、信じ切っていなければならないんです。醸造家はどれほど人を騙す手段があろうとも、絶対にごまかすようなことはしないって、心の中で信じなくてはならないんです。『芸術家』と愛好家の間での仲介を務める仕事がいろいろとあります。確かに醸造家っていうのは、芸術家ですよ。でも、ちょっと『ごまかす』芸術家も大勢いるってことは言わなくちゃならない。それも芸術作品を創ることの一部なんです。絶対の真理なんてありませんよ。そもそも私がお話ししたいと思っていたのは、そのことなんです。あなたのお仕事は素晴らしいと思います。けれども、憶えていらっしゃるかどうかわかりませんが、ここである体験をしました。それが私にはたいへん辛いことだったのです。もう二年ほど前のことになります」

　ジェラールは不安そうな目つきで、私をじっと見始める。

「**フォンサレット**[V]のこと？」

「憶えているんですか？　その時、一二本ほどワインを買いました」

「確か、その中には一九九七年の**フォンサレット**[V]の白が一本あったはず、と思いますが」

「その話を憶えているんですね。**リニエ**[W]のと、**イヴォンヌ・エゴビュリユ**[W]と、ジョゲのが入っていました。ただジョゲのは、もう本物のではなくなってました」

「そうですね、そう思います」

「ジョゲについて、そう思いますか？　面白い。でも、**フォンサレット**[V]の白に話を戻しましょう。ワインの仕事をして、もう二五年になります。世界中のワイン屋では、相変わらず悪くなったワインを引き取っていますが、味を確かめもせず、どこに問題があるのか聞いてみもせず、そうしていると思います。ワイ

▼**ポール・デュラン＝リュエル**　父の跡を継いで、パリで画商として活動。一八三一～一九二二年。最初、コローなどのバルビゾン派の画家たちを支え、次いで印象派の画家、モネ、ピサロ、ルノワールらの才能を早くから認め、経済的に支えた。ロンドンやニューヨークで展覧会を開き、印象派の絵画の評価を高めることに貢献した。

ンについては、お客さんが言うことが正しいんです。ソムリエをしていた経験からしても、もし一五から二〇本に一本くらいに問題があるとしても、お客さんがこれはダメだと拒否する（ワイン屋の場合は返品してくる）のは、せいぜい五〇本に一本で、それ以上ではない。確かにお客さんの言うことがいつも正しいのですが、店はいつも儲けていることになるんです」

「いろいろと、まあ、その『トラブル』につきましては……。私が聞いているのは、あなたの助手の方が来て『このワインは傷んでいる』とおっしゃったということです。それで私がワインがダメになっているか確認したところ、実はそうなっていなかったのです」

「その通りです。別のに取り替えてはくれなかったですね。そして、私が編集しているところに電話をもらいました。そのワインを持っていったのは研修生で、近くで映画のための買い物があったついででした。ワインが傷んでいると言ったのは間違いでした。それで電話ですぐに説明しました。あなたでも、同僚のクリスチャン・ド・シャトーヴィユーでもなかったのですが、どなたかに言ったのは、ワインが傷んでいたわけではないのですが、その一本が良くなかったということなのです。ご存知のように、コルク栓以外の原因でもワインがダメになることはあるものです。何がその原因かはわかりませんが、その一本は確かに良くなかったのです。それで、私は信用していただける、あるいはその一本に代わるワインをくれるものと思っていたのです」

「もしあるワインに欠陥がある場合、別のにお取り替えすることにしています。しかし、私たち消費者としては、ワインは生き物なのだということも受け入れねばならないのです。味とはまったく主観的なものなのです」

「もちろんです。しかしそれは、そのワインは悪くなっていないということで取り替えるのを拒んだということですね。これが単に味覚の問題ではなく、まったく判断の誤りだと考えている理由をここで申し上げようとは思いません。味覚、あるいは欠陥という問題は、そう大した話ではないのです。せっかく良い店だと評価している店を非難する理由があるとすれば、この店がすぐに取り替えてくれるという厚意がなかった、私が思うには、少なくとも職業的な意味での思慮深さがなかったということです。したがって私はムッとしました。この店の誰か知りませんが、その人がこう言ったのです。『四人でその**フォンサレット**(V)を味見してみましたが、何も問題ありません』って。びっくりしました。なぜならこのボトルの中の味を、私は知っていたからです。その時にはっきりとは言いにくかったのですが、後になって本当のことを言いました。それから二日経って、あなたの同僚のクリスチャン・ド・シャトーヴィユーから電話をもらいました。どうしても店のオーナーにワインを確かめてほしいと私が迫ると『あのワインはまったく問題ないよ。**フォンサレット**(V)の白の一九九七年ものだよ』と言われました。そこで『それが、あのワインは、もともとあんなワインじゃないんです。お願いです。信じてください』と私は言いました。すると『無理です、無理、無理』と彼が答えて、プライドに関わる問題になってしまいました」

「すべて誤解から始まったことですね。そういう誤解は、精神状態によっても悪化するものです。私たちにとっては**フォンサレット**(V)というワインは、普通のワインじゃありません。ルグランの歴史の一部です。ですから店を弁護する気持ちも少しあったのでしょう。軽はずみな反応でしたね。プロのワイン屋なら、自分の気持ちを乗り越えなくてはいけませんでしたね。その点では良い対応ではなかったと思います」

「それで、彼は拒否したわけです。さらに『じゃあ、造った醸造家に味見をしてもらいましょうかね？』と軽くからかうような軽蔑的な調子で付け加えました。それで私も興奮して『上等じゃないですか。もしレイノーが自分のワインだと認めるようなことがあれば、**ロマネ・コンティ**(V)を一ケース賭けてもいいですよ』とまで言ってしまったのです。ド・シャトーヴィユーは『では、さっそくそうします』と応じました。そうするかどうか、私は疑っていました。ひと月、何も言ってきませんでした。そしてある日、ド・シャトーヴィユーから電話がありました。その時には、あのワインの栓が抜かれてから二か月以上も経っていたことを考えなければなりません。そこでご同僚は、相変わらず勝ち誇った調子で**エマニュエル・レイ**

ノー(W)があのワインは悪くなっていない、自分のワインだと言ったと、私に言うのです。私は唖然としました。そこで、あのボトルの秘密を明かさなければならなくなったのです」

ジェラールは私をじっと見つめて、あきれた顔をしていた。彼が何も知らなかったなんて、あり得るだろうか。

「私はこう言いました。『私はお詫びしなくてはならない。しかしそれは、あなたが考えている理由ではありません。私はいけないことをしてしまいました。たとえ、そうするのがもっともだと思って、そうしたとしてもです』。そして私がしたことを説明しました。それは、あの味見してもらったボトルの半分は、最初から**フォンサレット**(V)の白ではなかったということです。つまり、あの傷んだワインを開けてから三週間後、店に持っていこうと思って冷蔵庫の中を探したところ、なんと半分なくなっていました。私に何も言わずに、パウラが料理に使ってしまったのです。どうしようか迷いました。半分になっているワインを店に持っていくのはまずいと思いました。多分、店に持っていけば説明しなくても、味見をしなくても取り替えてもらえるものと勝手に考えて、ボトルにワインがいっぱい入っていた方がいいと思ったのです。そこで二か月前に開けたブルゴーニュ・アリゴテを足しました。だから、味見したワインの半分は完全にダメになっている、それも別のワインだったのです」

「それで、クリスチャンは、何と言ったのですか？」

「信じようとしませんでした。突然、電話を切られました。話としては、まったくとんでもない話です。どちらも責任があると言えばそうなります。特に、**シャトー・ド・フォンサレット**(V)の生みの親であり、シャトーの所有者である**エマニュエル・レイノー**(W)が、自分の息子とも言えるワインがわからなかったとは。いや、むしろ別の人物を息子と認めたということです。そんなことがあるだろうか。**エマニュエル・レイノー**(W)ほどの素晴らしい才能のある経験豊かな造り手が、あんなに明らかに混ぜ物入りのワインで間違うことがあるなんて、本当だろうか」

「ラベルの力は絶大だってことだね。彼のワインを私自身試飲したのかどうか、もう憶えていません。率直に言って、その時のことをよく憶えていないのです。記憶がもうありません。もし試飲していたとすれば、私にも責任はあります」

「この話を通して私がわかったのは、ワイン商や醸造家といった尊敬する仕事をしている人たち、私が最も評価している方たちも、私と同じく間違うということです。ワインとは、間違うものなんですね」

沈黙がつづく。居心地が悪いわけでもなく、敵意や恨みはない。だが、ここからどこに話が向かうのかわからなかった。彼がうまく反応できないのではないかと思った。しばらくの間、誰も何も言わないまま時がすぎた。突然、ジェラールがにやっとした。私たちが「頭に血がのぼっている」状態になっているところで、ワイン商や共通の友達、引退した**シャルル・ジョゲ**Ⓦも含めてみんなを自分の店に招いて、目隠しの試飲会を開こうじゃないかと、彼は言い出した。私がパリに滞在している終わり頃に日程を決めた。私の旅の締めくくりとして、そして「フォンサレット事件」の解決としては、まったく素晴らしい提案だった。その時、私がまだ知らなかったことに、私のパリ・ワイン巡礼の終わりには、もっと驚くべきことが待ちかまえていたのである。

第2章

ラヴィニアをめぐって

――グローバル化・ポストモダン化するワインの現場

パリ・ワイン巡礼が始まった日の午後、私はマドレーヌ大通りにあるレストラン・ラヴィニア▼で、ファン・ピッタルーガと待ち合わせをしていた。ここのワイン売り場は知っていたけれど、二階に上がって昼食をとったことは一度もなかった。そういうのに、むしろ懐疑的だった。というのは、ワイン屋と併設されているレストランの役割りとは単に商品をうまく使い回すためのようで、美味しい食事という意味ではそれほど楽しいとは思えなかったからである。けれども、そこでファンと待ち合わせをした理由は二つある。まず、フランスよりもワインが三倍から四倍高いブラジルから私が来るのだから、久しく会っていない親友と再会するにあたって美味しいワインを一緒に飲みたくなっているはずだということ。この店では好きなワインを選んで、そのほぼ同じ値段で食事の時に味わうことができる。二つめの理由は、もっと概念的なものだ。古くからのワイン店であるルグランを訪ねた後、確かめてみたいことがあった。つまり、パリにおいてワインの概念がどのように完全に（ポスト）モダン化され、グローバル化され、流行の先端に乗り、そして大規模な形で展開しているのか、見てみたかったのである。

最初にラヴィニアの話をしてくれたのはファンだった。あふれるほどワインを並べた巨大な店で、三階に分かれている総売り場面積は一五〇〇平方メートル。パリの八区というかなりスノッブな地区にある。

「ラヴィニア」という名前はラテン語で、意味は「純粋」というのだから、何かの冗談かと思った。ファンが言うには、店に並んだおよそ六〇〇〇種類のワインには、彼の生まれたウルグアイのものさえ何種類もあるというのだから、私は完全にいかがわしいものを見るような気分になっていた。おそらく「グローバル化が進んだマーケティング」の一つなんだろう。その話を聞いたのは店がパリで開店した少し後のことで、二〇〇二年の九月だった。フランスから始まった多国籍企業ラヴィニアには、すでにマドリッドとバルセロナにも店があった。

二〇〇二年二月、それまで二年間かけてアメリカとフランスでいくつかエピソードを撮ってきた私は、まさにフィクションという意味で「モンドヴィーノ（ワインの世界）」を創造するには、活気あるもっと複雑な役者たちが必要だとわかっていた。それでファンに**ブルゴーニュ**®に行こうと言ってみた。そこは私にとってワインの世界のまさに中心だ。他の多くの人たちにとってもそうだろう。このワインの聖地で主役たちが見つからず、映画が良い方に向かわないなら、やめてしまう方がましかもしれない。ところで、**ブルゴーニュ**®の赤ワインは人をよく困らせるらしい。そういう人の中には、すごいアマチュアも「玄人」もいる。なぜだろう。それは地上で最も多義性をはらんだワインだからである。**ブルゴーニュ**®の赤は、散文というより詩に似ている。時代を揺り動かすそういう姿勢のワインだと言ってもよい。たとえば、わかりやすく言うなら、**ボルドー**®のワインはむしろ物語の表現のようなワインだという感じだ。**ボルドー**®の赤にはすでに小説の重みが物理的に備わっている。深く豊かな感じだ。語り口はとても読みやすい。味の一つ一つがはっきりと分離できて、時に厳かな感じ、そして時には平凡な感じもするが常に筋が通っている。骨組みがはっきりしていて、「論理的」である。充実した濃いワインの組織が口の中一杯に広がって、さまざまな刺激を与えながら納得させてくれる。**ボルドー**®を一本飲んだ後には、よい小説を読み終えたのと

▼ラヴィニア　LAVINIA, 3 Boulevard de la Madeleine 75001 Paris.

同じ満足があるものだ。言わば「ブルジョワ的な」豊かな気持ちとでも言おうか。そもそもヨーロッパの大ブルジョワ階級が（束の間の）大勝利を収めた後、ボルドーワインが（少なくともその栄光と市場における支配的な地位という意味で）頂点に達したのが一九世紀であったのと、小説の隆盛が時期を同じくしているのは単なる偶然だろうか。そして世界の至るところで否応なく競争相手が立ち上がってくるのに直面して、それ以降、次第に下降線をたどっているわけだろうか。

　それに反して、ブルゴーニュワインの色はもっと明るくすっきりと輝いている。束の間の、人を惑わすような光の反射と戯れる、何かつかみどころのない調子へと向かっている感じがする。**ブルゴーニュ**®のワインだけが、出来立ての頃の色調がむしろ明るく軽く見えて、時間が経つとともにより濃く深くなっていく。世界中の他のワインは年を取っていくと正反対の傾向を示すものだ。ブルゴーニュワインの魅力は、その大部分が香りにある。ワインが若いうちは陽気で素直な果実味のある香りが立ち、熟成してくると精妙な、野性味あると同時に洗練された香りになっていく。口に含むと、そのボディの感覚としては具体的につかみにくい、はかなく消えていく感じだ。官能的でうっとりする感じを受けるが、何か謎めいた感じも否めない。それは力強さからくるのではなく、その繊細さに由来している。その味わいは予知予見を許さず、しばしば相反した、というか少なくとも多義性を含んだ感覚を導き出す。何と言おうか、まるでマラルメ▼の世界、エズラ・パウンド▼の世界、あるいはギリシアの叙情詩の世界にいるかのようである。この味わいは空気の精を追い求める人のためにあり、確実さを失うのを怖れない人のものである。

　ブルゴーニュ®のワインは、何に最も驚かされるだろうか。「地にしっかり足をつけた」根っからの農民によって造られていることである。造り手が市民あるいは貴族ならば、農民の精神を持っていなければできるワインではない。一般に、**ブルゴーニュ**®のワインを愛する人たちは、一番気取った気分にひたることができる。ところがそのワインの造り手は、この世で一番気取りのない人たちなのである。私もそれに加担しようとしているかもしれない。このワインとその仕上げ方にある秘密と逆説的な美には、テロワールという考え方が最も明らかな形で表われている。**ブルゴーニュ**®の人たちの生き方や自分の出し方があまりに清く澄んでいるので、彼らは自我や個性をこの土地の耕作を通して形成しているのではないかと思うほどだ。

こういった印象は真実でもあり、偽りでもある。**ブルゴーニュ**®は平方メートルで考える土地感覚とは世界で最も遠く離れた濃密なテロワールのある土地である。人間の歴史と自然の歴史の奇跡的な偶然の交差によって、赤ワイン用に葡萄の品種一種類、白にも一つの品種だけを使うという理想的な条件が創り出された。これほどの複雑さとこれほどの多様性を**ピノ・ノワール**Ⓒが赤ワインで創造しているのは、ここだけである。たとえば、イタリアの名優マルチェロ・マストロヤンニが、ローマの映画スタジオのチネチッタで、朝はフェリーニと映画を撮り、昼にはマリオ・モニチェリ▼と、午後はエットーレ・スコラと、そして夜にはミケランジェロ・アントニオーニ▼と撮影するなんてことを想像してほしい。それが**ブルゴーニュ**®のワインだけにある幸せである。たった一種類の葡萄という役者が、いろいろなシナリオを演じてくれるが、そこには共有される文化、つまり一つのテロワールがある。それも才能ある監督に導かれて、その監督、つまりワインの造り手の精髄を引き出すのである。そうしたことのすべてが理想的な意味で複雑なこの地

▼**マラルメ**　フランスの詩人・文学者。一八四二～九八年。その詩作品の特徴は理解しやすさを拒否するところにあり、「純粋詩」と言われ、現代詩と現代文学に大きな影響を与えた。

▼**エズラ・パウンド**　アメリカの詩人・批評家。一八八五～一九七二年。二〇世紀初めの詩のモダニズムを推進した中心人物。

▼**マリオ・モニチェリ**　イタリアの映画監督。一九一五～二〇一〇年。代表作は『明日を生きる』『トスカーナの休日』など。

▼**ミケランジェロ・アントニオーニ**　イタリアの映画監督。一九一二～二〇〇七年。『夜』でベルリン国際映画祭金熊賞、『赤い砂漠』でベネツィア国際映画祭サンマルコ金獅子賞、そして『欲望』でカンヌ映画祭パルム・ドール受賞と、三大映画祭すべてで最高賞を受賞した。

において、葡萄の木の一生を通じて表われる。ブルゴーニュ®のディジョンからマコン®にかけての地域は、ありとあらゆる気象現象の交差点になっている。たった一日の間にも、光は無限に変わる。つまり、葡萄にとってはまさにさまざまな刺激を与える光が降り注ぐのである。

地理的な変化もまたきわめて多様である。少なくとも二〇〇〇年前の最初の記録があるように、オータンのローマ人たちによって皇帝アウグストゥスの時代から始まって、シャルルマーニュからベネディクト会の修道士を経てシトー会修道士へ、または王侯貴族の手を経て、うんざりするほど長い歴史において磨かれてきた土地である。フランス大革命の後、伝統を引き継いだのは勇気あるブルジョワ階級の人々だった。この土地のテロワールは生かされ、はっきりと性格付けされ、何度も手を入れられるうちに、近隣からは（時として意地悪な）嫉妬を受け、競争を挑まれた。そのようなテロワールは、ワインの歴史でもここにしか見られない。また外国人の目からすると、まさにフランスらしいと映る。

こうしたことを言うのは良いことだろうか、悪いことなのか。ブルゴーニュワインの四分の三近くは、他の地域や他の場所のAOCと同じように、どれもたいていいい加減に、あるいはまったく破廉恥なやり方で造られていると言っても、反論できるような造り手はほとんどいないと思う。それが、産業的なワインの取り扱いをしているネゴシアン▼であろうと、偽物の職人風の造り手であろうと同じことが言えるし、家族経営のドメーヌにいたっては、さらに破廉恥だと言ってもよい。そうした家族経営のドメーヌには、さらに問題がある。なぜなら彼らは、手造りというイメージ、そして代々受け継がれてきた伝統というイメージも無責任に売っているからである。いずれにしても、世界中至るところで産地証明のあるワインは、たいてい自分の受け継いできたものを裏切っている。つまりわれわれの伝統をである。まるで美術館がどこもかしこも自分の所蔵している絵画を腐った穴蔵に放置している、あるいは太陽の光にさらしている、そういうのに少し似ている。したがって、それぞれのテロワールが自分の個性として出している味を知るだけでは不十分である。ある産地のどの生産者が、過去と現在において自然と人間とに照らして敬うに値する真面目な仕事をしているのか、それも知らなければならない。

1……ブルゴーニュへの旅から——モーム家、リニエ家、モンティーユ家……

そうしたわけで、私はファンとともに、カメラを通してワイン造りの詩情と複雑さを見せられるブルゴーニュ[R]の造り手を求めて、出発したのだった。(『モンティ・パイソン』風の)聖杯を求める旅と言ってもよいくらいである。一週間かけて、あちこちと数えきれないくらいのドメーヌを回って、生産者と会い、出演者を考えた。私の考えていた基準は、尊敬できる仕事をしている造り手と出会うことだった。言い換えると、毎朝、美味しいワインを仕事で飲めると期待していた。一九八四年に映画の仕事を始めて以来、私はそれしか考えてこなかった。一九九六年、ニューヨークの下町で雑多な人種がごった返しているクイーンズランドで『SUNDAY』の撮影を始めた時には、共同制作者たちの顰蹙を買った(たった一人、アリックス・マディガンだけは例外で、「享楽主義者」のプロデューサーだった)。予算がほとんどないにもかかわらず、私は昼食で、撮影クルーにワインを出してほしいと言い張ったのである。アメリカでは、たとえ巨大プロダクションの仕事でさえ、そんなことはあり得ない。『SUNDAY』の撮影は、フィクション映画では平均的とも言える日数だが、四週間で撮影を終える頃になると、共同制作者たちは昼にワインというのを絶対ダメだとは言えなくなっていた。『モンドヴィーノ』では、食事以外の時にも撮影しながらワインを飲むという、うれしくてたまらない可能性への扉を開いたのである。それもそのはずで、当時

▼**ネゴシアン**　ワイン仲買人のことだが、生産者からすでにボトル詰めされたワインを買い取り、小売り販売する業者に卸す中間流通だけでなく、葡萄自体を買い取って醸造を行なったり、自社ブレンドや熟成、ボトル詰をするなど幅広い活動をする業者を指す。基本的には、葡萄栽培・収穫をしないワイン生産流通業者。

撮影クルーといってもファンと私しかいない。『SUNDAY』の時には三〇人近くいたし、『サインズ&ワンダーズ』の時にはおよそ七〇人近くいた。

型破りな**ベルナール・モーム**Ⓦと息子のベルトランのドメーヌ・モームがある**ジュヴレー・シャンベルタン**Ⓡから始めることにした。**ブルゴーニュ**Ⓡでは型にはまらないというのが、良い造り手の規範と言ってもよい。ベルナールは葡萄栽培と醸造に関してはまさに農民だが、非常に洗練された人間で、ディジョンで醸造学の教師をしている。ワインのスタイルとしては、一般には田舎風で難解という感じだ。わかりやすいのが好きな人たち、たとえばロバート・パーカー▼の批評などでは、きっぱり忌避されている。彼のワインにある「ジョン・カサヴェテス」▼的な側面をずっと私は崇拝してきた。高貴と言ってもよい性格とそのテロワール（**マジ・シャンベルタン**Ⓡ、**ラヴォー・サン＝ジャック**Ⓡ）が、何憚ることなく、自由自在に発揮されている。彼のワインには不均質なものが常にあり、少し荒削りな驚きを感じることもあるが、このドメーヌ・モームが類稀な**ジュヴレー・シャンベルタン**Ⓡを生み出していることも事実である。映画の好みを語る時のファンの言い方を借りるなら、「洗練と野蛮」の間にある緊張をこの上なく表現しているということになる。ロッセリーニ監督の作品で言うと『イタリア旅行』▼よりも『ストロンボリ』ということだ。**コート・ド・ニュイ**Ⓡの村々では、最も洗練された**ヴォーヌ・ロマネ**Ⓡ、柔らかに誘惑するような**シャンボール・ミュジニー**Ⓡ、あるいはしっかりとして独立独歩の**ニュイ・サン＝ジョルジュ**Ⓡと比べても、ジュヴレーのあたりで出来るワインが緊張の度合いとして最もその感じにふさわしいと思われる。

私はドメーヌ・モームのワインを二〇年ほど前から知っていたが、それはカーミット・リンチというアメリカの輸入業者のおかげである。カーミットは『最高のワインを買い付ける』▼という本を出して、ワインについて最も人間味あふれる考えを述べている。カーミットは七〇年代初めから、大戦後の豊かなアメリカの伝統を具現してきた。**ブルゴーニュ**Ⓡの再生に見事な平和的なやり方で関与してきたのである。四〇年代と五〇年代に、ワイルドマン大佐（海外の非植民地に対するアメリカの介入として稀なケースのわりには皮肉な肩書きである）とフランク・ショーンメーカーが合衆国から**ブルゴーニュ**(R)の上質なワインを求めにやって来て、ワインの美味さを知り始めたアメリカの新たな階層に向けて、ワインを輸入しようとしていた。地政学的にアメリカ合衆国の地位が上昇するにしたがって、これまでの歴史が例証しているように、新たな権力への嗜好が、嗜好そのものへの嗜好を生み出そうとしていた。大戦後のアメリカ人の購買力と外国への新たな好奇心によって、ボルドーワインよりももう少し遠いところにあり、権力を持つ者たちが歴史的にコンセンサスを与えてきた嗜好と言えるものを輸入業者たちは躍起になって求めていたのである。

ショーンメーカーとワイルドマンは、五〇年代の初めに**ブルゴーニュ**(R)で何を見つけたのだろうか。戦争

▼**ロバート・パーカー**　アメリカ人のワイン評論家。一九四七年生まれ。ワインの世界で最も影響力のある人物と言われ、一九八〇年代に「パーカーポイント」と呼ばれる一〇〇点満点の採点法をワイン評価に導入し、その評価が個人的な評価（好み）であるにもかかわらず、絶対的な評価であるかのような誤った印象を広めたとして批判も受けている。一〇〇点満点が付いているワインも銘柄として八〇以上ある（年代別にするとさらに増える）。しかし一方では、アマチュアにとってはわかりやすいワインの指標として、小売店などでこの「パーカーポイント」を宣伝や紹介に利用している例は、数多く見られる。

▼**ジョン・カサヴェテス**　一九二九～八九年、ニューヨーク生まれの映画監督。処女作『アメリカの影』をはじめ、『グロリア』（ベネツィア映画祭金獅子賞）など、一貫してインディペンデント映画を撮りつづけた

▼**『イタリア旅行』**　一九五三年の作品で、近年、再評価が進んでいる。『ストロンボリ』（一九五〇年）はイングリット・バーグマンが初主演した映画で、夫婦間の危機や人間関係の問題をテーマとした作品だが興行的には失敗した。

▼**『最高のワインを買い付ける』**　Mes Aventures sur les routes du vin. カーミット・リンチの一九八八年の著作。カリフォルニアのワイン業者でもあるカーミット・リンチが、三〇年にもわたるワインとのつき合いとフランスでの体験を執筆したもの。邦訳：白水社刊。

の後、葡萄畑はもとの力強さを取り戻していなかった。自分の葡萄畑だけでは生きていけない葡萄農家がほとんどであった。そのため農家は畑を放棄するか、あるいは取引業者に搾っただけの果汁を売ったり、できたワインを樽で売ったりしていた。それを買った業者がボトル詰めして、販売していたのである。今日、品質保証に必要不可欠とされるドメーヌでのボトル詰めを行なっていなかった。また葡萄畑自体も何千もの所有者に細分されていたが、その中の勇気と才能のある者たちをうまく導くなら、自分のワインを自分でボトル詰めして、ワインの行方に責任を持つことができると二人は見て取った。そうすれば、業者に渡して匿名のワインとなり、個性のない平凡などこにでもあるワインになってしまう現状を変えることができる。

ショーンメーカーをはじめ、六〇年代にはロバート・ハース、七〇年代にはカーミット・リンチやベッキー・ワッセルマン（現在でも唯一、**ブルゴーニュ**Ⓡで仕事をしているアメリカ人女性の輸入業者）が少しずつ、自分でワインをボトル詰めするように農家を励ましていった。そうした葡萄栽培農家には、**ベルナール・モーム**Ⓦ、**ユベール・リニエ**Ⓦ、**ユベール・ド・モンティーユ**Ⓦ、**フランソワ・ジョバール**Ⓦなどがいた。アメリカ人に促されて、**ブルゴーニュ**Ⓡの造り手たちが自分の受け継いできた伝統にさらに価値を認めるようになってくると、今度はアメリカのワイン愛好家たちに単にワインを愉しむだけではなく、一つの文化的な表現としてワインを考えるように導いていった。こうして、こうしたワインを買う市場を創り出していったのだ。

現在では、アメリカのグロテスクなまでの覇権主義、独善的な押しつけ、卑怯者たちの服従（政治と同様にワインの世界でも）ばかりが感じられるが、（特に言えば）フランス人にとってでさえも、ずっと昔のことで忘れがちとはいえ、アメリカ合衆国が、寛容、自由を分かち合う思想、そして深い文化的な理解を象徴的に表わしていた時代があったのである。このアメリカの高貴な伝統が、今日、政治の世界ではブッシュ大統領（当時）によって、またアメリカの味覚の歪曲という意味ではロバート・パーカーらによってすっかり裏切られてしまった。

したがって、ここに大きな逆説ができてしまった。今日、**ブルゴーニュ**(R)が最高級の精神とワインによって、典型的な意味で独立を保っている地域として指導的な地位を占め、テロワールを反映してグローバリズムによる均質化に抵抗する模範となるワインを造り、世界市場の中にあって経済的に成功している例になっているとすれば、それは大部分がアメリカ人たちの歴史的な協力に負うている。さらに今でも、ベッキー・ワッセルマンをはじめ、ニール・ローゼンタール、ディヴィッド・ボウラー、マイケル・スカーニックなど多くの人が協力をつづけている。

しかし、**ジュヴレー・シャンベルタン**(R)での**ベルナール・モーム**(W)との撮影はうまくいかなかった。彼のワインは申し分なく素晴らしいし、知性も豊かで、息子のベルトランの情熱と才能にも問題はない。しかし残念ながら、この親子にはカメラの前で人物を感動させる魔法のような何かが欠けていた。フィクションを撮る映画監督の仕事をしていると、素晴らしい役者なのにカメラで撮影すると真っ黒な穴のようになってしまうのに何度も出合ってきた。この時がそういう感じだった。前を通り過ぎてしまうのである。入ってこない感じなのだ。誰なら入ってくるのか。そこには規則めいたものはない。人間の本性と技術の間にある、生化学と錬金術のようなものの偶然なのである。モーム家の人とでは、悲しいことに、うまく運ばなかった。今でも、彼らの造ったワインを飲む度に、さまざまな味わいを感じる中にその悔いが残るのを感じている。

その日の午後、隣り村になる**モレ・サン＝ドゥニ**(R)に行って、世界屈指の偉大な造り手の一人と出会った（彼のワインの味わいは「他の」すべてのワインの味をまとめるようなものだろうか?）。以前に一度、**ユベール・リニエ**(W)には会ったことがあったし、冷ややかというくらいにまで、彼が控えめな人物であることも知っていた。しかし、ワインはというとこの上なく味わいが深く、私をあまりにも夢中にさせてくれていたので、何とかその感動を捉えて映画を観てくれる人たちに伝えることができないかと思っていた。しかし、どういう形で伝えたらよいのだろう。ワインについての映画がどうあるべきなのか、その時もずっとわからないままであった。いずれにしても、技術的なことなどいっさい話してはダメだし、ありきたりの専門用語を使えば、喜びも理解も台なしにしてしまうと思っていた。

では、リニエのワインについてどう話せばよいのだろうか。彼の造るモレは、ジュヴレーは、シャンボールはと聞いてみようか。ユベールも他の造り手と同様、近くの三つ四つの村に一ヘクタールに満たない小さな区画の畑を所有している。まるで一人の映画監督が毎年いくつものシナリオでたくさん映画を撮っているようなものだ。あるいはこう尋ねたらどうだろう。自分のテロワールとの関係で、人間として何を重視し文化をどのように捉えているのか。そのことはフランスの他の地域によって、また世界の他の国々において、どのように多様化され、複雑化されているのだろうか。このようなワイン文化をめぐる現代のバベルの塔を、どのように理解すればよいのだろうか。

撮影クルーのファンはもっと悲観的だった。極めつきのワイン愛好家ではない彼は、**ブルゴーニュ**®に私たちが行って一週間も使って効果があるのかどうか、また映画として本当の「映像」を撮ることができるのかどうか、疑っていた。しかし、だからこそ彼は私についてきたのだ。「テーマ」としてはもともとワインに興味を持っていない観客に対して、ワインを文化現象として私が引っ張り出そうと望んでいる以上（私にとってワインは、ヒッチコックの「マクガフィン」▼のようなものだった）、私と一緒にいるのは技術のあるクルーや専門家たちではなく、友達、同僚であり、私と相通じてはいるが常に懐疑的で私と異なった見方ができる、洗練された人物であることがとても有効だった。ファンはワインの「通」でなかっただけではなく（食事の時にワインを飲むのは好きだが、ウンチクを語ることはない）、「作者としての技量」に凝り固まった映画人でもない。これは、『ワイン・スペクテーター』のようなインチキ雑誌文化が創り出した、最近よくある「スーパースターワイン醸造家」と同じくらいに有害な病である。この**ブルゴーニュ**®への旅のたった二年前に、ファンは作家をしながら、パリにあるラテンアメリカ開発銀行で行員として生活を支えていた。ウルグアイの外交官の息子の彼は、私と同様、スペイン語から（彼の生まれはマドリッドである）、英語（カナダで幼年時代を過ごした）、フランス語（スイスとベルギーで生活していた）、そしてポルトガル語（ブラジルで政治学を学んだ）と、まったく根本的に違ったさまざまな文化をもった一〇か国程度を渡り歩いて成長してきた。妻のアレッサンドラ・ファナリはサルデーニャの哲学者で、彼に五番目の言語をもたらし（と同時に典型的なイタリアのユーモアのセンスも）、映画について私たちはイタリア語をよく使うことになった。したがって私の傍らには、真の協力者で、愛情と知性、旺盛な好奇心の真に豊かな男、そして映画とワインについては処女のように用心深い男がいたのである。私たちがカメラを持って人の家を訪ねる時には、場合によって無遠慮に音声用の棒が突き出ていたりマイクがカメラにセットされていたりもするが、「映画撮影クルー」という形になることはなかった。まずは好奇心に満ちた仲間のような形で、人との出会いを求めて接し、もし十分に親近感が持てると、その出会いを自然な形で映画の場面へと変換していく可能性を探ることになるのだった。

ユベール・リニエ(W)は、一緒に働いている三二歳の息子ロマンとともに私たちを迎えてくれた。家族も、文化的にもまったく真の農民である。五〇年代にワインをボトル詰めし始めたのはユベールの父親だが、当時は本当に稀だった。そのころワインは一本平均で五・五フラン（約一ユーロ弱）で売られていた。グラン・クリュはもう少し高かった。しかしこのドメーヌの世界的な栄光は、七〇年代のユベールの努力、うんざりするような修道士なみの仕事から始まる。八ヘクタールの所有地からできるワインをすべて自分でボトル詰めしようと決心したのは、アメリカの輸入業者ニール・ローゼンタールとの関係のおかげであ

▼マクガフィン　映画制作でヒッチコックがよく使った術語で、物語構成上の一つの仕掛け。物語を進める上では必要なものだが、他の何かに置き換え可能な機械的なもの。たとえばスパイ映画では「砦の地図」であり、その地図を盗むことがマクガフィンと名付けられる。特にそのもの自体に重要性はなく、それについては軽く触れるだけですむようなものを言う。

った。土とともに働き、熱い心で自然を信じて、その信仰を褒めたたえるべく、都市生活者である私たちに自分たちが先祖から受け継いだ共同の精神性を伝えようとして努力している真の農民、そして葡萄栽培者は、私たちの時代の敬虔なる修道士たちと言ってよいのかもしれない。

▼

　ロマンと**ユベール・リニエ**Ⓦは、地下の土壌、日照、ミクロクリマとワインの味に見られる関係を、私たちに理解してもらおうと努めてくれた。私は魅了されていたが、ファンはそうでもなかった。そのことは私にはわかっていたし、彼らにもわかっていた。それでユベールは地下の貯蔵所に行って試飲をし、もっとわかってもらおうと考えた。それからユベールは上品に姿を消して、どこかにいなくなり、息子に上手に場を譲った。これ以上ないくらい親切に、そして温かく、ロマンは何百とある新酒用の二二五リットル入りの樫《オーク》の木の酒樽《フュトゥ》（**ボルドー**Ⓡでは貯蔵用の樽をバリックと言う）を前にして私たちと居残った。それからさらに二時間も飲んで、話して、味を比べてみた。するとファンは慣れていないこともあって、味覚がすっかりダメになってしまった。外交官だった彼の父は、食事の時に「美味しくて単純で高くない」ボルドーワインしか飲まないのが常だった。その父に育てられた彼は、父の味覚を受け継いでいると『モンドヴィーノ』の撮影が始まった頃には思っていた。ブルゴーニュワインは、たとえリニエの肉付きのよい厚みを感じさせるワインでも、その日もそして映画を撮っていた最初の頃もずっと自分にはわけのわからないワインと感じられた。不味くはないし、嫌いなのでもないけれど、自分の理解を超えた領域にある、という感じだった。自分が知っていると考えているボルドーワインよりも、その時まさに発見しつつあったブルゴーニュワインの方が「存在感がない」と感じていたと、後になっても彼は説明している。

　彼に、何とかわかってもらおうと試みた。それは彼の父親が飲んでいて、六〇年代に子どもの頃の彼が飲んでいた**ボルドー**Ⓡは、現在の**ボルドー**Ⓡよりも明らかに濃厚ではなく、アルコール度数も低く、ボディが感じられない、糖度の低いワインであったことをである。したがって、もし彼が父の「味覚」を受け継いでいると思っているのだとすれば、味覚それ自体もあろうが、「**ボルドー**Ⓡ」というラベルの力によって心理的に受け継いでいるものもあるということだ。私の父と母も同じように考えていた。当時値段の安かった**ボルドー**(R)を、とりわけ**サン＝テミリオン**(R)を好んで飲んでいたのである。九か月後に**ボルドー**(R)のワインを何百も味見して、**ボルドー**(R)のワインの造り方を撮影して回り二週間が経って、ジュアンはついに「ユーレカ（見つけた！）」と声をあげた。**サン＝ジュリアン**(R)の**シャトー・ベィシュヴェル**(W)の前でのことだった。「わかった。今の**ボルドー**(R)は、たいていが子どもっぽい味なんだ。甘い味だ。この子どもっぽい**ボルドー**(R)の味は、子どもだった頃のあの味とは違う味だ。父の**ボルドー**(R)はこの味じゃない。以前の**ボルドー**(R)は美味しくはなかったかもしれないけれど、別のものだったんだ」

とはいえ、二〇〇二年二月のその日、**ユベール・リニエ**(W)と息子のロマンが自分たちの土地への、そして土地の歴史への明白な生きた愛によって示してくれた思いやりとともに結び合う心に、私たちは二人とも感動していた。自然の力と複雑さを前にしての謙虚な気持ちには、自分たちの仕事に対して世界が認めている質の高さを誇る気持ちが含まれていた。その誇りは父から子へと受け継がれている。そのことは**ベルナール・モーム**(W)と息子のベルトランと過ごした午前中に気がついていた緊張感を考えると、いっそう興味深く感じられた。「ワインの造り手は誰ですか？」と、挑発的に聞こえるかもしれないが、私にとっては基本的な質問をした時に、二人が同時にしたのは「私です」という返答だった。その後二人は、互いに、口をそろえて「テロワールだよ」と言い改めた。互いに見つめ合って。モーム家にあるこの生きた自然な麗しい緊張感がワインを活き活きとさせ、彼らの造るジュヴレーの予知できない緊張感のあるごつごつとした側面に表現されているように思う。一方、リニエ家のジュヴレーやモレには調和と安定感、そして慎

▼**ミクロクリマ**　ワインを造る上で葡萄の栽培に影響をおよぼす非常に狭い地域を対象にした気候条件のこと。気温、日照時間、降水量はもちろんのこと、その土地の置かれた地質学的特性（土壌）や地理的な条件（高度、斜度、方位、形、近くの川や森、石垣の存在、風通しなど）が葡萄栽培とワイン醸造に大きく影響するとされる。テロワールという考え方を支える重要な視点。

みがあって、ロマンが父の跡を継ぎ始めた一九九一年にできたワインから以降、それらが特に見出せるような気がしている。またそうであってほしいと願っている。こうした人たちが力を現わすようになるには時間がかかる。彼らの造ったワインを待たねばならない。時間との関係が複雑に絡んでいる映画では、残念ながらその期待を逆説的にしか引き受けられない。その晩、もしかすると『モンドヴィーノ』はあきらめねばならないかもしれないと、私はファンに言っていた。彼もまったく同じ気持ちだった。他のドメーヌをいくつもいくつも訪ねて、何日かが過ぎた時にようやく、これはという映画の鍵が見つかることになる。もちろん、その鍵は私たち自身の内にあった。

2……ワイン世界市場を象徴する空間

二〇〇五年一一月、奇跡的にカンヌ映画祭に出品され、フランスで『モンドヴィーノ』が封切られて一年経った時には、最初にブルゴーニュ®に行った旅からほぼ四年が過ぎていたが、私はまたパリに戻ってきた。そしてラヴィニアのレストランのテーブルに座っていたファンと再会した。ラヴィニアは三つの階に分かれた巨大な商業施設である。贅を極めた（ポスト）モダンの殿堂、つまり世界市場に合わせて作られた巨大スーパーか、あるいはショッピングセンターのような空間であって、効率を追求した模範的な姿と言える。また、店の正面が何とも素敵である。まずワイン売り場でワインを決めて、その選択にしたがって料理を注文することにした。その反対をするよりも成功を収めやすい戦略である。レストランスペースはワイン売り場に比べるとはっきりと区切られていない。これは客を常に物を買う状態に保つための戦略である。テーブルを立って、いろいろなワイングラスの陳列されている廊下に沿ってすり抜けるように歩いていける。そこには世界に認められたワイン愛好家のお気に入りのワイングラスのブランド、リーデルも含まれている。一階に下りてみると、「空港のＶＩＰ用待合室」のような雰囲気を漂わせている。ブランドファッションのブティックの入口にも似た感じがする。ラヴィニアは、典型的にアングロ・サクソンのワイン屋なのである。まず空間が広いこと、非常に多種多様なワインを扱っていること、たいへんな資本を投下して造られていること。しかしその投資は、時系列には行なわれていない。ここには古いワインは置かれていないのである。古い木製の棚も見られない。もっぱら広さとワインの選択の幅のために資本が投下されている。それはワインの味の幅と言ってもよいだろう。ラヴィニアはスーパーマーケットと同じイカサマを行なっているかのように見えるかもしれない。スーパーでは商品の選択の幅があたかも非常に広いような印象を与えているにもかかわらず、実際に選択の幅があるのはせいぜい包装の仕方とマーケティングのキャンペーン商品の中だけであるのは、よく知られている。しかしながら、ラヴィニアは、フランスワインだけではなく世界中のワインについて、本当に選択ができるパリで唯一の場所かもしれないと、私の目には映った。この点はフランスワインの未来にとって、とても重要なことのように思われる。世界の他の地域のテロワールについてのちゃんとした評価、価値付けができなければ、フランス国内であれ、他のどこであれ、本当のテロワールが正当に価値を与えられることなどあり得ない。これは東京でも、ニューヨークでも当然のことである。しかしこうした考え方がフランスの中でも共有されなければ、フランスワインの世界市場での衰退は決して止むことはないだろう。

　イタリアワインの前を通りかかった。**ピエモンテ**Ⓡの素晴らしいワインがつづく。**ラ・スピネッタ**Ⓦ、**ドメニコ・クレリコ**Ⓦ、**ジャコモ・コンテルノ**Ⓦ。その後には、ドイツワインの「スタンド」がいくつもつづく。パリでは最も量的には他を圧倒する数のワインだ。私はこうした消費の殿堂に対して瞬間的に敵意を燃やす性格であるが、ここはよく考えてあるとファンには打ち明けざるを得ないと思った。フランス以外では、非常に洗練された、複雑さを備えた、歴史あるテロワールが世界で最もたくさんあるのがドイツという国である。二〇世紀初頭までは栄光に包まれ、後光が差していたあの偉大なる白ワインの数々も、今日ではほとんど知られなくなっている。もしかすると、ドイツ人にとって「元凶」とされた二つの世界大戦が、こうした評価の低下を招いた原因となっているのかもしれない。昼食をとるにあたって、**ナーへ**Ⓡの有名な蔵元**デーンホーフ**Ⓦの素晴らしいワイン、上品な最高級の白ワインを飲んでみたいと思った。値段は一三～三〇ユーロで、このワインの上品さとなかなか見つからない品薄の状態からすると、信じられない価格だ。あるいは、**モーゼル**Ⓡの最高級ワインでは**ドクター・ローゼン**Ⓦのもの、**ヨハネス・ゼルバッハ**Ⓦ、**ヨハン・ヨーゼフ・プリュム**Ⓦ、そして**ラインガウ**Ⓡでは**フランツ・キュンストゥラー**Ⓦのも見かけた。キュンストゥラーには、一九九三年、彼のドメーヌで会ったことがあるが、なかなか面白い青年である。彼のワインがどうしてあれほど澄みきっているかというと、自分の醸造所を清潔にしておかねばならないという固定観念に由来しているのかもしれない。まるでファスビンダー▼の映画の演出にあるかのように、私の前でたっぷり時間をかけてどこまでも掃除しつづけた。ともあれ、こうした洗練されたワインの数々と再会するというのは、何という幸せだろう。しかし、ファンは肉しか食べないので、いつも赤ワインの方が彼を幸せにするようである。私たちがこうして再会したことを祝おうと、彼に何が飲みたいか尋ねてみた。すると自分から「**ブルゴーニュ**Ⓡがいい」と答えてくれた。『モンドヴィーノ』を撮り始めた頃を思い出して、彼に気づかれないようにニヤリとしてしまった。

3……ブラジルワインの絶望と希望――マーケティングとグローバル化の圧力

階段の方へと歩いていくと、「わが地元」、つまりブラジルのワインが目に入った。かの国ではワインの生産はまだ歴史が浅いので、ここでブラジルワインを見てたいへん驚いた。それでも、そのワインがブラジルの市場で最も力のある生産業者兼取扱業者《ネゴシアン》の**ミオーロ**Ⓦのものだったので、なるほどと頷いてしまった。**キンタ・ド・セイヴァル**Ⓥというワインで、二〇〇四年から**ミシェル・ロラン**Ⓦの指導のもとに造られる「贅沢ワイン」のうちの一つで、まだ新しい種類だった。このワインの裏ラベルに登場して強調されているように、ロラン氏は世界で最も影響力のある醸造家であり、チリからインドに至るまで世界を股にかけ、**ポムロル**Ⓡのシャトーの半分に関係している。このワインをここで見て、私はグローバル化ということについて、自分の中にある「わが地元」と外国というイメージについて、何か奇妙な感慨が湧いてきた。つまり、私は（見たところ）ブラジルのワインを目の前にしているのだが、ここはパリという街であって「わが地元」ではないのであり、そういう意味ではこのワインはどこから見ても異国のもののはずだ。ところが私は、ごく幼い時からここパリを自分の本拠としてきた。一方、私はブラジルに住んでおり、ブラジルの女性と結婚し、三人のブラジル人の子どもがいる。三人のうちミランダとカピトゥは双子の女の子で、私たちがリオについて間もなく二〇〇五年四月に生まれ、ノア＝ベルナルドは二〇〇六年六月に生まれた男の子だ。何か「わが地元」のワインを異郷で見ているような感じがした。

この逆説的な印象は、矛盾しているとはいかないまでも、あまりに強いもので、ブラジルのか弱いワイン産業の代表たる唯一のワインが、私の目には市場では何か一番ブラジル的ではないワインのように見えてしまった。ブラジルのマーケティングとフランス風のグローバル化の力によって、巧妙に作り上げられたもののように見えた。

もしラベルに「ブラジル」と明記されていなければ、どうしてパリの消費者は、この**ミシェル・ロラン**Ⓦのサインが入ったワインに興味をもつだろうか。**ミオーロ**Ⓦと二〇〇四年に仕事をし始めて以来、一五年前にアルゼンチンで彼がそうしたのと同じように、ロラン氏は技術的によくできた「葡萄製品」を生み出そうと、ブラジルで粘り強く指導したのである。その味は一般に口当たりはよいが、出自を消された、個性のはっきりしない、どこでも造ることのできるワインである。どうしてこのワインがラヴィニアに置い

▼ファスビンダー　ドイツの映画監督・俳優・脚本家。一九四五〜八二年。ニュー・ジャーマン・シネマの旗手と言われ、『マリア・ブラウンの結婚』『リリー・マルレーン』で知られる。

てあるのだろうか。ドイツやイタリアのワインの仕入れの仕方があれほどしっかりしていることからして、この店にはさらなる期待ができるのだろうか。この店の広報担当のジャン＝ピエール・チュイルが、ロラン氏の多くのお客に対する広報担当でもあるということは、何かを意味しているのだろうか。それが、グローバル化ということなのか。

この何とも言えない居心地の悪さは、数か月後にブラジルのワイン産業が集中する**リオ・グランデ・ド・スル**Ⓡ州で、新酒ワインの品評会が開かれた時に来てくれないかと頼まれて、これか、と思い出すことになる。

ベント・ゴンサウヴェス▼という小さな町は、ブラジルでも一番南にある州のポルト・アレグレ街道から二時間ほど離れた**ヴァレ・ドス・ヴィニェドス**Ⓡにある。したがって最も気候的には穏やかな地域ということになる。ここには一九世紀末、イタリアからの移民が数万人規模で入植した。その大部分がヴェネツィア近辺の出身だったが、うねうねと丘のつづく素敵な土地を見て、それほど想像力をたくましくしなくとも、ヴェローナの近くの田園を思わせたのである。**リオ・グランデ・ド・スル**Ⓡ州では、今でもヴェネツィア方言が一九世紀のままで使われている。この地域の人たちが、今日までどれほど他の地域から隔絶して生きてきたかがわかるというものだ。移住者たちは、祖国から葡萄の苗木を持ち込んだ。その後一〇〇年の間、自家消費用にワインを造った家族が数えきれないくらいあったが、サンパウロにいるイタリア移民数百万人に向けて、商業ベースに乗せられる品質のワインを造る協同組合もわずかだがあった。しかし、本格的な意味でワインを売買する文化は存在していなかった。それほどに、この国の他の地域では、ワインの世界との文化的なつながりをもつ人は、まったく、あるいはほとんどいなかったのだ。

一九七〇年代になって、イタリア移民の中から、自分の名前を冠して、商業目的で生産を拡大し、ワインを自分でボトル詰めしようとする家族が出てきた。その中でも、**ダル・ピゾル家**Ⓦと**ヴァルドゥーガ家**Ⓦが知られるようになった。一般にはほとんど無視されていたが、上質なワインを造るには地理的にも気候的にもあまり良くない条件の中で、過酷な闘いを彼らはつづけた。土壌が砂混じりで、降水量が過剰である（したがって十分に熟した均質な葡萄を収穫することが難しい）。さらに国民的な規模で考えると、ワインの消費は低調なままであった。**アントニオ・ダル・ピゾル**(W)と弟の**リナウド**(W)は、それでもさまざまな品種の葡萄を執拗に試していった。マディランの**タナ**(C)（一八八〇年頃にウルグアイに入植したバスクの人々が持ち込んだ品種）、**カベルネ・ソーヴィニョン**(C)、リースリング・イタリコ、**トレビアーノ**(C)などがそうである。そして変わってはいるけれど、この土地の、個性を巧みに発揮するワインをどうしても造ろうと努力した。

　少しずつではあるが買ってくれる客層を、サンパウロ（ブラジル第一の都市であり、最も生活程度が高い）とリオで広げていったものの、世界からは完全に無視されていた。彼らが造っていたワインは飲み口のよい、アルコール度数の低いもので（一一～一二度）、酸味がかなり強く、食事にはたいへんよく合うワインだった。それはまさに意図せずして、世界の反対側で八〇年代に生まれようとしていた濃厚で、糖度が高く、アルコール度数の高い、途方もないワインと対極をなしていた。この若いテロワールが自然に造るとすれば、必然的にそういうスタイルのワインになるはずである。またダル・ピゾル兄弟はこのテロワールが潜在的にもっている力に訴えて、対話しようとしただけであった。**ヴァルドゥーガ家**(W)は商売の点でいうと、もっと野心的で目端が利いていた。九〇年代半ばにはすでに、年産八〇万本が可能なまでに葡萄畑を広げていた。一方、**ダル・ピゾル家**(W)は五万本の規模にとどまっており、それは**ブルゴーニュ**(R)の小さなドメーヌにほぼ相当していた。さらに、ジョアン・ヴァルドゥーガは大量消費向けに品質としては特色のないワインを造っていたけれども、個性豊かなものも別に造っていた。**シノン**(R)を思わせる驚くほどきりっとした**カベルネ・フラン**(C)、（その前年に亡くなった母への感謝を込めて）薫り高い**マルヴォワジー**(C)、そして一九

▼**ベント・ゴンサウヴェス**　ブラジル州都ポルト・アレグレから一二〇キロ離れたイタリア系移民の町で人口約一〇万。リオ・グランデ・ド・スル州のワイン生産の中心地。町の入口に、ワイン樽を模したアーチがある。標高約六〇〇メートルで風景はヨーロッパに似ている。

九九年の収穫からできた世界クラスの辛口スパークリングワイン（これは二〇〇七年でも活き活きとして複雑な味わいを保っている）などである。

世界中で起こったワインブームが、ここにまで影響を与えた結果かもしれないが、中小の生産者の中に同じように仲間入りする者も現われた。その中で**マリオ・ジェイス**(W)は、最近、ブラジルにやって来たチリからの移住者で、ワイン造りの才能は素晴らしい。一〇ヘクタールの畑から、青臭い香りのする見事な赤ワインと華麗でバランスのよい発泡性のワインを造っている。少しずつ、ブラジルでは昔からの移住者の家族と若い起業家たちの手によって、ワイン造りの地域が発展していこうとしていた。やがてはもっと大きな農場も加わるだろう。結果次第では、どのように変わっていくか、まだ計り知れないところだ。

こうしたワインの多くは、まだ技術的には安定した味を出せない状態である。頑迷な田舎根性と気候上の障害が葡萄の成熟を邪魔して、次々と深刻な問題が起きている。しかしながら誠実に自分たちのテロワールの質を高めようと努力をつづけている開拓者的な人たちも数十人もいる。彼らは言わば、自分たちの欠点が、長所と共生できるように努めているのである。このテロワールが発展するのに十分な時間が外の世界から与えられて、さまざまな情報に恵まれ、ここに住む葡萄農家たちに公平な市場が約束されるならば、この地域の市場が少しずつ成長し、やがてもっと大きな地方、そして国全体に広がり、いずれは世界へと広がっていくだろう。そうなれば、その時にはブラジルのテロワールが、世界のワイン文化にとって何か独特な意味をもつようになるかもしれない。

少なくとも、そのように私は思っていた、二〇〇六年九月までは。この時、ベント・ゴンサウヴェスに行って、その年にできたワインの品評会に審査員として参加した（南半球では葡萄の収穫は、三月に終わるのが常である）。

あらかじめ選ばれた赤ワインの中に、**ダル・ピゾル**(W)も**ヴァルドゥーガ**(W)も、**マリオ・ジェイス**(W)のものもなかったので、驚いてしまった。試飲と口頭での評価付けが進むにしたがって、さらに驚いたことには、次々と試飲していたワインはどれも濃厚でしっかりとした、糖度の高い、樫《オーク》の樽の香りの付いた、アルコール度数も高いものばかりだった。これはワインを世界に輸出しているアルゼンチンやチリのものによく見られる特徴であり、最近まではブラジルのワインには見られなかった。そしてちょうど試飲の佳境に入った時に、こうした高度な技術を駆使した新しいワインのスタイルをはっきりと象徴するかのように、いったい誰の顔と出くわすことになったかと言うと、例の**ミシェル・ロラン**(W)である。**ミオーロ**(W)の一四・五度の**メルロ**(C)がそれだ。**ミオーロ**(W)という会社は、九〇年代末に生産量五万本だったのが、今日、五〇〇万本になっていた。三〇〇年のアルゼンチンのワインの伝統を根本的に断ち切ってしまうのに、ロラン氏はたった一〇年もかからなかったのだ。ならば、たった三〇年しかないブラジルのワイン文化を変えてしまうのに二年もかからなかったとしても、驚くことではないだろう。

ブラジルが現在、世界の市場に向けて品質としては二級品であっても、一応、比較検討に耐えうるワインを生産できていることに評論家と企業家たちが一様に得意満面なのを見て、私はさらに仰天した。そこに集まった八〇〇もの人々を前にして、何か言わなければならない順番が回ってきて、私は何とか社交的な言葉を見つけようとしたが、自分の気がかりな思いを隠せなかった。広い会議場が一斉に凍りついたように静かになった。試飲の後、昼食をとりにいこうと歩いていると、ある青年が上品に近寄ってきて言葉をかけた。

「**ルイス・エンリケ・ザニーニ**(W)と申します。『プロヴァル』のワイン生産者組合の会長に、心ならずも選ばれてしまいました。もとは名誉幹事で、公式には副会長でした。しかし、会長が辞職してしまったのですよ。組合のやり方に憤慨してです。私も葡萄を作ってます。五ヘクタールの畑を所有しています」

そして審査員と集まった人たちの前で、私が、**リオ・グランデ・ド・スル**(R)のワインが果実味を付けて超凝縮した濃厚な味の漫画みたいで浮かれ騒ぎであると、はっきり言ったことに感謝してくれた。彼自身、そして他のワイン農家の中にも、ブラジルワイン業界が突然向から方向を変えたことに戸惑っている人がどれほど多いか、話してくれた。

　昼食をとりながら、みんなから離れて私と一緒に座って、仲間の造ったワインを何本か見せてくれた。それらは品評会には選ばれなかったものである。まず最初のは、びっくりするような白ワインだった。ラテンアメリカで味わったことのない味だった。地元の味を大切に表現しているたいへん美味しいもので、サンタ・カテリナという隣りの州で造られた、オウヴィドールというドメーヌの**ペヴェレラ**Ⓥ（ヴェネツィア方言で「**マルヴォワジー**Ⓒ」を意味する）というワインだった。この辛口の、苦い感じで少し酸化した白ワインのスタイルは、もともとの葡萄の品種の**マルヴォワジー**Ⓒを思わせるものだ。アルヴァロ・エシェルという名の造り手は、以前は歴史経済学者だったのだが、最近になってこの世界に足を踏み入れ、この地方の特徴をきちんとうまくつかんだ。それは塩気と田舎臭さとミネラル分である。彼の友人のルイス・エンリケによれば、ヴェネツィアからの入植者たちが一九三〇年代に持ち込んだペヴェレラという種が植えられていた葡萄畑のうち、最後に残った畑を救ったのは、独学でワインを造るこのアルヴァロ・エシェルという名の造り手だという。彼がその畑から採れた葡萄で造ったワインは、意識したわけではないが伝統的なワインにとても似ていた。それは七〇年代のワインブームの時に消えてなくなってしまったワインで、北イタリアの自然な酸味を帯びた白だった。偶然の素敵な一致だった。このブラジルの若者が自分のところで**マルヴォワジー**Ⓒの独自の味わいを見つけ出した頃、ヴェネツィアとフリウーリ▼の若い才能豊かな造り手たちが、あの有名な**アンジョリーノ・マウレ**Ⓦが**ピコ**Ⓥでそうしたように、イタリアの伝統を取り戻し、新たな創造へと向かったのである。

　その後、赤が二種つづいた。**アンゲーベン**Ⓦのところの**バルベーラ**Ⓥと**テロルデゴ**Ⓥで、**リオ・グランデ・ド・スル**Ⓡのさらに一地方で造られた別品種のワインで、ルイス・エンリケによれば「ありきたりのやり方でできた」ワインだという。この**デロルデゴ**Ⓒ種の葡萄で、エデュアルド・アンゲーベンはイタリアのトレント▼から移住してきた自らの過去と向き合って、世界に知られていない品種を使い、その葡萄自体が「移住」することによってどうなるか、それを観察したいと思った。ワインの造り方、味の深みにしてもごつごつとした田舎らしい感じがするものの、(それだからこそ)元気いっぱいのワインで、他の伝統的なものに比べると熟成した豊かさが感じられる。しかし、ハッとするような苦みをまとった香りも感じられる。複雑な味わいがあるけれど「けわしい」性格のこのワインが、どうしてこれまで国内の選考に受け入れられにくかったのか、その理由がわかった気がした。ここではまず海外の市場に出せるように、偏りのない味わいが第一とされてきたのである。あまりにも独特な**ペヴェレラ**(V)やこれほど田舎くさい**デロルデゴ**(C)が最終選考に残るというのは、大きなハリウッドの映画スタジオのオーナーがカサヴェテスの映画『フェイシズ』に資金協力を持ちかけるのと同じくらいにあり得ないことだったのだろう。

ルイス・エンリケが自分のまわりを見る目つきは神経質そうだった。自分が、議論の的になっている男と公然と一緒にいることを意識したのだ。ワイン醸造農家の最も大きな団体の会長を心ならずも務めることになった者の態度として、潜在的な困惑が表われていたのである。小声で打ち明けるように、彼は説明してくれた。

「規模にかかわらず、『家族経営の造り手』はたいてい、残念だが金のために身を売っています。現在、ブラジルには本当の意味で家族でやっているところなんて存在しません。もしかすると、ダル・ピゾルは別かもしれないです。突然、みんなが一四、一五、場合によっては一六度のワインを造って、市場に流そうとしました。市場はすでに条件が決まっていたんです。まるで洗脳されたみたいに、みんな同じような『新しい製品』を造ったんです。圧力がかかったみたいに、利己主義者になって、つい最近の自分の過去まで忘れ去って、他人を押しのけてもいいから、何とかしてその新しい市場に一番乗りしようと競い合っ

▼フリウーリ　ヴェネツィア・ジュリアとともにイタリア共和国の特別自治州を形成し、オーストリア、スロベニアと国境を接する北東イタリアにある。州都はトリエステ、人口は約一二〇万人。

▼トレント　イタリア北部トレンティーノ＝アルト・アディジェ州の州都。

ていました。たった一つ守ろうとしたのは、おじいさんの写真の載った『家族』の産地証明だけです。グローバル化が、ここではまったくひどいかたちで始まったというわけですよ。思っていたのとは大違いでした。ブラジルで真面目にきちんと正しいやり方で働く可能性が、皮肉にも、ワインの世界で本当の家族の歴史を持たない人たちだけのものになってしまいました。ひどい逆説です。ブラジルのワイン産業に残された唯一の希望は、もともとはここに居なかった人たちなんです。その彼らが本当の意味で本物を守ろう、あるいは見出そうと、今でも熱意を持っている人たちなのですから」

それから数週間して、ルイス・エンリケが妻の家族の葡萄畑から造った**ヴァロンターノ**(V)という名の素晴らしいワインを、私は味わった。彼の言葉と実際に行なっていることが一致しているのに感動した。リオで（サンパウロと同様、彼も彼の職人肌の友人たちもほとんど入り込めない市場である）、繊細でしっかりとした味の彼の造った**タナ**(C)を飲みながら、ワイン屋ラヴィニアでの**ミシェル・ロラン**(W)指導の**ミオーロ**(W)のワインを思い出した。それが何とも言えず二重の意味で皮肉な関係に思えた。ある地方の狭い世界にあって外の世界へと目を向けている人たちと、外からその小さな世界に入り込もうとしている人たちとの関係だ。

4……素晴らしき品揃え

ロラン氏の「ブラジル産」ワインのボトルを置いて、ワイン屋ラヴィニアの地下に行き、この多国籍店舗の主要な品揃えを間近で拝見することにした。「最近流行の」照明、つまりシックで、リラックスした、豪華ではあるけれど「若やいだ」透明な光があたっている。ワインの「アニエス・B《ペー》」にでもいるような感じがした。しかし、パリでこんなに売り場が広いだけでなく、買えるワインをすべて自分の目で見られるワイン屋は他にないと思う。パリ（やイギリス）の古くからあるワイン屋ではどんなことが起きるかと言えば、目に見えないものに賭ける、アマチュアが「プロ」にお尋ねする、何よりも店の主人の権力にしたがら、あるいは黙ってガラスケースの残りで我慢する、そう仕向けるところだ。ここでは、何でも手に触れられる。世界の各地域がきちんと表示されているし、もちろんフランスの各地域もしっかりと示されている。実際、かなり先駆的だし、民主的と言ってもよい。驚いた。

この店のマージンが他のワイン屋と比べてほんの少し大きいからといっても、その差額は納得できる範囲であり、よく考えてバリエーションがつけてある。そしてもっと驚かされたのは、ラヴィニアでは五〜二〇ユーロの産地のはっきりした素晴らしいワインを多数揃え、高い評価を与えるように努力していることである。地下の奥には「特別室」があって、年代物のワインが入っている。それ自体は無根拠にエリート主義に見える行為である。しかし、その部屋は普通の値段のワインに囲まれ、「お買い得」と銘打った壁とバランスよく配置されている。そのことにはショックを受けない。むしろそこに何かルールが見える気がする。ワインは民主的である。なぜなら、美味しいワインが二ユーロでも二〇〇ユーロでも同じように見つかるから。しかし、マルクス主義的ではない。なぜなら、ワインはすべて同じわけではないし、同じように扱われているわけでもない。**ロワール**(R)の素晴らしいワインの前をちょうど通りかかる。隣の**ヴーヴレー**(R)の白と同じく**シュナン・ブラン**(C)で造られた、**ジャニエール**(R)というほとんど知られていない産地呼称《アペラシオン》だ。この一本（私の贔屓にしているバスティーユにあるワイン屋レ・カプリス・ド・ランスタンでは一九ユーロだが、ここでは二一ユーロもしている）には、**エリック・ニコラ**(W)という才能豊かな造り手の名前が記されている。彼は生物学を勉強していて、化学物質を使わず、土地とワインにインチキをしない男である。ここにもラヴィニアは壁一面に「ビオ・ワイン」と大きく表示している。

それから、ハーフボトルばかりが多数置いてある大きな台がある。こんなにハーフボトルを数多く見られるのは、うれしいかぎりだ。この小さなボトルをあれもこれもと、気分が高揚してくるのがわかる。**トリムバック**(W)の**アルザス・シルヴァネール**(V)の逸品がなんと六・八〇ユーロ。また南フランス屈指の名醸ワイン、**バンドル**(R)の**シャトー・プラドー一九九七年**(V)が一一・八〇ユーロとは、まさに幸福だ（**バンドル**(R)の産地名称《アペラシオン》を持っているけれども、とてつもなく破廉恥な**ドメーヌ・オット**Ⓦの兄弟ワインが、残念なことにここでも売られている。コートダジュールやパリ、フロリダの観光客向けのレストランや、メキシコの瀟洒なホテルでも同様にどこでも売られている。ワインの店というのは、幸せの場でもあるとともに、罠が仕掛けられている場でもある）。

「この一本」と言えるワイン探しは、まだつづく。**アルザス**Ⓡワインの置かれている前にさしかかる。**ジント＝ウンブレシュト**Ⓦの**リースリング**Ⓒと**ピノ・グリ**Ⓒが、ルグランと同じ値段で置かれている。これは、この後ですぐ出会うことになっているダニエル・ジェロー女史が、パリで卸しているワインだ。**オリビエ・ウンブレシュト**Ⓦの崇高なワインと隣り合わせに、**アルザス**Ⓡでのライバルの中でも最も強敵の**ファレール家**Ⓦのワインを見つけた。女性の造り手としては、おそらくフランスで最も名の通った醸造家である（女性は珍しいという意味でも）。とても素晴らしいワインを造ることでも知られているが、美しい物語がそこにはある（少なくともドメーヌの始まりにおいては）。ワインを造っていた夫のテオを一九七九年に亡くした**コレット・ファレール**Ⓦには、娘が二人いた。ロランスとカトリーヌという名だ。近隣の人は皆、彼女がドメーヌを売り払うと思い込んでいた。それも当然で、まだ若い娘二人を抱えた未亡人が、シュロスベルグとフルステンツムの丘にある素晴らしいテロワールをどのようにできるというのか。その葡萄畑は、ちょうど「グラン・クリュ」Ⓡに格付けされたばかりだった。とにかく、二五年前には今以上に保守的で男性中心だったこの**アルザス**Ⓡの地で、未亡人となった美しいコレットは畑を守ろうと決心した。それから一五年もしないうちに、娘のロランスが葡萄畑を、そしてカトリーヌが経営を受け持って、**ドメーヌ・ヴァインバック**Ⓦをフランスで白ワインを造る最も有名なドメーヌの一つに押し上げることに成功した。国際的には男性中心にできているワインの世界で女性が大成功を収めたというだけでなく、職人的で家庭的な仕事の積み重ねがテロワールを表現するワインを造るという精神にとっても大きな成功であった。まさに「良質・平等・友愛」である。

素晴らしい物語、美しい女性たち、これには異論の余地がない。雑誌『パリ・マッチ』からロバート・パーカーまで、フランスの新聞『リベラシオン』からサン・パウロの新聞『フォルハ』紙まで、東京からロンドンまで、反対を唱えるものなど誰もいない。何年も何年も。で、それで？　醜聞も、裏切りもなし。そこで造られているワインは一〇年前も今も同じく「きちんと」していると思う。母と娘たちは『モンドヴィーノ』を撮影した時に、非の打ち所なく私たちを大歓迎してくれた。けれども……。ジュアンとステファニー・ポメッツ▼は、私と同様に何かレセプションに慣れたプロに迎えられているような感覚にとらわれた。メディアにあまりに露出しすぎたためなのか、しぐさ一つ一つがすべて用意周到に計算されているかのような気がしたのだ。誰も何一つ責めることなどできなかった。勇気と知性と才能を結集して、ケチの付けようのない素晴らしいものを打ち立てようと長い間苦しい闘いをつづけてきた女性たち三人である。けれども、**ミュスカ**Ⓒを八ユーロで買い求め、グラン・クリュの**リースリング**Ⓒは二〇ユーロというのに慣れ親しんだ身にとって、**ミュスカ**Ⓒが二〇ユーロ、**リースリング**Ⓒは六〇ユーロとなると、はっきり言って困惑してしまう。彼女たちのワインがその値段に見合っていないという議論をするつもりはない。なぜならワインの価値というものは、私たち愛好家、造り手、そして市場というまったく利害の異なった三者にとって、複雑で矛盾しているのが常だ。ただ、メディアに飽き飽きした世界、価値の基準を金銭で測らずを得ない世界での成功そして他人の目とは、なかなか御しがたいものなのだと思い知ったのである。

ファレール家Ⓦのワインは、一〇年前と比べて、より豊かで味わい深いワインであろうか。もしそうならば、それが良くないことだろうか。「果実味」、つまり豊かでまろやかな味わいに価値を置く現代の市場の傾向からすると悪くない。しかし、酸味、つまり洗練された溌剌とした繊細な味わいが好きな者にとっては、このように味が濃くがっしりとしたワインは、魅力に乏しい。薄められたワインが偉大なテロワール

▼ステファニー・ポメッツ（原注）私の友人で、女性写真家。撮影の時に第三者として一緒にいた。

の深みを表現する材料をなくしてしまうのと同様に、あまりに濃すぎるワインもまた、そのテロワールの複雑な味わい、微妙なミネラルの味を隠してしまうのである。これは私自身がまず認めなければならないが、ワインの在り方はまったく変わらず同じで、変わったのは私の味覚の方ということもあり得る。ここ一〇年、一五年、味の濃いワインを飽き飽きするほど飲んだせいかもしれない。

ファレール家Ⓦの話はおいておくとして、**アルザス**Ⓡ屈指のネゴシアンでもある**トリムバック**Ⓦのワインに目を向けてみよう。規模は一つの企業と言うべきで、年に一五〇万本近くワインを生産しているが、個人的な感覚としては、**アルザス**Ⓡのテロワールを最もよく表現している気がする。細部にこだわり、入念に仕上げるという職人芸でできたワインとは言えない。しかも**トリムバック**Ⓦのワインは大部分、葡萄の品種ごとに造られているにもかかわらずである。**アルザス**Ⓡの伝統的なやり方であるが、AOCが葡萄の名前とともに表示される唯一の地方である。**ファレール家**Ⓦや**オリビエ・ウンブレシュト**Ⓦのワインと比べると、ボディが弱く、豊かさの少ないことに誰も異論はないだろう。しかし、ここの白ワインの透明感には、**アルザス・シルヴァネール**Ⓒ、**リースリング**Ⓒ、**トカイ**Ⓒ（ピノ・グリ）のどれをとっても、ミネラル分を感じさせ、フルーティさがあり、フランスであろうと他の国であろうと、ここからさらに南では見つけることのできない白ワインの一つの表現がある。したがって、一つ一つは正確に他と区別される形を取っていないものの、実際には**トリムバック**Ⓦは最も特徴をもった真の意味で「**アルザス**Ⓡ風の」ワインを造っているのではないだろうか。すてきな矛盾である。

　そう考えているところで、ファンがその場の私の使命を思い出させてくれた。

「ところで、俺たちが昼に飲む**ブルゴーニュ**Ⓡは、どうなっているんだい？」

5……ラヴィニアとブルゴーニュ

二〇〇二年、**ブルゴーニュ**Ⓡで撮影をしている際に、どうしても頭を離れない主題が二つあった。テロワールのルーツと人間のルーツである。歩く度に、土地と人、そして人と子どもとの間には伝えることをめぐる緊張感が感じられた。それは美しさと言ってもいいだろう。ラヴィニアのワインの森を心地よい驚きを感じながら経巡っているうちに、私はそのことを思い返していた。この店がこの私と同じ文化を共有することになろうとは最初は思いもしなかった。つまり、売り場の責任者たちは、私なら選択したはずの**ブルゴーニュ**Ⓡの造り手たちの中から、多くの造り手を選んでワインを買い付けているが、たいへんな手間を駆使したはずだということである。何か、誰も知らないお祭り、誰にも会いたくないお祭りに来ているという感覚と、その逆に友達と尊敬する人たちだけしかいないお祭りに来ているという印象だった。すぐに白ワインの中に**ジャン＝マルク・ルーロ**Ⓦの質の良い**ムルソー**Ⓥを見つけ、さらに彼の造った**ブルゴーニュ・ブラン**Ⓥを一六ユーロで見つけた。その隣に、同じ**ムルソー**Ⓡの名前で造られた六つか七つのテロワールからの素晴らしいワインが選ばれて並んでいる。近くの**フランソワ・ジョバール**Ⓦのワインもある。彼は素晴らしいが遠慮深い造り手で、メディアに注目されることを嫌って、私のカメラ撮影をどうしても認めなかった。誇り高い選択である。

ジョバールのためらいに想起されて、二〇〇二年二月の**ブルゴーニュ**Ⓡでの撮影の時に出合った、もう一つのためらいを思い出した。**ユベール・ド・モンティーユ**Ⓦとカーミット・リンチの仲介で、彼らの知り合いの**オーベール・ド・ヴィレーヌ**Ⓦと連絡を取った。**ドメーヌ・ド・ラ・ロマネ・コンティ**Ⓦの共同経営者である。**ロマネ・コンティ**Ⓥは、ワインの世界では最も高貴で神話的な、ほとんど聖なるワインと誰もが認めている。私が彼に会ってみたいと思ったのは、**ロマネ・コンティ**Ⓥの栄光のせいというより、ド・ヴィレーヌ氏の個人的な評判からであった。彼をよく知っている人は、彼を民衆的な人で、テロワールに対してあらゆる意味で敬意を払っており、ワインを文化の伝承と考える人、そのための闘いにおいては積極的で能弁な人であると言う。しかし、まず会ってからでなければ映像を撮ることは許可できないと電話で伝えてきた時、ド・ヴィレーヌ氏の声の重々しくよく響く調子を耳にして、私は何か疑わしい気持ちになった。たぶん彼の言うことが正しいのだろう、しかし、その反応は自分の権力が及ばない外部の人間の視線にさらされることを嫌がる権力者たちに典型的なものだと、その時、私は思った（おそらく同じ理由から、ワインの造り手でもある映画監督のフランシス・フォード・コッポラは、私と会うのを拒んだのだろう）。

　ド・ヴィレーヌ氏にとっては、私のような自由な映画監督はワインの世界に属していないので、彼の権力に近づけることを好まない。つまり、彼の言うことを簡単にきくジャーナリストや評論家とは違う存在なのだ。自分の神話的な評判（そして莫大な投資額）を守らなければならないド・ヴィレーヌ氏は、私に対して疑いの目を向けたのかもしれないと思ってしまった。**ドメーヌ・ド・ラ・ロマネ・コンティ**[W]の本拠のある**ヴォーヌ・ロマネ**[R]ではなく、**ブーズロン**[R]という小さな村にある自分の家に来るよう指示したのは、彼の抜け目のない計略かもしれないと。

　その日、さらに悪いことに、私は風邪気味だった。そして無駄足になると思い込んでいたので機嫌もよくなかった。**オーベール・ド・ヴィレーヌ**[W]はドアを自ら開けてくれ、台所に招いてくれた。背がとても高く、六〇がらみの男で、顔はふっくらとして少し長めの感じだ。よく耕された土地という感じ。落ち着いて洗練された立ち居振る舞いだ。しかし、眼差しはたいへん鋭い。たちまち、この人のすがすがしい礼儀正しさに触れて、状況をうまく読めなくなったと私は感じ始めていた。と言うのも、オーベールは一緒に飲もうとワインを用意して、そのグラスを並べてくれた。しかもその一本とは、**ドメーヌ・ド・ラ・ロマネ・コンティ**[W]の**バタール・モンラシェ**[V]である。彼の**モンラシェ**[R]は年産三〇〇〇本で、その稀少さと評判から世界で最も入手しにくい高価な白ワインと見なされている。そうなるといったいどう考えたらよいのだろうか。私たちに振る舞ってくれたその一本は、生産量があまりに少ないため（五〇〇本以下）、市場に出回ってさえいない。感動してしまった。そして自分自身に腹が立った。まず、今、目の前にいるのは、ワインの真の「紳士」だと私が感じ出していたから。そして二番目に、風邪を引いているせいで、おそらく崇高なこのワインを十分に味わえないという悔しさから。その時は本当に悲劇的だと感じていた。しかし、**オーベール・ド・ヴィレーヌ**Ⓦが私たちを上手にくつろがせてくれたおかげで、今でもこの日の出会いとあの一本のワインのことはこの上ない思い出となっている。

　ヴォーヌ・ロマネⓇではなく、**ブーズロン**Ⓡに招いてくれたのは、私たちの当初の目的を逸らそうという意図からではなかった。彼つまり**オーベール・ド・ヴィレーヌ**Ⓦは村の村長であったのである。彼は自分の時間を二つに分けて、一つは**ブーズロン**Ⓡから四五キロ離れた**ドメーヌ・ド・ラ・ロマネ・コンティ**Ⓦの経営（葡萄栽培と管理）にあて、もう一方を名も知られていないこの小さな村での生産にあてていた。この村で、ささやかな自分の**メルキュレー**Ⓡと、まさに取るに足らない**アリゴテ**Ⓒを念入りに造っている。**アリゴテ**Ⓒは、たいてい普通の人にはキールにする白ワインに最適という品種の葡萄だ。しかしド・ヴィレーヌ氏の**ブルゴーニュ・アリゴテ・ブーズロン**Ⓥは非常に出来が良く、洗練された味わいなので、同じ**ブルゴーニュ**Ⓡのもっと格の高い四倍も高いワインと競合するくらいである。この生きのよい辛口の宝石のようなワインは、ラヴィニアも含めてワイン屋では一二〜一三ユーロで手に入れられる。ヴィレーヌは、**ロマネ・コンティ**Ⓥの素晴らしいワインよりも、自分の**アリゴテ**Ⓒの話をしたいのではないかという感じがした。特に、テロワールの歴史的な複雑さや、テロワールの地理的・気候的な神秘と出合った人間の文明について話がしたいようだった。五〇〇年もの間、**ブルゴーニュ**Ⓡのテロワールに範囲を限定して、根気強い緻密な仕事をしてきたシトー会の修道士たちについて熱っぽく語った時には、彼自身がまるで現代の修道士のように見えてきた。単に彼の様子が禁欲的で、厳めしく、生気とともに慎み深さを感じさせるからだけではない。また、ワインの「作者」のような感じをまったくさせていないからでもない。「作者はテロワールですよ。それは**ブーズロン**Ⓡでも**ボーヌ**Ⓡでも同じことです」と彼は言う。それは、なにも謙遜して言っているのではない。彼は誇りと自信に満ちてそう言っているのである。偉大な芸術家によく見られることだが、自然な誇り高さと深い謙虚さの間には素晴らしい緊張感が明らかに存在する。それが、時代を同じくする者たちの欲望、怖れ、そして神秘的な考えを表現する修道僧のような緊張感となっているのかもしれない。良きにつけ、悪しきにつけ、彼らと私たちの信仰はそうした要因で作られるのである。

　ドメーヌ・ド・ラ・ロマネ・コンティⓌでさえ、土は生物学の知識によってだけでなく、生体力学ビオディナミによって作られているのだとオーベールが語り始めた時には、さらに修道士のようになった。こうした考え方は、土地を聖なる場のように考える急進的な概念である（もともとは古代からの掟に根ざした考えである）。土を起こして養分をほどこし、植物類似治療法を用いて力をつけてやる。しかもそれらすべてが月の満ち欠けのリズムに基づいている。なぜなら、土地は実体として死んでいるのではなく、何よりまず周囲の世界と結びついた生きているものとして捉えられているからである。こうした考えには神秘主義的なところもあるが、こうしたデカルト的懐疑論者の数が多いのに驚かされる。**オーベール・ド・ヴィレーヌ**Ⓦもそうだが、**ヴーヴレー**Ⓡのドメーヌ、**ユエット**Ⓦ〔日本ではユエと表記されていることが多い〕の**ノエル・パンゲ**Ⓦも科学的にビオディナミ農法を実践している。その時には知らなかったが、**ドミニク・ラフオン**Ⓦから**フレデリック・ラファルジュ**Ⓦまで、**ブルゴーニュ**Ⓡでその後会うことになるよく知られた素晴らしい人たちの半分は、現在、ビオディナミによって仕事をしている。こうした人たちの多くは、経営的にもあまり利益を生まない、ある意味リスクのあるきついこのやり方をしなくても十分に良い評判を得られる、そういう造り手たちなのである。二週間後にポーで**イヴォンヌ・エゴビュリュ**Ⓦに会った時、彼女もまたビオディナミによって仕事をすることが自然に対する自分の道徳的な義務であると感じて、借金をしてまで六ヘクタールの畑で実践していると聞いて私は、考え込んでしまった。

　しかし、同時に**オーベール・ド・ヴィレーヌ**Ⓦは、巧みに狂信的な考えを回避していた。「われわれにとっては、何もかもわからないことだらけなんだよ。どこに向かっているのかもわからないし、どうすればテロワールをよりよく出せるのかもわからない。そもそもテロワールに真実なんてないんだ。プラトンの洞窟▼の中と同じだ」と彼は言う。彼が、私と同じような話し方をするのを耳にして、うっとりとしてしまった。私は古代ギリシアを勉強したせいで、どちらかというとホメロスの地上的な遊び心のある幻想へと向かうのに対し、彼はプラトンの謹厳さ（幻想）に根を下ろしている。**ロマネ・コンティ**[V]でも、**ブルゴーニュ・アリゴテ・ブーズロン**[V]でも、ド・ヴィレーヌのワインにはどれも、味と質感の点でこうした正確さがある。こうしてみると、葡萄の木の根は土の中のミネラル分を養分としているだけではないのだということがわかってくる。

結局、後になって、**ロマネ・コンティ**[V]と**ラ・ターシュ**[V]の畑でヴィレーヌの撮影をすることになったが、その時には完全に信頼に満ちた、すっきりとした状況（恥じらいさえ感じるような）であった。では、どうして『モンドヴィーノ』の完成版に**オーベール・ド・ヴィレーヌ**[W]は映っていないのか。それは、彼のワインに対する姿勢が美しく謹厳なので、この映画とは別のリズムの文化に属しているのだと私にはすぐにわかったからである。その肖像の本質は凝縮した形ではとどめることができないのである。彼のテロワールとの関わり、したがって時間との関わりには、映画を作る上で別の時間の流れが必要であった。結局はこう思うしかなかった。ヴィレーヌには別の方法がいる。伝統的な映画作品の語り口や時間の縛りから解き放たれなければならない。そうしなければ、ワインをめぐる人間たち（つまり女性も含んでの話だが）に、別な視線を向けて表現することはできないのだ。編集をしている最初の頃から、膨大な材料と格闘する中で、『モンドヴィーノ』の逸話をひと続きのシリーズにしようという考えがすでにあった。ヴィレーヌの礼儀作法は、『モンドヴィーノ』を別のやり方で編集し、見せることになるかもしれない。編集が終わって、作品としての長編一本が上映された後に、一時間の一〇巻シリーズを作ることは、こうした一連の仕事の一つの出口になる。基本的にはＤＶＤで販売する、映画というよりも何か物語を読んでいくような映

▼プラトンの洞窟　人間とは、洞窟の中で奥に向かって縛りつけられている囚人であり、その奥の壁に照らし出された影を眺めることしかできず、その影を実在のものであると思い込む。プラトンが著書『国家』で、イデア論を説明するために使った比喩。

画とは異なった文化への招待を試みることは、私にとっては、今でも『モンドヴィーノ』の「テロワール」を最も真正に表現することのように思われる。

6……「世界人」という「家なき子」

ド・ヴィレーヌの家を訪ねた翌日、**ブーズロン**Ⓡから一五分ほどの**ヴォルネー**Ⓡに行ったところで、ファンと私は**ブルゴーニュ**Ⓡの人たちがどれほどテロワールにこだわっているか、そしてテロワールを持たない私たちは、どれほど根無し草の「家なき子」であるかが話題の中心になった。**ブルゴーニュ**Ⓡの人たちが、貴族・市民・農民を問わず、自分たちの前の世代の重みをどう感じてきたか、考えてみた。ちょうどこの時は、**オーベール・ド・ヴィレーヌ**Ⓦの親友で、私も以前から少し知っていた**ユベール・ド・モンティーユ**Ⓦを訪ねるところだった。彼については、彼の造るワインそのままの人物像を、思い出として今も持っている。最初は辛辣な感じで、用心深い。しかし心を開いて見せることができる人なら、この人は（そしてワインも）きらめくような、遊び心のある、深くて喜びに満ちたつき合いができる。フランスでもイギリスでも、そしてアメリカでも、私は八〇年代の初めから**モンティーユ**Ⓦの**ヴォルネー**Ⓡと**ポマール**Ⓡを飲んできた。常に驚くべきワインであって、アマチュアの先入観や偏見をもてあそぶワインだ。知っているかぎりでは、最初から簡単だと思ったワインは一本もないし、毎年同じ味でもない。だから前もって次の展開を予想することもできない。このような無秩序な在り方に不満な人もいるだろう。だが私はいつも何か刺激を受けている。そして、レストランのワインリストに彼のワインをいろいろと並べることがうれしくてたまらないのだ。なぜなら、それによってある種の不安から素晴らしい歓喜まで、必ずいろいろな問題が発生するからである。

それまで**ユベール・ド・モンティーユ**Ⓦとは、一度しか会ったことがなかった。それは一九九九年のことで、その時は、私の兄アダムと義姉シャロンと一緒だった。父と同じく『ニューヨーク・タイムズ』紙の記者をしている兄アダムは、その時フランスのヴィシー▼に住んでいた。それから少し経って兄の長男フランクリンが生まれたが、家族に大きな影響を与えた。兄は、フランスの現代文化と戦争の記憶との関係についての著書を執筆した。私は映画『サインズ&ワンダーズ』の撮影準備をしつつ、アテネにいた。兄の本は私に、記憶の美学と記憶から生じる歴史的な理解について考察することで、『モンドヴィーノ』についての考えをまとめるための骨組みを与えてくれた。

ユベール・ド・モンティーユ(W)と彼の妻クリスチアーヌは、その一九九九年の秋のある午後のこと、私たち見知らぬアメリカ人三人を温かく迎えてくれた。ところが三〇分も経った頃、ユベールの振る舞いに何か変化が起きたように感じた。私たちはワインが大好きで、このドメーヌの歴史に興味があるが、まったくワインについてはプロではないし、「玄人」的な知識もないと自然に振る舞っていた。私たちのそうした態度が気に入ったのか、モンティーユはわざわざ暗い地下蔵にもう一度降りて、**ヴォルネー・タイユピエ一九八五年**(V)という貴重な一本を持ってきてくれた。彼は、才能豊かなワインの造り手であると同時に、目端の利く弁護士なのである。私にとって一番うれしかったのは、そうした気前のよい歓迎よりもむしろ、モンティーユ自身がこの美味しいワインを飲んでうれしそうにしている、その姿が見られたことである。私たち外国人三人を前にして、かなり機嫌がよかったのか、それを隠そうともせずに兄のグラスにワインをさらに注ぎながらこう言ってくれた。「**ボルドー**(R)じゃ、いろいろ見せてくれるが、あいつらは飲まないんだ。**ブルゴーニュ**(R)じゃ、簡単に見せてくれないが、みんなで飲むんだ」

二〇〇二年の二月の朝、二度目に訪ねた時、ユベールは一人でファンと私を迎えてくれた。車は一八世

▼**ヴィシー**　第二次大戦時、ナチス・ドイツに協力するフランスの傀儡政権が政府を置いたフランス中部の都市。

紀の彼の家の中庭に入れて、一年のうち三か月の間は醸造所となる納屋の隣に停めた。彼には今回の訪問（最初の本当の訪問という意味で）で撮影するつもりだとあらかじめ伝えておいた。電話では「したいようにすればいいよ。もう六年前から引退しているしね。まあ、だからどうでもいいんだ」と、ふざけた調子で言っていた。それで車から降りるところからもう撮影を始めた。モンティーユは一九三〇年生まれで、一九九六年に脳出血と起こし引退し、それ以来、歩き方がゆっくりになっている。しかし精神の方はあいかわらず活発に鋭敏に働いており、まったく何もダメージを受けていない。ディジョンで弁護士会会長を務めた後、法曹界の仕事を先祖代々受け継ぐかたちで務めていた。「一七世紀に、やっと法服貴族になったんだ。でも、そんなことどうでもいいことだ。本当の貴族の権力についての話なら、剣によって貴族になった**ド・ヴォギュエ家**Ⓦに行って話を聞けばいい」。この館の大きさと姿からすると、貴族的な演出というよりも、田舎のブルジョワ階級の精神を感じてしまう。

　この家から二〇〇メートル離れたタイユピエの葡萄畑が、私たちに見せるには最も面白い場所だろうと彼は考えた。**ヴォルネー**Ⓡのワインが、**ブルゴーニュ**Ⓡの赤ワインの中でも最も精妙で繊細であると考えられるなら、七ヘクタールのタイユピエのプルミエ・クリュの畑は、洗練の極みということになる。丘の中腹にあたる位置と、白い石灰岩の非常に軽い土壌によって、同じ産地呼称《アペラシオン》のもう少し斜度の急なプルミエ・クリュ畑と比べても、もう少し複雑で、完成された、洗練の度合いの高いワインができる。この七ヘクタールには一五人ほどの所有者がいて、全体の一〇分の一がモンティーユ家の所有である。一年におよそ三五〇〇本のワインができる。「タイユピエの特徴は何でしょう？」と私は聞いてみた。

「簡単には言えないな。太陽との位置関係がよいこと、丘の中腹に位置していることで最適の排水環境が得られること、地下の土壌が複雑なこと、あるいは何世紀にもわたって品質と洗練された味わいに気を使ってきた人々の葡萄に対するさまざまな手入れとか、いろいろあるだろう。しかし、はっきりどれがとは言えない」

すばやいハッとさせるような弁護で知られるこの弁護士をじっと見ていると、このような素っ気ない答え方はテロワールの秘密を明かさないための言い逃れじみた計略なのではないかと疑ってしまった。あるいは、議論を別な方へと導くための複雑な戦略ではないのか。最悪の場合は、テロワールなど存在しないし、フランス式のマーケティング戦略のために作り上げた絵空事と考えているアメリカ人やその他の(パーカーの批評のような)人たちに対する懐疑的態度の表われかもしれない。しかし、モンティーユに力があるのは大部分、その明快な考え方による。単純に彼は自分が感じていることをそのまま言っているのだろうと思った。曖昧さや矛盾があっても、必ずしも真実を信じることを妨げるわけではない。

ユベールは、冬の灰色と褐色とでむき出しになった景色を眺めている。「子どもの頃、ここによく遊びに来たことを憶えている。ここの葡萄畑で遊ぶのは、いつだって本当に面白かった」。それから彼は土に手を入れて、土の下でどうやって根が深く深く伸びる先を見つけていくのか、それをここで堆積している土の状態から私に説明しようとしてくれた。彼を見ていると、まるで何種類もの役を自然に演じ分けている人のような気がする。農民であり、ブルジョワであり、知識人であり、特権と力をもった人でもある。突然、彼が鼻血を出した。もともとここに住んでいる現地人の彼も、この二月の乾燥したひどい寒さにやられたのだろう。彼にどう声をかけたらよいのか、わからなかった。失礼じゃないだろうか、気を悪くしたらどうしよう。鼻血はあいかわらず出ている。私たちは彼に何も言わないでいた。二分経っても、彼はまだ気がつかない。ファンを見ると、彼も困った顔をしていた。心配そうだった。カメラのカバンを探って、ティッシュペーパーを見つけて、彼に差し出した。モンティーユは紙を鼻の穴に当てて、さらに紙をちぎって鼻に詰め物をした。その間も、話をつづけ、鼻に詰めた紙が見えている状態で撮影はつづいた。モンティーユの姿勢を理解した気がした。見かけなどどうでもよいということだ。何か説教をするでもなく、彼は、私たちを彼と同じように包み隠すところのない状態にしてくれたのである。

モンティーユは、**オーベール・ド・ヴィレーヌ**(W)とのつき合いについて、最近のテロワールを重視したワインの文化を守るため共同で闘っていることも話してくれた。また、自分の子どもたちのことも語ってくれた。娘さんの**アリックス**Ⓦもワイン造りをしている。彼女の話をする時には、愛情たっぷりの感じだ。一人息子の**エティエンヌ**Ⓦについては、ほとんどやりすぎなくらいに厳しい態度を見せる。あまりに皮肉が効きすぎて、息子への批判は作り話のように面白く聞こえる（もう一人長女のイザベルがいるが、利口で愛嬌のある彼女は、父親の跡を継ぐという重荷からうまく逃れた）。特に彼から感じたのは、この人は「存在する」のを決して怖れていないということである。言葉の上でもしぐさの上でも、「見せる」ということが問題なのではない。とはいえ、ディジョンでの裁判における弁護活動の結果なのか、ちょうど過不足なく「見せる」ということなしには、深い意味で「存在する」ことも伝わらないと彼は学んだようである（それこそが真の役者としてあるべき一つの定義である）。

7……自分のテロワールを探し求めて

モーム家、リニエ家、そしてモンティーユ家を知ると、ワインの世界にある特別な関係が見えてくるかもしれない。とはいえ、その反響はどこの世界にも広がるものである。テロワールでは、ワインの造り手は、相続と伝承という問題に特に具体的な形で向き合うことになる。ご先祖さまは何を私たちにしてほしいと思っているのか。彼らに対する義務、自分の過去に対する義務はいったい何か。最悪の暗澹たる自己陶酔に陥ることなく、自分の独自性、個性をどう主張すればよいのか。毎日、自分が引き継いだものと向き合わされる造り手にとって、何という悲劇、特権、そして重荷であることか。それも、彼は先祖伝来であろうと新しく手に入れたものであろうと、土地を毎日耕しているのである。葡萄作りをする者なら、どの世代であっても物理的に自分の過去と向き合うことになる。自分が今、剪定しようとしている葡萄の木は、祖父ではないにしても、父が剪定した木である。あるいは、もしその畑を入手した最初の世代であるとしても、以前にその葡萄の木を手入れしていた人物と線で結ばれた相続関係が必然的にできてしまうのである。土壌についての知識は書物を読んで得られるものではない。過去からの生きたリレーによって伝えられるものである。テロワールのワインは（映画と同様に）自分自身への愛の行為であり、自分の先祖と、そしてその仕事を次に受け継ぐ者たちへの愛の行為なのである。

当然ながら、この帰属と相続の強い関係を目の当たりにして、ファンと私は二人に共通した文化である〝根無し草〟の問題、途切れてしまった伝承、つまり若くして亡くなった二人の父親について話し合うことになった（私の父は六六歳で亡くなり、彼の父は五三歳で、ウルグアイに独裁政権が誕生した一九七四年に亡くなっている）。モンティーユとちょうど同じ年代である。子どもを甘やかさない父親というわけだ。ユベールの話を聞いていて、私の父親の威厳ある、率直に言って容赦のない、威圧的と言ってもいいような口調を思い出していた。しかし父の場合は、時に厳しく怒りっぽい威厳も、衝突を招く性質のものではなかった。父の権力は、私を攻撃するものではなく、私の何かの力になってくれたものだった。少なくとも私はそう信じたい。ところが、父が亡くなった時、私はまだ三〇歳でしかなく、映画人として仕事をようやく始めたところで、自分の仕事と父の仕事との対話を見つけようとしていた頃だった。しかし、こうして**ブルゴーニュ**®で父と息子と出会っているうちに、私の仕事そして私の人生は、父の記憶との対話をずっとつづけてきたのだと思い知った。もし思い出が固定されたものだと、対話もまるでモノローグのようになってしまうきらいもあり、その場合には、故人の礼賛という意味で、記憶を固定することになってしまうかもしれない。しかし、想像力を働かせて、可能なかぎり自分の思い出を常に正しく再構成し、自分にとってのそれらの思い出の意味を問い直すことで、父との関係をいつも活き活きと保ちたいと思う。こうして、彼の一生が持っている意味とずっとつき合いつづけていくことができると思ったのである。

ワイン農家を訪ねる合間に、車の中で私たちは自問していた。テロワールを持たない「家なき子」の私たち、ウルグアイを追われ無国籍状態になっているジュアンと、根無し草のアメリカ国籍のユダヤ人でますます無国籍化している私は、いつかテロワールを手にすることができるのだろうか。自分のテロワールとは、単に自分自身の過去に対する意識なのかもしれないと考えてよいのだろうか。先祖と根こぎにされた自分（けれども完全に死に絶えてはいない）との対話をつなぐ努力、時を超えて対話をしようとしてしまう自分を美しいと認めてそれを推し進める意志、それらがあればテロワールはできるのだろうか。私たち二人の「世界人」的な在り方は、的確なテロワールの表現だったのだろうか。（タイユピエとともに）テロワールとしての世界主義は、新たに世界を席捲する暴力に対して、一つの冷静な答えとなり得るのだろうか。もしそうであるならば、何と素晴らしい対抗だろう。なぜなら、「世界人」という言葉は歴史的にユダヤ人を意味する言葉として違法に用いられてきたのだから。他者のテロワールは、同様に私たちのテロワールでもあり得るのだろうか。**オーベール・ド・ヴィレーヌ**Ⓦの言葉が思い出された。「われわれは、テロワールの良き妻にすぎないんだよ。毎年毎年、子どもを産み落とすというわけだ」。ことはもはや明らかだった。他者のテロワールは、私たちに自分の「テロワール」を探し求めるよう促してくれるということだ。**ブルゴーニュ**Ⓡのテロワールは、最も追い詰められた農民のテロワールであっても、この地域独自であるとともに普遍的でもあるのだとわかった。

8……今日の昼食のために選んだ一本

ファンとともにラヴィニアで昼食用のワインを探しているうちに、約四年前の私たちの冒険の始まりがよみがえってきたような気がした。モームのワインは見つからなかった。ラヴィニアのような贅沢な店には、あまりに急進的すぎるのかもしれないと思った。反抗的な味わいのこのドメーヌのワインを見つけるには、ワイン屋のレ・カプリス・ド・ランスタンに行かなければならない。ただし、**ジュヴレー・シャンベルタン**Ⓡのものとしては、**アラン・ビュルゲ**Ⓦと**ジョゼフ・ロティ**Ⓦのものが、ラヴィニアには置かれていた。

この二つは、モームと同じくらい特徴のある活き活きとした土地独特のワインを造るドメーヌである。しかし、ワインとしては少々おとなしい感じだ。モームと同じように、**ブルゴーニュ**®でも最も知られた産地呼称《アペラシオン》の一つに属した最高のテロワールにしては、三五、四〇、四五ユーロというのだから、まさに適正な価格である。

さて、これが造り手の側からすると、土地から始まって市場までつづく美学というわけである。**ジュヴレー・シャンベルタン**®が世界で最も評判の良いワインに数えられていることを考えても、その値段には驚かされる（**ラングドック**®からアルゼンチンまで、新興テロワールの新しいドメーヌ、言わば「最新注目ワイナリー」が、揃いも揃って自分のワインに一本一〇〇〜一五〇ユーロの値段をつけてはばからないし、それを世界の市場がいずれにせよ許容しているのを見るにつけ、いよいよ驚きの価格である）。モンティーユのところのワインの前を通りかかった。**ポマール・リュジアン一九九九年**Ⓥは、**ヴォルネー**®の隣り村にある素晴らしいテロワールのワインだ。すっきりと洗練されたラベルを、ファンと私は目にした。白地にローマ字でテロワールの名が記されている。ドメーヌの名前は**ブルゴーニュ**®の習慣では、一番下に小さく記されることになっている。思わず叫び声をあげてしまった。

「うわ、八五ユーロだよ！」

「第一、ラベルにユベールの名前がないよ」とジュアンが教えてくれた。

「面白い。気がつかなかったな。『ドメーヌ・ユベール・ド・モンティーユ』から単に『ドメーヌ・ド・モンティーユ』になっている。どうやら、署名の問題が解決したのかもしれない。もし僕がエティエンヌの立場なら、自分の名前を入れようとしないのは嫌だと思うな。自分の仕事に名前を入れるのは、個人的満足や誇りの問題だよ。けれどもお父さんとの関係からすると、すごく微妙だね」

「さあ、それじゃ決めよう。**ダンジェルヴィル**Ⓦのところのワインがあるよ。モンティーユの家の立派なお隣さんだね。一九九九年のが七三ユーロだ。エティエンヌの造るワインだけじゃなくて、最高の**ヴォル**

ネー®はどれもこれも明らかに値段が上がっている。一番安いので、モンティーユの**ヴォルネー・ヴィラージュ**二〇〇二年Ⓥが六八ユーロ。確かに高いけれど、市場全体からすると、節度あると言うべきかな」

「誰が値段を決めているんだろう？」

「この**ヴォルネー**®はここでは六八ユーロしているけれど、生産者価格としてはだいたい二五ユーロほどだ。つまり、儲けているのはモンティーユでもない。けれども、ワインというものはパリやニューヨークに来ると、少なくとも造り手のところよりも二倍は高くなるからね。そういえばパリとニューヨークじゃ、不思議と同じ値段になるね」

「だからこそ、フランスに住んでいる僕たちとしては、直接、造り手から買う方が得だということだね」

「そうだね、ある意味では。都市のワイン屋の役割は、お客さんが自分の嗜好に合ったワインを見つけられるように導いてあげることと、急いで見つけたい時に助けてあげることなんだ。でもそれからは、客である自分の番だね。造り手との直接の関係を築く努力をしなくちゃね。けれどもそういう段階になって、個人客が受け入れられる造り手がいる地域が問題になる。**ブルゴーニュ**®、**ロワール**®、**アルザス**®、**コート・デュ・ローヌ**®ってね。でも、**ボルドー**®はダメ。個人客に直接販売をしていないし、大きなシャトー以外はたいてい訪ねていくこともできないんだ」

「それとボルドーワインの値段がねぇ……」

「その通り。エティエンヌのワインの値上がりだって、ボルドーワインと比べると高すぎる値段ではない。比べるなら、同格な有名シャトーで、そうだな、第二級のグラン・クリュになっているところだと思うけど、まず**ブルゴーニュ**®あたりのドメーヌなら平均的な年産が五万本くらいだけど、ボルドーは五〇万本以上だからね（まあ例を一つ挙げるなら、**ポマール**®のペーズロルあたりだとせいぜい三〇〇〇から五〇〇〇本がいいところだよ）。それに同じ程度のものと比較しても、ボルドーの方は珍しいワインじゃないし、特徴があるというわけでもない。ところが、現在は、**ボルドー**®の方がずっと高い。たとえば**シャトー・ピション・**

ロングヴィル・コンテス・ド・ラランド二〇〇〇年[V]などは、ほら一三〇ユーロだよ」

「ところが、ルーミエの**シャンボール・ミュジニー**[V]は三七ユーロ」

「**クリストフ・ルーミエ**[W]は、素晴らしい男だよ。そして素晴らしいワインだ。値段もびっくりするくらい安い。おじいさんの時代からラベルが変わっていないんだよ」

　ラヴィニアの地下にある数百本の**ブルゴーニュ**[R]のワインを、私たちはぐるりと見渡した。棚の上でワインはみんな生きていた。

「どうして僕たちは、ルーミエのところで撮影しなかったんだい？」とファンが聞く。

「撮影していた時に、彼が**ブルゴーニュ**[R]にいなかったんだよ。それに、モンティーユ家の人たちを発見しちゃったからね。でも、残念だと思っているよ。彼は、**ブルゴーニュ**[R]のすごく印象的な新しい世代に属しているんだ。**ロマン・リニエ**[W]、**フレデリック・ラファルジュ**[W]、**ジャン＝マルク・ルーロ**[W]、**アリックス**[W]と**エティエンヌ・ド・モンティーユ**[W]、そして**ドミニク・ラフォン**[W]といった新世代だ。彼らには共通点があって、父親がそのまた父の小さなドメーヌとささやかな評判を自ら引き継いで、ワインの世界では最も高名なドメーヌに列せられるように一代で築き上げた歴史があるんだ。その後を継ぐ息子にとっては、ことは簡単じゃないさ。ところが、その息子たちが近代化し、特徴的にして、先祖の築き上げた名前の価値をさらに高めようとしている。どうやら彼らは、より洗練されたアイデアで念入りにワインを造っていると思うよ。上手にね。しかも、農民としての基本の基本はしっかり守りぬいている。驚いたことに、まるでこのラヴィニアの店のようにね」

　ファンは、もの欲しそうな眼差しを私に向けて言った。「じゃあ、よし、これにしようか」。私たちの発見にふさわしい一本だと、私も思った。たとえ私を一気に悲しい気持ちにしてしまう一本ではあっても。それは、**ジュヴレー・シャンベルタン・レ・コンボット・プルミエ・クリュ**一九九八年[V]で、**ユベール・リニエ**[W]のところのワインだった。とは言っても、飲めばどれほど美味しい味がするか、その期待に胸を膨らませることもできた。グラン・クリュの畑に隣り合ったテロワールで採れたあの葡萄から醸し出されたワイン。**ユベール・リニエ**(W)と息子のロマンという、世界でも最も才能と情熱のある葡萄の造り手に数えられる父と息子の二人によるものである。この一本を飲む喜びは、**ブルゴーニュ**(R)の父と息子の関係すべてに対して賛辞を贈ることになろう。父から子への伝承には難しい側面があるだけに、完璧な賛辞を贈るべきだった。ところが、**ロマン・リニエ**(W)は二〇〇四年、脳腫瘍のため三四歳で亡くなってしまった。後には、茫然自失した両親だけでなく、相続人のいないドメーヌも残されてしまった。家業の伝承という昔ながらの困難な問題が発生したのだが、残酷なことに順番が逆だったのだ。

その一本を手にして、二階に上がった。その午後に、ワインを飲むことで知り得たその真摯な青年を思った。またその父のことを思った。液体に込められた思い出の、はかない壊れやすさを思った。私たちが抱いている思い出、ワインの二人の造り手の心の中の思い出、一〇〇〇年以上の昔から人の手が創り上げたジュヴレー・シャンベルタンのコンボットがもつテロワールという思い出。そしてさらに、今や忘れられようとしている思い出のこのワインを忘れないように、思い出にしようと考えていた。

大きな店の超近代的なレストランでとったあの昼食で、そのワインの一本は三人目の存在であり、私たちと食事をともにしている人間のように感じられた（驚いたことに、そのレストランはワインを売る店と同じく、本当に喜びを与えてくれる、そして何かをともにすることのできる場だと気がついた）。一本のワインに人が注ぐエネルギーは、その一本が飲む者に与えてくれるエネルギーと同量であることがわかった。一本のワインは一人の人間と同じように生きており、呼応している。私たちは、三人とも、幸せだった。

第Ⅱ部

先鋭的レストランにおけるワイン

第3章　ラトリエ・ド・ロブションにて
——「未来の美食」と贅沢の大衆化

その翌日、ロール・ガスパロットと一緒にセーヌ川を渡って、パリの左岸ではワインがどのようになっているか見てみようということになった。

サン＝ジェルマン大通りの界隈では、昔はリップ▼といったカフェ・ブラスリーが流行の先端の象徴だったのかもしれないが、現在では、パリで最も才能ある若い料理人の一人イヴ・カンドゥボルドの店▼、「世紀のシェフ」と言われる男のコンセプトによるラトリエ・ド・ロブション▼などに、その座を譲っている。

これらの店で席を確実に得るには、昼だと一時半には店に行かなくてはならない。作家ゴンブロヴィッチ▼にふさわしいと思われたそれらの店は、シュールレアリストたちのような斬新な登場の仕方をした。テーブルなしというシステムによって、アラン・サンドランをはじめ他の三つ星シェフと同様、ジョエル・ロブションも最高級の料理を「民主的に」提供したのである。客の全員がカウンターで食事するのだ！　パリの三つ星レストランの壊滅的な状態からすると、このことは一つの帰結であり、社会的な行為でもある。しかし、こうしたアイデアの裏には何か別のものはないのだろうか。美食の新たな「テロワール」を打ち立てようという意図か。いずれにしても、私はこうしたコンセプトで創られたレストランで、ワインがどのように位置づけられるのか興味があった。そもそも「未来の美食」とロブション自身が言っているのだから。「贅沢」な要素を減らし、値段を抑えて、レストラン「ジャマン」の伝説的な元シェフが私たちに提供するのは、エリート主義から離れた洗練された趣味なのかもしれない。贅沢を、皆のもとにということなのか。あるいは美食ユートピアなのか。

ラトリエ・ド・ロブションの外見は赤と黒に塗装されて、東京の寿司屋とニューヨークのダイナー▼の中間のような空間となっている。二つのカウンターの一つに、私たちは向かい合って座った。ワインリストを頼んだ。量が少しの料理が、タパスのように小皿に盛られているのを目にした。それぞれ二〇、二五、三〇ユーロもする。普通のひと皿半になるには、三皿は注文しなければならないとすると、決して安くない。ワインと喜びと贅沢の探求は、一つの矛盾のまっただ中にあるという感じがした。最高の料理、最高の美食、それは生き方を高度に洗練させるということであるとすると、画家や映画監督がそうであるように、ロブションが達した段階は、自分の探求をできるかぎり洗練して得られたものである。彼は、フランス料理の偉大なる芸術家、祖国の誇りと見なされ、ニューヨークに支店を出すことにずっと反対してきた。

▼**リップ**　多くの文学者が通ったことで知られるパリ六区にあるカフェのドゥ・マゴ、フロールと並ぶ有名なブラスリー。一九二〇年代、作家ヘミングウェイが通った。Brasserie Lipp, 151 Boulevard Saint-Germain 6e Paris.

▼**イヴ・カンドゥボルドの店**　ル・コントワール・デュ・ルレのこと。今最も予約の取れない店の一つで、一一時三〇分に行っても入れない可能性が高い。Le Comptoir du Relais, 9 Carrefour de l'Odéon 75006 Paris.

▼**ラトリエ・ド・ロブション**　パリには二店舗あるが、サン＝ジェルマン店のこと。六本木ヒルズに支店がある。L'ATELIER de Joel Robuchon, 5 Rue de Montalembert, 75007 Paris.

▼**ゴンブロヴィッチ**　第1章・五三頁の訳注を参照

▼**ダイナー**　アメリカでよく見かける日本のファミレスのような大衆レストラン。寿司屋と同じで屋台から発展した。

ところが突然、そういう偉大な美食から手を引いたのである。このことを私は次のように理解している。三つ星レストランの下部構造は、耐えがたい制約を課すものとなっている。デヴィッド・リーン監督は、映画『アラビアのロレンス』を撮った後も大スペクタクル映画を何本も撮ったが、ある時、一六ミリ映画を撮りたいと夢見るようなものだ。

ワインリストが手元に来た。手で持つには重いくらいだ。すぐに気がついたが、グラスワインのリストが多数ある。ハーフボトルがたくさんあった店と似ている感じがした。一見すると、ワインを分け合って飲むのだから、グラスワインという考え方は民主的なやり方を示すものと思われた。

ワインとは時に人を不安にさせてしまうものだが、たとえば映画ならば、通常は誰も不安にさせない。映画については、自分の意見をもつ権利があると誰でも思っている。何が好きで、何が好きじゃないかは自由だ。三〇年前なら、書籍についても同じだった。今、そうではなくなってきているのは、人が本を読まなくなったからである。しかし、ワインについては、特にフランス人にとってだが、知識と味についての認識の問題はいつも人を困らせる。

この店でワインリストを支配しているのは、民衆的なやり方と言ってよかった。白が一二種類、赤が一二種類あって、それぞれグラスで注文できる。それも多くは「ヴァン・ド・ペイ」と呼ばれる産地名称のAOCやVDQSよりも下位にあたる格付けのワインだ。驚くべきことだ。ワインの選択にも民主化の努力が行なわれているようだ。しかし値段を見てみると、考えられないことが起こっていた。唖然とさせられた。値段に目を疑ってしまった。反民主的でさえある。**ブルゴーニュ**Ⓡの**オート・コート・ド・ニュイ**Ⓡの白といえば、**ブルゴーニュ**Ⓡでも最も単純な産地呼称《アペラシオン》の一つだが、造り手は私の趣味からするとまあ中程度の**ジャイエ・ジル**Ⓦのものだ。それが一杯が一七ユーロ。グラス一杯でだ。これは破廉恥な値段と言ってもよい。このワインは、レストランで最高でも一杯が一・五〇ユーロがせいぜいだ。一〇倍以上高いことになる。通常、おおよそ仕入れ値の二・五倍から三倍までが限度である。理解できない。**アルベール・マン**Ⓦ

の素晴らしい白ワイン、ピノ・ブランも同じだ。一本でおよそ六ユーロほどのはずだ。それが、この店では一杯一三ユーロ。一三倍のマージンだ。つまり、ここではワインを飲む客は、罰でも受けているようなものだ。知らない人からは暴利を貪り、知っている人のことは馬鹿にしている。結局は、政治における「民主主義」のあり方と同じとも言えるかもしれないが、かなり常套の手口である。

どうしてこんな店で昼を食べるのに、わざわざ列を作るのか。この場所は料理を愛する人々のために作られた。もともとの考えは、あの偉大なシェフとそのチームがもつ才能の一部を、三つ星レストランの客になれない多くの広い階層に提供することであった。しかも民主的で実験的な試みとしてである。では、どうしてワインについて客をひどい目に遭わせるのだろう。高級な美食の自由で誘っておいて、ワインについては客を人質に取る。ワインを贅沢なものに祭り上げるという考えは、ここでは忘れてしまいたいのにである。このような値段をつけなくとも儲けを出すことはできるはずだ。私が手にしていたワインリストは、すぐにウエイターに持っていかれてしまった。もう少し詳しく見たいので、また持ってきてくれるよう頼んだ。するとウエイターは私の方を見もせずに、こう言った。

「今、ちょうど、お見せできるのがございません」

「えっ、どういうこと?」

「各フロアに、二つしかない、二つしかリストがございません」

「リストが二つしかないなんて、冗談を言ってもらっちゃ困るなぁ。たった五分しか見ていないんだよ。三〇ページもあるリストから、たった五分でワインを選ぶなんて、できると思いますか?」

「もうしわけございませんが、他にないもので」

「そんな、ひどいじゃないですか。ソムリエはいるんでしょ? ちょっと呼んでもらえますか。お願いしますよ」

ソムリエ、というか、ソムリエらしき人(ソムリエがどう働いているのかという質問には、はっきりした答えがなかった）が、カウンターの向こうに現われた。もうすでに一二時になっていて、カウンター席はすべて満席だったので、騒がしく、彼の声は聞きとりにくかった。

「このリストにはいろいろと工夫の跡がはっきり見られますよ。かなりワインをご存知なのですね。なのに、どうして客がゆっくりとリストを見る楽しみを与えてくれないのですか？　客が望んでいるのにテーブルごとにリストがないなんて、これまで聞いたこともありませんよ。そういえば、ここにはテーブルはないんでしたね。でも、店の半分に対して、リストが二つしかないなんて。最初にグラスワインを注文すると、すぐにウエイターの方はリストを持っていってしまう。その後も別の注文をするのをわかっているはずなのに。それって、ひどいんじゃないかなあ」と私は言った。

「お客さまがリストをテーブルに置いておくには、十分なスペースがないものですから」と、ソムリエは素っ気なく、ほとんど冷ややかに答えた。

「それじゃ、効率の問題だって言うんだね。客があまり長い間席で粘ってほしくないってことだね。席を回転させなきゃならないってことか。この店に美食の素晴らしい体験をしたくて来た客が、大急ぎでワインを選ばなきゃならないなんて、残念だとは思いませんか？」

「載せているワインはしっかりしたものばかりです。皆さまのために、きちんと用意されております」

「そうですか。では、誠にすみませんが、もう一度リストを見せていただけますか。そのような『民主的な』ご意見にうなずけるかどうか、見させていただきます」

ソムリエは立ち去った。ウエイターに注文したグラスワインを二杯持ってきた。そこで聞いてみた。

「このワインは、今日、開けたボトルのものですよね？」

「いいえ、えーと、わかりません。でも、違いはありませんよ」

「えっ、どうして？　そんなこと言えるんですか？」

「ええ、もちろん」

「それはまるで映画監督に、君の映画はスクリーンじゃなくて歩道にでも映せばいいんじゃないかって言ってるようなものですよ。何も違いがないなんて。ワインは開けるとすぐに酸化していく。まるで性格が変わってしまう。翌日になると、もう別のワインになっています。もう飲めなくなっていることだってあるくらいじゃないですか」

ウエイターは行ってしまった。私の挑発的な言い方に怒り出さなかったことに感謝すべきかもしれないが、単に、それはウエイターが注文を取る以外にどうしてそこにいるのか、理解してさえいなかったためだろう。最初のワイン、▼エロー県産のを飲んでみた。重たい。魅力もない。アルコール分がきつい。ソムリエがちょうど前を通りかかった。ロール・ガスパロットが声をかけて聞いた。

「このワインはどうですか？　いいワインと思いますか？」

「合う料理もあると思いますよ。良い点としては、非常に厚みのあるワインで、豊かで、まろやかで、アカシアの花のような、ラベンダーの蜜のようなタッチの、しかし柑橘系の強くない、けれども赤グレープフルーツ系のが少し入った、**アンジュ**(R)の梨のような……」

「何に合わせて飲めばいいのか、ぜんぜんわからないですね。酸味がほとんどないじゃないですか。重すぎますよ」

ソムリエは話の途中でいなくなってしまった。ロールはぽかんと口を開けていた。もう一杯の白ワインは、ヴァン・ド・ペイのコトー・ド・リブロンにある**コロンベット**(V)の**シャルドネ**(C)だ。これも同じく厚みのあるワインで、アルコールが強く、魅力がない。どうかしていると思った。世界で最も素晴らしい白ワインがある国にいるのに。北部の白ワインは、活き活きとして品がよく、爽快な味わいで、食事にはもって

▼**エロー県**　南仏ラングドック地方の県。県都はモンプリエ。このワインとは、ラングドックのレジオナルなワインということ。

こいのワインである。それなのに、いったいどうなっているんだ。ここで出しているのは、ありきたりの白ワインのクローンで、重たくて、もともと白ワインを造るには暑すぎる地域のものである。

そこでボトルを注文すべくリストを開いた。最初に目に入ったのは、イタリアワインのページだ。パリで最も今風の、反フランス大好き主義を標榜するものである。世界主義というか、グローバル化の表われか。さて、いいワインがあるじゃないか。私の好みからすると少し行儀の良すぎる、また甘みも強すぎのものだが、確かに良いワインだ、**カステロ・ディ・フォンテルトーリ**(W)のは。だが、自分の目を疑ってしまった。産地で一本七、八ユーロのワインが、ここでは一〇四ユーロである。その一〇〇ユーロの差額はどこに行くのか?

タパスのような小皿になった料理が出てきた。「かわいらしい子牛、モリーユ添え」は二八ユーロ、「プロヴァンスのグリーンアスパラ、蟹と柑橘味」は三二ユーロだ。不味いところはまったくない。何もかも「OK」である。けれども、特別なところは何もない。文字通りの味だ。特徴がない。料理の味としては、どんな食文化に属している人でも、誰も「異」を唱えることができないように作られた印象である。「贅沢」のコンセンサスを国境なく体現した感じだ。効率、コンセンサス、地球規模の民主化。そういう夢を抱く人もあろう。しかし、このレストランは話をごちゃ混ぜにして伝えている。もしかすると、わざとそうしているのかもしれない。効率を上げるということは、時として買い手が困惑していることによるものだ。さっさと済ますように圧力をかけるシステムを築いて、消費者に微妙なストレスをかけて、自分のお金を理性的に使えなくすることが目的なのである。まさにこのレストランでは、そういう消費者以外の何ものでもない存在に、客はおとしめられているのだ。

実際、お金の話をせずにワインに関わることは無理である。価格は、ワインの本質的な価値を表現するものと見なされている。最初の価格を決めるのが生産者であって、その後、仲買や卸業者を経て、そして最後に販売する者に至る。レストランであろうと、ワイン屋であろうと、ワインに一定の値段がつけられる度に、テロワールの持つ美学に介入することになる。だからこそ、その前日にラヴィニアで感銘を受け、今度はロブションの店でうんざりした気分になったのである。ワインはお金と緊密に結びついている。欲望の対象ならみな同じことだ。古代ローマ時代から少なくともこのことは変わらず営々とつづいてきた関係である。そしてイギリス人は大英帝国の絶頂期にあって、このワインとお金の関係を単に貴族階級に対するだけでなく、ブルジョワや成り上がり者にも適用される一つの規範まで引き上げたのである。それが一八五五年のボルドーワインの格付けであって、フランスのテロワールを評価するかのような形を取って、実際に大英帝国の市場で確立した買値のシステム化となったし、ワインの評価の形となったのである。それが今は、アメリカ人たちが独自の評価システムを新たに作って、ワインの世界に通貨ゲームの新たなルール（これは今や「宗教的」な様相を示している）を打ち立てようとしている。しかしお金が宗教的な価値を獲得しようとする時には（イギリス人は一九世紀に、あるいはすでに一八世紀にそうし始めたのかもしれない）、美的な価値観も一気に強化することになる。売り買いの対象であるワインは、まるで美術品のようになってしまう。一本のワインの値段は、本質的な価値と部分的にしか結びつかなくなり（もちろんここには嗜好という問題も当然あるが）、珍しいワインであるがゆえに値段が左右されることも起きてくる。現在のワインの値段は、ほとんど自由度のない市場ではなく、権力をもつ何人かの操作が影響する形で決まっている。たとえば、ブラジル、ベネズエラ、そしてエクアドルを股にかけて販売とマーケティングを管理しているチリの多国籍企業であるとか、アジアにおけるボルドーワイン市場の手先となっているワイン評論家、あるいは自分の基準で勝手に値段を決める世界的に有名な料理人の小さなレストランなどである。

フランスの「はったり」ではないかと思われるものを前にして、若い日本人のカップルが眉をひそめていた。どうして日本の本物の美食愛好家たちがこの店に来るのか、想像してみるのはそう難しいことではない。ワインをめぐる環境としては、日本には他者のテロワールに対する深い敬意の念があることを私は知っているので（日本人は世界でも屈指のブルゴーニュ®通である）、そう立派そうな服装をしているわけではないこの若い日本の男の子と女の子を見て、この人たちはパリのロブションの「本物の」レストランの在り方に、有り金をはたいてしまっているのだろうと思った。このカウンター席で私たちの隣に並んで彼らが過ごした一時間半の間に、彼らがうれしそうにしている様子はまったく見られなかった。そのほんの微かな様子すらなかった。若いアメリカ人の二人が私の右側にいて、時々、言葉が聞こえてきた。「料理のおっかけ」とか「ご馳走のファン」と、自分たちを任じているようだ。エネルギッシュに猛然と「タパス皿料理」を次々とこなしていく。しかし、少しずつだが、料理とそれほどでもないワインについて褒め言葉ばかりを言っているうちに、彼らの声から熱意のようなものが消えていった。日本人カップルと同様に、かなり若いにもかかわらず、ちょっとした大金を浪費しているところなのである。そのためか、自分の失望をあまり口にしないようにしているのだろうか。まあ、一般によくあることだが。それとも「世紀の料理人」ロブションの神話なのだろうか。フランス人ならば料理とワインの結びつきについては洗練された知識があるはずだと、アメリカ人は誰でもそう思う、言わば神聖なる観念なのだろうか。なぜ客たちはこのレストランの提案を受け入れるのだろう。畏怖心からか。ワインの神聖なる、宗教的な力によって骨抜きにされたのだろうか。ワインはユダヤ・キリスト教の伝統においては、最も高貴な感情と結びついている。聖書の偉大な研究家であるイエズス会のピエール・ジルベール神父は『モンドヴィーノ』のために会ってもらった時に、たった一つの例外を除いて聖書ではワインのことを悪く言っている箇所はないと強い口調で言っていた。預言者アモスの書、第二章一二節で、権力者たちがナジル人▼（一種の賢者たち）を酒に酔わせ、彼らが何をしたいのか聞き出そうとして面白がっているのを、アモスは非難している。いずれにせよ、ワインには文化的な力が付与されていて、飲食物の中でも特別な地位を占めている。ワインが「知識」と結びついているという数千年にわたる先入観によって、畏怖の念が生まれているのである。ワインは権威と権力の象徴である。それは、古代ギリシア以来（アガメムノン▼と同様、プリアモス▼にとっても神聖であり）、（ビールの方を好む）シラクと（まったく酒を飲まない）サルコジに至るまで変わらない。

ワインには喜びと同じく不安を感じさせるものであるが、そうさせる要素は二つあって、その一つがお金の問題である。ワインをよく知らない人にとっては、その関係は理不尽で理解できない。ワインに関わる仕事をほぼ三〇年ほどしたにもかかわらず、自分は素人と変わりがないと私は思う。しかし本来、喜びのためにあるはずのこの液体を前にして、恐慌状態を引き起こすそのとどめの一撃は何かというと、それは昨今のプロたちのものの言い方▼である。ワインの造り手ではなく、どうやってワインを構築して（脱構築して）いくのか知っている技術者や醸造家の偉そうなもの言い、「マーケティング」のプロのもの言い、自分の地位を正当化できるような真の知識をほとんど持っていないくせに、権威あるものの出来合いの決まり文句を得々として使ってはばからない評論家たちのもの言いがそうである。この仲間になるには、彼らの使っているもの言いの合理的ではないところを取り入れるだけでいいのだ。その上で現実をでっち上げ直して、理屈に合わないもの言いに現実を合わせる。そうこうするうちに、ワインを売る者の多くがそ

▼**ナジル人**　ヘブライ語で「聖なる人」を意味し、聖書に登場する自ら志願して特別な誓約を神に捧げた者を指す。とくに葡萄を原料とする産物をいっさい口にしない、髪を切らない、死者に近づかない、などの誓約がある。

▼**アガメムノン**　ギリシア神話の英雄で、ミュケーナイの王。トロイア戦争の際のギリシア軍の総大将を務めたが、傲慢で所有欲の強い人物として知られる。

▼**プリアモス**　ギリシア神話上の人物でトロイア最後の王。戦いで殺された息子ヘクトールの亡骸をアキレウスに引き渡してもらうなど慈悲深い王として知られるが、最後はトロイア落城の折、アキレウスの息子に殺された。

▼**プロたちのものの言い方**　（原注）マルクス・ブラザーズの映画の印象深いシーンを思い起こした。『ホース・フェザース』（馬のふさ毛）で、ハーポ、グルーチョ、そしてチコが、現実離れしたことや支離滅裂なことを「合い言葉」で次々と明かしていくのである。

ういうもの言いをするようになる。ワイン屋もソムリエも同じ穴のむじなになる。彼らがワインについて、わけのわからない香りだの技術だのと言えば言うほど、彼らの支配は広まって、私たちはワインに対して、また楽しい経験に対しても、自分の考えや、感情の高まり、自分の嗜好を確かめたことなどを自由に言葉にできなくなる。そして、ワインに文化的な側面を求められないようになってしまうのである。あるワインについて、あえて「このワインはうんざりだ」とか、「ひどいワインだと思った、味が好きになれなかった」という言い方をする人はほとんどいない。それが人や料理、映画、そして本についてなら（本については読者が減ってきているが）ごく自然にそのような言い方ができるというのに。絵画については、文化一般と造形美術の関係が失われている現在では、こうした自然な結びつきはなくなってしまっている。

ワインのオークションでの販売は、ますます現代の美術品販売と似た状態になっている。リオに住むある友人の家で昼食を食べた時に（ついでに申し添えるが、その時に飲んでいたのは**ダル・ピッツオル**[W]のブラジルの**タナ**[C]種の力強いけれども特に知られていないワインで、しかもたったの四ユーロだ）、オークションのクリスティーズのアメリカ支配人であるスティーヴン・ラッシュに、美術の世界でここ数年、人々の嗜好と権力に関する感覚に大きな変化は起こっているかどうか、尋ねてみたことがある。彼はこう答えてくれた。

「ああ、それはそうだよ。これほどに使えるお金を持っている人たちが多数いるなんてことは、これまでになかったね。まあ単純に言って、そんな大金を使える対象がないってことだね。それで値段が爆発的に高騰するんだ。もちろん現代美術の市場には、あるブームも起こったし。なぜブームが起こったかって？

だって、そうすれば少なくとも、新たな高級な美術作品を誕生させることができるからね。『昔の大家』や印象派といった高価な作品はもう決まったものしかないし、数も限られている。それで新たな『昔の大家』を創らなくちゃならないのさ。人は、社会的野心を見せられる場所を求めているんだよ」

「それは、ジョゼフ・デュヴィーン▼やバーナード・ベレンソン▼といった一九世紀末のすごい画商たちがしたこととは違うのかな」

「そう、一九世紀末や二〇世紀初頭は、簡単に言ってそういうゲームに加われる富裕層が、今ほどはいなかったからね。現代は、ずっと民主的になっているんだよ」

グラスワインはあきらめて、もう一度（大急ぎで）ラトリエ・ド・ロブションのワインリストに目を通した。ここに出されている**ボジョレ**(R)は、どれも七〇ユーロだ。**ソミュール・シャンピニー**(R)は八八ユーロ、**コトー・デュ・ラングドック**(R)は九三ユーロだ！　スペインの新しいワイン（その歴史は一〇年ほど）の「**ピングス**(V)」が、何と八〇三ユーロ！（どういう値段だ？）この「三ユーロ」という端数は、まさにマルクス・ブラザーズとゴンブロヴィッチ的な味付けだろう。ここのリストは、どう考えても破廉恥きわまりない。

一九九八年、ジョエル・ロブションは、多くのメディアを通じて自分の引退を宣言した。それから八年経って、ブラジルとタイでの事業、マカオにレストラン、そして東京とニューヨークにラトリエ・ド・ロブションを二つ（「ニューヨークには決して支店は開かない」と信じられてきたが）と活動を広げる合間に、もう一つ驚くべき豹変を見せた。「三つ星レストラン」の料理は死んだと宣言しておきながら、三つ星レストランを開いたのである。それは、三つ目のラトリエと呼ばれるクローンのようなレストランのまさに隣接した場所で、ラスベガスのMGMグランドホテルであった。このフランス・ブランドのシェフにとっては、匿名の場所かもしれない。他の者にとっては、最悪の絶望的な場所である。いずれにせよ、贅沢を民主的なものにしようと宣言した彼は、一人四〇〇ドルもするコース料理をラスベガスの店に出す

▼ジョゼフ・デュヴィーン　一八六九〜一九三九年。イギリスの画商で、アメリカのマーケットに多くの絵画・美術品を売り込み財をなした。ロックフェラーをはじめアメリカの大富豪に多くの絵を売ったことで知られる。

▼バーナード・ベレンソン　一八六五〜一九五九年。アメリカの美術史家で、ルネサンスが専門。デュヴィーンに協力してルネサンス絵画の取引を活発にした。

ことで、いったい何をやろうとしているのだろうか。「パリ・バージョン」の店と言うべきラトリエ・ド・ロブションでは、客は、生産性という基準で動く産業が創造した最悪の不幸の中にたたき込まれる。観光客と金持ちが来る場所で、予約をする必要もなく、一日に何組でも次々とサービスが列をなして行なわれている。その列の先端に、ワインがあり、贅沢な消費にあてられ、喜びや発見とはまったく切り離されて存在している。ここは、喜びを効率的な消費財にしてしまおうという波が、象徴的に現われている場所である（このことは、単にフランスだけでなく、世界中で起こっている）。ここは、大量消費の贅沢と、「美味しくて」高いことを除けば、まったく同じ贅沢の在り方を象徴する場所である。それら贅沢は同じ考え方が根底にあり、二つの要素がセットとなっている。つまり、お金のある人たちに、消費できるものを提供する、しかも似たようなものをそろえて詰め込んで、消費する方が皆と同じだと安心できるようにして提供するのである（店の飾り付けまで似ている）。

ロール・ガスパロットはまだ食べ終わっていなかった。そして、私たちと同じ消費者の市民を観察していた。そして、こう言い放った。

「結局、このレストランは、一人のシェフであり一人の人間（ロブション）を具現したものとして作られたようだけれど、わたしからするとまったく非人間的な気がする。バッファロー・グリル▼や、ショッピングセンターの中のどこにでもあるレストランと違いがないわ。できるだけ大勢に気に入られるようにって作られたレストランってわけね。つまり、わたしたちの八割が買い物をするのは、こうした大きな店やデパートでしょ。ワインだけじゃなくて、食べ物とか家庭用品や何でも、何もかも」

「その通りだね。ワインだと、美食の世界と同じように、『均等化による寡占企業』がテロワールのワインを造り始めているんだ。こういう言い方をしている。『さあ、これが本物が大切にされる市場です。それをもっとうまくやりますよ。なにせ、量的にも効率的にも、よりよくやっているのですから』。そして、本質的な品質を少しずつ落としていく。しまいにはラトリエ・ド・ロブションも、スーパー・ルクレール▼

に入るんじゃないかな」

「ルクレールじゃなくて、カルフールよ▼。もう入っているわ」

家に帰って、カルフールのサイトを見てみると次のようにあった。

「上質な商品を皆さまへ！　ジョエル・ロブションが自社推奨フランス食品『トップテン』を選びました」

▼バッファロー・グリル　フランスをはじめ、スペイン、スイスなどヨーロッパ各地に展開するレストランチェーン。一食、一二～一五ユーロ、日本円で二一～三〇〇〇円で食事ができる大衆的な価格設定。牛肉のグリルが店の売り。

▼スーパー・ルクレール　フランスの巨大スーパーマーケットのチェーン。

▼カルフール　フランスを代表するスーパーマーケットのチェーン。北米、ブラジル、香港、中国などにも展開し、ウォルマートに次いで、売上高世界第二位。日本にも出店している。

第4章　ル・コントワール・ド・ロデオンにて

嗜好のグローバル化をテーマにした集まりで、パリでも屈指の才能あるシェフと言われているイヴ・カンドゥボルドと出会った。

『モンドヴィーノ』がフランスで上映されるのに際して、フナック▼が企画して開かれた討論会である。彼と出会った時の思い出は、今でも鮮明なままだ。イヴと私は、テロワールこそ幸せを約束するために必要不可欠なものとして、完全に一致したのである。私が驚いたのはその後のことだ。パリの一四区にラ・レガラードというレストランを開いたイヴは、自分が観たと思っている映画『モンドヴィーノ』に心の底から賛同していると言明し、アメリカ人である私をじっと見つめて、何の皮肉を込めるでもなく、こう言い放ったのであった。

「異国の影響から、われわれのテロワールを守らなければならない。フランス人のものであるフランスのテロワールをだよ!」

一年後、「テロワリスト」との闘いの罠の数々を発見した場所からすぐ近くにある、イヴ・カンドゥボルドが新たに開いたレストラン、オデオン広場に面したル・コントワール・ド・ロデオン▼に、ロール・ガスパロットと一緒に出かけた。店は開店したばかりであったが、もうすでに美食の批評雑誌には格好の話題を提供していた。テーブルを確保するには、身分証を提示しなければならなかった。昼食では予約を受け付けないので、席を確保するためには一二時一五分前には店に入らなければならない。名高いイヴの料理、ウサギのロワイヤル風を賞味するには待たなければならないということである。私たちが行ったのは月曜の夜であるにもかかわらず、店は客ではち切れんばかりであった。パリでさえ、月曜の夜ならたいていのレストランはがら空きなのが普通である。といっても、店の雰囲気は首都にあるビストロの「くつろいだ」スタイルをむしろ感じた。一二ほどある小さなテーブルが、ほとんどくっつかんばかりに並べられている。「メニューなし」である。コースは決まった値段の一つだけ（非常に手頃）で、五品の料理で四〇ユーロとなっている。ところがワインリストは貧弱でがっかりする。どちらかというと自然なワインで、悪くもないが、ラベルを見て選択するというようなワインからはほど遠く、大いに飲みたい気持ちをそそられるというタイプではない。**マルセル・ラピエール**(W)の**モルゴン**(V)は、**ボジョレ**(R)の飲めなくはないワインだが、私なら避けるところだ。自然派のワインであるが、マーケティングという意味でビオの「ワイン改悪主義者」に見られる傾向を象徴しているような、どこにでもあるワインというわけである。反対に、正確には友達というほどではないが、まあ昔からの知り合いの造ったワインがあって、うれしい気持ちになった。それは、**ジャン＝フランソワ・フィラストル**(W)の**サン＝ジュリアン**(V)である。ロールにこう言った。「ここは、畑が**サン＝ジュリアン**(R)にたった一ヘクタールちょっとしかないんだ。本当の農民で、むしろ**ブ**

▼**フナック**　フランス国内だけではなく、ＥＵにも支店を持つ書籍、ＣＤ、ＤＶＤ、コンピュータソフト、音響機器、電気製品などを割引価格で販売するチェーン。

▼**ル・コントワール・ド・ロデオン**　二〇〇五年にオープン。オデオン駅近くの「ホテル・ルレ・サンジェルマン（Hôtel Relais Saint-Germain）」に隣接する。イヴ・カンドゥボルドは、パリ九〇年代のビストロブームの立役者と言われ、テレビの人気料理番組に審査員としても出演している有名人。

ルゴーニュ®の感じに近いね。**ボルドー**®では、すごく珍しい」

「第一、ラベルが『サン＝ジュリアン』ってなっているけれど、**ヴォルネー**®とか**ブルゴーニュ**®みたいな感じね。**ボルドー**®だと、村の名前をこんなに大きな文字で掲げているのなんか、見たことないわ。普通、まずシャトーの名前とか出すのに」

「テロワールをはっきりと打ち出したいんだよ。ジョガレという自分のドメーヌの名前よりもね。それに二〇〇一年は難しい年として知られているし。僕としては、いろいろと困難があった年の方が面白いワインだということに、普通はなるんだけれどね。よく言う最良の年にできるワインは、たいてい神経質でも複雑でもなく、刺激に欠けることが多いね。それって、赤ん坊の頃から甘やかされた子どもと同じような感じかもね」

「へぇー、びっくりね。フルーティなワインなのね。果実のジュースって感じ。目隠しでこのワインを飲んだら、ヴェネツィア近辺の上質な**カベルネ・ソーヴィニヨン**©じゃないかって思うかもしれない。というか、北イタリア産って感じ。ジョルジュ・フィアストルは、自分のワインのラベルに、こんなにテロワールを強調してるのは面白いわね。彼にすれば、尊いことかもしれないけれど、味覚的に言うと新世界のいいワインって感じがする。この品種《セパージュ》は、カリフォルニアワインのマーケティングによる氾濫でめちゃくちゃに植えられたけれど、あれにすごく似ている。ちょっとがっかりするけれど」

ノルマンディー産のセップ茸の軽いクリーム仕立てが出てきた。ジェール産鴨のフォワグラとラビオリが添えられている。料理はこの上なく美味しい。おかげでワインのことをしばし忘れた。一五分後、まさに六〇センチ隣に、あるカップルが座った。俳優のジャン・レノに似た男だが、テレビシリーズに出て最後には「芸術家」ぶったやつに成り下がった感じのジャン・レノだ。女性の方は、八〇年代に出たものの売れなかったロックシンガーで、二〇〇〇年頃になって仕事がないものだからインテリぶった芸人になった感じ。それが二人とも煙草を吸い出した。ひっきりなしにだ。彼らが三本目の煙草に火をつけた後には、ワインの香りなどわからなくなっている状態になった。ブラジルではレストランで煙草を吸う人がほとんどいないが、そういうところで一年過ごしてきただけに、パリの喫煙者たちへの慣れが不足していた。彼らは、自分たちに最初の料理が出されてからも煙草をやめずに、煙を吐き出しつづけている。料理を味わうという観点からすれば、ほとんど自殺的な行為だ。それが悲しいかな、パリではよくあることだ。どうしてみんな、こんなことを許しているのだろうか。いつの日か、パリの人たちはレストラン全体に対してストライキを打つのではないだろうか。それも喫煙権に反対▼するためではなく、むしろレストランとして基本的な考え方がなっていないことに対するものであろう。客がひどい目に遭い、苦しみにあえいでいる、そういう場所を結果的に押しつけているのであるから。パリのレストランで味わう閉所恐怖症は、まったく共同体精神の表われなどではなく、公の場での極端な自分勝手の極みの結果でしかない。それに、これほど美味しい料理を作る努力をしておいて（このフォワグラを入れたセップ茸のスープなど絶品だ）、最低限の快適な物理的な空間を作る努力もしないし、料理の複雑な味わいを支えてアクセントをつけるワインリストをきちんと作らない理由がよく理解できない。

もう一口、ジョガレ二〇〇一年を飲んだ。驚きだ。先ほどより美味しくなっている。このワインの評価はどんどん私の中で高まった。驚異的なワインというのではないが、そこに人の魂が込められており、土地の魂も透けて見える感じがする。このワインは自然の痕跡をとどめており、それを都市にいる人が感じて喜びとすることができる。そういう感じがこのワインの組成そのものに感じられ、舌が物理的な細かな事実として感じ取るのである。単によくあるようなまろやかで角の取れたワインではない。しかし缶詰のイワシみたいな状態にされて、このワインを味わうことになろうとは、まったく残念だ。そしてさらに、

▼**喫煙権に反対**　二〇〇八年一月一日より、フランスではレストラン、カフェなどをはじめ公共の施設では全面的に禁煙になった。

煙草が蔓延している。これでは意味がない。ラトリエ・ド・ロブションと結局、根本的には変わりがない。客をひどい目に遭わせる。こんなことを自分の家ですると、お尻を引っぱたかれる。

「イヴは、隣のクレープ屋を買い取ったから、来年早々にもレストランを広げるんじゃないかしら」とロールは言う。

「じゃあ、それまでは、レストランはこのまま営業するってわけだね。映画がまだ編集中なのに、▼映画を観せて観客からお金を取るなんてことを、僕ならすると思う？」

　不幸なことに、この狭い空間はパリのレストランという煉獄においては、あまりにどこにでも見られる状態なのである。さて、このワインからは少なくとも一つ知っておくべき事柄がある。刻々と変わっていくのである。二〇分後、お腹にクリーミーなスープが入って、私たちの味覚もまた変化していた。まったく違った感覚でワインを味わっていくことになっている。ますますそこに身を寄せたい気分になっている。このサン＝ジュリアン®は小さな避難所のような感じである。

「ここの料理に、このワインは合うと思う？」

「この状況からすると、お薦めできる飲み物といえば、隣の客の汗臭さや煙草の臭いで支配されていることの場所では、アブサンかウォッカだね」

「そういえば、ここ最近の五年間でウォッカの消費量がフランスでは二倍になっているけれど、それはなぜだと思う？　ワインをじっくり味わえない環境でお金を使うなんて、まったく意味がないってことか……」

「でも、このワインは最高だね。最初、完全に思い違いしてた。まるで最初は**ブルゴーニュ**®のワインみたいに感じた。そういうのは**ボルドー**®のワインじゃすごく稀なことだね。でも**ブルゴーニュ**®のワインのように最初は少し単純に感じられたし、ちょっとがっかりする感じもあった。ところがだんだんとしっかりし始めたんだ。タンニンが前に出てきたということかな。そこで言えるのは、苦みのあるタンニンは大人の味覚には大きな喜びであるってことだね。まるで人生における苦みと同じって感じ。ワインの世界でも、甘いものばかり求め、手に入りやすい平凡な甘みで悦にいる赤ん坊のような人には、このワインは酸っぱいって感じがして嫌がられるだろうね」

「それって、酸味を嫌がるパーカーみたいな人のこと?」

「パーカーは常に言っているけれど、酸味と苦みが感じられる場合には、それは欠点だって。それじゃまるで皮肉や疑いの眼差し、そして権力を再検討することは悪いことだということになる。このドメーヌ・ジョガレのワインは、まさにテロワールのワインになろうとしているところだ。偏見にとらわれては絶対にいけない。レストランのワインリストで四五ユーロだけれど、値段と質の関係からすれば、最高の素晴らしいサン=ジュリアン®のワインだよ。現在の時点では、まったくすごいことだ。世界で一番複雑さを持っているサン=ジュリアン®というわけではないけれど、土地の味わいを純粋に出している。それが感じられて、とっても気持ちがいいんだ。自然の表現が透明で見えるって感じだ。アメリカにあるカベルネ・ソーヴィニヨン©とはそこが違うんだ。つまり基本的に大人の味である〝辛い味〟に基づいているってことだよ。受け入れられる、まあまあの味ってところを超えて、はっきりと良い味になっている。気持ちがよいという以上の感じだ。まったく、ほとんど刺身と言ってもいいくらいの帆立貝にキャヴィアを添えたのと一緒だと、料理を食べ終わるまでこれが赤ワインだなんて忘れてしまいそうだよ」

オリーヴオイルのかかったノルマンディーの帆立貝のマリネにレモンを添え、エスプレット唐辛子を使ったドレッシングで食べるという、まったくの贅沢を愉しんだ。

「最高だね。素晴らしい料理だ。洗練されているけれども、同時に単純で野性味さえある。けれども、こ

▼映画がまだ編集中なのに　（原注）カンヌ映画祭で三時間バージョンの『モンドヴィーノ』を上映したじゃないかと、口の悪い人なら言うかもしれないが。

の美味しくてたまらない料理を味わう度に、何だか自分の置かれた状況が現実を超えている感じがしてくるんだ。何だかまるで、ケーリー・グラントとある女優が出会っているんだけれど、その場所がマクドナルドだというような感じ。それって経験としては奇妙でしょ。誰かのカバンで押されてもみくちゃにされているみたいな感じというか。出てくる料理は美味しくて、調理法も最高。ワインもだんだんと美味しくなってくる。けれども何か動物園みたいな状況でそのワインに出会っているという印象で、とても残念だよ」

　メイン料理が出てきた。ピレネー産の子羊の鞍下肉のルレ〔肉を渦巻き状に巻いたもの〕、ノルマンディーのセップ茸のコンフィとカリッと揚げたニンニクが添えてある。私は食べてみた。

「これ以上に美味しい子羊なんてあり得ない。三つ星レストランに行っても、これ以上の素晴らしい味わいを見つけられないのは確実だね。それで、このジョガレ二〇〇一年を一緒に飲んでみると、ほんとに面白いね。これは美しいワインだし、そういう審美的なワインとしてこれまで感じられたけれど、この料理と一緒だと悲しいワインになっちゃう。というのも、この堂々たる料理は味わいが本当に深く、ワインを少し物足りないと感じさせてしまうんだ。違った力を持った同士が何かやり取りしている感じだ。こういう料理だと、もっと複雑な**ボルドー**®のグラン・ヴァンか、ローヌの高級ワインの方がやっぱり美味しいって感じがしてくる」

「**サン＝ジュリアン**®はそれでもすがすがしさというか、すてきな酸味があると思う。でも、何かがなくなっている感じがする。最初にあった芳しさかな。褪せてなくなってしまうものがある。それは料理のせいなのかな。それとも、グラスに入ってしまった煙草の煙のせいなのかな……」

　二〇分後、隣り合った建物に席を移した。そしてP・ブルソーによって選び抜かれたチーズを載せたワゴンがやってきて、特別に私たちに振る舞われた。ビストロの隣にあるこのホテルもイヴ・カンドゥボルドが経営している。私たちの隣にいたチェーンスモーカーの二人が環境に対する闘いを挑みつづけていたため、私たちはその場所からの撤退を余儀なくされたというわけだ。ジャン・レノもどきの男は、ロールがまったく丁寧な口調でどうか私たちの料理に煙を吐きかけないようにしていただけないかとお願いしたら、その男は俺に対して何も言うなと言い放った。つまりロールは、アメリカ女と見なされ扱われたのだ。やれやれ。彼女にはまったく責任がないというのに。

「アメリカ人なのは僕の方なのにね。じゃあ、逃げだそう。だって僕らは、あなたたちの国フランスにいるんだからね」と彼女に言って場所を変えた。

フランスの盲目的愛国主義の精神が、何に対しても勝ちを収めるのだろうか？　排外主義が跋扈している時に、人々を遠ざけるためのグローバル化なんて、いったい誰が必要としているのだろうか？

私たちが亡命したところで、また例の素晴らしいワインの話がつづいた。ロールが言う。

「そのジョガレっていうドメーヌも、フィアストルさんという人も知らないけれど、このワインからすると、過度に技術的な手を使いすぎることなく、しっかりとした材料を用いた上で作られているという感じがあるわね」

「そうじゃないと思うよ。二〇〇一年一一月に、彼のドメーヌで何時間か過ごしたことがあるんだ。ちょうどこのワインが醸造タンクに入っていた頃のことだよ。『モンドヴィーノ』を撮り始めていた頃のことだ」

「葡萄の選別はしているの？　選別はしていないって印象だけれど」

「**ブルゴーニュ**Ⓡの上質な造り手が一番良いワインを得るためにしていると思うことは、彼なら何でもすると思うよ。**ブルゴーニュ**Ⓡの造り手たちは、必要な選別をするからね。でも過度なやり方じゃないし、でたらめでもなく、まあワインジャーナリストならなるほどと思う程度にだね。僕の考えでは、問題はむしろテロワールの方にあるんだ。どういうことかって言うと、仕事はテロワールの持っている可能性を反映するってことで、ここは悪くはないんだけれど、すごく良いってわけでもない。それだけだよ。ジョルジ

ュ・フィアストルは才能ある職人で、自分のテロワールから最大限のものを引き出していると思う。それも愛と情熱と可能なかぎりの技術的な知識をともなっているしね。たとえば、隣にある**シャトー・ベイシユヴェル**(W)の**サン＝ジュリアン**(R)は歴史的にもよく知られた立派なシャトーだけれど、所有者によっては造るワインが最高と平凡との間を行ったり来たりしているんだ。けれどもテロワールとしてはとっても良い部分を含んでいて、現在のベィシュヴェルの九〇ヘクタールの中には、三〇から四〇は最良のテロワールがあるんだ。で、その三、四〇ヘクタールの部分が一八五五年の格付けの時の対象だったのさ。その時々の所有者や経営グループがいい加減だったり、シャトーを実際に動かす技術者たちに熱意がなくても、このテロワールはしっかりした深みを表現してきたんだ。ワインの多くが樫《オーク》の樽で香りづけされて、言わばパーカー化されているここ数年においても、ベィシュヴェルのワインには、ジョガレのところよりも複雑な深みの痕跡が少なくとも感じられるということははっきりしている。偉大な人なくしては偉大なテロワールは存在しないと言えるけれども、貧弱なテロワールに偉大な人がいてもある程度の良いワイン以上のものは決して造れない、ということもまた言えるんだよ」

レストランを出ると、レストランとホテルの間の歩道でシェフとすれ違った。お礼を述べつつ、店の雰囲気に少し残念な点があったこと、ワインリストが料理に比べて貧弱だったことはあるにしても、料理については非の打ち所がなく堪能させてもらったと強調して言った。彼はそれに対して異を唱えたが、その受け応えには自分にシェフとしての才能を見せる場を与えてくれる、そこそこのワインこそ、自分にとっては良いワインだと彼が思っているのだと感じられた。カンドゥボルドは、おそらく調理場の偉大な芸術家なのだろうが、だからといって非常によいレストラン経営者とはかぎらない。ここもまたワイン屋ルグランと同じ考え方をしているのだ。ルグランではフランスの最良のワインから選んで買い物ができるが、時に意味なくひどい事態に陥ることもある。いずれの場合にしても、こうした場所にありがちなことだけれど、若者の思い上がりのような問題があるということだ。この晩に感じた若い未熟さや現実離れした感覚によって、私はまた作家ゴンブロヴィッチのことを考えてしまった。特に『フェルディドゥルケ』『コスモス』▼の中で扱われている成熟についての彼の不条理な考察についてである。つまり、ゴンブロヴィッチが生きる喜びを称揚し、そして年齢と権威による安心感に異を唱えることを称揚するところが、私が過ごしたその晩をまったく反対の意味で照らし出しているような気がした。何かが立派なものであるという感覚や、才能ある人がしくじったという感覚は、若さのもつあまり高貴ではない衝動、つまり思い上がりや傲慢によるものだということである。

何か皮肉な気分になっていた私は、あたかも偶然を装って、あの有名なブラスリー・リップの前を通りかかった。ここは向かいにあるカフェ、ドゥー・マゴとカフェ・ド・フロールと並んで、パリ左岸の典型的な夜食の仕様の飾り窓的な店で、パリに数ある不思議のうちの一つである。リップは一八八〇年開店というが、どうしてこんなに破廉恥なほどいい加減な店が、これほどの長きにわたって生き延びてこられたのだろうか。私が最後に店に行った時には、オニオンスープにネズミの毛が浮いているのを発見したし、床にゴキブリがはい回っているのを、ひどく暗い顔をしたフロア長が四つんばいになって必死で追い回していた。その後、彼は私のもとにやってきて、うんざりした顔で何も問題はございませんと言い放ったのである。こうした店の傲慢やいい加減さには、いつもやりきれない思いにさせられる。とくにきちんと客に対する対応をしてくれた唯一の時というのが、最悪のいかさまだと思うが、ある映画スターと私が一緒だった時である。どうしてこのような場所がフランスのメディア界の大物たちだけでなく、観光客にも人気があるのだろうか。食べるに値しない料理を出し、客を家畜同然に扱っているというのに。まったく不

▼『フェルディドゥルケ』『コスモス』　ゴンブロヴィッチ（第1章・五三頁の訳注を参照）の一九三七年と一九六五年の小説。とくに前著は貴族やカトリック、ブルジョワなど社会のさまざまな集団を厳しい批評精神で皮肉たっぷりに描いたもので、ポーランドの伝統や厳しい歴史に対して彼の独特な想像力が生かされている。

思議だ。そうした気分に身を任すという喜びのためだけに、私は店に入り、ワインリストを頼んで目を通してみることにした。すると、ルイ・ラトゥールやルイ・マックスといった最悪のネゴシアンのいい加減なワインばかりが目を疑うほどの値段がついて並んでいた。

半年後、オデオンのル・コントワール・ド・ロデオンの前を通りかかった。以前と同じ店構えだ。中ではテーブルとテーブルが相変わらず重なり合わんばかりに並んでいる。隣のクレープ屋はイヴ・カンドゥボルドの店になっていた。しかし彼はそこをレストランを広げるのに使わずに、クレープと「美食的《ガストロノミック》」なサンドイッチの販売に利用していた。

第5章 魚料理の王国にて

1……ル・ドーム——女優シャーロット・ランプリングとともに

数日後、私はセーヌ川を渡ろうとしていた。その途中、サン＝ルイ島で足を止めた。島のサン＝ルイ＝アン＝リル通りにあるレストランでの夕食に、女優のシャーロット・ランプリングを招待していたのだ。そのレストランの評判は日増しに高まっていた。しかし、約束の時間より少し前に着いてみると、すぐにこれはダメだとわかった。ル・コントワール・ド・ロデオンと同様に、お客たちがまるでイワシのように（あるいは学校の子どもたちのように）ぎっしりと押し込まれている。テーブルもくっつきそうなくらいに並んでいる。ここでうち解けた内密の話などできるわけがない。シャーロットの乗ったタクシーがレストランの入口に着いたところで、お詫びの言葉を小声で言いながら、そのままそのタクシーに乗り込んだ。

シャーロット・ランプリングと夕食をとるのが楽しいのは、彼女自身がうれしそうに食べて飲んでくれることにもよるが、それと同じくらい、彼女の鋭い知性と独特の魅力に大いに関係している。前の年に私がパリを離れて以来、会っていなかったこともあって、撮影時の熱気（闘いとも言えるが）の中でつちかわれ、その後の歳月を通じて洗練させてきた友情にふさわしい、特別な会話の調子を取り戻そうと、私は少し焦っていた。そして、早々とリオで撮ろうと計画している新しい映画の話をした。それは『モンドヴィーノ』を撮って体験した内から湧いてくる喜びが、同じように感じられるはずのフィクションになると私は期待していた。

恐いもの知らずの素晴らしい映画俳優であるスウェーデン人のステラン・スカルスガルド（大のワイン好きである）とシャーロットが出演した、私の映画『サインズ&ワンダーズ』のおかげで、私たち三人の間には深い友情が結ばれていた。とりわけアテネでの撮影の条件があまりにも過酷だったことにも理由があった。あまりにも仲良くなり、また三人で一緒に仕事がしたいと本気で強く願っていたものの、あのような地獄をまた乗り越える準備がすぐにできているとは思えなかった（ある晩のこと、一六時間も撮影をつづけた後で、ステランと、彼の奥さんとそのお母さんとで**シャトー・ベイシュヴェル一九五九年**(v)を元気づけに飲んだという、夢のような素晴らしい思い出が私には残っている。それは闘いのまっただ中で、文化的な生活の一滴を味わったようなものである）。毎日、プランごとに、冷静な気分に立ち戻らなければ、あのありとあらゆる小競り合いから生じた緊張とあの混沌に耐えることはとうていできなかった。なにせ、ギリシア人、フランス人、イギリス人、アメリカ人で構成される多国籍のチームで仕事をしており、まったくヨーロッパ的なうぬぼれと中東のアナーキーさが混在する都市の荒々しくごった返した喧噪の中に私たちはいたのである。

シャーロットや友人と言ってもよい俳優たちと、今度はリオで一本映画を撮ろうと計画したのである。大人数のチームに決まって生じる難しい要求や、大きな制作会社に付きものの経済的なさまざまな制約に直面するような仕事にはない、簡素さと内から湧いてくる自然なものを何とか見つけようと躍起になっていた。それらが『モンドヴィーノ』の撮影時には、とても深く刺激的な喜びだったからである。

タクシーでシャーロットの横の席に滑り込み、あのレストランでは私たちの次の冒険についてじっくりとうち解けて話し合うことはできないと告げた。

「じゃあ、どこかこのあたりで、美味しいワインを飲みながら話ができるところってあるかしら？」と彼女は尋ねた。

　私は右手に見える四区と、セーヌを渡った向こう岸の六区に目をやった。この私の航海の途上にあって、私たちが両岸にはさまれた島の上にいることが、まさに何かふさわしいことのように思われた。彼女の方に向いて言った。

「見つけたよ。フィッシュだ」

「魚のこと？」、シャーロットはわけがわからないという眼差しを私に向けて問い返した。

「フィッシュ・ラ・ボワソンヌリー▼という店に行こう。『ラ・デルニエール・グット（最後の一滴）』という、とても素晴らしいワイン屋が入っているレストランだよ。気のおけない、新しい感じの、生きのよい店だけれど、火曜の夜だからきっとそんなに人が多くは来ていないと思う」

　タクシーは、六区をめざして角を曲がった。例のラトリエ・ド・ロブションのある通りを通って、リップとカンドゥボルドの店の前も通った。今晩、もっと大きな幸運がもたらされるだろうか。セーヌ通りにある店に着くと、私は車から飛び降り、フィッシュという店に駆け込んだ。店内の壁際には、ぐるりと素晴らしいワインが並べられており、しかも手の届く範囲の値段がついている。触れられそうなくらい近くにあるテーブルには、**ジンド＝ウンブレシュト**(W)の**ピノ・グリ**(V)のボトルがあって、すでに手がつけられ、半ば空いている。そこからはっきりと**アルザス**(R)のワインの香りが立って、私にまるで合図をしているようだ。

▼フィッシュ・ラ・ボワソンヌリー　パリ六区のサンジェルマン地区にあるレストランで、アメリカ人客も多い店。『ミシュラン』にも星なしであるが掲載されている。コース料理で四〇ユーロほど。飲み物を入れるとディナーでは一人一万円くらい。店名のとおり魚料理を得意とし、良いワインが揃っている。Fish la Boissonnerie. 69 rue de Seine, 75006 Paris.

ここでは、リストにあるのは本当に飲まれるためのワインである。ワインは人にあっと言わせるためにあるのではない。ただ、まったく残念なことに、パリでは稀なことだが、火曜日の夜であるにもかかわらずレストラン・フィッシュは、もうすでに（魚だけに）エラのところまで客でいっぱいであった。どちらかというと若い人が多かったが、一〇人もテーブルが空くのを待って並んでいた。

「では、次の手立ては？　左岸だと、いいワインと良い料理、そして話ができる静かな場所を見つけるのって、そんなに簡単じゃないのかもね」、シャーロットはあいかわらず元気たっぷりな様子で私に声をかけた。

「六〇年代なら、毎週日曜日には『家族で』ラ・クーポール▼に行っていたんだけれどなぁ。ブラスリー・フロのチェーンの手に経営が移ったのは残念だな。今や観光客に罠を張って待っているって感じだし。ちょっと待ってね。やはりフィッシュがいいんだっけ？」

「でもたった今、行ってみてダメだったじゃない……」

「いや、今度の『フィッシュ』っていうのは、魚って意味だよ。食べるやつね。えーと、魚料理の店ね。ル・ドーム▼だ」

モンパルナス大通りの、クーポールから一〇〇メートルくらい離れたところに、三〇年代のパリ▼の名残りが今なお見られる。多少お金はかかるけれど。ル・ドームは、ラ・クーポールに比べて店の大きさも四分の一ほどであり、巨大な店ラ・クーポールとは逆に単純で純粋な形で最も美味しい魚料理を出す。このあたりが喧噪をきわめ、金を持った遊蕩児たちの溜まり場であった時代に、中心的な役割を果たした場所でもある。ラ・クーポールと同様に、戦前にはピカソをはじめとする芸術家連中の溜まり場であった。現在では、映画関係者や（お金のある）芸術家、そして首都パリに滞在中の裕福なワインの造り手にとって残された、唯一の隠れ家である。ワインを造る者は、一般に真面目な職人であるが、とりわけ単純な料理と焼き加減の正確さ、魚が新鮮で質が良いことを大事に思っている。またワインリストにしても、単純で正しいものがよいと思っている。

店のホールには一〇席ほどのボックス席が迷路のように気持ちよくしつらえられており、その一つに私たちは案内された。このレストランには、幸せを分かち持つ空間にふさわしく活気のある雰囲気が心地よい響きを広げている。席が理想的な間隔で配置されているので、私たちの話が隣の席の人の耳に届かない、ちょうど良いくらいの物音がうまく響いているというわけだ。もちろん、話をするのに声を大きくする必要もない。私たちに一番近い席の客が煙草を吸っている。その煙も私たちの邪魔にはならない。その晩、シャーロットは小さな葉巻に火をつけたが、私たちの後ろの席にいたアメリカ人の客も、嫌そうな視線を送ってくることもなかった。理想のレストランとは、公共の空間にある祝祭的な快楽をも可能にしながら、同時に、それぞれの客の私的で内密な空間を保証することができる所だとすれば、ル・ドームは傑出したレストランだということができる。

▼**ラ・クーポール**　パリのモンパルナス、ヴァヴァンの交差点にあるレストラン。ブラスリーとして開店したが（一九二七年）、現在はレストランとしても営業している。アール・デコ調のインテリアと芸術家たちの溜まり場としての歴史を感じさせる店内の雰囲気は、人気がある。とくに生牡蠣やオマール海老をはじめ魚介類の料理で知られ、いつもにぎわっている。La Coupole.102, Boulevard du Montparnasse, 75014 Paris

▼**ル・ドーム**　やはりモンパルナスにあるレストランで、魚料理が中心。店の入口に牡蠣やエビ、カニを並べている昔ながらの店。クーポールと並んで、二〇世紀初めにはピカソ、藤田、モディリアニ、ヘミングウェイなどが溜まり場としていた。Le Dôme. 108, boulevard du Montparnasse 75014 Paris.

▼**三〇年代のパリ**　「芸術の都パリ」としてパリが輝いていた時代。ベンヤミン、ブラッサイ、岡本太郎など多くの芸術家・思想家が滞在し、とりわけモンパルナスには、エコール・ド・パリの芸術家たちもまだ多くいた。

シャーロットは、私のことをよく知っているし、喉も渇いていたので、席に着くとすぐにウエイターにワインリストを頼んでくれた。リストはすぐに手元に届いた。ワインリストは、それ自体が喜びだと言える。やや堅めの表紙、大きめの幅の広い紙でできており、一目でこの店に置かれているワインを知ることができるようになっている。左のページに白ワイン、右のページに赤ワインが並んでいる。リストを開くと、まったく単純に気取りもなく、すべてが一目瞭然である。分厚くなるほどページはなく、したがってページをめくる必要もない。小難しい説明もついていない。ワインの名前が載っているのみで、白が五〇種類、赤が同じく五〇種類。

これらのワインは、パリで考えられる最高の品揃えとは言いがたい。鋭さも、驚きも、深みもまったくない。あえて言えば、このリストにある半分以上は、決して私が飲まないものである。私の感覚ではそれほどに平凡な造り手が一〇人ほど並んでいる。けれどもこの店に、最高の、あるいは最先端のワインリストを期待しているわけではない。この店によく来る客層からすると（美食の階層という点でもどちらかというと保守的である）、たとえ魚料理には最悪の組み合わせだとしても、ワインの半分は**ボルドー**®産ということになろう。また**ブルゴーニュ**®産のワインも、最悪ではないが（本当にまったく良いものが入っていない）、八割は凡庸な造り手である。ところが、このワインリストには簡潔さと節度があり、さらに何本か素晴らしいワインがまったく常識的な価格で、この店の料理に完璧に合うように載せられている。このリストは誠実であり、私の趣味からしても賞賛すべきであった。

五〇種類ある白ワインのうち一七種がハーフボトルで注文できることだけでも、何よりも客が自分の好きなワインをそれぞれ選べるようにとの配慮だと思われた。そうすれば自分の食べたい料理にワインを合わせられるし、そのワインが最大限に持ち味を出すこともできるというものだ。これはワインを真に愛するにはぴったりである。おそらく、その割合からして、私の知っているどのレストランよりもここではハーフボトルを用意している量が一番多いと思う。食べ物とワインに対する愛を傾けている人に敬意を表わしている証である。**メヌトゥ・サロンのクレマン**Ⓥ（**発泡性ワイン**）の素晴らしく生きのよいワインのハーフが一七ユーロ。そこの隣の地域にあたるマルドンの**カンシー**Ⓥが一五ユーロ。さらに、**ファレール・メール・エ・フィーユ二〇〇四年**Ⓦの薫り高い**リースリング・キュベ・テオ**Ⓥ（テオは今は亡くなっているから造り手の父ということになる）が、ハーフで二八ユーロである。二九〜一三九ユーロの値段でこれほどの良い白ワインが一〇種も載っているのだから、先ほどこのリストにあると言った不適切なところは十分に許してあげてかまわないと私は思う。一番高価なのは、ローヌの**ジャン・ハイ・が造るエルミタージュ・ブラン二〇〇一年**Ⓥで、これはフランスの白ワインの中でも屈指の複雑で深みのあるワインである。ワインはそれぞれがその品質と珍しさに応じて、正しくもっともな価格が付けられている。特に、たとえば、**ユエット**Ⓦのところのミネラル分と酸味がほどよく感じられる**ヴーヴレー**Ⓥ（三八ユーロ）、あるいは**セルジュ・ダグノー**Ⓦの昔ながらの**プイィ・フュメ**Ⓥなどは（従兄弟で金持ちヒッピー風の**ディディエ・ダグノー**Ⓥのワインと比べると、どぎつさが少なくて食事に合わせるのに適しており、値段も三分の一ほど安い）、食事に合わせるには注目に値する生きのよいワインである。

しかしその晩は、そうしたワインにさっと目を通しただけで、**ブルゴーニュ**Ⓡのワイン二種類にすぐに注目することになった。それらが私の同伴客にふさわしく魅力を発するように思えたのである。**シャブリ**Ⓡの**ルネ・エ・ヴァンサン・ドォーヴィサ**Ⓦと、**プイィ・フユイッセ**Ⓡの**コレット・フェレ**Ⓦである。一人でこの店に来ていたなら、時間を使ってこのワインリストをもっとじっくりと見て、別の選択をしようとしたかもしれない。けれども招待した女性と一緒だったし、このレストランに来るまでに〝長旅〟をしてしまったために、**シャブリ**Ⓡ（二〇〇三年のもので、その年の夏は酷暑で葡萄が焼かれるような暑さだった）を注文した。それでもこの簡潔な書かれ方をしたワインリストのおかげで、さっさと良い選択ができて、素敵な、そして辛抱強く待っていてくれた彼女に自分の注意を向けることができたから、私は感謝していた。捉えどころのなシャーロットは、私をいつも驚かせてくれる。この時も私の方をじっと見つめていた。

い、ネコのような、人を魅了する視線だ。さあ、彼女特有の容赦のない鋭い質問が飛んでくるぞと、私は身構えた。このような時には、なぜだかいつもそうなるのだけれど、それは彼女にしかわからない秘密である。質問はたいてい私個人の生き方について核心を突くものだったり、ひょっとしてこれから一緒に作っていく映画について、やはり深い意味を持つものだったりする。

「さあ、ジョナサン。そのワインリストについて、わたしに話をしてくれる？　どう思うの？」

2……ラ・カグイユ——ワイン評論家ジャック・デュポンとともに

ル・ドームは、ブルジョワ的な魅力がどんなものであるかを、理想的に見せてくれるレストランだが（芸術家や反抗的人間のために快適さを追求し、その上での基本的な品質を保っている意味で）、パリの一四区で上質な魚としっかりと選ばれた良いワインを結びつけて出してくれる唯一のレストランであるというわけではない。もう一つの店、ラ・カグイユ▼には一度だけ行ったことがあった。**ユベール・ド・モンティーユ**Ⓦと妻クリスチアーヌ、**オーベール・ド・ヴィレーヌ**Ⓦ、そして「**ブルゴーニュ**Ⓡの家族経営のドメーヌ」を代表する三〇人ばかりの造り手たちと一緒に行った時のことである。つまり、上等なワイン醸造家の会である。このようなワインの芸術家たち、たいへんな食いしん坊たちが、モンパルナス・タワー▼の裏手にある、言わば「無人地帯」のようなところで会合を開くこと自体、私にはかなり驚きだった。しかし集まる人たちの雰囲気のよさのおかげで、この地区のくすんだ印象のことはすっかり忘れていた。

ジャック・デュポンがここで会おうと言ってきたのだが、どうしてここなんだろうと気になった。彼は雑誌『ル・ポワン▼』のワイン評論家である。現代のワイン評論家の中でも第一人者と見なされ、醸造関係のジャーナリズムの世界のご意見番である。ワイン評論家の視線とは、どんなものであろう。あるいは言い方を変えれば、ワインを楽しく共有することなどできるのだろうか。立て前としては客観的にどのワインとも距離を置いているはずだが、それをずっと保てるものなのだろうか。彼は多くの同業者たちから希有の評論家として尊敬を集めている一人であるが、それは彼が持っている確信に現実に重みがあるからなのか、それとも逆に皆に気に入られる才能というか政治的な配慮に富んだ精神によるのだろうか。

ル・ドームとその姉妹店で、もう少し安く気軽に食べられるビストロ・ド・ドームの前を車で通り過ぎた。一分もするとコンスタンティン＝ブランクーシ▼広場にあるラ・カグイユの前に着いた。この意図せずに作られたアルファヴィル▼には、ブランクーシ的なものは何もない。どちらかといえばアルファヴィル的なものばかりに見える。第一「広場」には見えない。コンクリートと匿名性ばかりが目立つ。今は消え去ろうとしている七〇年代の都市化の象徴のような正面入口の裏に、生きた生活を見出そうとするかのように、ほとんど駆け込むようにして店に入った。店の中に入っても、壁はコンクリートや金属、そしてガラスがむき出しになった感じで、相変わらず雰囲気がよくなるわけではなかった。しかし、敷居をまたいですぐに、人の活き活きとした動き、生きる喜びが濃く感じられて、驚かされた。モンティーユの**ポマー**

▼**ラ・カグイユ**　パリ一四区にある魚介類専門のビストロ。La Cagouille. 10, Place Constantin Brancusi 75014 Paris.

▼**モンパルナス・タワー**　パリの一五区モンパルナス地区にある高層ビル。一九七二年に建てられ、地上二一〇メートル、五九階建て。五六階に展望レストランやカフェがある。

▼『**ル・ポワン**』　一九七二年創刊のフランスを代表する週刊誌。政治、経済、文化など様々な面でフランス内外のトピックスを紹介している。

▼**コンスタンティン＝ブランクーシ**　公園に名前が付けられたのは、ルーマニア出身のフランスの彫刻家。一八七六〜一九五七年。ロダンの影響を受けるが、のちに独創的な作品を発表し、マルセル・デュシャンらとも親交があった。ミニマル・アートに影響を残した。

▼**アルファヴィル**　一九六五年公開のゴダール監督の文明批評映画のタイトルで、ディストピア的未来都市のこと。ベルリン国際映画祭で最高賞の金熊賞を受賞。

ル・リュジアン一九九〇年[V]のボトルが、空になった状態でバーの上に飾られている。ここは食べるため、飲むために来る場所であり、今そこにいるのだということをそのボトルが示している気がした。パリのレストランの中では、新鮮な魚を出してくれる点で、皮肉にも非常に稀な、質の高いレストランである。

ジャック・デュポンは四〇がらみで（少なくともそれ以上には見えない）、社交的な、活き活きとした、口元にいつも微笑みを浮かべている感じだった。彼がまるで自宅にいるかのように私たちを迎えてくれた。アンドレ・ロベールはこの店のオーナーで、この食事に同席してくれた。食事は長く、そしてワインがたくさん出てきた。彼は目をきらきらと輝かせ、白髪交じりの髪を短く刈っている。何か、面白い修道士という感じだ。ロール・ガスパロットが録音機をセットとした。

ジョナサン・ノシター（著者。以下JN）　ワインについての本を書いています。どんなことを書くことになるのか、よくわからないので、ここでの話は全部録音させていただきます。

ジャック・デュポン（ワイン評論家。以下ジャック）　その方がいいかもしれないな。私とこういうことをするのは、君たちだけじゃないからね（笑い）。私も時には、ひどいでっち上げの犠牲になって、うんざりすることがあるんだ。去年も、私が書いた記事や本が、たくさんの新聞や雑誌に紹介されたからね。

JN　ワインも、映画と同じように、人に嘘をつかせる何かがあるようですね。つまり、ワインには空想・妄想をたくましくしてしまうような、何かがあるってことです。映画は完全に虚偽の上に成り立っていて、ワインには嘘がいっぱい詰まっていると思うんです。

ジャック　まるっきり詰め物だけさ。食い物とワインすべてに関わる人たちの中に参加しているように感じているんだろう。『ゴー・ミヨ』▼でずいぶんワインには関わってきたからね。ワインのガイドブックも一冊書いたし、その全体を監修したんだ。でもすぐに手当を受け取って、辞めたんだよ。会社がある大馬鹿者に買収されたんでね。それ以前に、すでに別の馬鹿に買い取られていたこともあって、まあ、言わば馬鹿者の買収が連鎖したってことかな。

アンドレ・ロベール（ラ・カグィユ店主。以下アンドレ）では、何を飲みますか？　ワインですよね？

ジャック　赤でも白でも、私は何でも飲むよ。どれでもね。

アンドレ　では、ルネ・エ・ヴァンサン・ドーヴィサ[W]のシャブリ・プルミエ・クリュ・ラ・フォレ二〇〇二年[V]はどうでしょうか？

ジャック　それの二〇〇一年は？

アンドレ　ちょうど良いミネラルが感じられます。海鮮の盛り合わせと合いますね。

JN　昨日の晩、ル・ドームで二〇〇三年を飲んだところなんですけれど、がっかりしました。偉大な芸術家のような造り手たちでさえ、影響を大きく受けてしまった稀な年ですね。ドーヴィサのところのシャブリ[R]でさえ、軟弱な、グリセリンの多い、期待はずれのワインでした。一般的に言って、偉大な「作家」たちはむしろ難しい年に、それをうまく乗り切るすべを知っているように思います。雨が多い年とか、葡萄の出来が良くなくて糖分が少ない年とか。でも二〇〇三年は、酷暑のせいでまったく逆の条件だったんですね。太陽の熱にさらされすぎて、熟しすぎて、怠け者の葡萄ができちゃった。

ジャック　二〇〇三年のワインが無条件で良いとは思わない。ボルドー[R]じゃ、かなりなものだよ。何だか南国のすごく濃いワインを飲んでいるみたいな気がして、うんざりだな。二〇〇三年は良い年じゃないよ、みんなが言っていることと合わないけれどね。

JN　甘みこそ、うまみの時代の到来ですよ。子どもの味のね。

▼**ゴー・ミヨ**　正式には『ゴー・エ・ミヨー』(Gaoult et Millau)。ミシュラン・ガイドに並ぶフランスでも最も影響力のあるレストランガイド。レストランやホテルを二〇点満点で採点し、一一点以上の店を掲載。ワインガイドも発行し、同様に二〇点満点で採点している。

結局、二〇〇一年のシャブリ(R)を注文することになった。この年のワインは、かなり酸味があるせいで不当に悪い年とされているが、二〇〇三年とは正反対で、良い造り手ならうまく管理して、均整のとれた良い味を上手に出した年である。ワインに含まれる酸味は、そもそも私にとって、映画における光のようなもので、それこそワインを元気づけ、活き活きとさせる良い性質である。正確で鋭く、適切で繊細な光こそ、まさに映像の魂である。どんなに素晴らしい役者であっても、光が過度に当たっていたり、べったりとした光の下では色褪せて見える。ところが、凝りすぎたり、コントラストを強めたり、暗くしすぎた光の中では、観客が場面や人物の感情を理解できなくなってしまう。昔、ワインはたいてい酸っぱいものだった。収穫の時期を逸するといけないので、収穫自体が早過ぎる時期に行なわれていたからだ（また酒石酸の添加もよく行なわれていた）。現代では、どこでも葡萄がしっかり熟してから収穫することが技術的に可能になったおかげで、昔とは反対の問題に直面することになった。たいていのワインは、香りが強く、グリセリンの多い、アルコール度数の高い、軟弱で特徴のないものになってしまった。イギリス人のワインの偉大な歴史研究家であるヒュー・ジョンソンは、「いろいろなことを語るワインよりも、たくさんの質問をするワインに私はより興味がある」と語っている。酸味は、刺激を与える要因の一つだが、自分の味覚にさまざまな質問をする上で鍵となる成分なのかもしれない。

そうして、ドーヴィサのシャブリ・プルミエ・クリュ・ラ・フォレ二〇〇一年(V)が出された。澄んで、生きがよく、ミネラルも多く感じられ、味に切れがあって、口に入れた感覚ではそのように感じられた。味蕾が酸味によって目覚めていく感じだ。ジャックは『モンドヴィーノ』の話を始めた。

ジャック　あの映画で、訴えるって脅されたというのは、本当なのかい？

JN　そんなの、何度もありましたよ。それも一つの国じゃなくて。でも、まだ訴えるところまでした人はいないです。理由は簡単です。映像に出ているものは、裏表がないってことですよ。

ジャック　ミシェル・ロラン(W)は、私にも腹を立てていたよ。映画の場合は、カメラは人々の前に置いた鏡にすぎないからね。それで、その当時ミシェル・ロラン(W)の前に置くことのできた鏡は、今から二〇年前に彼の前に置かれた鏡とは違うからね。その当時は、彼だってワインを良い方向に変えていくのにたいへんな功績があったんだよ。それが今じゃ、社会で認められたがっている男、そういう尊敬がほしくてたまらない男って印象だね。そういうのはたくさんいるね。ベルナール・タピ▼だとか、学校の休み時間に、自分のおチンチンが一番でかいって見せたがるようなやつだなぁ。

ゴンブロヴィッチの世界、『フェルディドゥルケ』の世界にいて、主人公は大人なのに、罰を受けて高校生活をもう一度しなくてはならないという感じだった。

JN　ミシェルは、自分の言ったことを完全に歪曲したと言って、僕を責めました。それでこう言い返しました。「家に来て、ラッシュ・フィルムを一緒に見ませんか。あなたが言っていない言葉を一つでも入れたりできないし、あなたが理解してほしいようになっていない言葉なんか、一つもあり得ないですよ。そもそも僕がそんなことをしたら、自分を裁判に訴えるはずだよ」ってね。

ジャック　彼が個人的に言っていたけれど、君は同じ場面を何度も見せたんだって。

JN　彼は、ロンドンからリオに至るまで、こうした誹謗中傷を繰り返してますね。シャトー・プティ・ヴィラージュに行く彼を、二度、映画で見せましたよ。どうしてかって？　なぜなら、同じ日に二度そこ

▼**ベルナール・タピ**　フランスの実業家、政治家。貧しい労働者の子として生まれたが、実業家として成功を収め、アディダスの経営権を獲得。サッカーの有力クラブチームであるオランピック・ド・マルセーユのオーナーとなり、国会議員にも当選し大臣も務めた。しかし、サッカーの八百長事件や汚職に関わるなど、毀誉褒貶が激しい。

に行ったからですよ。それに別のことも彼は言っている。「ひどいじゃないか。**ラングドック**[R]のやつらのことを、『どん百姓』ってけなした時は、あれはオフレコだった」ってね。まず、カメラはいつもそこにはっきりと置かれていたし、彼だってカメラが回っているって知っていた。なぜなら、彼はカメラで撮られるのにとても慣れているから。何と言っても彼は、テレビにもよく出てくるメディアのスターですからね。撮られることがすごくうれしいんですよ。それに、**ラングドック**[R]の人のことを言うのだって、実は二回も言っているし、しかも違う言い方をしているんですよ。それがオフレコだって言うんだったら、どういうことなのかな。オフレコなら、どんなひどいことだって言える、そして「オン」の時に言っていることは全部嘘だっていうこと？　この時代の権力を握っている人は皆そうだけれど、それって、追従に慣れきっている人がする欺瞞でしょう。彼は自分のイメージを守ってくれている仲間によらない自分自身のイメージに憤慨しているんだ。

ジャック　この話で、もっとずっと抜け目のないのは、**エメ・ギベール**[W]だよ。アニアンヌの有名な造り手のね。アメリカの多国籍企業に立ち向かったことになっている（それも、そこに自分のところのドメーヌを売り払おうとした後にだ）。そして、微笑みを浮かべてフランスの方に味方をして譲歩したっていうわけだ。話の仕方も自分の思い通りにうまくできているし。けれども、それは偽善だよ。

JN　彼の両義的な態度や矛盾しているところは、映画の中でもはっきりと出ていると思うけれど。

ロール・ガスパロット（女性ワインジャーナリスト。以下ロール）　わたしたちにはね。でも普通の人たちには、すごくいい人って感じだったと思うな。わたし、多くの人たちから言われたわ。「すごい人ですね。アメリカの連中を黙らせたんだから」って。より抜け目なく、うまくやったわねよ。アステリックス▼を、テロワールを、そして**ラングドック**[R]を象徴する人物を演じているのよ。

ジャック　彼は、私の妹と比べても、**ラングドック**[R]と関わりが少ないやつなんだ。もとは手袋屋で、舌先三寸、何でも言うやつなんだよ。一番抜け目のないやつだよ。これまでマーケティングのことしか考えてこなかったのに、映画ではそのマーケティングを告発するようなことを言いながら、ちゃんと自分を売り込んでいるんだからね。当時、あいつは困っていたんだよ。最初、モンダヴィに自分のドメーヌを売り払いたかったのは彼の方で、それがうまくいかなかったんだ。だから、映画の中ではそれを帳消しにしようとして何でもやったってわけだ。

JN　ギベールのことは、前から知っているんですか？

ジャック　昔から知っているよ。一九七九年のことだけれど、レストランのリストでは彼のワインは二〇フランだったんだ。パリのワイン屋がそれを彼に教えてあげたんだけど、それでやつは値段を三倍に上げたんだ。そのワイン屋には感謝したけど、もちろんそこに対しても三倍にしたのさ。すごい話だよ。

JN　どうもおかしいね。彼ってとても金持ちなのに。

ジャック　その頃は、金が必要だったんだよ。

JN　ミヨー▼の手袋屋の莫大な遺産を相続したんじゃないの？

ジャック　自分の会社を倒産させたんだよ。皮革加工業は、どこもイタリアの会社と競合していたんだ。イタリアじゃ、賃金がずっと安いからね。

ロール　それで、一〇年経って、彼はスターになったってことね。

ジャック　そう。九〇年だったか、九一年に、『コート・デ・ヴァン』というワイン・ガイドブックの仲間たちと内輪のお祝いをしたんだ。その時にギベールに彼の造ったワインの年代ごとの試飲をさせてくれないかって頼んだんだよ。七八／七九から九〇年のものまで試飲した。ということは、きっと試飲したの

▼アステリックス　フランスのコミックの英雄。人気のあるキャラクターで、アニメや映画にもなっている。

▼ミヨー　パリから南に六二三キロ下った地方都市で、革製の手袋の生産とロックフォール・チーズで知られる。手袋の博物館がある。エメ・ギベールは、ここで革製品製造業を営んでいた。

は九一年だったんだ。で、七八／七九年のは雑な造りで、色も褪せて、くたびれた感じだった。それもそのはずだ。**ラングドック**Ⓡの古いワインだから。もうダメになっていたんだ。二〇〇一年に、ギベールから手紙が来たんだけれど、あいつらしいやり方で大げさな言い方が連ねてあったよ。「イギリスのたいへんご立派なワイン鑑定家の方々のたっての願いで、私の親友ミシェル・ベタンヌ▼とともに、あなたをご招待いたします。最高のワインの数々を年代ごとに試飲したいと存じます」。もちろん、ぼくは行かなかったよ（笑い）。それから数か月して、ワインがひと箱、ギベールから送られてきた。「親愛なるジャック、あの日、特に評価の高かった年代のワインを君に送りたい」と書いてあって、中には一九七九年とかいろいろ入っていた。家に夕食に来た**ラヴノー**Ⓦと一緒に一本開けたんだ。それで、驚いたんだ。**エメ・ギベール**Ⓦの一九七九年のワインがね、まるで今年のワインのように色が黒々としているんだ。味も悪くないんだ。田舎臭い感じだけれど、とっても濃い。コルク栓を見てみると「二〇〇〇年に栓を差し替え▼」って書いてあるんだよ。

マレンヌ▼に古くからある海の養殖場で、ドーヴィサ家と同じように牡蠣を長く養殖してきたケルト人のダヴィッド・エルヴェが育てた牡蠣が出された。これに合ったワインとして、**シャブリ**Ⓡのもう一人の大家**ジャン＝マリ・ラヴノー**Ⓦが造った一本を開けることにした。**ヴァイヨン二〇〇一年**Ⓥである。

JN　ドーヴィサのと比べると、**ラヴノー**Ⓦの**シャブリ**Ⓡはまろやかさや木の香りが少ないですね。もっと繊細で、ミネラル分がもっと感じられる。

アンドレ　そうね。『フランスワイン批評』▼はまったく反対のことを言っているけれどね。**ラヴノー**Ⓦのは、森の香りがする、剣の刃のようなワインだと。

JN　アンドレ、牡蠣のはっきりとしていて塩辛い味には、このワインだとあまりに繊細すぎると思いませんか?

アンドレ　合わないとは思わないけど。

JN　僕の味覚からすると、牡蠣の味が際だっているので、ワインに勝っちゃってるという感じなんだけれど。

アンドレ　それはすごく主観的なものだね。この仕事をもう一五年以上もつづけているけれど、自分でしていることがちゃんと管理できるようになったのは、ここ五年じゃないかなと思う。自分の好きなようにしているんだ。それが他の人の決まり事と合っていなくても。ワインとの調和を見つけようなんてまったく思っていない。僕にとって、そんなことは妄想だよ。基本的には選択の九割を決めているのは、ワインと調和していると思い込んでいる考え方なんだよ。良いワインがうまくボトルの山から引き出されるのは、いつだって一割程度のことなんだ。とにかくまずは、理知的に築き上げられてしまっているものなんだよ。

▼**ミシェル・ベタンヌ**　フランスの有名なワイン評論家。盟友ティエリー・ドゥソーヴとともに、後出の『フランスワイン批評』に二〇〇四年までワインガイドを書きつづけてきた。この二人の邦訳書に『フランスワイン格付け』（ステレオサウンド）がある。

▼**栓を差し替え**　通常、コルクの寿命は長くても二五年と言われる。ここでは差し替え（リコルク）の時にワインに手が加えられたことがほのめかされている。

▼**マレンヌ**　フランス、シャラント＝マリティム県にある牡蠣で有名な町。大西洋に面した人口五〇〇〇人ほどの小さな町。

▼**『フランスワイン批評』**　“La Revue des vins de France”。ワインガイド雑誌で、各地のワインを二〇点満点で採点し、コメントを付けて発表する。また、ワイン品評会を催すなどさまざまな企画をしている。前出のミシェル・ベタンヌとティエリー・ドゥソーヴは、二〇〇四年までワインの採点をしていたが、出版社がマリ・クレール社に買収されたことをきっかけに退社し、別に“Les meilleurs vins de France”という本を毎年出している。

アンドレに、ミュスカデを頼むことにする。もしかすると、その方がこの素晴らしい牡蠣に合うかもしれないと思った。二分後に彼は、**シャトー・ド・ラ・プルイユ二〇〇四年**ⓦを持って戻ってきてくれた。牡蠣と一緒に試してみて、ジャックと私はその結びつきの良さに納得できなくなっていた。というのは、このミュスカデには十分な酸味がないと感じたからで、酸味で知られる産地名称がまったく誤りだということになる。そこで、**ジョ・ランドロン**ⓦの**ミュスカデ・アンフィボリット**ⓥを頼んでみたが、アンドレが言うには在庫がないということだった。私たちには残念だったが、ここのお客たちは事情に通じているという証拠だ。ぴったりと合うワインがなかったけれど、私たちはここの牡蠣の複雑で深い味わいに驚かされた。

ボルドーとパーカー

新しい料理が運ばれてきた。オレロン▼の黒イタヤ貝、タコのガリシア風▼、そして帆立貝である。新鮮さと味わいの良さに卒倒せんばかりになり、俄然テーブルは活気づいた。ここではテーブル同士の間がゆったりしていて、ほっとできる。

JN　この店に人を招いて、塩辛さやミネラル分、酸味など大人の味を満喫できるようにするってわけだね。ところが、パーカーやあの連中は子どもっぽい味、甘みへと連れていこうとしているんだ。これは幼児化と言ってもいい。ベルルスコーニ、ブッシュ、サルコジたちのことだよ。安易で子どもっぽい衆愚政治だ。

ジャック　でも、パーカーって抜け目のないやつだよ。というのは、今自分が人から非難されているってことを知っているだろ。糖分の多いワインにすごくいい点をつけてきたからね。でも、それと同時にシャトー・フィジャック(V)にもいい点をつけているんだからね。何年か前には、フランスでフィジャックにいい点をつけていたのは僕だけだったんだ。フィジャックの一九八二年ものは、これまで試飲をした中で屈指のボルドーワインだよ。パーカーはまったく抜け目ないものだから、こうしたワインにもいい点をつけているんだ。

JN　僕がパーカーの撮影をし始めた時、発見したことも、そういうことだったんですよ。とてもいい人で、僕自身いつもそう思っているんだけれど、僕はいつも人と仲の良い関係になれるんだよ（これが映画人としての僕の特権だと思う。ジャーナリストの父や兄と違う点でもある）。パーカーの自宅に行った時に、ワインについては彼の考えに同調できないとわかっていたんだ。でも結局は、誠実な人だと思ったんだ。

ジャック　でも今は、誠実だなんて思わないわけだ？

JN　映画が封切られた今となっては、彼の反応にも変化があったし、彼に忠実なやつらも僕には態度を変えたから、本当に根っから不誠実な人なんだって、心底から思う。彼は、自分のまわりにいるみんなに、不誠実になれって勧めているんだ。ジョージ・ブッシュと同じで、何かを心の底から信じていて、それで不誠実で平気でいられるってタイプの人間だよ。自分が正しいと思い込んでいて、それが悪意のようになっちゃっているんだ。彼らにとっては、「他者」は非現実的なものなんだ。だからこそ、パーカーはテロワールという考え方を拒否している。どこまでいっても「他者」だからなんだ。彼には、「味方」か「敵」しかいない。だから本当の「他者」は、存在できないんだ。だからこそ、彼は危険なんだよ。

アンドレ　自分は正しい。正しいから、規則を決めるのも自分なんだ。

▼**オレロン**　フランスのシャラント・マリティム県に属する大西洋の島で、フランスではコルシカ島についで大きな島。牡蠣や貝の養殖と漁獲で知られる。

▼**ガリシア風**　スペイン北西部のガリシア地方の料理を指す。スペインにしてはパエリアも食べない、どちらかというとブルターニュに近い食文化の地域。

ジャック　どうしてパーカーが不誠実だって言うんだい？

ＪＮ　パーカーって、すごく原始的なんだよ。あいつの心の中には、ものすごく深い偽善がある。変だよ。批評されたくない評論家なんだ。思うに、七〇年代の終わりに、最初に彼が**ボルドー**Ⓡに来た頃、**ボルドー**Ⓡには偽善がはびこっていると彼は気がついた。だから、当時、**ボルドー**Ⓡの力が乱用されていることを正直に批判し始めた。でも、だんだんと彼自身が、ロランと一緒になって、自分が最初に批判していたはずの**ボルドー**Ⓡの力の権化となってしまったんだ。それに彼は、歴史を書き直している。たとえば、九〇年代にフェブレー家との名誉毀損の裁判に負けて示談に応じている。一〇年経って、彼のブログでは、自分の取り巻きにフェブレーとの裁判に勝ったって書いているんだ。もう一つこの話には皮肉な逸話がある。フェブレー家の弁護士の一人は、**ユベール・ド・モンティーユ**Ⓦだった。パーカーは、裁判まではモンティーユのワインにいい点をつけていたけれど、裁判の後になると完全に意見を変えた。それから、『モンドヴィーノ』のカンヌ映画祭での先行上映から一般上映するまでの間に、僕は映画の編集をしていたけれど、パーカーはすごくたくさんのＥメールを送ってきた。映画は観てなかったけれど、ユベールが主要人物の一人だと知ってたんだね。それで僕に、映画からモンティーユ一家を削除させるために、腹黒い、排外的な、人を中傷するやり方で圧力をかけてきた。パリに自分の子分を一人寄こして、モンティーユが反米の権化だと説得しようとまでしたんだ。

ジャック　評論家と権力者との裏取り引きの数々については、長い歴史があって、そこには戦後の料理の批評の文化はすっかり含まれている。それも戦中、対独協力者だった連中が取り仕切っている。新聞でも、この欄については唯一攻撃的ではないと一般には思われているけれどね。当然、本当の批評というのは、映画でもワインでも、みんなが自分の言うことにしたがうことなど望んでいない。ただ、挑発して、読者に自省を促すと同時に、批評自体についてよく考えてほしいだけなんだよ。みんなによく考えてほしいと勧めているんだ。自分が指導者になりたいだなんて、まったく思っていない。

JN ジャック、あなたはこれまでどういう道をたどってきたんですか？
ジャック 民間のラジオ局から始まったんだ。そして、一九六八年には活動家として過ごしたよ。何かを言わなくちゃと思って、自発的にジャーナリズムの世界に入った。一九七六年に大学で歴史学を勉強し卒業した後、そうなったんだ。
JN 今では、かなりたくさん試飲している？
ジャック 目隠しでかなり試飲している。つい最近も、**ボジョレ**®のワインを二三一種類、試したところさ。
JN 一日で二三一種類？　そんなことできるの？
ジャック 仕方がなかったんだよ。
JN どうしてまた？
ジャック なぜって、ボジョレ・ヌーボーの試飲を前から頼んでいたから。一〇〇種類くらいだろうと思っていたら、二三一もあったんだ。その時は昼ご飯も食べずに、六時間ぶっつづけで味見をしつづけたよ。
JN そんなこと、どうやったらできるの？　僕なら、一日で一五種類も試飲すると疲れちゃうけれど。
ジャック わからない。あの試飲の時は疲れたよ。でも、やり始めたら、少しの弱音も吐かないことにしている。
JN それは僕とは違うな。僕は弱音は大好きですよ。第一、そんなにたくさんのワインについて、正しい判断ができるんですか？
ジャック もちろんさ。試飲を始めた時より、最後の方が鋭くなっていたよ。しまいには、ほぼ正確にそのワインがどこ産か言えるようになっていた。なぜなら、何か核心に迫っていたんだ。
JN 信じられない。疑ってすいませんけど、ワインって、それ自体生きているし、変化していくものだから、そういうやり方で認識できるなんて思えないんですよ。
ジャック 私もそう思っている。ただ、私は記憶に頼らないんだ。ワインを当てようなんて思っていない。

目隠しの試飲は、ワインを当てるためにしているんじゃない。ラベルという重荷から、自分を解放するためにしているんだ。あるワインが別のワインよりも美味しいはずだ、という思い込みから解放されるためさ。

JN　でも、試飲にはすごく知性的な部分があって、意見を交換する喜びをともなっているという事実には賛成しているんですよね。だからいずれにしても、真実なんてないんですよ。

ジャック　いやいや、私にとっては目隠しの試飲は、孤独な修行なんだ。他の人なんか関係ないんだ。

JN　でもワインを買う場合、ラベルに隠された知的な部分も買う要素になっていると思う。

ジャック　ワインは大好きだよ。でも試飲する時は別の鍛錬なんだ。口に入れたワインは全部はき出すことにしているし、どんなことにも影響を受けたくないと思っている。

JN　わかりました。でも、そうなると自分の読者である愛好家の実際の飲み方とは、まったく違った飲み方をしていることになりますね。だとしたら、どんな基準でやっているんですか？

ジャック　ところで、今は何を飲んでいるんだっけ？

「神々に祝福されたテロワール」の矛盾

ワインリストを見てみた。膨大なものではない。けれども立派なものだ。三五ユーロでフランスのスパークリングワインとしては最高のもの、**ユエット**[W]のところの**ヴーヴレー一九九九年**[V]がある。同じもので辛口の二〇〇二年は同じく三五ユーロ、二〇〇一年のだと三二ユーロだ。特にすごいというわけではないが、ヴィレーヌの最高に洗練された**ブルゴーニュ・アリゴテ・ブーズロン二〇〇〇年**[V]が四四ユーロだ。神話のように扱われている**ジャン＝フランソワ・コシュ＝デュリ**[W]のところの同じ**ブルゴーニュ・アリゴテ**[V]もある。二〇〇一年のが三二ユーロで、同じくコシュ＝デュリの素晴らしいブルゴーニュ二〇〇〇年が二四ユーロだ。**ジャン＝マルク・ルーロ**ⓦの**ブルゴーニュ・ブラン一九九七年**ⓥは三二ユーロ。九年も蔵で寝かせたものだ。同じく**ルーロ**ⓦの**ムルソー・レ・テソン・クロ・モン・ド・プレジール一九九六年**ⓥは八二ユーロと値が張っているが、これが驚くほど良いワインであることからすれば、まさに当然の適正な価格である。ドメーヌ・アミヨ＝セルヴェルの**シャンボール・ミュジニー・プルミエ・クリュ・レ・ザムルーズ一九九三年**ⓥは一一〇ユーロしている。このリストは、その趣味（私の趣味でもあるが）と価格の美しさ（世界に通用する）からして驚くべきものである。アンドレは、ルーミエのところの**シャンボール・ミュジニー二〇〇三年**ⓥを持ってきてくれた。

JN　ルーミエのこのシャンボールをこの時点で選んでくれたのは、どうしてですか？

アンドレ　とても好きだからで、ただそれだけだよ。

JN　この店には、ワイン商のダニエル・ジェローの扱っているワインが、けっこうあるみたいですね。面白いなあ。だって、これほど知識があっていろいろとコネもあるんだから、「仲買人」を入れなくてもいいんじゃないかな？

アンドレ　ダニエルとは、もうずいぶん長いこと一緒に仕事をしている。芸術家だよ。彼女って少し変わっているんだ。ありとあらゆるものに手を出していて、僕の人生の一部になっている。

ジャック　ダニエル・ジェローは、純粋なワインが好きなんだ。彼女が擁護しているワインは、私も大好きだよ。でも、友達づきあいみたいな関係ばかりになっちゃうんだ。

JN　商売上の関係じゃなくなっちゃうわけだ。

ジャック　そうできないんだよ。頑固一徹で、他人の言うことなんか聞かないし。でも、そこが彼女の魅力なんだけれどね。

アンドレが、シェルメット夫妻（現在のドメーヌ・ジャン・エティエンヌ）のところのボジョレ[V]を持ってきてくれた。確か、これで五本目のワインだと思う。

アンドレ　私はブルターニュの出なんだ。コート＝ダルモール▼だよ。

JN　そうですか。じゃあ、あなたのテロワールは……。

アンドレ　私のテロワールなんてないよ。**ペサック**[W]で生まれたんだ。**ポイヤック**[R]の精油所で父が働いていたからね。

JN　そうなんですか。でも、ブルターニュ人って……。

アンドレ　世界市民ってことだよ、言ってみればね。グローバル化なんか恐くないさ。自分と違う他者を排除する連中のことなんて理解できないね。ほら、君だって世界市民だろ。ブラジルで生活していて、奥さんだってブラジル人だ。「テロワール」って説明したがるやつらは、ファシストだよ。テロワールの概念を持ち出すやつらに会うと、オレは拳銃をぶっ放したくなるんだよ。

みんなで声をあげて笑った。誰も話の最後を真面目に受け取らなかった。

JN　でもね、そこが話の複雑なところでね。この前の晩、ロールと一緒でカンドゥボルドの所で一悶着あったんですよ。

アンドレ　また、鼻高々のやつのことだね。正真正銘の馬鹿だ。

JN　あれ？　知ってるんですか？

アンドレ　いいや。でも大馬鹿だってことは知ってるよ。

JN　偉大なるシェフですよ。

アンドレ　そもそも、私のことが好きじゃないんだよ。大馬鹿だよ。

JN　そんなふうには言えませんよ。

アンドレ　テロワールのやつだ。みんな、テロワールと真実を混同している。テロワール、イコール真実ってね。違うよ。テロワールは真実と同じじゃない。テロワールは、その時々の真実と同じだってことだよ。

ジャック　「テロワール」という言葉には、寛容と多様性という概念が含まれている。そして、その概念をフランスのさまざまなテロワールの歴史に置き直さなければならない。たとえば、**ブルゴーニュ**[R]は「神々に祝福されたテロワール」だとか言うけれど、それは違う。オタンの司教区▼が勢力を広げようとしていて、その通行を邪魔したのが**マコン**[R]の司教区なんだ。たとえば、今飲んでいる**ボジョレ**[R]だけれど、**ボジョレ**[R]っていうのも、つい最近に作られたんだよ。どうしてかって？　**ボジョレ**[R]は牧畜の土地柄だったんだ。リヨンへの経路はオタンの司教たちが邪魔していたので通行の手段がなくて、パリへも川をさかのぼることができなかったので出られなかった。それが一七七〇年頃にブリアールの運河ができて道が拓けた。

▼**コート＝ダルモール**　ブルターニュ地方にある県。西にフィニステール県、南にモルビアン県、県庁はサン＝ブリユーにある。人口は六〇万人余。

▼**オタンの司教区**　ブルゴーニュ地域のソーヌ・エ・ロワール県にあるオタンの司教区とマコンの司教区は隣接し、北のオタンはボーヌから見ると西にあり、司教座の置かれたサン＝ラザール大聖堂がある。マコンはオタンの南七二キロに位置し（ボーヌから真南になる）、中世から司教座が置かれていた。オタンは現在の行政区分ではソーヌ・エ・ロワール県に属するが、現在コート・ドール県となっているコート・ドールの丘陵地帯で、古代末期に上質なワイン用葡萄栽培を始めたのはオタンの人々だった。ここでジャック・デュポンが述べる説明は、フランスの歴史地理学者ロジェ・ディオンが『フランスワイン文化全書』（邦訳：国書刊行会）で詳細に書かれている内容に基づいている。

そして、ナポレオンが一八〇〇年頃に水路をもう一本造らせた。それ以来、ワインをパリに運べるようになったんだ。ロアンヌを通ればロワール川の方にワインを運び、パリまで輸送できるし、ソーヌ川を避けることもできるようになった。そこで**ボジョレ**®で、葡萄畑がその時以来作られるようになった。**コート・ドール**®の葡萄畑が今日では特に有名だけど、**サントネー**®を過ぎるとまったく葡萄畑がなくなってしまう。ところが、**ジヴリー**®や**メルキュレー**®の土壌を分析すれば、あのあたり一帯は最高だってわかる。オータンの司教区の影響がなくなるのは、まさに**サントネー**®だったんだよ。

JN　それは、考え方としては基本ですよね。いつも三〇年代の政治的なずるいやり口、つまりAOCの創設を考えちゃうけれど、もっと以前にさかのぼらなければならない……。

ジャック　オタンの司教区としては、外に拡張していく可能性がなかったんだ。オタンはモルヴァン▼の中心に位置している。一方に**マコン**®があり、もう一方にはラングルとディジョンの司教区がある。だからオタンのやつらは、この丘を守り自分たちの司教区の境界をはっきりさせるのに、ものすごいお金と労力を使ったんだ。商業の盛り上がりを促して、テロワールをしっかりと作り出す努力をしたんだ。シトー会とクリュニー修道院という大きな組織をうまく活用したベルナール・ド・クレルヴォーから途方もない助力を得ていた。すごく複雑なんだけれど、今日、土地の境界を見ると、その地方がどのように境界を定めていったかがわかるんだよ。

JN　なるほど。物事にはいつも歴史的な土台があるということね。だからこそ嗜好というものは、常に権力を基礎にして創られていくと言えるわけだ。ところが、もし**ブルゴーニュ**®のように「嗜好」が生き延びていくとすれば、それは嗜好自体が権力になっていくということでもあるわけですね。嗜好というものの形成には、それゆえ時間がかかる。インスタントにできる嗜好なんてあり得ないんだ。

ジャック　私は、そういう意味での歴史ならたくさん知っているよ。お金さえ払ってくれたら、いくらでも話してあげるよ。

お腹いっぱいになって、店を出た。そして幸せだった。テロワールの矛盾や、酸味が与えてくれる幸福感については、残念ながらわからない点が混沌として残っていた。酔ってはいたものの、生きることと美食の文化との関わりから得られる何かを体験したという気がした。料理とワインの相性、より塩辛い味、あるいは甘い味について可能なかぎり再検討しなくてはならないと考えた後に、まったく単純な現実に立ち戻った。

もし目的がなければ、どんな飲み物も、どのような食事の喜びも存在しない。つまりワインとは、人と人との間にある交流のベクトルなのだ。現代社会の向かっている方向にもかかわらず、そのことが間違っていることはあり得ない。つまり、どんなワインも、本質的な価値を前もって定められてはいないということだ。人が従わなければならない生産品ではあり得ない。しかしこの逆説は、私たちがその時にした食事の結果出てきたもう一つの鍵となる疑問によって、いっそう難しいものになった。

ワインが花開くかどうかを決定するテロワールは、それぞれの性格をはっきりと表わし、他に対して非寛容な立場で使われると、他を排除してしまう。特定の性質がそれぞれ大きく育っていくには、われわれはその性質の過去を主張することと未来に向けて開いていくことを、バランスよく行なわなければならないのだ。

▼**モルヴァン**　フランス中部の森林地帯を指し、パリの南、マシフ・サントラルの北東にある。モルヴァンはオータンの西に位置する平地であり、肥沃な土壌のため穀物栽培には適するが、葡萄栽培には不向き。

第Ⅲ部

パリの“ワイン世界”の人々

第6章 三つ星レストランにおけるワイン

——プラザ・アテネにて

ワイン商のダニエル・ジェロー女史には、ある夏の宵に出会うことができた。友人のロベール・ヴィフィアンがシェフをしている、タン・ディンという素晴らしいヴェトナム料理のレストランで夕食をともにしたのだ。ロベールにはいろいろな友達がいるが、**ミシェル・ロラン**(W)もロバート・パーカーもその一人で、こうした交遊の広さにはいつも驚かされる。彼には特別な才能があって、本当に多岐にわたる各界の人物と親しい関係を維持しているし、そうした人々を裏切ることなく、いつも自分自身でいられる人である。清廉で、寛容、細かなところによく気がつく頭の良い人で、度はずれたワイン好きである。ロベールと彼の妻のイザベルは心優しく懐が深いので、パリ五区にある彼らの自宅や七区のヴェルヌイユ通りにある雰囲気の良い家庭的なレストランの敷居をまたぐと、誰もが自分のことを大切に思ってもらえている感じがして心地よいのである。

食卓の喜び、そして食事をともにする喜びという点で、彼らのところに行くと何でもかなえてもらえるような気がする。とはいっても、ダニエルとの出会いは、計画したものではなかった。私の妻のパウラと一緒に店に着いたら、まずダニエルの「男」であるモーリス▼に会った。七〇歳くらいの繊細で、恭しく、明敏な感じの紳士だ（後になって、偉大な漫画家のモーリス・ロジーだということがわかった）。それからダニエルの声が聞こえてきた。感情のこもった音のオーケストラという感じがする。これから彼女が大声で笑い出すのか、それとも大泣きするのか、まったくわからない、そういう感じだ。その時は、笑いながら姿を現わした。手には自分の大好きなドメーヌ、**ユエット**Ⓦの**ヴーヴレ**Ⓥの入ったグラスを持っている。彼女は、モーリスよりも二〇歳は若い。背が高くほっそりしていて、髪は白髪交じりで短く、素敵な人だが気取ったところがなく、目鼻立ちからすると南国の大きな鳥のような感じだ。ロベールのワイン（と芸術）に対する情熱が穏やかで変わらない火加減だとすると、ダニエルのは沸騰状態である。

彼女は芸術と文化の世界で身を立てようとしていたが、三五歳になってワインに専念した。ワインの仲買人では女性はかなり稀だが、一九八五年に自分の会社を立ち上げた時、彼女が「取引していたのは**ヴーヴレ**Ⓡの醸造家**ガストン・ユエット**Ⓦだけだったし、客もパリにたった一人」であった。背が高い彼女は、スマートという名の車にワイン・ボトルやケース、試供品とお土産を満載して、パリの街をあちこちと走り回った。私はロベールのワインについての知識の厳格さや完璧に分析してみせるやり方をたいへん評価しているが、ダニエルのワインに対する在り方がちょうど対照的な意味で釣り合いがとれていると思った。それほど彼女はワインに対して、可能なかぎり情熱的なアプローチをするのである。彼女がある日、私に言った。

「ワイン屋をやっている人たちって、靴屋さんよりもワインのことをよく知らないという気がするの。そういう人たちとはあまり仕事をしていないんだけれど、なぜならいつも『高くない』ワインばかりほしがって、そのくせ、すごいマージンをのせたがるの。だから、こういうワインをちゃんとお客さんに提供できる人のやっているレストランと商売をすることにしているのよ」

「それは僕の印象とまったく反対だね。二区から二〇区までパリで二〇軒ほどワイン屋を知っているけれ

▼**モーリス・ロジー**　ベルギー人で子ども向けの漫画家。一九二七生まれ。

ど、『レ・カプリス・ド・ランスタン』から『バッカス&アリアーヌ』▼までいろいろある。彼らは、良いワインを発見して、それをお客さんと共有したいと躍起になって情熱を傾けている人たちで、マージンののせ方も厳格だよ。レストランはたいてい、特に有名レストランがそうだけれど、まるで誠実とは思えないマージンをのせていると思う。それからサービスだって、無知なのか、軽蔑しているのか知らないけれど、そういう感じだよ」

「じゃあ、あなたの話と反対のソムリエに会わせてあげるから、一緒に来て。ワインが好きで、よくワインのことを知っていて、それをどうしたら正確に伝えられるか、わかっている人よ」

1……ワイン買い付けの内幕

ダニエルは、アラン・デュカスのグループに属するホテル・プラザ・アテネのレストラン▼で、世界に展開する二八軒ものレストランのワイン買い付け責任者のソムリエと会う約束をしていた。**ユベール・ド・モンティーユ**(W)の娘**アリックス**(W)のワインをいろいろと試飲してもらうのだ。アラン・デュカスは、ロブション、アラン・サンドランとともに、現代の美食の世界的なフランス料理大家のトリオをなしている（この原型がポール・ボキューズというブランド化された料理人と言っていいだろう）。

この業界に、ロブションよりも進んだやり方があるのか、そしてワインはブランド化された「高級レストラン」で食事をする人にとっては贅沢なアクセサリーにすぎないのかどうか、私はたいへん興味があった。ジェラール・マルジョンが、ホテルのレストランの中で私たちを迎えてくれた。髪の毛をポマードで固め、背が高く、肩幅の広い人で、グレーのスーツに白いワイシャツを着ている。彼の話しぶりは身振り手振りを交えて、すごい早口だった。彼にとって〝時は金なり〟なのだ。第一印象では、ジェラール・マルジョンにとっては、ワインもラグビーと同じものであるかのようだった。一〇分間、雄牛のような彼の後について、ホテルの地下にある迷路を回った。ブノワ・ジャコ監督の映画『シングルガール』を実体験しているような気がした。パリのホテルの出口のない内幕を、移動しながら魅惑的に撮影していくという感じだ。部屋とホールと連絡通路を通過していくが、そこにはさまざまな人間の活動がいっぱい詰まっていて、消費者を支える「サービス」という世界を目の当たりにしているかのようだ。

最後に、ようやく三つ星レストランとホテルのバーのためのワイン貯蔵庫に到着した。ゆったりとしているが、だだっ広いというのではない。機能的に作られたカーヴ（地下蔵）であり、もともと人に見せるためのものではない。さまざまな料理の総合施設に立ち会っているという感じだ。ダニエルは、数本ワインを取り出した。それは、**アリックス・ド・モンティーユ**(W)が二〇〇三年に**ボワセ・グループ**(W)を退社した後、兄の**エティエンヌ**(W)と立ち上げた「**二人のモンティーユ**(W)」という醸造所で、職人気質のワイン仲買会社のために造ったワインだ。三五歳のアリックスは、鋭敏で気の張った感じの、生きがよく熱意たっぷりで、森のはずれで見かけた野生の獣のような女性だ。

ジョナサン・ノシター（著者。以下JN）この貯蔵庫を取り仕切るようになって長いのですか？

ジェラール・マルジョン（アラン・デュカス・グループのワイン買い付け責任者。以下ジェラール）　二〇〇〇年からです。でも、一九九三年からデュカスのもとで働いていますし、グループのワインに関することはすべてを任されて、世界中で仕事をしています。

▼**バッカス&アリアーヌ**　一九九八年に開店した、パリのサン＝ジェルマン地区にあるワイン屋。特にブルゴーニュのワインを得意とする。Bacchus et Ariane, 4 Rue Lobineau, 75006 Paris.

▼**ホテル・プラザ・アテネのレストラン**　アラン・デュカスの本丸と言えるレストラン「アラン・デュカス・オ・プラザ・アテネ」のこと。Alain DUCASSE au Plaza Athénée, 25 Avenue Montaigne, 75008 Paris.

JN　今、レストランはいくつあるのですか？

ジェラール　二一八店です。この木曜からですが。今週、レストランを二つ開店しましたから。古くからある歴史的なレストラン「デュカス・ロブション・ルレ・デュ・パルク」を、ロブションとの協力によって再開店しました。二人が手を携えて協力し、ロブションとデュカスの歴史的な料理を六〇ユーロというお手頃な価格で提供するメニューを作り上げたのです。また、デュカス・コンセイユ▼に対してACCOR▼（アコール）が依頼してきたことですが、ソフィテル・デファンスのレストランではイタリアワインを重視するように勧めてくれないかということでしたので、その通りにしました。それで、その二日後の開店時には、一〇〇%イタリアワインという素敵な考え方で始めたわけです。

JN　イタリアのどういうワインですか？

ジェラール　イタリア全体ですよ。**トスカーナ**®や**ピエモンテ**®の素晴らしいワインを載せたリストから、ありとあらゆる地域を対象にしています。

JN　**トスカーナ**®だと、たとえばどういう造り手がありますか？

ジェラール　偉大な古典的ワインはすべてです。でも、**ピエモンテ**®を大胆に取り入れました。

JN　偉大な古典的って、どういうのでしょう？　人によって、古典的といってもいろいろあると思いますが。

ジェラール　名前の通っている偉大なところですよ。今日よく知られている名前です。

JN　具体的には？

ジェラール　暗記しているわけではないので、全部は言えませんよ。二八のレストランで、世界中の五〇〇〇種類のワインを扱っているんです。

アリックスと、ジェラール、そしてダニエルの三人を見ていると、本当に面白かった。三人とも興奮しているけれど、しっかり存在感があって、決して逃げ腰ではなかった。何か、違った種類の三頭の野獣が同じ檻に入れられているという感じだ。ジェラールが最初の白ワイン、**リュリー**®を味見して、ＯＫのサインを出した。

ジェラール　産地のわりにはしっかりとしたボディがあるね。ミネラル分も後から感じられるし。長く味わいがつづいて、組織がしっかりとしている。気に入ったな。洗練された感じもあるし。

アリックス・ド・モンティーユ（モンティーユの造り手。以下アリックス）　繊細に組み立てようと努めたんです。

ジェラール　いいね、とってもいいよ。少し酸味があるけれど、しっかり造られている。味が後を引いて、複雑な感じだ。ブノワの店ならいけるだろうね。パリにはビストロを二店舗を展開していて、こういうあまり知られていない産地のワインを出して面白がられているんだ。ここみたいな三つ星レストランだと、難しいけれどね。いくつかは入れてるよ。だけどカーヴに入ったきりになるだろうな。

ダニエル　お客さまがほしがるのと別のワインを売るのは、難しいことね。

アリックスが、二番目のワイン、**サン＝ロマン**®を注いだ。

アリックス　五〇年も前から、かなりコクのある豊かな味わいのワインが造られてきました。特に**ムル**

▼デュカス・コンセイユ　アラン・デュカスの料理に関連した事業を取り仕切る理事会。事業は、レストラン経営と料理人の養成、そして出版事業と多岐にわたっている。
▼ＡＣＣＯＲ　アコーホテルズ。ヨーロッパ最大のホテルチェーンで三六〇〇のホテルを有し、アジア、オセアニアも含めて世界九〇か国のホテルをインターネットで紹介している。

ソー(R)では。厚みがあって「バタークリーム」の感じがするようなワインが多いんです。私はそうしたワインには耐えられない。香りだけしかないようなのは飲みたくありません。そういうふうに育ったから好みがそうなったんですけど、父は保存に耐えるワインを造っていました。そういうワインは、最初かなりきつくて攻撃的だけれど、年が経つと開いてくるワインです。私はその好みを受け継いでいます。そういうまっすぐで、素朴で気取りのないワインが好きだからです。つまり、そういうことにはテロワールに対する敬意が込められていて、だからこそワインにできるだけ手を加えていないつもりです。

ジェラール　すごく味が長くつづくね。それにとても繊細な味わいだ。

アリックスが、赤の**コルトン・ルナルド**(V)を注いだ。二四〇〇本しか生産していないワインだ。

ジェラール　三四ユーロとは、素晴らしい価格だね。これは興味を惹かれるね。これだと、いろいろなことができそうだね。まずこのワインなら、素晴らしい料理にも十分合わせることができる。それに、二〇〇三年の葡萄からできているわりには、重くないし、きつすぎる感じもないようだ。香りもちょうどいい。**ブルゴーニュ**(R)のワインは、これまでレストランでは長い間、重すぎて喉まで響くような酸味がありすぎるって言われてきたけれど、それとはずいぶん違うね。

アリックス　これはすごく早めに収穫した葡萄でできてるんです（現在の流行とはまったく逆行している）。だからアルコール度数も一二・七〜一二・八度で、それ以上にはなっていません。

ジェラール　何か流れるようなさらさらした感じがして、いろいろな料理と合わせられるね。

ジェラール・マルジョンには驚かされた。私はきっと、ワインの世界に昔からよくいる「紋切り型」のような人物だろうと思っていた。「百合と木蓮の香りをまとい、ロレーヌ地方のあんずの甘い皮と秋の果物がはじけたような香り立つ感じ……」などと言うやつらのような。**ブルゴーニュ**®では六〇年代から八〇年代に自前でボトル詰めするという革命が起こったが、それ以前に**ブルゴーニュ**®を支配していた昔からのいい加減な仲買商《ネゴシアン》たち（ラトゥールやブシャールのような）のやり方について彼が話をするのを聞いていると、どうしてこうした話し方をするのかがわかった。つまり彼は、自分が話している相手が仲間であるとわかっているのだ。だから、余計なことを言う必要はない。こういう話し方を客の前で彼がすることは絶対にないと思った。「喉まで響くような酸味」とは、口に入れた時に重すぎると感じられる酸味で、味覚には不必要な挑発的な効果のことだ。果物を使った表現は「正確さ」を欠いていると考えられるが、もし彼が映画の話をしたとしても同じことが言えるだろう。話が一般的すぎるのである。話の中に人を引きつける具体性がない。ワインを飲んだり味わうのは、映画や小説を味わうのとそう遠くない経験だ。物語があって、始まりと展開と終わりがある。そういう物語は、細かな構成要素から成り立っている。ジェラール・マルジョンは明らかにワインを語る時、どう構成すればよいのかを理解している。彼がワインの物理的な、知覚に関する要素の話をする時は、よい反応なのだ。私はこのワインの世界でこれまで仕事をしてきた人たちと同様に、残念なことに、まやかしの詩情がとうとうと述べ立てられるのを聞いているのに慣れてしまった。そうした言葉の数々によって、（いわゆる自称も含めて）プロのワイン関係者が素人の愛好家たちにハッタリをかましているだけではなく、（たいていは偽物の）ワイン愛好家たちもまたワインの初心者に空威張りできるような気になっているのだ。

　ジェラール・マルジョンが「通常はとても酸味に富んでいて、シャプタリザシオンによって少し重くなっているブルゴーニュワイン」と言う時、彼が喚起しているのは、かってワイン仲買業者《ネゴシアン》に支配された時代の、葡萄にも土壌にも十分に気を配らない貧しい性質のブルゴーニュワインである（大部分は今でもそういうことをしている）。当時、ワインは醸造タンクの中で、特にシャプタリザシオンによって操作されていた。これはアルコール度数を上げるために法律で定められている限度以上に砂糖を添加することである。

その目的は、ボディがしっかりとして力のある印象をワインに与えることである。しかし葡萄が十分に熟してなく、果汁が痩せていて酸味が強い場合、この添加はワインを重く苦いものにしてしまう。本当はひ弱な人間の体にステロイドを増強剤として与えるのと同様である。最初は劇的な効果が挙がるが、それもある一定の期間だけで、いつかは崩れ去ってしまう。それに、ジェラール・マルジョンがアリックスの赤、コルトン・ルナルドを「二〇〇三年の葡萄からできているわりには、重くないし、きつすぎる感じもないようだ」と断じた時、葡萄だけではなく人をもずいぶん痛めつけたこの酷暑の年のワインにしては、かなりの褒め言葉であることを意味していた。この年の過剰な日射によって、自然に含まれる葡萄の糖度が異常に高くなっていたのである。二〇〇三年のワインは、したがってほとんどが厚みがありすぎて、くどく、重たいワインで、うまく均衡をとるための酸味に欠けている。しかしながらアリックスは繊細で、しかし「きつくない」赤ワインをうまく醸造できたのである。ジェラール・マルジョンによれば、彼女は、ボディもなく魅力もない、角張ったギスギスしたワインという対極にあるワインにも陥らなかったことになる。

ジェラール　ここのような三つ星レストランでは、お客様たちはたいへんな旅をしています。明日にはひょっとするとアメリカにいらっしゃるか、アジアに行かれることもあります。ですから、十分に注意をして、核心を見極めなければなりません。そして核心を突く仕事を、超スピードで、数秒のうちにしなくてはなりません。つまり、お客様が何を望んでいるのかを見抜くことです。お客様は、自分が何を望んでいるのか、よくわからないことがあります。お客様が望まれる唯一のことは、口の中に素晴らしい環境が誕生して、その味が長くつづくことです。それは私が確信していることです。問題は、というのも私は自分がお客様に出すものに納得しているのですが、もしそれがお客様の望みに対応していない場合、考えがぶつかってしまうことになるのです。私たちは、お客様にお尋ねします。それは絶対に必要なことです。何がお好みですか？　そう尋ねると「あなたはソムリエなのだから、何かお薦めを言ってください」と言われます。「ご自宅では、何を飲まれますか?」と聞いて、ここで核心にやっと迫り始めるのです。「家では、あれとかこれを飲んでいます」と答えを聞いて、お客様が普段飲んでいるワインや、その価格帯についてある一定の見極めをソムリエは持つことができます。この時点で、価格帯を誤ることがなければ、大きな効果が挙げられます。たとえば五〇〇ユーロの価格帯を間違えることだってあるんですよ。そうなると、ひどいことになります。

JN　ワインと料理の調和を、どのように見極められるのでしょうか?

ジェラール　先日、ポルトガルから素敵な造り手の方がいらっしゃいました。まあ、うんざりしたわけですが。シラーを持ってきてくれました。パーカーお気に入りのミシェル・シャプティエ(W)に指導してもらっているというのです。それで試飲しました。そしてこう言いました。「さあて、トーストはどこにあったっけ? あなたのワインをトーストに塗りましょう」ってね。彼のワインはあまりに濃くて、どろっとしていて流れないくらいでした。時代とともに、料理人はますます繊細な料理を作り、まったく反対に醸造家はますますジャムみたいなワインを造るってことですね。それも、自分が力のある造り手だと示すためにね。ワインと美食はまるで方向が違っていますよ。

JN　同感です。ワインの世界で闘いがあるとすれば、ますます「賢く」なっていく料理と、「愚か」になっていくワインとの闘いです。人々がクラシックバレエのダンサーのような料理を求めている一方で、ステロイド漬けのボクサーのようなワインを造っているのです。それはふさわしいカップルとは言えません。文字通り、後者にノックアウトされてしまいます。

ジェラール　中規模か、あるいは小規模のしっかりしたレストランに行くとします。料理に三種類以上の香りが含まれている場合、その料理長は自分に自信がないのだと思うことにしています。自分のワインに力強さを込めたいと思っている造り手は、何かで自分を示したいと思っているからなのですが、力強さの後ろに実際の姿を隠すことは簡単です。

ダニエル　ジェラールは、いつもそういう輩と闘っているんですか？

ジェラール　そんなことを考える人はいないけど、若い人たちは濃いワインが好きなんです。なぜなら彼らは、まだよく物事がわかっていないから。こうした若い人たちが年を取って、いつか、すっきりとした味を求めるようになります。だから、アリックスのコルトンのようなさわやかなワインも造れるよう、その基礎を残しておかなければならないんです。そもそもテロワールが伝えているものは、ミネラル分に基づいています。フランスは、そういったワイン以外を造る権利はないはずなんです。

そこでジェラールは、私たちとお別れしなければならなかった。急いで次の約束に向かった。携帯電話で話しながら、アシスタントを二人従えて、まるで『不思議の国のアリス』に出てくるウサギのようだった。「やり手の青年」とのワインについての賭けは、ダニエルにとってうまくいったようだ。アリックスのワインに彼はすっかりはまったし、私は暗黒の多国籍企業のまっただ中にありながら、澄みきった話をしてくれた彼に興味をそそられた。そして彼は、「二人のモンティーユ」に大量の注文を出し、私はその一〇日後にもう一度、二八店舗あるレストランの一つで彼と会う約束をした。

第7章 小さなワイン屋の実験——パンタグリュエルにて

巨大レストラン・チェーンのワイン買い付け担当者、ジェラール・マルジョンが残してくれた好印象にもかかわらず、相変わらず考えていたのは、ワイン商のダニエル・ジェロー女史と私の意見が、不思議と一致していないことだった。

ワインの世界で主にインチキをしているのは、私はレストランであると考えるのに対し、彼女はワイン販売店だという。というより販売店だけを責めている。私には、ワインを売る店は魔法の場所であり、数えきれない不思議が見つかる場所、秘められた（人に言いようのない）数かぎりない喜びの巣窟であった。ラヴィニア、ルグラン、そしてバッカス＆アリアーヌに見られる違いについて考えていた。バッカス＆アリアーヌのワインの選び方は、素晴らしいとともに厳格である。また同じパリ六区にあるかわいらしいワイン屋ラ・デルニエール・グットは、この地域で古くからある店の一つで、今ではアメリカ人が経営している。そして私のお気に入りのワイン屋、バスティーユにあるレ・カプリス・ド・ランスタンのこと、その主人のことを考えていた。彼は、他の誰よりもフランスのテロワールを熱烈に擁護する現代のドン・キホーテであり、スイス人とアルゼンチン人の血が入っている。それと二区にある「ワイン＆バブルズ」も忘れてはならない。この店には若い客が多いが、経営しているのも三〇歳ほどの若い二人である。店には、シャンパーニュ(R)の世界で最近起こった品質革命の象徴とも言える造り手のシャンパーニュ(R)が、所狭しと並んでいる。ヴィルマール(W)、ルネ・ジョフロワ(W)、オーブリー(W)、そしてピエール・ペテルス(W)といった才能豊かな造り手たちが本当にシャンパーニュ(R)を愛している人たちの心を捉え、有名だがいい加減な産業的製造を行なっているモエット〔日本ではモエ〕やヴーヴ・クリコといった会社に取って代わっているのだ。パリで気に入っているワイン屋には他にどういったのがあっただろうか。シェ・パンタグリュエル、ラファイエット・グルメ、ラ・カーヴ・デュ・パンテオン▼、ラ・カーヴ・オージェ▼、レ・カーヴ・ド・ラ・マドレーヌ▼、そしてル・ヴェール・ヴォレ、ここは自然派有機ワインを熱心に薦める司令部だ。

しかし、頭の中でこうした店を次々と思い浮かべるうちに、一番印象に残ったのは、それらの店に見られる共通点である。店舗の大きさも、野心も異なってはいるものの、それぞれがはっきりとした店としての特徴をもっている。（私は必ずしも賛同できるものばかりではないが）それぞれ自分のワインへの好みを示すことで、造り手と客の間を赤い糸で必ず結んでいる。造り手は自分の特徴（そして自分の畑の個性）を表現したがっているし、客の方は買う度に味わえるワインの個性を探究している。これが、何度も言うようだが、他の自然生産品とワインを決定的に分けることである。それゆえ、ワインを買うことが、たとえば絵画のように同じ物がないものを買うのと同じことで、真の「獲得」と言えるのである。それゆえにこそ、芸術の世界と同様に、ワインの世界にも悪意や虚偽が存在してしまうのである。

美術と同様にワインにおいても、唯一性のなかに本質的な美がある。ワインとは、個別性が高度に表現される手段だ。私たちがあるワインを飲む時、たった一つしかない表現された自然の美と一体化するのである。そして私たちは、唯一無二のものであり、生きたものであるワインと出合わせてくれる作業を、多くの人たちにゆだねている。私たちは、葡萄畑と造り手、造り手と仲買人や輸入業者、そして仲買人とレストランやワイン屋とを結んでいる連鎖の重要性を軽く見すぎる傾向がある。そして、そうした鎖の最後の環はワインを買う場所ではない。それはワインを飲む場所であり、この最後の環でも、私たちは、妻や夫、ソムリエの心遣いに頼っている。一本のワインは、その生きた中身を守ってくれる多くの人の気配りやワインへの尊重の念によって届くのである。

同じ畑の葡萄でできたワインが一万二〇〇〇本、それも同じ年で同じ造り手が醸造し同時にボトル詰めしたものであるとすると、ワインは生きているものであり、光、温度、振動、匂い、そして月の引力も含めてあらゆる要因に反応するものであるから、一本一本がそれぞれ長い旅路の果てに届くものであり、まったく同じワインなど存在し得ないことになる。一生のうち一度でよいから、ワインを一ケース一二本買ってみて、その「同じ」一二本のワインをつづけて飲んでみれば、決して同じワインなどないということがわかる。

ジェラール・マルジョン、ダニエル・ジェロー女史、そして**アリックス・ド・モンティーユ**(W)が重たくて果実味とアルコールが強く出過ぎていると非難した最近流行りのワインの問題点はいろいろあるが、その一つは、濃すぎることである。偏狭な精神、あるいは防具をまとった肉体と同じように、外からの影響をまったく受け付けないワインになっている。しかしそうした影響は、ワインが生きた状態を保ちつづけるためには必要不可欠なのである。残念ながら、アルゼンチンからフランスのローヌ地方に至るまで、そしてジャニエール(R)から**トスカーナ**(R)に至るまで、ますますワインはこのような傾向が見られるようになっている。

▼**ラ・カーヴ・デュ・パンテオン**　La Cave du Panthéon, 174 rue Saint-Jacques 75005 Paris.

▼**ラ・カーヴ・オージェ**　一八五〇年創立のパリ最古のワインショップ。la Cave Augé, 116 Boulevard Haussmann Paris 75008.

▼**レ・カーヴ・ド・ラ・マドレーヌ**　Les Caves de la Madeleine, 24 rue Royale（Cité Berryer), 75008 Paris にあったが、現在は別の店舗になっている。

ワインの個性や唯一性について考えると、もう一つの考えが当然の帰結として浮かんでくる。テロワールとは、そのワインを飲む瞬間までついて回るということである。「同じ」ワインをブラジルで飲むのと（特にリオで）、もっと涼しく穏やかな気候の地域で飲むのとでは、まったく異なる体験になるということだ。たとえ、そのワインのもともとの個性が失なわれないとしても、天候や気圧の変化、その土地の食習慣によって、（時には微妙に、多くは決定的に）ワインの味わいは「動いて」しまうのである。食べ物とワインの関係は、その地域のしきたりと伝統によってさまざまである。たとえば、一日の何時頃に食べるのか、何度に分けて料理が出されるのか、どのくらい量を飲むのかなどによる。伝統的にワイン文化が根付いていない国々で、フルーツジュース、甘い飲み物、カクテルや強いアルコール飲料（アメリカのウィスキーのコーラ割り、ブラジルでのフルーツジュースで割ったカシャッサ▼が良い例だが）を飲んでいる食習慣では、「ジャムのような」甘くて度数の高いワインに引きつけられてしまう、というより騙されてしまうようだが、これは偶然ではない。

　そういう食習慣の人たちが、少しずつでも、均衡のとれた、微妙で複雑なニュアンスを楽しめるようになっていけるなら、そのような甘いワインについても文句を言う必要はない。そうしたワインも最初のステップとしては活用できなくもないだろう。しかしながら、オーストラリアの工場で造られる安ワイン、スペイン、カリフォルニア、**トスカーナ**®産の最近市場に出回っている最高に贅沢なワイン、そして多国籍企業が生産したワイン、特定の成り上がり者たちが職人芸でできたワインだと嘘をついて販売しているワイン、そうしたものばかりが市場を席捲して、商売上もてはやされているという現状がある。その結果、ブラジルやイギリスといった国では特にそうだが、最近ではフランスやイタリアにおいてさえ、多くの人々にとって本当の意味で豊かな味わいのあるワインを手に入れたり、産地による微妙な味わい、複雑さやそれぞれの特徴を学び、知ろうとすることがますます難しくなっている。

　映画を学んでいる学生たちが、パゾリーニ、フェリーニ、そしてファスビンダーを、（イタリアやドイツの学校でさえ）あまり観なくなっている。その結果、そうした映画監督の作品をどういう形であれ評価したり、何かを受け継ぐ機会が徐々に失われている。そのような事情と同じく、昨今、ワインを愛する人たちについても、歴史的な基礎知識《レフェランス》が失われている。本来、そうした基礎知識《レフェランス》があってこそ、自分の味覚を発達させ磨くことができるのにだ。

　作家である造り手の意図は、決定的に重要である。なぜなら、それがテロワールの在り方を決定する一連の性質を創始する出発点であり、もともとあったテロワールとの真の「対話」を創っていくことであるからだ。しかし、ワインが一度、造り手の手元を離れると、そのワインを飲むことで私たちが得られる体験がどうなるかは、誰がそのワインをどのような状態でどこに保管し、最終的にどこに向けて送り出すのか、そうした一連の流れに大きく左右される。もし最初のテロワールにまったく価値がない場合には、最後までワインは価値を持ち得ない。しかしながら、最初にその価値があったとしても、造り手の手を離れて町に送られる過程で大切に取り扱われなければ、「鎖の最後の環」である私たち消費者がそのワインを飲んでも、正当な価値を味わうことは決してできないのだ。

　ダニエル・ジェロー、ジェラール・マルジョン、そして個人経営のワイン屋の主人について私が抱く興味は、こうした疑問にそれぞれどう答えているのか、それを知りたいということである。彼らは熱烈な火の番人である。神父と同様に、彼らもまた誤りに陥ることもある。そして、皆が認めているように、過ちを犯さないと見なされている人たちが犯した過ちは、簡単に許してやろうという気にはなかなかなれないものである。しかし、だからこそ私は、ダニエルや、バッカス&アリアーヌのいつも気のよいジョルジュ・カステロといった人たちが、ワインを規律と味覚の点で守ろうとしていることを大きく評価したいと思う。もし村の司祭が精神的な仕事を成し遂げるだけで満足せずに、仕事が経済的に持続可能なようにし

▼**カシャッサ**　ブラジルのサトウキビを原料とする蒸留酒。三八〜五四度。焼酎のような大衆的な酒。

なければならないと一生懸命になれば、どのような圧力にさらされることになるか、想像してみてほしい。
そういったことを思い浮かべながら、私はある一人の若いワイン店主の店に赴いた。彼はまさにロベール・ブレッソンの『田舎司祭の日記▼』という映画の主人公を思わせる人物である。

1……ワインの民主主義とエリート主義

パリ五区のベルトレ通りを歩いていくと、二六番地にシェ・パンタグリュエル▼という、すっきりとした店構えのごく小さなワイン屋がある。小さな店が建ち並ぶこの通りで、特にこの店が人の目を引くわけではない。店のショーウインドーから中の棚がきれいに並んでいるのが見えたが、そこには数少ないワインしか置かれていなかった。まず、そのことに驚いた。このワイン屋の店主ロラン・フベールから、『モンドヴィーノ』が上映された後、熱のこもった賛同の手紙をもらっており、それでこの若者の営んでいるワイン屋を知りたいと思ったのだ。手紙には、つい最近、ようやく自分の店を始めたが、それまでの悪戦苦闘の様子が書かれていた。高等師範学校を卒業し、フランス語の教師をしていたロランは、妻でコロンビア人のヴァレンティーナ・タバレスさんとともに、私を迎えてくれた。店には数百種類のワインを並べるスペースがあるが、実際には四〇種類だけが、とてもうやうやしく置かれてあるだけだった。店に入るとすぐに彼の世界、彼の頭の中にあることが話題になった。

ロラン・フベール（シェ・パンタグリュエル店主。以下ロラン）　一般的にお客さんは、どんなワインを愛さなければならないのかを教え込まれます。どうしてそのワインを愛して、他のを愛してはならないのか、そんな説明を受けるのです。これは、客を子ども扱いしているということにほかなりません。私の感覚では、これは支配そのものです。発見や好奇心への扉を完全に閉ざしてしまうからです。しかも、これこそ、それが真のマーケティング戦略なのです。ブッシュやサルコジとその一味にとっての一般的な政治手法と同じように、それは政治、責任感、美、経済と、すべての面で批評精神を〝タブラ・ラーサ〟（白紙状態）にすることだと思います。つまり、実際にはまるで中身が空っぽで理論上しか存在しないような概念に、人々を馴染ませて慣らさせるのです。

そうした概念では、製品はまったく同じものとして存在することになります。これは新しい包装紙で包んだだけにすぎません。それに対する私の答えは、そうした概念を逆手にとって、それらに活力を与えてやることです。選ぶことですでに審美的な何かがあるのです。声をかけるに値する造り手たちに働いてもらうのです。彼らはインチキをしませんし、馬鹿げた値段をつけたりせずに、どこにもないような素晴らしいワインを造ります。本当の情熱家です。

ジョナサン・ノシター（著者。以下ＪＮ）値段が高騰しないってことは、あなたにとって重要なことなんですね？

ロラン　ええ。それが造り手がまともなやり方をしているという証拠です。投機らしきものが姿を現わし始めるとすれば、それは造り手が自分の仕事をしなくなってしまったことだと思います。その「造り手」は、多くの人がなりたがっている金融家になったわけですが、本来ワインの造り手なら、そんなものには

▼『田舎司祭の日記』　フランスの作家ジョルジュ・ベルナノスの同名小説を、ロベール・ブレッソン監督が映画化したもの。一九五〇年発表。非社交的な司祭が、新しい赴任地でうまく人と向き合えないまま病で亡くなるというもの。

▼シェ・パンタグリュエル　このワイン店のある地区は、学生街のはずれで裕福な退職者たちが多い。訳者が店主ローランに聞いたところによると、この店を開いた理由の一つは、ワインをキーワードに新たなエコロジー社会のネットワーク作りをするためだという。Chez Pantagruel, 26, Rue Bertholle - 75005 Paris.

なりたがらないはずです。

JN　そういうことなら、生活のために金を儲けるべきではないということでしょうか？　それって、マルクス主義的なものの言い方ではありませんか？

ロラン　いいえ、そうではありません。平等主義の立場でも、金銭否定主義の立場でもありません。

JN　それじゃ、エリート主義ですか？

ロラン　いや、そうでもありません。

奥さんのヴァレンティーナが、コーヒーを出してくれた。私が少し挑発するような言い方をしているので、心配そうだった。

ヴァレンティーナ　でも、どうしてそんなふうに思うのですか？

JN　そうですね、ワインがお金に還元できない価値を持っていることは、認めなければならないと思います。そういうエリート主義的な考え方が嫌なんですね？

ヴァレンティーナ　そうです。

JN　僕にとっても嫌なことです。けれども、それが事実なんです。

ヴァレンティーナ　店の前を通っていく人は、皆さんそう思うと思いますよ。

ロラン　でも、ぼくはエリート主義には賛成だな。

JN　なぜなら、あなたには好みもあるからですよ。たとえば、僕はこの店がとても好きです。とても素敵だと思います。でも、明らかにエリート主義ですよ。好みがあって、選択があって、それぞれに区別もある。値段の違いもあります。こうしたことは嗜好と権力の間にある、さまざまな逆説のうちの一つです。では、自分の趣味や好みを率直に明らかにするという意味において、どうしたら民主主義的であり、同時にエリート主義でいられるのでしょうか？

ロラン あなたの考え方には全面的に賛成ですが、それは子どもへの教育のようなものだと思うんです。子どもは複雑な概念を理解できないという原則から出発しています。パンタグリュエルでは、皆さんに次のように申し上げようと思っています。この店にあるワインは、他店にある一六〇種類のワインとまったく同じですが、それをわざわざ七ユーロで向かいの店に買いに行かなくてもよいのではないでしょうか。この店には、あなたの見つけたワインよりも一〇〇〇倍も良いものが、六ユーロで買えますよ。これは、エリート主義ではないと思います。

JN 何かを選別しようとして批評的な判断を持ち込むのは、エリート主義ですよ。エリート主義には本来、審美的な態度が含まれています。他の人たちをけなしたり、他者を尊重しないためにエリート主義を使うのなら、それは恐ろしいことです。この意味でテロワールを使うと、ファシスト的な非寛容なものになります。しかし「人はみんな同じではないし、それぞれを互いに尊重しようではないか」と主張するためにエリート主義を用いるなら、それは素敵なことだと思いますよ。

ロラン 土曜日の午前中、突然店に来た客がいて、この店がエリート主義的だと言って、ファシスト扱いをしたんですよ。

JN それが正体だと言うつもりなのかな。

ロラン 「いったいどうして、この店には三ユーロのワインが置いてないんだ」って、その客が言うんです。

JN 信じられない。ワイン屋での平均的な値段は二五ユーロだから、他の店でも同じことを言うのかな？

ロラン そうなんです。だからエリート主義という言葉には、ぼくはつい反発してしまうのです。

ヴァレンティーナ わたしは、そういう言い方をされると傷ついてしまうわ。とても一生懸命に気持ちを込めて、みんなと分かち合うためにしているのに。

店内をひと回りしてみた。テーブルと椅子が店内の空間をうまく使って配置されている。お客さんはワインを買って、すぐにその場で飲めるんです、とロランが説明してくれた。すぐに、素晴らしいワインが何本か見つかった。もちろん値段と質のバランスという意味を含めて。**ヴォーヌ・ロマネ**Ⓡにある**レジス・フォレイ**Ⓦの美味しい**ブルゴーニュ・ピノ・ノワール**Ⓥ、これが一一ユーロだ。アミヨ＝セルヴェルの**シャンボール二〇〇二年**Ⓥ、この極上ワインが三二ユーロ。**シャトー・バレジャ**Ⓦの樹齢一〇〇年近いすごい古樹から造られた**マディラン**Ⓥが一〇ユーロだ。

JN　あれ、これは**シャトー・ダルレイ**Ⓦの**ヴァン・ジョーヌ**Ⓥだね。

ロラン　それは、**ジュラ**Ⓡで**ド・ラギッシュ伯爵**Ⓦが自分のシャトーで造ったものです。オレンジ公たちの時代にまでさかのぼる伝統を受け継いでいるんですよ。この城は、もう五世紀はあることになるんじゃないかな。これ以上に貴族的なワインはありえないのですが、それでいて逆にすごく農民的でもあるんです。このワインは一つの産地の伝統を表現していますが、その産地ではもうワインが造られていないという点で伝統から抜け出てしまっています。**ヴァン・ジョーヌ**Ⓥは、とても土着的な汚い造り方の産物です。微生物がワインの上層に膜を張ると説明されると、人は青くなりますからね。でも、それがこのワインのすごいところで、**ヴァン・ジョーヌ**Ⓥは密閉されていない醸造桶で、場合によって六年間以上もかけて造られます。桶の上部には空気中の酸素を必要とする酵母の膜ができ、それが自然の酸素処理を行ないます。塵の層のようなものが一定の酸素添加をしてくれて、少しずつワインは減少していき、五分の一ほどがなくなります。そして、その膜というか、その特別な作用によってワインが酢にならないんです。

JN　シェリー酒みたいだね。

ロラン　そう、その通り。非常に微妙な均衡が必要で、毎年できるわけではありません。

JN　でも、できたワインは頑丈でしっかりしているね。最初のもろさのおかげで、よりいっそう力がもらえるんじゃないかな。ひとたび成長すると……。

ロラン　開けてから一か月おいてもまったく問題ない、そういうワインですね。世界でも屈指の辛口白ワインです。本当に他ではどうやっても見られない、そういうワインなので、それをお客さんにも伝えようとしています。そうすると「じゃあ、毎日一〇ユーロもするワインを飲んでいるの？」と言う人もけっこういます。「いえいえ、毎日飲むわけじゃないんです。でも飲む度に、このワインの個性のおかげなんだと思いますが、喜びとか、特別なひと時ということが大切に感じられるんです」と答えています。ワインがビールと競合すると考えるのは間違いでしょう。だから、**ヴァン・ジョーヌ**(V)のようなワインを一本持っているということは、本当に極致なんです。特別中の特別なひと時に味わえる特別なエッセンスなんです。ですから、このようなワインに一本三九ユーロ出すことは、まったく正しいことです。

2……喜びを分かち合うために

好みのワインを一本、私に試飲してほしいと、ロランはワインを取りにいった。

ロラン　**ピエール＝ジャック・ドリュエ**(W)の**ブルグイユ一九九〇年**(V)です。これを選んだのは、ワインの熟成に、とてもこだわりを持っているからです。**ブルグイユ一九九〇年**(V)は、醸造されて一五年も経っているのだから死んでいて、▼もう埋葬済みだと思っている人が多いんです。ですから、まあ、飲んでみてくださ

▼一五年も経っているのだから死んでいて　ボルドーやブルゴーニュと違い、ブルグイユ、サン＝ニコラ・ド・ブルグイユといったロワールのアベルネ・フラン種による赤ワインは、早飲みされるか、せいぜい数年の熟成が限度と考えられている。

い。

JN　でも、これって店で売っているワインなの？

ロラン　ええ、四一ユーロです。すごく開いていて、びっくりしました。「ピノ化」しているんですよ。まあ、仲間内の言葉ですけれど。

ロラン　**ロワール**Ⓡのワインですが、この香りにはうっとりしてしまいます。半年前に飲んでみました。

JN　**ピノ・ノワール**Ⓒみたいになっていたということかな？

ロラン　古い**ボーヌ**Ⓡや**ヴォルネー**Ⓡみたいになって、少しジビエなどに向いた感じの、大粒サクランボ系の、狩りの獲物系というか。

JN　つまり、熟成が進んで、うまく朽ち始めた味がするワインということだね。

ロラン　酸味もいい感じがあって、口に入れると普通にはないほど味が長くつづきます。

JN　それで別のワインのように感じたということ？

ロラン　まったく別のワインという感じです。もともとこのワインは閉じたワインで、香りもむしろ甘草のような、スモークされた、ゴムのような感じなんです。

JN　僕には、そういう言葉は理解しにくいな。なんだか仲間内の言葉になってしまっている印象だね。半年前には、まったく別のワインのように開いていて、少し朽ち始めた感じというのは、まだ理解できるけど、「甘草のような、サクランボの味」うんぬんのように、ワインの世界に特有の、仲間内向けの言葉を使われると……。

ロラン　もちろん、比喩として言っているんですよ。

JN　比喩自体には何も問題があるわけじゃないけど、使い古された闇取り引きみたいな、マーケティングのための比喩となると、反発を感じちゃうんだよね。ごめんなさい。

ロラン　いえいえ、おっしゃるとおりです。

JN　ワインの話をする時は、別の表現方法を見つけなければならないかもしれませんね。民主主義的で、同時に開かれていて、みんなが使っているけれど、間違っているかもしれないけれど、的確なやり方を。

ヴァレンティーナ　パッと思い浮かぶ言葉は、「野生」って言葉です。

JN　すごい。「野生」という言葉からすると、今僕が生きているものの前にいるっていう感じがするね。現代のワインで恐いと思うのは、映画でもそうなんだけれど、政治性なんだよね。毎日のワインなんだ。生きているものの死なんだ。野性味が欠けているんだよ。素敵な野性味がね。野蛮じゃなくて。

ロラン　この**ブルグイユ**(R)が魔法みたいなのは、本当の濃さや文句のつけようのない生命力、人を引きつけて心を突き動かす力があるところです。質が高いとか言っているんじゃない。でもこのワインは、他のどのワインにも似ていない。これを人と一緒に飲むということは、幸せですよね。ぼくたちがこういう生活を思い描き、この店を計画したのは、七〇歳になった時に、次のように言いたくないと思ったからなんです。「生涯でいったい何をなしたか。もしかすると、他にできたことがあったのではないか」なんてね。

　でも、ここに初めてきたお客さんたちは、みんな僕らがどうかしているって思うみたいです。なぜなら、私たちのやり方が、ワインをそれぞれ美しく展示して、それぞれを大切に保存し、強調して見せたり、より高い評価を与えようとすることだからです。だから、お客さんに「ここは、あまり選択肢が多くないんだね」って言われると、「よく見てください。ここには一〇〇種類以上ワインがありますよ。でも、どれ一本、他と同じワインはないんです。それはどういうことかというと、ニコラ▼とか、ルペール・ド・バッキュス▼のような店と比べると、一〇倍以上の味覚の広がりがここでは得られるということなんです」って

▼**ニコラ**　第1章・六九頁の訳注を参照。

▼**ルペール・ド・バッキュス**　ニコラと同様、フランス国内に多くの支店を展開しているワイン販売チェーン店。ニコラとのライバル関係にあり、近くに軒を並べている例もある。

答えています。

JN　六〇〇種類のワインが置いてあるオーシャン▼みたいな店とかよりもだね。

ロラン　生活するにはお金を稼ぐ必要があるわけだけれど、喜びを分かち合うためにこうしているんです。

JN　それで経営的にはうまくいっているのですか？　ちゃんと儲けになりますか？

ロラン　ようやくって感じですね。二〇〇四年に店を始めました。この通りはあまり人通りが多くないのですが、口コミのおかげでうまくいってます。お金儲けが目的じゃありません。まずは情熱ですね。だからこそ、この店を「シェ・パンタグリュエル」という名前にしました。共食の楽しさと強さを意味しています。

JN　というけれど、ラブレーをせっかく賛美しているのに、たとえば**シャルル・ジョゲ**(W)の**シノン**(R)は置いていないんだね？

ロラン　昔はジョゲ本人が造っていたというのは知っていました。でも、今はもう彼が造っていませんよね。それに値上がりしてしまいました。だから、もう何も面白みはなくなりました。今では平らな畑が砂地のところに広がっています。一種類か二種類、味を見てみました。型にはまったワインですね。

そこで、何だか意味のわからない貼り紙に気がついた。

JN　これは何ですか、ヴィノラッツィアって？

ヴァレンティーナ　インターネットで開設した共同購入のクラブです。お互い知り合いでなくても、あるワインを買いたいと思う愛好家がたくさん集まれば集まるほど、そのワインの価格が下がるという仕組みです。ですから同じ商品については、売りに出されたあと最後の段階になって価格が決まります。大きなスーパーマーケットでのワイン市に対抗する方法ですね。やり方は同じですが、相手にするワインが違っています。カルフールやオーシャン、そういった会社に対抗するささやかな仕返しの真似事です。

このようなセリフを口にして、**ブルグイユ**®を一杯ひっかけると、ヴァレンティーナとロランは、まるで幸せそうな子どものようにはしゃいで笑い出した。

▼**オーシャン**　巨大スーパーマーケット・チェーンとして、フランスのみならず世界一二か国に一二〇〇店舗を展開する。フランス第二の会社。

第8章

六〇〇種類を並べる巨大スーパー
――オーシャンにて

地下鉄ポルト・ド・バニョレ駅から出た時に感じた違和感を、どのように表現したらよいだろう。そして、いきなりだだっ広いショッピングセンターに入っていくが、これもどう話そうか。どうやらそこには外と内の違いがまったくないかのようだ。三階に達して、巨大スーパーの「巨大さ」の中に入ってみると、自分に備わっていた物理的な基準が、何もかも吹っ飛んでしまうような気がした。おそらく消費者を空間的な虚脱状態に陥れることは、消費する行為を促進し、平凡なものにするために必要なのだろう。

前の日に、パンタグリュエルの店主ロランが放った挑戦的な言葉を聞いたものだから、現在フランスのワインの八割が買われている巨大スーパーを、この目で見に行きたくなったのだった。それで、どこかにあるオーシャンを選ぶことにした。人から聞いた話では、ポルト・ド・バニョレにあるオーシャン▼は、このチェーンでも代表的な店舗だということだ。火曜日の午前一〇時半だと、客の大半は女性である。まさに出身地も文化もごちゃごちゃだ。

洗剤の売場にあたる広い通路を通っていくと、三〇種類ほどのメーカーの製品が並んでいた。よく知られているように、選択の幅は過剰なほどである。冗談ではなく、ちょうど隣に「ワイン」売り場があった。偶然、**シャトー・パップ＝クレマン二〇〇〇年**[V]の白が目の前にあった。歴史的には平凡な**グラーヴ**[R]のワインだが、**ボルドー**Ⓡの格付けワインである。そもそもカルフールやその種のスーパーに、いつも置いてあるとは想像できないワインだ。一〇年前には一本一五ユーロで売っていた。しかしここでは、その同じパップ＝クレマンが（最近になってベルナール・マグレの所有となった）、七二ユーロで売られている。

　ベルナール・マグレは、（伝説としては）**ボルドー**Ⓡの「叩き上げの人間」だということになっている。彼は、ウィリアム・ピターズという蒸留酒の会社と、マルザンというフランスでもトップのワイン取扱会社によって一大帝国を築いた。一〇年ほど前から、俳優のジェラール・ドゥパルデュー、**ミシェル・ロラン**Ⓦと提携して「高級手造り」ワインを製造し始め、**ボルドー**Ⓡでは二〇ほどシャトーを買い取り、七か国で一五ほどシャトーを所有している。二〇〇四年、所有するウィリアム・ピターズ、マルザン、シディ・ブラヒム株式会社を、ピエール・カステルに売却した。なおカステル社は、さらに同じ時期に、フランスのニコラ、イギリスのオッドビンズというワインチェーン店を買収して、ヨーロッパ最大のワイン製造販売会社となった。

　こうしてマグレ氏は、自身が定義しているように「贅沢ワイン」を一生をかけて造ることに集中するようになった。おそらく彼は「希少な」ワインに真の情熱を感じているのだろうが、その販売もまた非常に巧妙▼なものである。ワインのグローバル・ビジネスの世界では、贅沢なワインが、ごく少数に限定でとんでもなく高い値段で売られ（その生産地やテロワールなどおかまいなしだ）、世界中で造られ始めた。マグレ氏が情熱を抱いて生産を始めたのは、その時期にまさに合致している。しかもこの時期に起こったのは、ひどい偏りであって、有名ブランドの大規模なワイン会社に適用される論理が「本物の」「個人経営の」

▼ポルト・ド・バニョレにあるオーシャン　Auchan Bagnolet, Av du général De Gaulle 93541 Bagnolet.

▼販売もまた非常に巧妙　（原注）彼は『レア』という名の雑誌を発行し、また同じ名のワイン屋をパリ八区に開いているが、そこでは彼の造ったワインしか売っていない。

ドメーヌにも同様に押しつけられたのである。

では、なぜここに、七二ユーロもするパップ＝クレマンが置かれているのだろうか。しかも、どうしてその隣には、四・九五、一四・二〇、二一・五〇、一八・六五、七・二四ユーロのワインばかり並んでいるのだろうか。こんな甘い味のデザートワインのようなものの間に置かれるなんて、いったいどういうことなのだろうか。マグレ氏の力の象徴であろうか。明らかに産業的に造られたワインであることに対する、意識せざる賛美なのだろうか。あるいは、単なる偶然か。それとも普遍的な「贅沢」が意味するものを先取りした第一歩なのであろうか。

それはそれとして、並んでいるワインの産地名は、どれもこれもよく知られたものばかりである。**ジュランソン**Ⓡ、**モンバジャック**Ⓡ、**ルーピアック**Ⓡ。しかし生産者個人名やシャトーの名前がついているワインではない。マルザンが**ボルドー**Ⓡの赤ワインのブランドものであるのと同じように、ブランド名が記されているワインである。もっと近寄って見てみると、しかるべきシャトーものの甘い味のボルドーワインが並んでいた。だからといって、びっくりするような例外的なワインではないが、**シャトー・フィロー**Ⓥと**シャトー・ギロー**Ⓥである。その隣に、それでも**サント＝クロワ・デュ・モン**Ⓡのいいワイン、**シャトー・ラ・ラーム**Ⓥを見つけた。これならわざわざ買いにくるのも、その甲斐があるかもしれない。それが九・九五ユーロだ。このちょっと素敵なデザートワインにしては、素晴らしい価格だ。だからといって、客の立場としては、このワインのまわりを取り巻いている数百本のワインの中から、この一本を目指してまっすぐに来られるだろうか？　ここはワインを扱う本来のワイン屋ではない。それに、ワインの専門家たる人がいないではないか。

私はロール・ガスパロットとともに、オーシャン・バニョレ店のワイン売場責任者と会う約束をしていた。話を聞けばわかるかもしれない。会うまでは、見たものでいちいち憤慨するのはやめておこうと思ったが、それにしてもひどいものばかりが並んでいるとあきれていた。ありとあらゆる産地のワインが置かれている。フランスの重要なテロワールのある地方のものは何でもある。しかし、それこそ産地呼称《アペラシオン》が一つの罠になりうるということも示している。産地としてはすべてが揃っているが、どれもこれも最大限に平凡極まりないものばかりで、(造り手の名前のない、悲しくなるほど産業的な)ブランドものワインか、最もいい加減でひどい生産者、あるいは生産組合のワインばかりである。フランスにあるテロワールの多様性やワイン文化をひと巡りしてみるという意味からは、ほど遠い。カンヌの映画祭で見た『タクシー2』▼を思い浮かべてしまった。

六〇歳くらいの女性が、私の前を通りかかった。どうも、甘いデザートワインを一本買いたいようである。何本か、じっと目をこらして確かめている。そこで新しい発見をして驚いた。生産年のことに気がついたのだ。**ソーテルヌ**(R)の一九八九年、**コトー・デュ・レイヨン一九七六年**(V)**!** すごい。とにかく、歴史を飲むという意味で、熟成したワインの思想がここにはある。彼女はまだ迷っている。もっとよくラベルを見てみる。生産者はこれ以上ないくらい平凡な人たちである。四三ユーロの一九八九年ものも、一七ユーロの一九七六年ものも、その値段に値しない。ラベルが証明してくれる古いワインを、食卓に置いて人に見せたいと思う人たちに満足してもらうために、これらのワインが売られているような気がした。オーシャンとしては、客の無知につけ込んで、客の見栄を助長することが大事なのである。それが民主主義なのだ。

ワイン売り場の責任者、エリック・バラドーに面会した。ちょうど**シャンパーニュ**(R)の仲買業者と商談中だった。彼は手早く自己紹介して、残念ながら時間があまりないので、用件をできるだけ手短にお願いしたいと理解を求めてきた。

▼『タクシー2』 リュック・ベッソン制作・脚本、ジェラール・クラヴジック監督。二〇〇〇年公開。前作『タクシー』のカーアクションをさらに激化して人気シリーズとなった。

ロール・ガスパロット（ワインジャーナリスト。以下ロール）先だってオーシャンのワイン買い付けの総責任者であるオリヴィエ・ムーシェさんにお目にかかりました。でも彼は、会社の本部が置かれているリールに居るんですね。彼が言うには、パリとその周辺地域担当として、あなたと同様の仕事をしている方が一五人いらっしゃるということでしたが。

エリック・バラドー（オーシャンのワイン売場責任者。以下エリック）ええ、その通りです。

ジョナサン・ノシター（著者。以下ＪＮ）あなたご自身でワインを選んでいるのでしょうか。それともカタログがあるとか？

エリック　まあ、どちらかといえば簡単なことなのですが、どの売り場についても原則は同じです。食品、時計、ワインなど、どこも同じです。ほとんどすべてが中央で管理運営されています。ワインなら、造り手がそこに試供品を送って、試飲が行なわれ、それから商談が始まるわけです。

ＪＮ　あなたもその場にいらっしゃるのですか？

エリック　いいえ。シャンパーニュ(R)のバイヤー、地方もののバイヤー、ボルドーのバイヤーと、それぞれ一人ずついまして、それぞれが試供品を受け取って、商談の内容を聞きとり、味の点と商売上の観点から取引を決めていくわけです。興味深い商品なのか、品評会で受賞しているか、ワインガイドの『アシェット・ガイド』に載っているかというふうに。一番大事なのは、売り場の基本ですが、一年を通して売っていけるワインかどうかです。

ＪＮ　そうなると矛盾がありますね。ワインは生産年が決まっているものですから、ずっと変わりなく供給できるものではないからです。販売網の考えとは向きが反対の性格を持っていますね。

エリック　そんなことはありません。ただ一つ大事なのは、生産者、ネゴシアン、ワイン共同組合に十分な在庫があって、一年中、店に商品を提供できることです。

JN　基本は、つまり在庫量ということですね。
エリック　はい。
JN　では、一年に最低で何本以上の生産量というようなハードルはあるのですか？
エリック　最低がどのくらいの数なのか私は知りませんが、パリを含むこの地域全体に供給するということですと、かなりの数になりますね。

フランス南西部のワインが並んでいる売り場に向かっていった。

ロール　醸造学の勉強をされたのですか？　それとも商業関係の教育を受けたとか？
エリック　両方ですね。醸造学については、会社が少し研修を受けさせてくれました。
JN　この仕事を担当してどのくらいになりますか？
エリック　二年です。私は農業技師で、葡萄栽培と醸造の分野で研修を積みました。ですからワインの分野には少し詳しいと言えます。ただ、全員がこうした研修を受けているわけでないのは事実です。
JN　あなたの肩書きは正確には何ですか？
エリック　売り場責任者、売り場のマネージャー、飲料品売り場です。ワインとノン・アルコール飲料、オレンジジュースとかコカコーラ、水……。
JN　たとえばフランスに展開しているオーシャンでは、ワインは何銘柄くらい扱っているのですか？
エリック　それは一概には申し上げられません。売り場の基本となるワインの種類の数に話を戻すなら、この売り場でどうしても揃えなければならない範囲、つまり必須範囲と言っているものはあります。店の規模によってもその数は異なります。ここ、バニョレ店ですと、大規模店に属していますから、比較的多くの数の種類を揃えています。まあ、六〇〇から八〇〇というところでしょうか。

JN　ご自身は、何を飲まれますか？

エリック　だいたい全部ですね。特に自分のまだよく知らない産地の原産地呼称名柄をお客様に発見をしてもらおうと考えているからです。特にフランス中央部とか、南西部ですね。私はもともとヴァル・ド・ロワール▼の出身なのです。ですから、そのへんだと他よりも少しは知っています。

JN　当然ながら、価格と質に一定の関係があるとお考えですか？

エリック　もちろんですよ。その次に大切なことは、お客様が何を望んでいるかということです。もし、お客様が料理に使うためのものをお望みなら、一番お安いのを薦めますからね。次に、質と値段が見合っているワインもありますね。中程度のワインとか、さらに高級品も。

JN　毎晩、ワインを飲みますか？

エリック　いいえ、あまり時間がないんです、正直言って。家に帰ると、子どもがいて、面倒を見てやらなければなりませんし。食事は全速力で済ませます。

JN　では、奥さんはワインはお好きですか？

エリック　いいえ、まったく飲みません、一滴も。

JN　この店に来る平均的な客は、何を求めていると思いますか？

エリック　大まかに言って、質と値段が最もよく一致していることでしょうね。

JN　では、味の好みは？

エリック　いいえ、特にはないと思います。気がついたのですが、お客様は単に助言を求めているのですよ。

JN　あなたにとって生産者は、その品質を見きわめるためには大切ですか？

エリック　いいえ、私には重要ではありません。必要なら、一つや二つ、薦められる生産者もありますが、私が薦める時に出すのは、どちらかというと産地名称の方ですね。それから、自分が試飲したことのあるワインを薦めようとしてますね。小規模の生産者と同じくらい良いワインを造っている仲買業《ネゴシアン》の会社もありますから。

JN たとえば、この**サン＝ニコラ・ド・ブルグイユ**®を例に取ってみましょう。これは四・九〇ユーロです。とても価格としてはよい線ですね。で、**サンセール**®が九・三〇ユーロです。**サンセール**®は二倍美味しいですか？

エリック そんなふうには言いませんね。**サン＝ニコラ＝ド＝ブルグイユ**®をいいワインと評価するお客様もいるでしょうし、ひょっとして**サンセール**®の方をあまり好きじゃない方もいるかもしれない。

JN では、価格の違いはどう説明したらよいのでしょう？

エリック 価格の違いは……。一般のお客様が味の違いなんてわかるものなのでしょうか？　そうとはかぎらないんじゃないですか？　大切なのは、買い物をする際にですよ、お客様が間違った買い物をしないことなんじゃないでしょうか。

JN どうしたら間違わないでいられるのですか？

エリック もし何かお尋ねいただければ、たとえば、何かイベントをするとか、パーティをやるからワインを一本必要だとか……。

JN そうすると、間違うのを避けるためにワインを選んでいるということなのでしょうか？

エリック そういう意味で言っているんじゃなくて、消費者のニーズに、できるだけよい形でお応えできるように、ワインを選んでいるということです。

JN でも、消費者があなたの選択にすっかり依存した場合、その人の好みや願望はどのようにすればわ

▼**ヴァル・ド・ロワール**　ラ・ヴァレ・ド・ラ・ロワールとも言い、フランス中央部のロワール川流域を指す。オルレアン、トゥール、アンジェなどが中心都市。

かるのですか？

彼は腕時計を見て、何とか話を進めようとしていた。私にはわかっていた。気の毒に、こんな質問を受けるなんて、予想もしていなかったのだ。しかし私はつづけた。

JN　ニコラは、オーシャンのライバル店ですか？

エリック　いいえ。私たちは、同じお客様を対象にしていません。

JN　では、ライバルはむしろカルフールですか？

エリック　はい、その通りです。

JN　では、カルフールの品揃えと比較して、オーシャンの選択がより良いと言える点はどこでしょうか？

エリック　ワインについての良い点は、他のメーカーの異なった多くの種類を揃えていることですね。ビールとは違っています。たとえばビールの「１６６４」▼なら、ここでもライバル店でも品物は同じです。そうなると価格で比べられるわけです。ワインの場合だと、比べるのはたいへん難しいですね。

JN　つまりライバル店には、ここと同じワインはないということですね。

エリック　まさにそうです。

JN　ボルドー®だと、同じワインがあるんじゃないですか？

エリック　ええ、でもその代わり、品揃えとか、一番安いワインの品揃えだと、絶対、比較できないわけですよ。

JN　こちらのカタログはありますか？

エリック　いいえ、この売り場に欠けているのは、本当に助言ですね。

気の毒なこの店員には、自分の仕事に戻ってもらうことにした。オーシャンでのワイン販売のシステムが納得できたからというよりも、彼の実直さに納得したという感じだった。しかしながら、この店にはひどく（それも意図的に）混乱したワインへの勝手な思い込みが定着しているという事実に、私は衝撃を受けた。ワインには土地土地に典型的なワインがあって、多様なものであるということを長く継続させていくには、産地呼称《アペラシオン》が重要であるとしても、だからといって人間の労働を無視することはできない。ある造り手を別の造り手から区別しなければならない。オーシャン・バニョレ店のワイン売り場責任者が、悪気なく私たちに説明してくれたように、もし人間の関与を軽視するのであれば、それは国家に絶対の信頼を寄せることにつながる。政権にあるのがどの政党、どの大統領であろうとおかまいなしとなる。それは産地呼称《アペラシオン》のシステムを破壊しようと考えるのと同様に危険である。

　オーシャンには良いワインが置いてある。しかし意図的に維持されている無知の広大な池の中から、そうした良いワインを客が見つけ出せる可能性はほとんどない。人は自分を守れなくなればなるほど、どんどん押しつけを受け入れてしまうものである。ワインのことをちゃんと知っている店員を雇わないのは、明らかに計算された戦略である。あの店員は頭も良く真摯であった。ただ、きちんと情報を与えられてないだけである。彼らのシステムを最大限に活用するのに、最も正しい戦略なのだ。

　ロールと私は、呆然として（ずっと変わらない）赤信号の前で立ち止まった。コンクリートの島にいて、交差点のまん中で、都会の景色に取り囲まれていた。ここもまたテロワールなのだ。ショッピングセンターのテロワール、消費者という条件に限定された市民のテロワールである（これは、あのサルディーニャ

▼1664　ドイツ国境近くのアルザス地方でクローネンブルグ社が生産している、フランスを代表するビール。

の造り手バチスタ・コロンビュ(W)が言っていたように、獣より気品を失った存在と化しているということだ。なぜなら獣は自分の食べるものは自分で選ぶのだから)。高速道路やショッピングセンターの「マック・テロワール」は、一本のワインの到達する最終地点である。ホテル・カンパニル▼やマクドナルド、それに類するところでも同様である。こういうところでは、ワインとはいったい何なのだろうか。一本の飲み物としてのワインについて、別の考え方を創り出さねばならないのだろうか。これまでのテロワールについての考え方のままではいられないのである。そうなると、これまであった絆を、すべて断ち切ることになる。人が望むというよりも、人が売りたいワインを再創造するのだ。オーシャンでカートを押してあちこちでぶつかってはストレスを感じているお客さんたちを見るにつけ、私は恐ろしい不安を感じた。「豪華」レストランと言われるところで見かけた人たちの在り方と同じではないか。

　ル・コントワール・ド・ロデオンやラトリエ・ド・ロブションでは、こうしたテロワールを破壊性しようとする力、贅沢を標榜するところに顕著に見られた。しかしそれは、オーシャンでの在り方と根本的には異なっていない。ル・コントワールでは料理は最高だったが、私としては何の喜びも感じなかった。なぜならそこにある快感の考え方には、どう考えても人の温かみが感じられなかったし、人と人との結びつきも優しさもなかったからである。そういうものに高い金を払うのは、マゾヒストでもなければ、まるで現実的ではない。オーシャンに買い物に来る人たちは、いったいどのような楽しみを自分のために想像できるのだろうか。

　一本のワインが与えてくれるのは、何かお祭り気分のようなものである。つらい一日の途中で、あるいは終わりに、ほっと気を休められる、そういうものである。しかし、人がいわゆる幸福感からどんどん遠ざけられてしまっている現状からすると、ワインは現実的なものというよりも、より象徴的なものとなっている。もしかすると、世界にこれほど多くの良いワインがあることもこれまでなかったし、地域特有の味わいを求めて良質なワインを造っている生産者がこれほど多くいたことも、これまでにはなかったことかもしれない。サン・パウロからニューヨークに至るまで、オーシュ▼、ポー、パリ、ブリストルのどこでも、ワインを愛する人々にこれほど多くの可能性が提供されたことも、これまでにはなかったこと。ところが、人々がそうした可能性を享受できないように邪魔をするメカニズムが、これほど強かったこともないのだ。

▼**ホテル・カンパニル**　世界中に展開するホテル・チェーンで、ヨーロッパ各都市に必ずあるホテル。安価な機能的なホテル。簡易なレストランを併設している。

▼**オーシュ**　フランス南西部、ガスコーニュ地方の都市で、三銃士のダルタニャン出身地として知られる。

第9章 ワイン業界人たちとの試飲会
——タン・ディンにて

ワインの仕事をしている友人たちと試飲のための昼食会を開いて、ワインについて「違う形で」話ができるかどうか考えてみようということになった。パリの七区のヴェルヌイユ通りにある、友人のロベール・ヴィフィアンのヴェトナム料理のレストラン、タン・ディン▼に集まった。私とロール・ガスパロットは、ロベールと彼の妻イザベル、ワイン商のダニエル・ジェロー女史、ブリュノ・クニウーとテーブルを囲んだ。

ブリュノ・クニウーは、ラファイエット・グルメ▼のワイン買い付け担当者で、テロワールと特別な造り手を熱烈に信奉している。保守的なデパート業界の人間としては急進的な人物である。この日の昼食のアイデアとしては、それぞれがワインを持ち寄って、何か感動を演出しようということだった。それが肯定的なものであれ、否定的なものであれ、かまわない。今あるワインの世界は、濃厚な、超が付くほど骨格のがっしりとした、色の濃い、無理に造られたワインに席捲されており、個人的であれ、産業的であれ、権力を強制する手段に用いられている。

こうしたワイン醸造をめぐる言葉も、ワインの液体そのものと同様に、中にわかりにくいものになるのは当然である。商売のための言葉であろうと、その商売に依存している「評論家たちの」言葉であろうとそうなのだ。

ワインと深い関係のあるこの六人が集まって、業界用語や見栄、「知識という権力」、そして今日ワインにありがちなありとあらゆる罪の落とし穴にはまらずに済むことが可能だろうか。いずれにしても、ロベールの素晴らしいベトナム料理を食べながら、いいワインについての話を、何本か飲みながらしてみたいというわけである。タン・ディンは私にとって隠れ家のような場所であった。ここでは何でも許してもらえる。ロベールのワインリストがあれば、楽しく親しみのある食事ができる。ここのリストは、この星で最も人を大喜びさせるリストであり、この店の静かなたたずまいのおかげで、客はワインと料理と同席する人と、それぞれ自分のリズムで交流ができる。

レストランは静かで、何か軽くエアポケットに入った時のような印象があるくらいだったが、ほぼ満席だった。店内の奥まったところに席をとり、直ちに目隠しでの試飲会を始めた。この会がたとえ真実を照らし出すものではないにしても、「知らずに飲む」ことで、もう一つの真実を表現してくれるのではないだろうか。私たちはもう一度無垢な状態に立ち戻って、ワインを受け入れることができるのだろうか。ワインを「無垢な」やり方で受け入れるということは、褒めるべきことなのだろうか。そういうことを考えた。

一番最初に開けたワインは、私の持ってきたワインだった。

▼**タン・ディン**　Tan Dinh, 60 Rue de Verneuil, 75007 Paris.
▼**ラファイエット・グルメ**　ヨーロッパ最大規模のデパート、ギャラリー・ラファイエットの食品売り場。デパートはオペラ座と同時期に建てられ、歴史的建造物に指定されている。ワインは一万五〇〇〇本以上の品揃えを誇る。

ブリュノ・クニウー（ラファイエット・グルメのワイン買い付け担当者。以下ブリュノ）菩提樹とクマツヅラの香りがする。香りが豊かだ。

私は、とても尊敬しているブリュノをじっと見つめた。どうもうまくスタートできなかった感じがした。ワインに関して一番嫌いなタイプの表現が出てきた感じだ。仕方がないけれど、私は何も言わずにいた。隣で、ロベールがノートを取っている。

ロベール・ヴィフィアン（タン・ディンのオーナー。以下ロベール）私は、香りと味わいは、アーモンドと菩提樹、そしてクマツヅラだね。それに、口に含むとかなり刺激的だな。

ダニエル・ジェロー（ワイン商。以下ダニエル）とても生き生きとしていて、とても熟成した香りがする。調和のとれたワインがわたしは好きだけど、口に入れても、まるで調和がとれていない感じがする。けれど、違う感じの楽しみはある。

ロール・ガスパロット（ワインジャーナリスト。以下ロール）口に入れた感じより、香りとしては甘い感じだわ。

ジョナサン・ノシター（著者。以下ＪＮ）口に入れた時の酸味が、まるで刃物のようだね。まるで誰かが、僕の口の中にもう一つ口を作ってくれたような感じだ。こんなのだと、どうも、このワイン自体はあまりいい感じとは言えないね。でもタン・ディンの料理とだと、すごくすっきりした感じになるんじゃないかな。どう、イザベル？

イザベル・ヴィフィアン（ロベールの妻。以下イザベル）わたしはすごく気に入ったけど、言えるのはそれだけね。この酸味は好きだな。

ロベール　イザベルは酸味にとても関心があるんだ。で、君もだよね、ジョナサン？

JN　今はすっかり嫌われている特徴だね。みんなは酸味に目覚めるのは嫌かい？
ロベール　酸味はますます嫌われてるね。酸味と苦みは、たいてい覆い隠されているからね。
ブリュノ　私は、酸味があるとうれしいね。何か見事な植物が香るって感じで。
JN　それって、どういうこと？
ブリュノ　ほうれん草の青臭さというか。ほうれん草の酸味だね。
ロール　むしろ苦いんじゃない、ほうれん草って？
ブリュノ　じゃあ、スカンポ《オビィユ》かな。
JN　スカンポの味は、ワインの香りに似ているかな？
ブリュノ　比喩的な言い方だね。いずれにしても、このワインからはすごくエネルギーが伝わってくるし、何かを照らし出す感じだね。
JN　ワインにはエネルギーがあるって思う？
ブリュノ　私たちと同じくね、うん。
ダニエル　口の中に何か複雑な感じがし始めてきたわ。有機農法で造られたワインで、ひどい年のじゃないかと思う。造った人は、葡萄が熟すのを、待って、待って、待って、それでやっと最後にようやく普通の年程度に熟してくれたって感じ。品種は**シュナン・ブラン**(C)だと思う。これを造った人は、ものすごく、いい仕事をしてる。
ブリュノ　苦しんで産み落とされたって感じだね、このワインは。ちゃんと葡萄は熟したけれど、固定された石炭酸の酸味が出てる。植物としての循環が邪魔されたからだね。
JN　ブリュノ、君のそういう言い方だと、わけがわからなくなりそうだよ。よし、仕方がない、答えを言おう。これはダニエルが考えていたように、**フィリップ・フォロー**(W)のところの**ヴーヴレー**(V)だよ。君の友達で**ユエット**(W)のところのパンゲと同じく、この産地呼称《アペラシオン》の巨人だね。一九八四年の辛口だよ。もう二〇年以上経っている。ブリュノはエネルギーって言ったけど、僕なら情熱って言うな。同じものだと思うけれど。生命力と言ってもいいね。人や料理、そしてワインに僕が求めているものだよ。ロベール、君の料理は、君の家でも、レストランでも活き活きしているね。フォローのワインがどれもそうであるようにね。これを選んだのは、彼の謙虚さのためでもあるんだ。たいてい人はすごく良い年の話をしがちだけれど……、一九八四年って、フランスでは戦後最悪と言ってもいい一年に違いないと思う。すごく雨が多かったから、良くない年になって、ワインもまずいとみんなが思っている。でも起床した時に機嫌が悪いからといって、一日中機嫌が悪いとはかぎらないのと同じように、それは間違っている。

ロベール　あそこは、自然からワインを造って、後でいろいろ手を尽くすんだよ。でも、だからといって基本的な材料は、自然からほとんど悪影響を受けていない材料なんだ。

JN　だからこそこのワインは、いっそう価値があるんじゃないかな。自然条件としては、あの年は葡萄が悪かったわけじゃない。でも葡萄の世話をして、収穫した人は、その葡萄に与えられた自然条件を尊重したということだよ。変えなかったんだ。この一本は葡萄の苦しみを今でも証言しているし、その苦しみを、他には見られない美しさに変えたことも示している。

ブリュノ・クニウーが、何本かワインを持ってきた。その中の最初の一本を開けた。イザベルは「かぐわしい香り、薔薇の香り」がすると言って、うんざりした顔をした。ダニエルはもっときっぱりと言い放った。「カリフラワーの料理をしている台所に入ったみたいな感じね。〈ヘドが出そう！〉」。二本目のワインは、ほとんどワインとは言いがたかった。あまりにも軽いので、シードルじゃないかっていう感じだ。でも私は、このワインが気に入った。興味を惹かれた。みんな、これは**ロワール**(R)に違いないと言った（ブリュノが、この地方のワイン農家出身だとみんな知っていたからだろうか）。しかし誰も、それがどこのスターなのか、わからなかった。実は化学物質も使わず、酸化防止用の硫黄処置もしていない自然派ワイン運動のパイオニア的なワインで、**クロード・クルトワ**(W)の**クワルツ・ソーヴィニヨン・ブラン一九九八年**(V)だった。

ブリュノ　これは、すごく冒険的なワインだよね。

ダニエル　でも、この**ソローニュ**(R)のワインは妥協をまったくしない保守主義者のワインだし、わたしは、いかなるものでも保守主義には絶対反対よ。

ブリュノ　私はこのワインは好きだけれど、ダニエルには賛成だな。クロードにも言ったんだよ。今、彼は自分のワインに少しだけれど硫黄処理をし始めている。それで、待て待てって言ったんだよ。お前さんわかっているのかってね。これまでずいぶん何年も硫黄処理に反対して、大騒ぎしてきたじゃないかって。あいつにとって、前は硫黄は悪魔だったんだよ。

そしてブリュノは、三本目のワインを注いでくれた。それはもっとエグゾチックなワインだったが、相変わらず、**クロード・クルトワ**(W)のワインの精神に沿ったものだった。仲間のワインというところか。

ブリュノ　さて、これは硫黄ゼロだよ。醸造樽は燻蒸殺菌しているけれど、硫黄は使っていない。昔々、修道院でやっていた、今ではほとんど誰も知らないような古い方法だよ。それから、「硫黄なし」の方法で最初から空気による酸化を経ても、だいじょうぶかどうか知るための試験と考えられるね。葡萄をつぶしておいて「さあさあ、好きにしていいぞ」っていう。ワインは硫黄に保護されていないから、茶色に変色してしまうんだ。そうしておいて、それを樽に入れる。搾られた果汁は茶色なんだ。すごく酸化しているからね。ところが翌日になると、透き通っているんだよ。

ダニエル　コーヒー色から透明になるってこと？

JN　そんなこと、どうして起こるのかな？

ダニエル　木が還元したからよ。
ブリュノ　自然な酸化が起こっているんだ。突然ワインが抵抗して、超酸化防止になったんだよ。
JN　どういうわけで？
ブリュノ　酵素だよ。ワインはわれわれの体と同じように、自分の体を損なうものに対して、自分を守るんだ。私がワイン醸造をやっている家の出身だって、知っているよね。父の跡を継いだのは兄なんだけれど、二〇〇〇年以来、毎年この実験をしているんだ。**ロワール**Ⓡのシュヴェルニーに家はあるんだけどね。このワインだと、一週間カラフに入れて室温二〇度で放っておいても酸化しない。それをみんなに言いたかったんだ。そのために持ってきたんだよ。まあ、みんなこのワインが好きだというわけにはいかないだろうけれど。
JN　このワインは、いくらの値段で売ろうとしているの？
ブリュノ　一五か一六ユーロだね。また別の実験もしているところなんだ。その結果を待って、もしそれがうまくいかなければ、売らないつもりだよ。実験しているのを口実に、スティック糊を売るつもりじゃないからね。私は、自然派のワインがいいって確信しているけど、「スティック糊を売っていますが、それは有機ワインで自然なものなのですから、お金を出して買って、美味しいって思うはずですよ」って言っている保守主義者たちには、そういう点で私はやっぱり反対だな。
ダニエル　でもパリだと、流行になってるわよね。
JN　確かに一部のワイン愛好家には、硫黄処理しない自然派ワインに賛同する傾向があるね。
ブリュノ　濃縮して強化されて凝固せんばかりのワインが世界を席捲していることに対する、反発があるんだよ。そうした現象に応えるには、まったく逆の極端に走るわけだ。赤ワインなんだけれど、色も薄くてボディもなく、ほとんど「コーヒー」みたいなワインとか。
ダニエル　わたしは、すぐには好きになれなかったけれど、今は、何なのかわかったから、面白いとは思うわ。

ロベール・ヴィフィアンが、四番目のワインを注いでくれた。これも彼が持ってきたものだ。黙ってその白ワインを味わってみた。

ブリュノ　ブルゴーニュタイプのワインだけれど、少し木の香りが強いね。

ダニエル　わたしはすごく好き。

ブリュノ　心地よいワインって感じだね。

ダニエル　すっきり入っちゃう。でも、こういうすっきり感は嫌いじゃないわ。

ロベール　私は、こういうのがうれしいんだよ。**ブルゴーニュ**Ⓡの一九九四年だ。

ブリュノ　一九九四年にしては、美味しいね。

ロベール　この年は、酸味がぜんぜんなかった年なんだ。**ムルソー**Ⓡも一五度まで上がったし。だから、長持ちしないワインになっちゃった。濃いワインだよ。**ミシェル・ニエロン**Ⓦ**のシャサーニュ・モンラシェ・クロ・サン＝ジャン一九九四年**Ⓥだよ。

JN　どうしてこのワインを選んだの、ロベール？

ロベール　みんなと一緒にワインを持ち寄ると、きっと酸味があるのが多いだろうと思ったから、それで甘味の方で面白いことをしてみたかったんだよ。

ロール　反骨の精神ってわけね。

ロベール　君って、きついことを言うねえ。イザベルはもともときついことを言うし、それからブリュノもきついことを言うよね。

JN　じゃあ、ダニエルは？

ロベール　彼女は私と同じで、人に合わせるさ。

五番目と六番目のワインが出た。**ユエット**(W)の**ドゥミ・セック二〇〇二年**(V)、**ジント＝ウンブレシュト**(W)の**ピノ・グリ二〇〇三年**(V)だ。二本とも、ダニエルが持ってきた素晴らしい白ワインである。ここで出される豪華な料理ともぴったりと合っている。ミント風味の家禽のコンフィのラヴィオリ、三種のハーブをきかせたもやしのベトナム風春巻き、ニョクマムソースを使った玉葱とキクラゲと豚肉炒め、などなどである。みんなが料理を堪能し、試飲をしていることも一瞬忘れてしまうほどだ。「目隠しで飲まなくてもいいんじゃないかな。心穏やかに飲み、そして食べればいいんじゃない」とロベールが言う。そしてもう一皿、別の料理を出してくれたが、これにまたみんながうっとりとなった。

ロベール　食パンの耳を使った海老料理だけれど、ニンニクが少し効いている。ソースはというと、砂糖と青いレモン、塩と胡椒。それだけだよ。

イザベル　**フィリップ・フォロー**(W)の**ヴーヴレー・セック一九八四年**(V)とすごく合うわね。

ロベール　私はロールと同じで、**ミシェル・ニエロン**(W)の**シャサーニュ一九九四年**(V)の方が合うと思うな。

ブリュノ　そっちの方がいいね。

JN　二種類の料理に合わせられる両極端のワインだね。油っこさと甘みをすっきりさせてくれる酸味のあるワイン、そしてもう一方は油っこさと甘みに調和させる味わいのワイン。

ロベール　私にとっては、ワインをどう合わせるかと考えると、補助的な、あるいは類似した味わいに基礎を置くんだ。似ている二人、互いに支え合う二人なら結婚させられるからね。太った人に痩せた人、あるいは似たもの夫婦って感じだね。

時間がすでにずいぶん経ってしまった。昼食のお客はみな食事を終えていなくなっていた。レストランには私たちだけが残っていた。突然、大きな物音が聞こえた。

ロベール　いったい誰かな、無理矢理ドアを開けようとしているのは？

ダニエル　もしかすると、アリックスかもしれない。わたしに見本のワインを持ってくるはずだったから。

ロベール　**アリックス・ド・モンティーユ**Ⓦ？　じゃあ、一緒にやろう。これは思いがけない喜びだね。

アリックス・ド・モンティーユⓌがレストランに入ってきて、静かに椅子に座り、私たちと一緒に七番目のワインを飲んだ。それは一本目の赤ワインで、ブリュノが持ってきたものだ。

ブリュノ　このワインは、大好きなんだよ。

ダニエル　私も大好きだわ。何かわかるには、もう少し時間がかかりそう。

ロール　**ブルゴーニュ**Ⓡの畑でできたのじゃない？

ブリュノ　ああ、でも少し特別のなんだ。

ダニエル　**ブルゴーニュ**Ⓡの**ピノ・ノワール**Ⓒの典型的な香りがする。グリヨットとサクランボと。

ブリュノ　このワインの好きなところは、口に入れてすぐに感じる冷ややかさなんだ。前だと鼻に香りがすぎたんだけれどね。この少しばかりシトー修道会▼的な冷ややかさが、一気に下に降りていく。でも、

▼**シトー修道会**　修道会の中でも、厳格な規律と清廉さを重んじ、修道士自ら農具を取り北フランスの開墾を行なった。彼らが開墾した最も有名な葡萄畑は、ブルゴーニュ最大のグラン・クリュ畑があるコート・ド・ニュイのヴージョ村で、シャトー・クロ・ド・ヴージョはワイン博物館となっている。

そのさわやかさには、燃える炎があるんだ。口にもそれが上がってきて、味覚を刺激する。燃える炎なんだ。すごいよ。これを魔術って呼んでいるんだよ。

JN　**コート・ド・ニュイ**Ⓡか、**コート・ド・ボーヌ**Ⓡなの？

ブリュノ　**コート・ド・ニュイ**Ⓡだよ。ジャンセニスト▼のテロワールだ。

JN　最初は好きになれなかったんだけれど、これだから、ワインを判断するのに拙速は禁物だね。

ブリュノ　そのことは若いソムリエによく言うんだよ。昨日、**リュシアン・ボワイヨ**Ⓦのヴォルネー二〇〇〇年Ⓥを飲んだんだけれど、言ってやったんだよ。待て待て、体にワインがしっかり落ち着くまでそのままにしておけって。若いやつらは空気に無理矢理触れさせようとするんだ。まるで化粧品のテイスターだよ。フランシス・ポンジュ▼の言葉が最高に好きなんだ。「ワインを知ろうとする者よ。お前の最も深いところにワインが落ち着くまで待つのだ。そうすれば、ワインの各々の真実が明かされよう」。

ロール　今飲んだ赤ワインがいったい何かは、まだわからないわ。

アリックス　**ブルゴーニュ**Ⓡね。良くできている。でも、魂がないと思う。

ブリュノ　**コート・ド・ニュイ**Ⓡだよ。**ルイ・ジャド**Ⓦのところのね。**ジュヴレー・シャンベルタン・コンブ・オ・モワーヌ一九九九年**Ⓥ。

JN　**ブルゴーニュ**Ⓡの仲買人のワインについて、見直したい気持ちになるね。美味しいと思ったよ。先入観としてはネゴシアンものはよくないって考えていたけれどね。

イザベル　勝手な偏見は、持っちゃいけないってことね。

JN　そうでもないんだ。先入観というのがちゃんと経験に基づいているかぎりにおいてはね。**ブルゴーニュ**Ⓡのネゴシアンものは、これまで三〇年近く味をみてきたけれど、フェヴレーやドゥルーアンなどいくつかのネゴシアンのものを除いて、たいてい**ブルゴーニュ**Ⓡらしさがまったくない。それに、僕の先入観って、僕にとっては大切なんだ。急に捨てたくはないな。でもそういう先入観って、捨てられないわけじゃない。もし実体験が別のことを教えてくれるんだったらね。

さらに試飲はつづき、赤ワインを二本試したが、特に目立った反応は起こらなかった。そこで一一本目のワインで、ブリュノ・クニウーが持ってきた「嫌われ者」を飲んでみることになった。

ダニエル　これは、馬の調教師ね。きっと収穫もうまくいったんだと思うし、果汁もいいものだったと思う。すごく糖度の高い**ラングドック**(R)だと思う。

ロベール　とても現代的なワインだね。心地よく飲めるし、飲む楽しみを感じる。タンニンも、とてもまろやかだね。

JN　うん。でも、お金で買える技術に支えられたまろやかさだよ。魂のこもったものじゃない。

ブリュノ　**クロード・グロ**(W)による**シャトー・ド・ラ・ネグリ**(W)の**コトー・デュ・ラングドック一九九八年**(V)で、シラー(C)一〇〇%なんだ。ヘクタールあたり一キロリットルの生産（これは生産量がごく少量だということ）。**コトー・デュ・ラングドック・クロ・デ・トリュフィエ**(V)という銘柄で、何と一本一〇〇ユーロだよ。

JN　うへー、うんざりだな。

ロベール　現代の最高級ワインにランクされるんだね。

ダニエル　胸がむかつくわ。

▼**ジャンセニスト**　ジャンセニスムは、フランスで一七世紀以降に広まり、異端とされた非常に厳格なキリスト教思想。貴族階級に流行し、劇作家ラシーヌや哲学者パスカルも信奉した。原罪と神の恩寵を重視し、人間の自由意志の限界を強調した。

▼**フランシス・ポンジュ**　フランスの詩人。一八九九〜一九八八年。シュールレアリストたちとつき合い、共産主義にも傾倒したが、サルトルによって実存主義詩人と称された。

ブリュノ　樽を三〇〇%使った醸造法さ。マセラシオン▼の時に新しい木の樽を使っていて、それから二〇〇%の新品の樫《オーク》の樽を使う。つまりどういうことかというと、ある一定期間が過ぎると、ワインをまた、まっさらな醸造樽に移し替えるってこと。だから、ヴァニラの香りとまろやかさが最大限に付いているんだ。

JN　今ちょうど美味しい牛肉を食べているところだけれど、そのワインをこの牛肉に合わせる気になるかな? この肉の脂っこさや旨みをすっきりさせてくれるタンニンとか酸味がないよ。これじゃ飲めない。

ロベール　残念だけれど、これは現代の好みの味に合わせて造られた現代風のワインなんだ。すごくよくできているよ。これを飲むのに、何の問題もないよ。

ブリュノ　このワインは死んでいる。ミイラみたいなものだよ。まあ、**ミシェル・ロラン**(W)監修のミイラだね。ミイラの分析はできないけれどね。こういうワインを造る元祖のようなやつで、**ジェフリー・デイヴィス**(W)というのがいるんだ。そいつが、ラファイエット・グルメのワイン売り場に来て、こう言うんだ。「ブリュノさん。デ・トリュフィエの一番最近のがあるんですが、試飲してみてくださいよ。味がわかりますから」って。それで、ちょうどその時に、私の兄が親父と一緒に来ていたんだ。親父はまるっきりの田舎者の典型だけどね。それで「さあ、こっちに来て飲んでみてくださいよ」と言われたんだ。親父はグラスを片手に「こいつは、どこのだ?」って聞くから、**ラングドック**(R)のだって言ったんだ。そうしたら「たまげたもんだ。こいつはいい。すげえ赤を造り出したもんだなぁ」って、親父が言ったんだよ。ジェフレーはびっくりしていたよ。このワインを造るのに、どれだけ金を注ぎ込んだかわからない。それで、一本一〇〇ユーロってことだからね。

ロベール　このワインは本当に現代風で、聖書みたいに単純なんだ。今、人は何を望んでいるのか? 色、力強さ、糖分とアルコールのバランス、そして、できれば少し樫《オーク》の樽の香りだよ。

JN　でも、ロベール、違うものを感じてもらうために……。

ダニエル　「感じてもらう」って言うけれど、そんなんじゃ、誰にも感じてもらうことなんてできないよ。できることは、グラスを用意しておいて、待って、そして話を聞くことだけよ。

ブリュノ　私には、試飲というのは、別に手柄を立てる冒険じゃない。もっと内面的に深く問いかけることなんだ。

試飲会は終わりを迎えた。言葉通りのお終いだ。この目隠しの試飲会から何を学べばよいのだろうか。私はどうしたらよいのかわからなかった。ワインについて、言葉を使って何が言えるのか、その答えに少しでも近づけたのだろうか。あるいは、以前よりも私たちは目隠しをされたのだろうか。

JN　ロベール、ワインに関する知識と試飲に、科学的な規則を持ち込む可能性に、君は目がくらんでいるのかな？　それとも僕が間違っている？

ロベール　科学的な規則には興味があるよ、だって文化は、科学的じゃないからね。私たちの文化は、むしろ経験や経験に基づくものにその基礎が置かれている。私は二つの文化を受け継いでいるから、少しだけれど、より分析的で科学的な側面を私に与えてくれた西洋の文化が、意味あるものであることを期待しているよ。わからないけれど。ことある度にそういうふうに思っている。

ロール　それって、パスカルの賭け▼ね。私なら両方に賭けるけれど。

JN　ワインは理解不能という考え方に基づいているからね。

ロベール　ワインは、結局、酔いに基づいている。人は自分の限界を超えたいと思うんだ。

▼マセラシオン　ワインを醸造する過程で、葡萄の果皮から色素などをワインに取り込むことをいい、日本では「浸漬」と言う。つぶされた果実が皮や種と果汁の混ざった状態となり、この状態がしばらくつづくことによって、成分がワインに溶け込むことになる。

ブリュノ　うん。でもそれは内面にある無限なんだ。

JN　ロバート・パーカーは、自分が一〇〇点満点で採点する時の方法について話してくれたんだ。「結局は、自分の情念のおもむくままに任せる」と言っていた。彼は、世界を曲解しているんだと思う。僕にとっては、情念というのは出発点なんだ。それが到達する最後の点でしかないなんて考えると、悲しくなるよ。そんなこと、あり得ないことだよ。

ブリュノ　私には、喜びは感覚的なものにとどまっている。だから、世俗的なものだね。ラテン語だとこの言葉はプロとファヌムに分かれて、つまり「時が来る以前」ということになる。ワインに関しては、喜びや情念という言い方があまりによく使われる。それには、うんざりしているんだ。

JN　僕は、喜びがそんなによく話に出てくるようには思えないけれど。

ブリュノ　喜びって、情念の入口なんだよ。今日は味覚にだけ注意を集中していて、みんな分析的になっているけれど。でも情念は、説明して得られるものじゃないからね。

みんなが静かになった。テーブルの端で、ダニエルがこっそり涙を流しているのに気がついた。

ダニエル　わたしは人生で美を発見するのが、とても遅かったの。ボンヌイユ＝シュル＝マルヌの集合住宅（HLM▼）に住んでいたの。「平屋根」ってみんなが呼んでいる安い住宅にね。パリに働きに来て、自分に何がなかったのか、よくわかったわ。そういうものに近づけない人って、たくさんいるの。本当にたくさん。講演会とかすると、ワインがどれほど人と人を結び付けているか、よくわかるわ。自分にふさわしいワインを飲むことで、人と人は結ばれるのよ。ゴミくずのように扱われる人だってたくさんいる。素晴らしいものと触れ合うことで、人のもつ素晴らしさが引き出されるの。今、このテーブルを囲んでいて私の心がつらいのは、何だかみんな少し、自分が偉いって思っている感じがすることなの。

誰も言葉を発することができずに、しばらく黙っていた。お互いを見つめ合った。鯨飲大食の六時間が過ぎて、ロベールに良いもてなしをしてもらったお礼を述べ、それぞれ家路についた。この派手な会合の末に、みんなが頭の片隅に楽しいだけではない別の印象が残ったと感じていた。気持ちのやり取りをしようとしていたのに、本当の意味ではそれができなかった。ワインを台無しにする無駄話の小道に別れを告げようとしたのに、ちゃんとそこから抜け出せた感じがしなかった。二日酔いなのか？

その翌日、私たちの巡礼の旅の中心、**ブルゴーニュ**(R)に向かっている時、私はあの試飲会のことを考えていた。そしてロールに話をした。

「情念を称揚すべきだったね。そして何もなかったんだよ。映画を撮りながらいつも情念を求めているけれど、そこから何もは出てこない。ブリュノの言うとおりだ。情念は勝手に出てくるんだ。ワインについては、有史以来ずっといろんなことが言われてきたけれど、ワインがいったい何かということを、ちゃんと言えた人は一人もいないって感じがする。ワインについて話せる人って、誰？　話せる権利のある人って、誰なんだろう？」

「中世なら、修道士たちがその役割を担っていたと思う。ワインを神聖視することでね。ワインはキリス

▼**パスカルの賭け**　一七世紀の哲学者パスカルが、著書『パンセ』の中で信仰について述べているもので、「神が存在するか、しないか」という問いのどちらに賭けるかという議論。「神を信じる場合、もし神がいれば天国に行き、もしいなければ天国も地獄もない。神を信じない場合、もし神がいれば地獄に行き、いなければ天国も地獄もない。したがって神の存在がわからない場合は信じた方がよい」というもの。

▼**HLM**　低家賃住宅の頭文字を並べて、都市周辺部に建てられた集合住宅をHLMと言う。特にパリの周辺では一九六〇年代〜七〇年代にかけて、多くの集合住宅が都市計画に沿って建てられた。

トの血だから。現代は、もっとワインを人間的にしようとしている。神聖なところから抜け出してね。いろいろな批評にもよるんだと思うけれど。判断を下すことの危険は、一歩間違うと尊大になるということよ。ワインにはそういう問題が付き物なの。ワインを批評するとは、神を批評することのようにとらえられかねないのよ。あるいは、神と同列に自分を見なしたり、選ばれたもの、エリートの中に自分がいると考えたりする。ワインのことを話すからといって、必ずしもエリートとは限らないわ。それに、ワインは土から生まれると同時に、人からも生まれる。収穫するために身をかがめ、地面に体を向けるの。空に向けるんじゃない」

　黙って車は、太陽高速道路▼を南に走りつづけた。喜びの聖杯へ向かって。さまざまな矛盾を抱えた聖杯、**ブルゴーニュ**®に向かって。

▼**太陽高速道路**　パリから南フランスに向かう高速道路A６およびA７を指す。

第Ⅳ部

ブルゴーニュにて

テロワールの造り手たちの真実

第10章 ブルゴーニュの醸造家たちとの試飲会

私はいらいらしていた。レストラン・タン・ディンにしかるべき人たちに集まってもらいテーブルを囲めば、それが理想的な集まりとなって、ワインについてもっと透明な話を始めるきっかけになってくれるものと考えてきた。しかし、私の探求はうまく進んだようには思えなかった。ひょっとして**ブルゴーニュ**®に行けば、**ブルゴーニュ**®のワインはすっきりと透明だから、その透明な話を見つけられるかもしれないと思った。『モンドヴィーノ』を撮った経験からして、それが不可能ではないという気がしていた。しかし、この映画のためにモンティーユ一家の物語に私が集中して以来、ワインそれ自体を主題として追い求めることはもうやめていた。

皮肉にも、映画が上映され始めると、**ブルゴーニュ**®の醸造家たちはたいてい、ある感情を抱いた。モンティーユ一家を「**ブルゴーニュ**®を代表する家族」として選んだことに対して、驚き（あるいは憤慨と言ってもよいかもしれない）がはっきりと見てとれた。みんなはこう言っていた。「農民じゃないよ、モンティーユは。あれは弁護士だ。典型なんかじゃない、カッコよすぎる」。これに対して、私が説明したのは、私は社会学的な意味で、地方の「典型的な人たち」を求めていたわけではまったくないということだった。私は映画人であり、映画に出てくる人物に誰を使うかは、映画を作るうえでの基準（特に人間としての濃さと複雑さ）によって常に決まるものである。それは決して理論にしたがって決まるものではない。**ユベール・ド・モンティーユ**Ⓦは、ハリウッドの大スターに匹敵する存在感のある人物である。その魅力も能弁さもまさに希有である。弁護をするのはとても好きだが、精神的に落ち着くため、「わけのわからない理論に迷い込んでしまわないように、時には葡萄の木を眺めにこなくちゃならない」と彼自身が言っている。「葡萄を見ると現実に戻れる」ということだ。彼の葡萄の木はどの映画監督にも聖杯であるし、そうに違いないものだ。

しかし今回の旅については、また別の獲物を探していた。それで三人と連絡を取った。彼らは私の目からすると（そしてブルゴーニュワインの好きな多くの人からしても）、**ブルゴーニュ**Ⓡの芸術的な造り手のうちで、新しい世代（ルネサンスという意味で）の指導者的存在である。**ドミニク・ラフォン**Ⓦ、**クリストフ・ルーミエ**Ⓦ、そして**ジャン＝マルク・ルーロ**Ⓦは、三人ともその親が偉大な才能を持った造り手である。伝統にしっかり根を下ろしていながら、それぞれ進取の精神の持ち主であり、現代のワインを開拓していく造り手として世界に名が知られている。**ブルゴーニュ**Ⓡのテロワールを再評価する責任ある生産者の一員である。伝統と新しさの間にある対立とは、往々にして馬鹿げたものである。だから、ルーロ、ラフォン、ルーミエの三家族に見られる伝統とは、ある意味、独立と近代化に努める伝統、つまりそれぞれの世代が自分自身の考え方で進歩を求めているという伝統なのだと聞いても、別段に驚くにはあたらないだろう。そのうえ、この新しい世代には**ジャン＝マルク・ルーロ**Ⓦの妻**アリックス・ド・モンティーユ**Ⓦ（そして彼女の兄のエティエンヌ）も含まれており、その間で実り多き対話が常に交わされているのである。

ヴォルネーⓇから二キロ離れた**ムルソー**Ⓡにある、**ジャン＝マルク・ルーロ**Ⓦと**アリックス・ド・モンティーユ**Ⓦの夫妻の家に着いた。同じく**ムルソー**Ⓡに住む**ドミニク・ラフォン**Ⓦと二〇キロ離れた**シャンボール・ミュジニー**Ⓡの村に住む、**クリストフ・ルーミエ**Ⓦも集まってくれた。外では雪が降っている。この冬の昼食会は、これから五時間つづくことになる。私としてはまるでテーブルに座って、小津安二郎（ジャン＝マルクのワイン）やパゾリーニ（クリストフのワイン）、ブレッソン（アリックスのワイン）、ビリー・ワイルダー（ドミニクのワイン）と映画の話をするかのようなものだ。これはまったく特別な僥倖であって、映画の世界であればこのような会合は絶対にあり得ない。それほど有名な映画監督は、特別な自我を持っているものである。ここに集まった造り手たちがワインについて語る内容は、映画に置き換えると、世界中の映画学校ならどこでも必修科目に値する内容である。（どのような仕事であれ）仕事の技に関して、これ以上の授業はない。また、物理的にも時間の上でも自分を超えて自分を包み込む世界に面と向かった時の謙虚さと、自我をいかに発露していくかという意志の間には必然的な緊張関係があって、そのことについても学ぶことができる。

ジャン＝マルクとアリックスは、一七世紀に製粉所だった建物を現代風に建て替えた素敵な家に住んでいる。その家に私たちは迎えられた。ジャン＝マルクと私には、すぐにお互いを深く理解し合っているという共感が湧いた。それはおそらくワインと映画に傾ける情熱が同じくらいだからかもしれない。（本人はこのような評価から逃れたいと思っているらしいが）ジャン＝マルクは最もよく知られたワイン醸造家であるだけでなく、非常に才能ある俳優でもある。二〇歳で**ブルゴーニュ**Ⓡのドメーヌを離れてコンセルヴァトワール▼に入った時には、田舎でワイン造りをしていた父親をびっくりさせたらしい。ただ父親が早くに亡くなって、家族のドメーヌを切り盛りする仕事に戻らざるを得なくなった。しかし、それ以来、彼は二つの仕事をうまくこなして、収穫と醸造の合間をぬって芝居やテレビ、そして映画にも出演している。私がすぐに彼を醸造家としても役者としても認めたわけは、自分についての自信とはいつでもどこでも変わりうるものだと、彼が考えているところである。「自分」と「他者」の間のよい均衡が、彼の造るワインにはうまく現われている。

ジャン＝マルクの**ドメーヌ・ルーロ**Ⓦのワインを味わうことは、しっかりと根を張った、繊細でクリスタルのようなワインを味わうことだが、そのワインは開かれた味がする。飲む人が自分の感覚で反応を確かめる前に、勝手に自分を押しつけてくるようなワインではない。偉大な映画作品と同様、しっかりとした腕前を感じるが、その作品を受け取る人に無限の解釈の可能性を開くためにその腕前は振るわれているのである。ジャン＝マルクのワインは繊細で洗練されており、私が芸術作品に期待しているありとあらゆる基準を満たしている。自由に接して解釈できること、そしてそれを許す信念がある。彼の造るワインと同様、彼の中では基本的な逆説であるが、情熱的なジャンセニスト▼である彼が、ワイン醸造家であると同時に良い役者であることは単なる偶然ではない。テロワールに対して彼が身を置いている位置は複雑である。そのあり方は彼が真摯なやり方でテロワールを守る唯一の方法なのであって、マーケティングのためにしているのではないと私は考えている。

　レストラン・タン・ディンでしたのと同じやり方を、ここでもやってみようということになった。各自が自分の好きなワインと好きではないワインを持ち寄って、みんなで試飲してみるのである。ジャン＝マルクが、**リュドヴィック・パシュー**(W)というスイスの造り手の白ワインを皆に注いだ。アリックスがグラスを手にしたが、彼女の注意は他に向かっているようだ。すらりと痩せているクリストフは、自分のグラスを何か猫がするように撫でている。がっしりとした体格で、おしゃべりで気性の激しいドミニクは、「アステリックス▼に出てくるガリア人」のような印象だが、グラスに手を伸ばして、直ちに鼻に持っていくと、ぐいっと一気に飲み干した。

ドミニク・ラフォン（コント・ラフォン当主。以下ドミニク）われわれの間には、ワインに対して本当に自然な気持ちがあるから、ごまかしはいっさいなしだ。いつだって目の前にワインがたくさんあるんだから

▼コンセルヴァトワール　フランス国立高等演劇学校のこと。ヨーロッパでは最も権威ある演劇学校。
▼ジャンセニスト　第9章・二二五頁の訳注を参照。
▼アステリックス　第5章・一六一頁の訳注を参照。

ね。定期的にワインの味は見ている。たいてい友達の造ったいいワインだ。だから、彼らとの関係からして、いつもある感情が自然に出てくるんだ。でも、僕らの生きている環境ではない、レストランやワイン屋でワインを買っている人に、そういう感覚を伝えるのはすごく難しいことだよ。なぜなら値段ということも考えに入れないとならないからね。

　ジャン＝マルクが自分で注いで、ワインを味見する。

ドミニク　シャスラ[C]は、平板な感じがするね。

ジャン＝マルク・ルーロ（ドメーヌ・ルーロ当主。以下ジャン＝マルク）すごいワインではないけれど、これを造っているやつには一目置いているんだ。このワインは、スイスのヴォー[R]という地方で造られている。特にワインに適した場所というわけでもないんだ。造り手は若いけど、仕事の状況は決してやさしい楽なものではない。シャスラ[C]という品種は恩知らずなんだよ。だからこそ、あまりはっきりとした性格が出てこないんだ。この造り手のところを一度訪ねたんだけれど、天気がすごく良い時で、場所は丘になっていて、それが湖に向かって傾斜している。湖が太陽の光を反射して輝いていた。素晴らしい景色だったよ。

ジョナサン・ノシター（著者。以下JN）すごくロマンティックだね。

クリストフ・ルーミエ（ジョルジュ・ルーミエ[W]当主。以下クリストフ）ちょうど先週、ヴォー[R]のあたりに行っていたんだ。五から七ユーロの価格帯でも、このワインよりも美味しいのが飲めると思うけれど。

ジャン＝マルク　これは二〇〇三年のだけれど、だからといって切れがよくなっているというんじゃないね。このワインが大好きだって言うのじゃなくて、造っている彼に気持ちとして共感しているってところだよ。それだけ。

アリックスは何も言わない。不満を示すしかめ面をして、特に自分の持った印象を隠そうとしない。一本のボトルのまわりにこの四人の「プロ」がいると、若いライオンの群れが、激しく戯れているのを見ているような気がする。

JN 自分の好きな人たちのワインを飲む時……。

ジャン=マルク ろくでもないやつらの造ったワインなんか、好きになれないよ。すごく有名な**アルザス**(R)のやつがいるけれど、名前も言いたくないね。

ロール・ガスパロット（ワインジャーナリスト。以下ロール） **マルセル・ダイス**(W)かな？

しばし沈黙。

JN どうして彼なんだい？

ジャン=マルク なぜなら、ごりごりの信念に凝り固まっているからね。それが我慢ならない。それに、他の人に絶対譲ろうとしないんだ。いつかある時に、**クレデンヴァイス**(W)のところに寄ってからきたと言ったら、不機嫌になったんだ。それって、誰かが**ラフォン**(W)のところに寄ってから家に来るようなもので、普通のことだよ。いろいろタイプがあるってことは受け入れなくちゃ。人それぞれに持ち場があるんだ。一つの産地呼称《アペラシオン》がすべて自分のおかげなんだって主張するようなことは、許せない。そのワインがうまいのはそれはそれでいいけれど、自分のところだけがいいだなんて考えるのは、下の下だ。

JN ここでは、そういう考え方は見られないってことかな？

クリストフ まったく逆だね。他の人のやり方に何かを学ぼうとか、着想として得られるものが何かないかとか、みんな期待しているんだよ。

ジャン＝マルク　友達が言っているんだけれど、「おれの友達は、みんな良いワインを造っている」ってね。

JN　それも危険じゃないかな？　友達の映画監督同士だと、励まし合うよ。だけど、友達の作った映画が好きじゃなければ、それはその通りに言う。

クリストフ　自分の好みには合わないって言うことはいいけれど、他の人の作品をぶち壊す権利はない。その人の創造物はその人自身の解釈の仕方であって、それと同じようにワイン醸造家はテロワールを翻訳して表現している。つまり、その人自身のものの見方なんだ。その人の解釈の仕方をぶち壊すことも、やはりできないよね。ワインは多種多様な作品だ。広がっていくように運命づけられている。だから、それぞれ違った条件で、違った方法で、人はワインを飲んでいるんだ。

JN　映画と同じだね。でも、だからといって批評的な判断ができないわけじゃないと思う。たとえば、クリストフ、君のいる**シャンボール・ミュジニー**Ⓡだけれど、ラベルに自分の名前を入れている人は、どれくらいいるのかな？

クリストフ　そうだな、三〇人くらいかな。

JN　それで、そのワインは好きだと思えるの？

クリストフ　全部じゃないね。でも、どうして好きになれないのかはわかっている。ある人がしていることを断固としてダメだというのは、その人が僕の美学にしたがってワインを造っていないからじゃない。もう一度言うけれど、僕らの仕事には自由がある。行政や産地呼称《アペラシオン》の束縛はあるけれど、僕らの手にまだ残されている希有な自由の一つは、自分で自分のワインのスタイルを決める自由なんだ。それを尊重しているし、それを批評し評価することもできる。

ジャン＝マルク　自分の造りたいものを造る権利を主張できる。それはテロワールの問題であるとともに、スタイルの問題でもあるよね。最近は、世の中の流行にどう抵抗するかが話題になっている。けれども、僕は自分のワインを造っている時に、抵抗しているとか、協力しているとか、そんなことは感じていない。

ただ、それが自分の文化だからそうしているだけ。子どもの頃からそうしていたのを見ているし、自分がこの仕事でやろうと思ってからはそうしている。自分のやっていることが、今はかなり流行と違っているとしてもね。だから、何かに抵抗する**ブルゴーニュ**Ⓡ人として自分が位置しているなんて思わない。ただ、自分が好きなようにワインを造りたいと思っているだけ。スタイルについては、市場に譲歩したいとは思わないね。

JN　でも、テロワールを守るためには抵抗すべきだと思わないの？

ジャン＝マルク　テロワールって言葉は、何にもならない。みんながテロワールのワインを造っていると言うけれど、それはどういう意味なのかな？　最低の、絞りすぎの、どれもこれも人が好きになれない味のワインを、テロワールのワインとして造ることだってできる。僕にとっては、テロワールという言葉だけじゃ、大した意味がないんだ。どういうスタイルかってことが、僕には大切なんだ。テロワールという言葉は、それ自体、何も保証していることにはならない。けれども、テロワールがなければ、何もないことになる。そんなに簡単じゃないよ。

ロール　技の伝承の方が、テロワールを伝えていくことよりも、もっと大切なの？

ジャン＝マルク　テロワールの伝承は、技のそれに含まれているんだよ。

クリストフ　確かに僕は、**ピノ・ノワール**Ⓒを作りたいと思っていない。でも、ずっと同じテロワールに**ピノ・ノワール**Ⓒがありつづけるわけだから、今造っているものをずっと造りつづけるだろう。AOCがなくなれば、困ると思う。でも、もし産地呼称《アペラシオン》という考え方を消費者が受け入れなくなったら、もっと困ると思う。なぜって、結局、消費者のために働いているんだからね。確かに自分のために働いているけれど、ワインを消費する人の喜びのため、テロワールの美学の中で自分の仕事の限りを尽くすために働いているんだ。そしてそれは、いろいろなニュアンスが好きで、いろいろな感情をテロワールを通じて抱くことが好きで、その年その年でワイン醸造のスタイルを変えていくことが好きな人のためでもあるんだよ。

1……伝統とは、昔のやり方をそのまま踏襲することではない

二番目の白ワインをそれぞれが注いだ。モーゼル(R)のリースリング(C)、ヨハネス・ゼルバッハ(W)のヴェーレナー・ゾンネンウーア二〇〇二年(V)だ。

アリックス・ド・モンティーユ（モンティーユの造り手。以下アリックス）これは、テロワールに面と向かっていて、情念を感じる。

ドミニク　香りも、とても素敵だ。

ジャン＝マルク　ほんの少し前から、こういうワインを知るようになったんだけれど、本当に熱烈に好きだよ。

アリックス　アルコール度数は八度だって。

クリストフ　酸味がちょうど甘みと並び立っている。完璧なバランスだ。

ドミニク　ドイツが立ち直ろうとしているなんて、信じられない気持ちだ。あそこじゃ、今、ちゃんと仕事をしているんだな。

JN　アメリカのテリー・シースという輸入業者は、こういうワインで革命を起こそうとしているところなんだ。ドイツのすごい造り手のワイン五〇種類くらいを輸入している。ここ二〇年来、ドイツにもテロワールはあるんだとみんなに教えようとして、がんばりつづけている。ブルゴーニュ(R)と同じく、きちんとした仕事をして、複雑な味わいもあり、歴史もあると示したいんだ。そのおかげですごい刺激を受けて、新しい息吹が生まれ、また、ほとんど彼一人で開拓したアメリカの市場が、大いにその引き受け手になっている。

一〇年くらい前からは、今度は**シャンパーニュ®**の小さな個人の醸造家が、同じことをしようと試みている。彼らは**ブルゴーニュ®**の規模の小さな職人肌の造り手を手本にしているんだ。そこでもまた、**シャンパーニュ®**とは何なのかという考え方が、すっかり変わろうとしているんだ。市場の大部分を占めるブランド化した大企業がだんだんといい加減になっていく中で、職人を引き抜いているんだよ。皮肉にも、その大部分をアメリカの洗練された市場が引き受けているんだ。その市場で彼は、マイケル・スカーニックという販売業者と仕事をしている（現在、マイケル・スカーニックは、ジャン＝マルクのワインのアメリカ向け輸出を扱う業者である）。

ジャン＝マルク　こういうワインは大好きだ。アルコール分が強くないのがいい。すごく早く収穫したり、収穫が遅すぎる人については、いろいろひどいことが書かれている。僕はあるワインが好きになると、それをゆっくり味わって飲みたいね。

ドミニク　ゆっくり飲むんなら、ワインがそれに相応しい存在になれば、それで他の話もできるというものさ。往々にして、ワインに重きを置きすぎることが多いと思う。ワインは人を喜ばせるけれど、何もかもワインのおかげだということにはならないし。結局、ワインは飲み物にすぎないんだ。

クリストフ　僕にとっても、ワインは何かとうまく合わせて飲むべきものだと思う。このワインは感じがよくて、香り立って、本当に華やかに感じられるから、美味しいものを飲んでいるって感じがする。それに、この完璧な酸味は芸術的な感覚に訴えかけてくる。

ドミニク　これは面白いよ。果実はしっかり熟しているのに、糖分が多すぎないんだ。なかなかこうはならないよ。

クリストフ　そうだね。もしアルコール度数が高ければ、同じ感じでは飲めないね。ここで飲んでいる状況からすると、このワインにあるすべてがうまく作用している。

ドミニク　昔は、長い間、アルコール度数が販売の基準だった。**ブルゴーニュ®**の仲買業者《ネゴシアン》に自分のワインを売りたいのなら、度数が一三から一三・五度になっていないといけなかった。だから、シャプタリザシオンをしていたんだ。プルニエ・クリュのヴォルネー®でも一二・五度ならダメなんだ。もう一度高ければ、ワインはいっそう輝きを放ち、仲買業者に喜んでもらえた。なぜって、その方が簡単に売れるからね。若いワインには砂糖でまろやかさを与えて、早いうちからハッタリをかませるんだよ。

JN　今でも、自然な糖分を高めることで、同じ効果を出そうとしている。

ドミニク　確かにその通りだ。

JN　第一次大戦と第二次大戦の間には、シャプタリザシオンはしていたのかな？

ドミニク　一九二二年の大伯父のノートには、ピノだったら比較的早くに一一・五度で収穫していたと書いてある。赤にはシャプタリザシオンしていたけれど、白にはしていない。赤は早くに収穫して、白は遅く一二・五度から一四度だったようだ。白は熟しすぎても何とかなったからね。

ジャン＝マルク　味覚の変化についても、やっぱり話をしなくちゃね。もし祖父たちの世代が僕らのワインを味見したら、最低だって思うかもしれない。彼らが食べる時は、料理は一二皿で、ワインは二五種類だったからね。料理も変わったし、僕らも変わったんだ。

ドミニク　伝統も変化している。六〇年代には白ワインは見向きもされなかった。ムルソー®はひどいものだった。それは忘れちゃいけないよ。

クリストフ　僕の祖父のワイン、三〇年代から四〇年代のだけれど、それを飲んでみても、そんなにひどいものだとは思わない。

ジャン＝マルク　赤ワインと白じゃ違うよ。白ワインは、ずいぶん変わったと思う。白ワインに人気が出たのは、つい最近のことだから。

クリストフ　白ワインは美食家の間じゃ、それほど評価が高くなかったんだ。

ドミニク　ぼくの曾祖父はラトゥールやブシャールをはじめ、いろいろな業者に売っていた。ボトル詰めしていたのはごく少量だけれど、それは売れ残った分なんだ。

2……造り手が自分たちのワインを試飲すると

ジャン＝マルクが自分のところのワイン、**ドメーヌ・ルーロ**Ⓦのムルソー・ブシェール二〇〇二年Ⓥとムルソー・レ・ティエ二〇〇四年Ⓥを開けた。一方は彼が好きで、もう一方はそうではないことになる。

ロール　ブシェールはコルク臭いかな。

アリックス　そこまでだとは思わないけど。

JN　アリックスは、**オーベール・ド・ヴィレーヌ**Ⓦに面と向かって、ワインが傷んでいると言えた、たった一人の人間なんだ。それも、オーベールのカーヴにある**グラン・ゼシェゾー一九五三年**Ⓥの最後の五本のうちの一本を、僕らのために開けてくれた時だったんだから。

アリックス　二年も経っているのに、まだそのことを言うんだから！

ドミニク　それで、オーベールはどうしたの？

JN　落ち着いていたよ。第一級の紳士だからね。その時は**ロマネ・コンティ**Ⓦでの昼食会だった。台所でのね。オーベールは、アリックスのグラスから一九五三年を飲んで、言ったよ。「ああ、なんたること」ってね。それから彼は、残っているあと四本のうちのもう一本を取りに、カーヴに降りていったよ。それ以上、素敵なことってあり得ない。

▼**シャプタリザシオン**　（原注）発酵中のワインに砂糖を添加して、アルコール度数を高め、ボディに重みを与えること。

アリックスは、夫ジャン＝マルクの造ったワインを飲んでみた。

アリックス　でも最初に一口飲んだ時にしか、傷んでいる感じがしないけれど。

ジャン＝マルク　すまない。傷んでいるよ。ほんの少しだとしてもね。

JN　このワインが傷んでいるとは九五％の人はわからないと思う。そして美味しく飲んでしまうと思う。まったく傷んでるワインは飲めない。でも、中くらい傷んでいても、複雑な味わいなのかなと妥協してしまう。軽く傷んでいるだけだと、おかしいと感じるのは造り手と特に敏感な飲み手だけだよ。それに、そのワインの中身九八％はそのままなんだから。

ジャン＝マルク　なるほど。でもいずれにせよ、レ・ティエの方には純粋さがある、それが僕は好きなんだ。けれども、二つともテロワールのワインなんだ。

アリックス　とは言っても、対極的な二つのテロワールでしょ。

ドミニク　でもレ・ティエの方が、ジャン＝マルクが造っているワインのイメージに合っている。

アリックス　まったくその通りね。

ドミニク　本当にそういうところで、君に期待しているんだ。ブシェールの方が大きくて、まろやかで、はっきりした味わいだけれど。山の上にひとかたまりの葡萄の木を持っているんだろ〔レ・ティエの畑のこと〕。それがすごくきっぱりとした味のワインを生んでくれる。そして君はそこでいろいろなことを学んだんだ。

ジャン＝マルク　うん、確かにそうなんだ。

ドミニク　君が持っているブシェール〔他のプルミエ・クリュ同様、丘の中腹にある〕では葡萄が早く熟して、もっとずっとまろやかなワインができる。それが**ムルソー**[R]のテロワールの一部となっている。けれど、そのことが君を困らせているんだ。僕は、よりまろやかなワインが好きだけれど、ジャン＝マルクのワインがよくわかる。もし僕がレ・ティエを造ったとすれば、その厳粛な性格に困っていただろうな。

アリックス　ドミニクはもっと人に優しいワインを造るもの。わたしは、あなたたちよりも、もっとずっと厳格なワインを造るわ。もっと厳めしいのをね。

ドミニク　君が面倒臭いっていることは、みんな知っているよ（一同笑い）。

3……シャプタリザシオン、酒石酸、有機農法……

ドミニク　昔、シャプタリザシオンなんて、フランス中、どこでもやっていたんだ。

アリックス　わたしは砂糖を添加しないのを原則としているわ。

ジャン＝マルク　何々をしないのを原則としているっていうのを聞くと、イライラするなあ。

アリックス　砂糖の添加をしないって決めている、それだけよ。酒石酸を添加する方が、まだマシよ。でも、だからといって、わたしがいつも酸味を入れている▼ってわけじゃないわ。

ドミニク　僕がマコン®のドメーヌを継いだ時、砂糖が二トン隠されていたんだ。まあ、それはよくあることだった。でも、葡萄の木の世話をちゃんとすれば、そんなものは必要ないのさ。

アリックス　二トンねぇ！

クリストフ　植物のサイクルが変わったんだ。より熟してから収穫するようになったし。昔はもっと早く、まだ熟しきる前に収穫していた。それで砂糖を添加する必要があったんだ。化学肥料も使って、いい加減

▼酸味を入れている　（原注）フランスの法律上は酸味を加えたり、砂糖を添加することは、どちらも認められている。ただし二つともすることは認められていない。

に葡萄の木の栽培をしていたからね。そんなふうに二〇年もつづけると……。

JN　もし僕が、どこにでもいる普通のワイン好きで、玄人っぽくないとすると、町の中でワインを開ける時、その一本のおかげで、僕と自然が結びつけられているように感じると思う。ワインのおかげで旅をしているって感じは、ワインが持っている不思議だと思うな。でも、砂糖を足していたり、酸味を加えている人がいると思うと、もう話が同じじゃなくなっちゃう。自然とは同じ感じでつながることはできない。そうなると、聞いてみたくなる。本物とはいったい何か？　と。自然について人はどういうふうに考えているのか？　自然のワインとはどんなものなのか？

ジャン＝マルク　何度も同じことを言うのは面倒だけれど、確かにそうだよ。つまりね、葡萄をしぼった果汁を自然のままに放っておけば、最後は酢になるんだ。

JN　もちろん、人間の手によらなければ、ワインは存在しない。ワインは自然の表現なんだ。けれども文明の表現でもある。ワインが本来の自然さを失わないようにするには、どこまで人は手を入れることができるのだろうか？　美容整形みたいなものだね。時には、人工的なものの方が、もとの自然よりもより自然らしいことがある。ボードレールやワイルド、そしていわゆるダンディと呼ばれる人たちはみんなそうだ。だから意図的に造られたワインだからといって、最初から間違っているとか、不味いと決めつけることはない。しかしながら、ワインを愛する人には本質的な合意があると思う。どこどこのワインを飲むということは、それはそこに旅をしにいくのだということ。だからこそ、葡萄の品種だけのワインや決まったブランドのもの、あるいはテロワールのものじゃないワインは、必然的に別の種類の旅ということになる。

ドミニクが別の一本を開け始めた。

ドミニク　これは、モロッコへの旅を思い出させるものだよ。それも田舎の、まわりは厳しい自然に囲まれた旅だ。そこで、みんなが一人一人自己紹介をしたんだ。僕の番が来て、僕は果物を保存する仕事をしていますって言ったんだ。葡萄を作っていますが、人間は葡萄を保存するのに発酵させるよりもよい方法を見つけられなかったってね。そういうことなんだよ。結局は、大都市の人たちに、ある年の、ある場所の、ある時にできた果実を与えている。自分のやり方でワインを造ることで果実を保存しようとしているんだ。だから、つまり果実の保存なんだ。田舎という環境で、自分のまわりにあるものを何とか守って、そして一年を過ごすことができる。最初は、ワインというものも、そういうふうだったのじゃないかな？

一年の果物を保存するために、造ったワインを壺に入れておいたんだよ。

ジャン＝マルク　それと、砂糖を入れるな、酸味もダメだって言い出すと、硫黄処理も澱引きもなしで、他にもダメなものがいろいろあるっていうことになる。禁止項目に押しつぶされてしまう。一方で、ワインと何とかやっていかなくちゃならない。造っていかなくちゃならない。禁止、禁止のおかげで、七面倒なワインを造ることになるんだ。

ドミニク　僕らの仕事は、ことを面倒にするんじゃなくて、きちんとあるべきところに戻すってことだよ。

JN　とは言っても、みんな有機農法でやっているんでしょ？

ドミニク　僕はそうだけれど。

ジャン＝マルク　僕もそうだけれど、それをいちいち表示していない。

クリストフ　考え方としては、僕もそうだよ。でも、いろいろ束縛されたくないんだ。有機農法のいろいろな方法を僕も使っている。でも認可は受けないだろうな。だって、ベト病防止剤を使っているし。だからといって別に気にしていないよ。葡萄も薬にやられないし。生物学がすべてに対応できるとも納得していない。だって、どんどん禁止項目が増えていくからね。僕はビオディナミの方が面白いと思う。

ドミニク　僕らの仕事の持続性を断ち切ってしまうような、馬鹿げた栽培法をしないようにすることが大切なんだよ。
ロール　ドミニク、そういえば、まだあなたのワインは話題に上っていなかったわね。もう試飲し始めてから、けっこう時間が経っているのに。
ドミニク　他の話をしながら、僕のワインが飲めるということは、そんなに悪くないワインだっていう証拠だね。**ムルソー・ジュヌヴリエール一九九七年**Ⓥを持ってきたよ。このテロワールは最高だと思う、繊細さと微妙な感覚に富んでいる。僕にとって本当に喜びだね。一九九七年が好きなのは、いい収穫ができたからなんだ。**ムルソー**Ⓡの丘の低いところの畑の良い特長が出て、いい緊張感がある。自分がそこにいるみたいな感じがする。
それから、**ムルソー・ペリエール一九九八年**Ⓥも持ってきたんだ。すごく力強い味を持っている。一ヘクタールあたり一五ヘクトリットル（一・五キロリットルのことで、たいへん量としては少ない）を絞っている。一年中、畑でたいへんな騒ぎをしているのに、葡萄の木に何が起こっているのか、カーヴで何が起こっているのか、まったくわからないんだ。しばしばこの銘柄はさわやかさに欠けることがある。ワイン造りに苦労する畑なんだ。いろいろ自分でも考えてはみるんだけれど。この一本は、僕にとっては一つの冒険なんだ。それをみんなの所に持ってくるというのも、やはり冒険だね。僕だってこのワインは値段がとても高いって知っているし、それをわざわざここで言うのも間が抜けているんだけれどね。でも一方で、自分がしている仕事に純粋でいたいと思うのなら、そして自己満足したくないと思うなら、冒険してみることも受け入れなくちゃね。
ブルゴーニュⓇのワインはいろいろあるけれど、どんなふうに流通しているのかぜんぜん知らない。すごいブルゴーニュワインが、どのように売り買いされて、どのように栓を開けられているのか、いつも知っているわけではない。花火みたいな扱いをされることもあるし、時には大事にされないこともある。どんなふうに、誰と、どんな食べ物に合わせて開けられるかで、いろいろ変わるんだ。**ブルゴーニュ**Ⓡのワインは活き活きとしているし、華々しさがあるからね。

クリストフ　ワインが、いつも同じご機嫌とはかぎらないというのは、確かにその通りだね。**ブルゴーニュ**(R)のワインは、それぞれ気分が違っている。すごく人間的な部分がある。醸造学によるとか、あるいは機械で造れる酒というより、人間的な酒なんだ。時には、機嫌が悪くて、ぶつぶつ愚痴を言うけど、基本はいつもそこにある。人がそこに込めた仕事、というかいろいろな思いがあるんだ。後は、時間をかけて待ってあげると、ワインの方から出てきてくれる。完成された、確実な製品ではないんだ。ここのワインにはロマンティズムみたいなものがあるよ。

　静かに、食堂へとみんなが移動した。家に入って最初に通る部屋が食堂だ。こういう配置の仕方が、**ルーロ**(W)家と**モンティーユ**(W)家に代々伝わっている、人を迎える時の考え方を反映している。

JN　ここまでみんながお互いに話してきたことは、ほとんどワインの物理的な特徴だったと思う。みんな土地にしっかり足を踏ん張って……。

クリストフ　なぜなら造り手として、この物質からは切り離されることは無理だからね。必要なのは、材料だ。それから先、ワインになければならない香りだとか、そういうものはいっさい、僕はどうでもいいんだ。僕に興味があるのは、全体の調和なんだ。だって僕は、土の上の役者だからね。僕は基調を見つける。それだけだよ。消費する人は当然、別の見方をすると思う。それに、日本人はアメリカ人とは同じ味覚をしていないと思う。いろいろな違う感覚を期待していると思うよ。けれど、ワインとしては同じものなんだ。

　もし、ワイン愛好家の世界で**ドミニク・ラフォン**(W)が白ワインの世界的に最も偉大なスターの一人だとすれば、**クリストフ・ルーミエ**(W)は赤ワインでのスターである。けれども、この日の午後の初めからずっと、ドミニクの率直で根っから感じのよい性格のおかげで、クリストフの洗練された控えめな態度を前にしても、ライバル関係にあるはずの彼らが交わす言葉には、何ら障害となるものは見られなかった。

クリストフ　僕の**シャンボール・ミュジニー・プルミエ・クリュ・レ・ザムルーズ二〇〇一年**(V)を、みんなに持ってきたよ。それと**シャンボール・ミュジニー・グラン・クリュ・ボンヌ・マール一九九五年**(V)。レ・ザムルーズ二〇〇一年は、僕が好きじゃない方なんだ。青っぽいというか。ちょっとサヤエンドウのようというか。収穫が遅すぎたのがいけなかったと思う。それに発酵が途中で停止しちゃったんだ。

ドミニク　このワインは、石鹸みたいなところがあるね。口の中にずいぶん気体がある感じがするな。落ち着いたワインじゃないね。でも口に入れて、最後には繊細な味わいが出てくる。

クリストフ　これまで醸造タンクで発酵が停止したことは、一度もなかった。それで何とか発酵させようとして、ルモンタージュ▼やピジャージュ▼をしたんだよ。そんなことが僕のワインにも起こるなんて、考えてもみなかったね。

ドミニク　それで、(発酵は)最後まで進んだの?

クリストフ　ああ、でも酵母を添加したんだ。そんなこと一度もしたことがなかったのに。でも、その時はそうしたんだよ。それが香りに反映しているから、嗅ぎ分けられると思う(もともとあった酵母が自然に葡萄の糖分をアルコールに変えていくのとは、香りが異なるので)。

ドミニク　ひょっとしたら、このワインは一〇年後にびっくりすることになるかもしれないよ。最後に出自のいいワインだってわかるからね。

クリストフ　長い目で見ると、もしかするとこのワインにも何か良いところが見つかるかもしれない。落ち着いたワインになるかもしれないしね。普通なら、レ・ザムルーズは息をしているワインだからね。

アリックス 私は、ちょっと苦しいかなって思う。鼻にくる感じはあんまりはっきりしていないけれど、口に入れた感じはそんなに嫌じゃない。ただ、テロワールを反映していない。でも、このワインはまだずいぶん時間のかかるワインだと思う。

アリックスがポワレした牛肉を、みんなに出してくれた。

クリストフ これは美味しいね。ちょっとない柔らかさだ。
アリックス これは、ジャン＝マルクがリモージュから持ってきた本物の牛肉なの。
ドミニク このワインとだと、子牛の胸腺肉とむしろ合わせたくなるな。二種類のシャンボールと同じでもっと繊細さがあるからね。ほんとにシャンボールのワインはレースの飾りのようだ。
クリストフ 僕は、このワインを自分には理解できない葡萄畑が生んだもののように考えている。この畑には、ありあまる勢いを下げるところがあった。その後、少し窒素と鳥の糞を入れて回復させたんだ。今の畑は前よりもずいぶん良くなったよ。
JN ずいぶん畑が良くなったということは、植えてある木が健康になり、葡萄も健康になり、それによってワインも透き通って表情豊かになったということかな?

▼ルモンタージュ 「果液循環」と言われ、ボルドー地方やその他の産地で一般に行なわれる醸造中の作業。発酵促進のため、醸造タンクの中にある果汁を循環させること。つまり、タンクの下の方にある果汁を汲み上げて、醸造中の醪の上にできたブドウの皮などの帽子状の固まり（「果帽」という）の上からかけて、果汁と果帽の中身を再度触れさせ、成分抽出やさらなる発酵を促すこと。
▼ピジャージュ 「櫂入れ」とも言われ、発酵を促すため果帽を櫂棒を使って崩し、醪を攪拌すること。

クリストフ　そうだね。

ドミニク　それはすごい。いろんなことを学んだうえに、ワインに関してはまだ無垢なままでいられるってことだね。君は酵母を使うまで、できるだけ自然なままでいようとがんばったんだ。すごい賭けをしているんだね。時にはぜんぶ台無しにすることもあり得るような、ぎりぎりのところでね。

ロール　経済的な面は、そういう時には重要なのかな？

ドミニク　そう、それは確かだ。でも、それは時が来れば感じることで、その時には考えていないよ。何が重要かなんて考えちゃいない。自分の**ムルソー**®のことを考えるんだ。それだけ。自分が選んだ道に純粋にとどまろうとしているんだ。

ロール　でも、あなたのワインは売る時には、一本八〇ユーロから一五〇ユーロはしているんでしょう？

ドミニク　それは投機の結果で、うちの倉庫から出て行く時は三〇から四〇だよ。

JN　といっても、一〇〇ユーロという値段をつけて、ぜんぶ売ることもできる。

ドミニク　もちろん。でもそんなことはしない。

クリストフ　それは、良心の問題だね。

ジャン=マルク　とはいえ、僕らは特権的な立場にいる。僕らのドメーヌは悪くないからね。安楽な立場というか、経済的な圧力を感じなくてもすんでいる。

JN　皆さんがそういう自由を手にしているのは、先祖が自分たちのこの土地を思い、手入れをしてきてくれたから、そのおかげでしょうか？

ジャン=マルク　そうだと思う。でも、この財産だって、一〇年か二〇年で使いきっちゃうことだってあり得る。

クリストフ　良き親を持ったってことだな。

ドミニク　それと僕らは、ワインについて学校で勉強した最初の世代でもあるんだ。

ジャン＝マルク　それに、いろいろと他の場所を見てきた最初の世代でもある。

クリストフ　先祖から受け継いだ花火職人みたいなもので、僕らは質の上ではすごくいい所に置かれている。成功するに決まっている場所に置かれて、後はもっと先まで進むか、それともとどまっているかなんだ。それに僕らはあちこち行ったよ、アメリカからシンガポールまで。心を開いて、分かち合う、素晴らしい出会いをしてきた。僕の考えだと、日本人はこういう考え方をすぐに理解してくれると思う。**ブルゴーニュ**®で守られてきた細かな文化の伝統を彼らはすでに持っている。産業主義に陥らないってこと。そういう文化の在り方は僕らと似ている。**ブルゴーニュ**®には別のことも取り入れることができたかもしれない。しかし葡萄の品種を一つに絞り、葡萄の木もほとんど一種類にした。そのことを自分たちの喜びとしたんだ。時には、さらに先鋭化することもある。同じ畑の中で、一部だけを区別しようとする。それこそが**ブルゴーニュ**®の豊かさとなっている。融合する文化を形成しようとしたことはまったくなくて、細分化する文化を望んだんだ。だから日本人とまったく同じ位相にあるんだ。さらに言うと、日本の人は酸味が好きなんだ。タンニンを好んではいない。香りを愛している、甘みじゃなくて。だから、お互い認められるんだよ。

クリストフがみんながうなずく意見を言った頃には、ここにあるボトルはどれも空になっていた。造り手にとっては、それが唯一の大切な印である。

ドミニク　このレ・ザムルーズは大好きだよ、官能的だ。控えめに言っているんだよ。だってクリストフのところじゃ、何でもすごく軽快に感じちゃうからね。無理のない味の濃厚さだね。魔法みたいで、ほんと仰天しちゃうよ。**コート・ド・ボーヌ**®に**ヴォルネー・サントノ**®の畑があるんだけれど、力強さを制限して繊細さが出るようにしてくれないかな。材料はずっとあるんだし。シャンボールのワインだと、材料がはかない感じだ。驚くほどか弱いんだ。ちょっと単純化しすぎかもしれないけれど、最高のワインというのは味わいに満ち満ちてはいるけれど、力まかせな感じじゃないものなんだと思う。味わい深いはかなさだよ。

クリストフ　僕もそう思うけれど、表現はもう少し穏やかにしたいね。素晴らしいワインは、何よりもエレガントであって、力強さを誇示するものじゃない。

JN　それは、最近の傾向と逆だね。

クリストフ　その通り。

ジャン＝マルク　僕は、すごく楽観主義的すぎるかもしれない。けれども僕らのワインに興味を持ってくれている人たちが、少数ながら核のように存在して、その人たちの関心はとても高いんだ。

クリストフ　新しい技術で造られたワインを飲んでいる人たちが、そのうちに飽きて、もっと正しいものに戻ってきてくれるということだって考えられるんじゃないかな。

4……世代交代とテロワールの継承

ロール　自分たちをワインのエリートだと思ってますか？

ドミニク　いいえ。ワインに対して敏感だとは思うけど。

クリストフ　僕は、甘やかされた子どもみたいなものだな。誰も知らないワイン農家に生まれることだってあり得たわけだし。レ・ザムルーズやボンヌ・マール以上のものは想像もできない。僕の父は仕事にどう取り組めばいいか見せてくれたし、祖父はカーヴにワインを残しておいてくれた。だから、今でもそれを味見できるんだよ。

ドミニク　そうそう、祖父のジョルジュはワインを取っておいたね。父のジャン＝マリーは赤ワインについて、すごくいろんなことを教えてくれたよ。そのことを思うと、今でも胸が熱くなる。二〇〇二年に父を埋葬した日、僕はもう気が動転した。今でもその気分から抜け出せていない。ワインの紳士だった。クリストフ、君は、お父さんがしたことを、さらに先に進めたんだね。

ジャン＝マルク 僕は一九七八年に父を亡くしたんだ。その時、二四歳だった。クリストフ、父が亡くなる少し前に父の見舞いに来てくれたね。

クリストフ 君のお父さんは、私の父と僕の造るワインと情報交換を望んでいたんだ。僕の父は、残念ながら、病気でその何年も前からもう自分がわからなくなっていた。でも、少しずつ自分の力を賢く譲り渡してくれた父の姿が、僕の心にはあったんだ。僕らの仕事だって、いつどうなるかわからないからね。

ジャン＝マルク ブルゴーニュ®じゃ、それは本当に大きな問題だよ。僕らと同じ世代がたくさんいて、その父親がなかなか引退したがらないってことは、恐ろしいことだよ。犠牲になる世代があるってことだ。

クリストフ うちでは、徐々にだったから、一度に済むことじゃなかった。僕が仕事を継ぐことを認めてくれるのに、時間がかかった。だって、最初はダメだって言っていたんだ、七〇年代はね。「何でもしてよいけれど、ワイン醸造だけはダメだ」って言っていたんだ。それにそう言うことが誇りだったんだ。

仕事の伝承については複雑な問題がたくさんある。それも個人個人のレベルだけじゃなく、文化という水準でも。もうずいぶん前から外は暗くなっていた。コーヒーに移る前に、最後に一つ質問をしたいと思った。

JN 何かを変えるつもりですか？

みんな、お互いを見合っていたが、アリックスが自分たちの意見を集約して発言してくれると思っているようだった。

アリックス　いいえ、何も変えません。

JN　時間の中で立ち止まっているという感じですか？

アリックス　いいえ、そうじゃなくて、自分のリズムで進んでいるという感じ。毎年、わたしは前に進んでいるわ。

JN　じゃあ、何か新しく問題が起こって、お父さんに電話してどうしたらいいか聞くなんてことはしないんですね？

アリックス　あり得ない。

JN　テロワールを守るってことは、お父さんのようにすることとかなって考えることもできますが。

アリックス　テロワールの文化はあるけれど、それに対しても自分が自由だって感じているの。

JN　テロワールに囚われるってことはないですか？

アリックス　逆です。テロワールの後ろに引きこもっていたいと思うの。テロワールのおかげで自由なんだから。

フランスのワイン文化には、何か矛盾したところがある。曖昧さと複雑さを大切にしたいという優れた精神があるにもかかわらず、修道士たちがワイン造りをして以来、ずっと変わらない強い一つの傾向がある。それは、何もかも並べて順序をつけたいと望んでいることだ。あるいは、もしかすると、複雑さを求めるという気持ちこそが、フランス人に絶えず等級付けをさせるよう促しているのだろうか。修道士たちは、自分の畑の部分部分に分けて等級付けをした。より良いものが何かわかっていたのである。しかしながら、醸造樽の中で分けて醸造したとはかぎらない。

たとえば、**クロ＝ヴージョ**®には三種類の土地があるが、それは封建社会での三つの身分を反映している。しかしこの地から生まれるワインは、一つにまとまっていた当時の社会のままになっていた。彼らにとって、この地の三つのタイプの土壌はそれぞれが互いを補っていたのである。そうなるとワインは神々しいまでの結びつきを反映する。修道士たちはこの地の畑をきちんと分けていたが、隣の畑ではそういう区別をしていなかった。なぜなら**クロ＝ヴージョ**®は、自分の中に必然として違ったものを含んでいるこの世の完璧さを表現するものでなければならなかったからである。高みにあるより良きものと、より軽い低いところにあるものが一緒になっていたのである。

すでに一四世紀、ロマネ・コンティの畑は修道士たちが他と区別していたと**オーベール・ド・ヴィレーヌ**Ⓦが言うが、その時には一番良いとかあまり良くないとか、第一級とか特級とかいうような等級付けはまだなかった。ただ、そうしたものは違いとして認識されていた。それに対して、葡萄畑の等級付けは畑の所有者が行った。教会の所有だった畑、貴族の畑などと分かれていた。所有者の社会的な地位のせいで、それぞれの畑の金銭的な価値を付けたのである。

一八五五年の**ボルドー**®における等級付けについても同じことが言える。ワインはその当時仲買人たちの間で決まっていた価格によって等級付けされた。所有地の歴史的な知名度や、場合によっては地勢的な考えから自然に決まったのである。しかしワインの価格は、市場のせいぜい二〇〇年程度の動きを反映したものにすぎない（したがって現代のように市場の瞬間的な乱暴な法則にしたがったものではない）。ボルドーワインを世の中に提供していく際に求められたこの等級付けのおかげで、見識のある愛好家たちがシャトーやドメーヌ、そして地域を少しずつ区別するようになり、何十年も経つうちに、最高に複雑で繊細なワインができるようになっていったのである。したがって最初は価格の上での階級付けだったが、そこにはテロワールやそこにしっかりと根を張った人間の経験についての考えが含まれていたのだ。

ジャン＝マルクが、台所でクリストフとドミニクとともにコーヒーを淹《い》れている。

ジャン＝マルク　ワイン造りの危機について、**コート・ド・ニュイ®**のすごく大きな造り手から聞いた話だけれど、**ブルゴーニュ®**は複雑すぎるし、制限もグラン・クリュとプルニエ・クリュに対してやれば十分で、村名レベルの他の畑じゃそんなこととすることもないから、やめた方がよいっていうことなんだ。僕は、僕のレ・ティエとメイ・シャヴォーをもう分けられないという日が来たら、産地呼称《アペラシオン》の制度から抜けることにするよ。畑の部分部分を分けないで**ムルソー®**を造るなんて、まったく興味がない。僕はラベルに土地台帳にしたがった印をずっと付けつづけると思う。**ブルゴーニュ®**は周囲からのいかなる圧力に対しても抵抗できる小さなまとまりだと思うんだ。こうしたシステムがずっとつづく場所があるとすれば、それは**ブルゴーニュ®**なんだ。ここで僕らがしているワイン造りの仕事はまさにそれなんだ。グラン・クリュだろうとプルニエ・クリュだろうと、等級付けされていない畑だろうと、畑の部分部分の個性に応じた仕事をしていくことだ。僕にとっては、この点では議論の余地はない。

JN　文化のどういう分野でも同じなんだけれど、複雑さというのは嫌がられる。はっきり言って、効率性の敵なんだ。ところがＩＮＡＯ（国立原産地名称研究所）の内部にも、原産地呼称統制（ＡＯＣ）を問題視する強い勢力がある。

ドミニク　この圧力は世界中から来ていて、その力に従うと、僕らのシステムは最低最悪で、葡萄の品種名を表示したワインや、ブランド名によるワインの方が、ずっとましだということになる。僕らがしている仕事を妬んでいるんだ。ＡＯＣ（原産地名称統制）は完璧なものじゃないけれど、技術や企業よりも、場所とその土地で働く人間に重きを置いている。人間的な価値を守ろうとしている。最良のテロワールがどこかなんてどうでもいい。グラン・クリュ、プルミエ・クリュ、各々の土地名、ヴィラージュ、ＡＯＣブルゴーニュ、そのそれぞれが等価なんだ。けれども、原産地の正確な表示、それはよいと思う。情熱であり、生命の現実なんだ。そう、それは大切だと思う。一本が五ユーロだろうと、一〇だろうと五〇だろうと、そんなことはどうでもよいんだ。その中にちゃんと農業の意味が込められていることが大切なんだ。

JN　しかし芸術家的な職人として、皆さんは自分が望むとおりに自分を表現できていますか？　何か妨げになるような束縛はありますか？

クリストフ　そうだね、ボンヌ・マールについて言うと、ちょっとシラーを入れられたらなって思ったことはあるね。アメリカなら、**ピノ・ノワール**Ⓒのワインを造るとすると、二割は別のものを入れても、そのまま**ピノ・ノワール**Ⓒって呼びつづけられるんだ。それって偽物なのかな？　僕らは純粋に規則を決めているから、土地が僕らに与えてくれるものを使って仕事をしている。ワインは勝手に意図して造る生産品じゃない。いつも原産地を尊重しているんだ。

ドミニク　文化というのは、ある場所の歴史だからな。

クリストフ　さっき日本人の話をしたよね。彼らは本当にすごいんだ。**ブルゴーニュ**Ⓡじゃ、たくさん日本人を見かけるよね。巡礼をするように自転車や徒歩でやってくる。とても詳しく描かれている地図を持っていて、それには産地名称それぞれに造り手が正確に載っている。自分が飲んでいるワインがはっきりと限定されたその場所で造られているという事実、それが彼らには興味深いらしいんだ。その土地が生んだものを飲むということに価値を持っているんだね。

ジャン＝マルク　カリフォルニアの、サンタバーバラの例の人たちだけれど、自分たちが造りたい理想のワインを求めているのだから許されると思って、**ピノ・ノワール**Ⓒに二〇％**シラー**Ⓒを加えている。それに対して、クリストフが自分のレ・ザムルーズ二〇〇一年のことを話す時、好きじゃないと言うけれど、それはレ・ザムルーズならこうあるはずだという期待との関係でそう言っているんだ。テロワールというのは、シナリオなんだ。それを演じている僕たちは、サンタバーバラの造り手たちとはまるで違ったやり方をしている。彼らはどちらかというとハリウッドのやり方だよ。映画スターと同じように好きな葡萄の品種を使って、映画と同じくワインに最高の効率を求めているんだ。こっちはテロワールのおもむくままにやっている。その背景には、歴史だってあるし。

家族が伝えてきた自分のテロワールにしっかりと根を張っているこの三人を前にして、私は自分が先祖伝来の土地を持っていないことを思い出した。自分の国さえもない。彼らの造るワインに、チマブーエ▼の描いた一三世紀のフレスコ画を前にした時と、同じ感動を見出した。

けれども私は、彼らに完全に賛同したいと思うが、その一方で、ウォーホル▼のような人がすべてのものは本質的に同じ価値を持っていると言いたくなるのもわかる。とはいえ、ウォーホルが、チマブーエと同じように美しいなどとは誰も言わないだろう。これは趣味の問題であって、答えを求めるものではない。しかしウォーホルとチマブーエを区別するものは、その美しさ、その喜び、趣味の問題を確認することなどを超えたところにある。

チマブーエの価値は、一つの文明の証人として、時代を超えて歴史を生き延びていくことにもあるのだ。一つの同じ時代のテロワールに対しても同様である。この本質的に備わった価値は模倣できないものである。そうなると文明の証人が生き延びていくことは、時と空間の中で世界の遺産、普遍的な価値になることである。その表現されたものの責任者や作者が誰かなどといった束の間のことなど、はるかに超えてしまう。それは作者としての芸術家だろうと、買い手としての消費者だろうと同じである。

ワインは、あるいは一枚の絵は、テロワールのものであるかぎり、人間個人の表現を含み持つものであり、時間との関わりにおいてのみ高貴になると言える。テロワールは自由な個人の発露であるが、何かしら共同体を反映するものを内包している。そして、そういう意味合いにおいて、私は共同の市民なのである。

ワインを飲む行為だけで、私は世界に改めて位置を占める。その土地の所有者である必要はない。だからテロワールとは、美術館と同様に民主的なものである。先祖伝来の所有に関わる不公平な事柄ではない。

反対である。まさに世界中とともに一つの特権を分け持つことである。

▼チマブーエ　一三世紀にフィレンツェで活躍した画家。フレスコ画を得意とし、ジョットーの師匠とも言われる。

▼ウォーホル　アメリカの画家・版画家。一九二八〜八七年。ポップ・アートの旗手とも言われ、イラストからファインアート、映画制作と仕事は多岐にわたる。スロバキアからの移民二世である。

第11章 クリストフ・ルーミエのドメーヌで

その翌日、**ムルソー**[R]とシャンボールを隔てる二五キロの道のりを、**コート・ド・ボーヌ**[R]の方から**コート・ド・ニュイ**[R]に向かって車で走った。**クリストフ・ルーミエ**[W]に会うのだ。彼のドメーヌは今でも「**ジョルジュ・ルーミエ**[W]」と呼ばれていて、祖父の名前のままになっている。一九二四年に、祖父は妻の家族が持っていたドメーヌを経営し始めた。だが、ワインを自分でボトル詰めするようになったのは一九四五年以降である。ボトルに自分のドメーヌのラベルを貼るようになった最初の世代の一人であった。

父はジャン＝マリーといって、一九六一年に跡を継いだ。そしてジョルジュから見ると孫にあたるクリストフが、その二〇年ほど後に跡継ぎとなった。ジョルジュとジャン＝マリーのワインは尊敬の対象であったが、クリストフのワイン（シャンボール、モレ、ボンヌ・マール、ミュジニー）は当代の造り手のスターたちの殿堂では、まあまあの地位を与えられているにすぎない。とはいっても、友人の**ジャン＝マルク・ルーロ**[W]と同様に、親の七光りで仕事をしないようにと、あらゆる努力をしている。

雪が積もっている中庭を横切って、事務所の入口の近くに立って待っていると、中でクリストフの妹さんがパソコンに向かって仕事をしているのが見えた。繊細で控えめな（けれどもまったく臆病ではない）クリストフは、訪問の目的をさっそく実現させるためか、私たちが到着して、落ち着いて挨拶を交わしたり、コートを脱いだりするよけいな手間はまったくとらせなかった。

クリストフ・ルーミエ（ジョルジュ・ルーミエ(W)当主。以下クリストフ）　昨日、ムルソー(R)で話をしたように、伝統というものは、毎日それを繰り返すところにあるのです。絵空事ではない。昨日と比べて今日、ワインを造る意図がまったく変わっていてはないんです。みんなそれぞれやり方が違う、それだけのことなんです。伝統って、やり方というよりも精神状態なんですよ。

　クリストフをじっと見つめた。繊細で、透明感があって、気取りのない優雅さがあり、決して表にあえて見せようとしない独特な個性がある。まったく彼の造るワインと同じだ。昨日、彼にした質問をもう一度した。すごく単純な質問だが、私の映画仲間がしばしばこの罠にかかることがある。

ジョナサン・ノシター（著者。以下JN）　自分が変革をしているという感じはありますか？

クリストフ　僕は違いますね。そうは思いません。自分がしてきた失敗をしないようにしようと努めてます。そこから自分が進歩していくと思います。でも、自分が何か変革をしているという感覚はないです。教えてもらったこと、叩き込まれたこと、それで十分なんですよ。たとえ、ほんの少し何かをいつも付け足しているとしてもね。すべてを一遍で引っくり返してしまおうなんて、考えてもいない。ドミニク・ラフォンの方が、ずっとそういう感じだと思いますよ。

JN　とはいっても、造っているワインは、お父さんのものとは同じものじゃないですよね。

クリストフ　そう、でも、僕の一九九五年のワインも一九九〇年のとは似ていない。なぜなら、仕事の仕方が少し変わったからね。たとえば、葡萄畑で同じように葡萄が熟すのを僕は待っていないのかもしれない。何か幸運みたいな要因があって、それが時には助けてくれる。熟した果実を使うという考えは僕らの世代に特徴的だけれど、それは前の世代にもないし、今後の世代にもないことだと思う。なぜなら、気候が温暖化する傾向があるから。今はむしろ、熟した葡萄を収穫するのが流行なんだ。

ロール・ガスパロット（ワインジャーナリスト。以下ロール）意図という言い方をよくしているって気がするんだけれど、自分に何か宗教的な求道さを感じているの？

JN　ロールは、君のボンヌ・マール一九九五年に、シトー会派的なものを見つけたのかな？

クリストフ　（笑いながら）いえいえ、修道士みたいになろうなんて思ってもないですよ。保守的なカトリックの精神の中で教育をされてきたけど。ということは、僕らは宗教の中身よりも見た目の方を教わったということかな。ミサには出なさいって教わったね。だいたいそんなもので、あとは自然についてくるはずだった。信仰心は僕にはまったく植え付けられていない。信じていないもの。だけど、教会に行っている人たちのうち、どれくらいが熱心な信者なのかな？　田舎じゃ、ミサに行くのは社交が目的だからね。でも、心の中でそういう必要があるのかもしれない。たいていは迷信みたいなものだよ。つまり、ワインが修道士的になることもあるってことには変わりないけれど。あれっ、「修道士的」なんて言葉あったっけ？　僕が造った一九九五年のワインはそういう感じだよ。修道士的なんだ。簡単な年じゃなかった。でも、今でもあの年のワインには満足している。他にもっといいワインを造った年もあるけれど、あの年のが好きなんだ。複雑さがあって、覚醒したワインというか、少し厳めしいんだけれどね。今風のワインじゃない。そういうタイプのワインが好きなんだ。

JN　テロワールの重みで、自分が沈みそうだと感じたことはありますか？

クリストフ　いいえ。**ブルゴーニュ**®の者は、テロワールに埋まっちゃうということはない。テロワールのまわりに、みんなが手をたずさえているからね。テロワールは一つの畑のある部分にどういう能力があるか、そこに現われるんだ。僕は芸術家じゃない。ただの農民ですよ。生えて伸びようとしている植物の世話をして、その果実を収穫し、それをワインに変えなきゃならない。

JN　けれども、ラベルには隣の造り手と自分を区別する自分の名前がありますね。

クリストフ　もし、まったく同じ葡萄が二回与えられたとして、違うワインにはしない、そういう自信がまだないんだ。自分の本能にしたがって働いている。ワインの飲み物としての要素は、それぞれ必ずしも計算できるわけじゃない。僕がいなくてもできてしまう部分もあるんだ。結果としては驚きかもしれない。そういうところには何も芸術的なところはないね。

JN　反対だと思う。どんな芸術家も、その人が勝手にそう言っている場合を除いて、自分の作品が完全に意図してできたものだなんていえない。真の芸術家は、みんな君と同じようなことを言う。意図はあるけれども、その意図によって自分がどういう作品に導かれていくのかは、わからないんだ。

クリストフ　そう、その通りだね。この丘で葡萄を作っているどれほどの造り手に、そのような贈り物が届いていることか。昨日、甘やかされた子どもみたいだという話をしたよね。ここにいる造り手みんなが芸術家だとは思えない。みんな同じようなことをしている、ほとんど見た目にはね。でも、けっこう直感に頼ったこともしている。

JN　もし自分のワインにとって、最も重大なことは何かと聞かれたら、それは何ですか？

クリストフ　いい質問ですね。まず葡萄の木の勢いをしっかり管理しなくてならないってこと。葡萄の木にあまり肥料をやりすぎるのはよくない。勢いが強くなりすぎてしまうから。葡萄は濃密になっていなくちゃいけない。特に赤ワイン用の葡萄はね。テロワールをうまく表現するには、果汁と肉実の関係がとても大切なんだよ。でも収穫率の話をしているわけじゃないんだ。単位面積あたりの収量が少なければ、それで良いワインができるというわけじゃないから。

JN　印象の強い役者の演技が、必ずしも観客に、強い印象を与えるというわけではないのと同じだね。収穫率というのは、ジャーナリスティックな発想だよね。

クリストフ　そう、話を単純化している感じだね。大切なのは、剪定によって勢いを調節してやることなんだ。うちでは、そういうやり方を始めたところなんだ。

JN　ということは、一二ヘクタールの畑で剪定をしているということだけれど、畑はいくつくらいに分かれているの？

クリストフ　数えてみたことはないな。三〇くらいかな、少なくとも。大事なのは、木の数なんだ。一二ヘクタールということは、一三万二〇〇〇本の葡萄の木を剪定するということになる。剪定するのは四、五人だからね。ところで、最も重大なことっていう話に戻ると、鍵となるのは、収穫をする時期を決めることだな。ワインの個性は、前もってそのドメーヌの考え方に従って決まっている。除草するかしないか、防除をどのようにするのか、ビオディナミを採用するかしないかというように、いろいろに分かれる。僕は自由なやり方をしているから、生物防除を使うけれど、たとえば春のうちにベト病の兆しがあるなと思えば、化学薬品を使う可能性も否定しない。そういう感じで何でもできる自由がよいと思うんだ。もちろん自分が使うものについては、すごく気を使っているよ。土の生命力を守るためにね。ビオディナミも土の生命力を生かそうとするわけだけれど、よくわからないことがたくさんあるんだ。でも、面白い方向なのは確かだよ。

1……祖父・父の代からの継承と確執

クリストフは立ったまま話をしていたが、もの静かな印象だ。動かずにいても、エネルギーをたくさん放出している感じがした。彼のワインが与えてくれる不思議な効果のことを思い起こした。同じなのだ。生命力とエネルギーに満ちた液体ではあるが、抑えた、内部にしっかりとした安定感のある感じがする。クリストフの立ち居振る舞いと彼のワインには、日本の禅を連想させるところがある。彼は何度か訪問した日本を、たいへん高く評価していると聞いて、なるほどと思った。

JN　お父さんやお祖父さんの時代以降の嗜好の変化について話をしましょう。七〇年代には、愛好家たちは生産してから一〇年ほど経ったものを買っていました。そのことはワインと嗜好との間に、今と違った関係があったということだよね。

クリストフ　そう、現在はそれがもっと早飲みする方向へと向かっている。

JN　それは嗜好の上では、根本的な変化だと思う。パーカーやロランがしているのは、まさに今あちこちで起きている「開発」なんだ。

クリストフ　醸造後、貯蔵してあった場所から出たワインは、あまり時を置かずに飲まれることはよく知られているけれど、僕らの考えは長く保存されるワインを造るという点で変わっていない。それが僕らの導きの糸なんだ。

JN　ユベール・ド・モンティーユ(W)が言っているけれど、若い時に美味しく、古くなってからも美味しいワインなんて造れないって。それと、古くなるまで保存されるワインは、すぐに自分を何もかも見せてしまうことはないし、したがって簡単に人を惹きつける魅力のある若いワインは、時間とともに上手に変化していくための必要な美点、あるいは厳しさを持っていない、と彼は主張している。

クリストフ　彼には、そういうことを言うだけの経験があるんだよ。僕には彼のような長い時間による知識の蓄積がない。僕が最初に造ったワインは、今や二〇年経っているけれど、第三番目の段階に至っているというところ。でも今は、古くなるまでとっておくワインの造り方は、以前よりもうまくなっていると思う。あと二〇年経たないと、本当にそうかわからないけれどね。でも、そういうことをいつも考えてきたわけじゃない。一九四五年や一九四九年は素晴らしい年として知られているけれど、それを造った人たちは、五〇年後にも美味しいと意識して造ったのかな？　絶対そうだと納得しているわけじゃないよ、僕は。

JN　永遠に生き残る作品を造っていると考えている芸術家は、うさん臭い。

クリストフ　何か美しいもの、調和のあるものを求めなければならないし、それ自体は時間を超えている。長く保存できる真のワインは怪物のようなワインとは限らないけれど、調和した状態にある。味わいの均衡と統一感のある印象があるはずだ。ユベールには別の観点があるかもしれないけれど、自分の息子とのやり取りもあるんだと思う。彼の息子は、ユベールのことを時に合理的じゃないとか、自分よりも感情的だと言ってるから。

JN　ユベールは、息子のエティエンヌを怒らせたんだよ。おそらくそれで、エティエンヌはラベルから父の名前を取ってしまったんだ。君は、お父さんともめたりしないの？

クリストフ　わかると思うけれど、僕らの仕事では、父から息子へ実権を譲り渡すのは、とても難しいんだよ。一生の間、自分を表現する手立てだったものを伝えるというのは、簡単じゃない。父にとって自分のワインを造ることは、自分の価値を高めることだった。そんな父は、自分の役者としての役割を手放していった。そして、あたかも偶然であるかのように、息子がそのやり方を壊そうとする。息子は違うふうに造りたいからね。父はたいていの場合、どういうふうにすればよいか、何が美しいのかを、息子に託すのに苦労するものなんだ。ぼくは運がよかったんだ。避けられない軋轢はいろいろあったけれど。

クリストフは、妹に目を向ける。彼女の方は静かにパソコンのキーを叩きつづけている。

クリストフ　実権の譲り渡しの時には、決まって火花が散るんだ。一九八二年には大量の葡萄、これまでに見たこともないほどすごい量の収穫があって、父の手には負えなくなった。それでその機会を利用して、僕は自分で主導権を握ろうとした。二週間の間隔で二回収穫をしたんだけれど、僕は二度目の収穫の時に採れた葡萄で醸造したんだ。葡萄としては一回目の方が良い葡萄だった。父は極度に疲れていたから、僕がやりたいようにやらせてくれた。じっくりと時間をかけてやったよ。運良く、違うやり方でもできるって見せることができたんだ。最初、僕が造ったワインは、他のもっと良いところから採れた葡萄で造ったのよりも美味しかった。でも、時間が経ってみると、最初に収穫した葡萄のワインの方が優れていた。

ずっと長い間立ったままでいたけれど、クリストフはようやく台所に行って座ろうと勧めてくれた。念のため言っておくと、昔からこのドメーヌが得てきた栄光の印である賞やメダルの類は、まったく何も事務所にも、廊下にも、台所にも飾られていなかった。

JN 憶えているんだけれど、八〇年代のニューヨークで、ドメーヌ・ルーミエがよく話題に上るようになったんだ。まあ、ワインの造り手の中からスター扱いされる人が登場し始めた、そういう時期だったかもしれない。雑誌『ワイン・スペクテーター』が部数を伸ばしてきた頃だよ。話題作りに、人物像をクローズアップする必要があったんだ。

クリストフ そりゃ、残念なことだね。僕らは単なるワインの造り手で、それだけだからね。僕らの仕事は基本が大事で、そうでなければ、物事がねじ曲がっちゃう。

JN 君は、ワインの世界ではスター扱いされたんだ。

クリストフ そんなこと、望んだわけじゃないし、おかげでいろいろなことをしなくちゃならなくなる。そういうのは僕の性質には合わない。人前に自分をさらすのは好きじゃない。できれば、人よりもワインの方を評価してほしいなあ。

JN でも、アメリカでロック・スターみたいにツアーをしているよね。

クリストフ 半ば強制されたんだよ。一月には、ジャン＝マルク・ルーロとドミニク・ラフォンと僕で、ニューヨークに行くことになっている。何回か大勢で食事会をして、すごいコレクターたちと会うことになっている。ワインを褒めてもらうのは大切だよ。けれども、僕らを褒めてもらってもね。本当に狂信的な人っているもんだね。すごい、びっくりするくらいのお金の使い方をするんだ。とても僕に相応しい場所だとは思えないよ。それはそれとして、これから試飲してみるよね？

　彼の姿が見えなくなった。少し経って、カーヴから二本ワインを持って戻ってきてくれた。それを試飲してみた。相変わらず、立ったままだ。僕らの頭の上に昔のボトルが並んでいる。カビやほこりにまみれている。ほとんどラベルが読みとれないくらいだ。

JN　お祖父さんの時代には、自分で瓶詰めしている人は、ほとんどいなかったということですよね？

クリストフ　祖父は少ししてたんだ。この一九二九年のボトルだけれど、これは、もうカーヴにはないんだ。これは僕がアメリカで競りにかかっているのを買ったんだ。一九二八年のはまだ何本かあるよ。ボンヌ・マール。でも、もうラベルは付いてないけどね。

JN　お父さんはボトルを取っておくことで、家族の資料館を作る気だったのかな？

クリストフ　いいえ、父は最後の一本まで自分が作ったワインは売ってしまったからね。それで僕は、父がそれほど自分の職業を好きだったはずがないと思い込んでたんだ。その代わり祖父が取っておいてくれた。そのおかげで古いのを僕が持っているというわけ。特に四〇年代以降のは何本かあるよ。その後、父の時代になると、まるで一本もないんだ。

JN　ワインのことになると、図書館か映画資料館みたいに、歴史的な記憶がしっかりあるんだね。

クリストフ　資料的なものがないのが、ちょっと寂しいんだ。それで競売で買うんだよ。ロンドンとかアメリカで。

JN　目隠ししても、自分のワインならわかる？

クリストフ　ダメだね。造り手は最良の飲み手ではないからね。僕らの試飲の仕方は、技術的なものだ。若いワインに関しての基準があるんだ。香りの深みを分析することについては、僕はあまり上手じゃない。あるワインが何かわかるというのは、かなり複雑な行為だ。目隠しで飲むと、自分のワインとはわからないことがよくある。

クリストフは一本、ワインを開ける。それは、彼が一九八二年に初めて醸造したワインだ。

クリストフ　これは、一九八二年の単なる普通の**シャンボール・ミュジニー**(V)のヴィラージュ▼だけれど、恩知らずな年だよ。それはそれとして受け止めなくちゃね。もうずいぶん長いこと、これは飲んでいないな。例の二番目の収穫の葡萄で、僕自身が造ったやつなんだ。軽いな。
ロール　色はとっても明るいね。うん、とってもきれい。微妙な色合いで、オレンジがかって、琥珀がかっている。
クリストフ　せっかく飲んでもらっているのに、これは大したものじゃないね。あまり厚みもないし。
JN　このワインは、とても素晴らしいよ、厳めしくて、綿密な感じで、酸味がとても効いて、剣の刃みたいだ。
クリストフ　一九八二年のような軽いワインは、短い時間で自分が持っているものを使い果たしてしまうと想像していたけれど、まだ命があったなんて、驚きだなぁ。

▼ヴィラージュ　ドメーヌ・ジョルジュ・ルーミエでは、プルミエ・クリュの次のレベルの畑を「ヴィラージュ」と呼んでいる。ブルゴーニュでは一般的に村名AOCのワインを指す。

クリストフはボトルをテーブルの上に置いた。かたわらには空のカラフが二つある。

JN　試飲の一時間かそれ以上前にワインをカラフに入れておくというのは、まるでセックスをする時に、すぐに絶頂に達することしか考えないようなものだと、ずっと思ってたんだ。僕は飲む時に開けたワインが、どんな味なのかをみるのが好きでね。そして一時間か、必要ならそれ以上かけて試飲をつづけていくのが好きなんだ。

クリストフ　それは、映画の冒頭の部分を見ないで、結末だけ見るというのと同じかもしれないね。ワインでもやはり、時間とともに変わっていくものがしっかりあるから。よくわかるよ。

クリストフは二番目のワインを注いでくれた。

クリストフ　これが、一九八二年のミュジニーだよ。何に似ているのか、まるでわからない。僕には、ミュジニーは偉大なワインの精髄なんだ。この二つのワインの間には、すごく大きな隔たりというのはないと思う。これは最初の収穫の葡萄で父が醸造したものなんだ。父はエネルギッシュだけれど、時には型にはまったやり方をする、はまりすぎという感じもする。そういうふうに教え込まれたんだ。鼻に持っていくと、香りがずば抜けているというのではないけれど、他の年号のワインほどには、この二つは違いはない。でもこのワインは、口に入れると、より柔らかい味わいがして、タンニンがしっかり感じられる。僕が造った**シャンボール・ミュジニー**(V)のヴィラージュと同じだけど、それ以上だ。何かもっと甘美な、晴朗な雰囲気がする。

JN　自分のところにある古いワインを飲んでみることはあるの？

クリストフ　ああ、あるよ。崇拝しているのは、祖父のワインだね。ときどき一五年くらい経った自分の造ったワインを味見してみるのは、好きだね。目の前に、はっきりと自分の失敗が張り出されるみたいなものさ。それでも、いいなって思えるワインもある。すごく変なんだけれど、たいていボトルを開ける前に、好きになれるかどうかわかっちゃうんだ。ところで君は、自分の撮った初期の映画を観るのは好きなの？

JN いや、僕にとっても同じことだよ。自分の映画をまた見てみると、失敗ばかりが目につくんだ。いい気分にもなるよ、だって活き活きとした感じが伝わってくるしね。でも反面、うまくいっていないところが見えるんだ。感覚としては不思議な感じだね。最初の長編は一九八八年に撮ったんだ。他のどの作品よりもその映画に愛情を感じている。なぜって、時間の隔たりがあって、失敗にも素朴さがあって、だから許せる感じが一番するんだ。

クリストフ ワインでは、都合のいいことに、天候による言いわけができるからね。それで自分がしたはずの失敗を打ち消すこともできる。僕は、どうして自分ので好きになれないのがあるか、わかってるんだ。たとえば、昨日飲んだレ・ザムルーズの二〇〇一年なんかはね。

JN 僕は、あのタイプのアムルーズは大好きになったよ。なんだか攻撃的な感じで、しびれちゃった。

クリストフ そう言うけれど、あれには本来あるべきはずの純粋さがないんだよ。これからもずっと同じ思いで、あれを飲むんだろうと思う。映画は変化しないからね。

JN そうでもないさ。映画も、ワインと同じように人との対話を作ってくれる。映画それ自体だけで完結するものでないんだ。映画が存在するのは、人が光を、知覚的に、経験的に、感情的に感じとるからなんだ。だからDVDはスゴいと同時に、ヤバいんだよ。スクリーンと同じ光じゃないからね。DVDは埋もれた作品を守ってくれるけれど、守られたものが、生きているのか死んでいるのかはわからない。そう、たとえば、MK2（映画配給会社）がDVDシリーズで、僕の映画を、短編も長編もほとんど出してくれることになっていて、もうすぐフランスで販売される。そのおかげで、これまでもう観られなくなっていた昔の映画が観られることになる。特に、僕の最初の長編映画『レジデント・エイリアン』▼は、今までフランスでは未公開だったんだ。この映画は、すごくもろい映画で……、君の一九八二年のワインみたいな感じだ。君の最初の「映画」みたいなものだね、このワインは。

クリストフ　そうだね。父と僕との間の意見の相違を内包しているね。でも、造るものについては、同じ目標を共有していた。僕と父が異なっていたのは、毎日毎日のやり方なんだ。ただし、こうしたワインに自分が触れなければ、何も僕に気づかせてはくれないんだ。

ワインは、とても壊れやすいものではあったとしても、僕らは三人とも、その場にただよう二種類の液体にすっかり魅了されて、われを忘れていた。彼がこれまで三〇年間、ワイン醸造をしてきたうちの最も納得のいかない年のワインを私たちに見せてくれたことは、彼の人間としての誠実さと人のよさを表わしている。

クリストフ・ルーミエⓌが、真に根っからの芸術家であるという証拠がここにある。たいていの造り手なら、自分が褒めてもらえそうな良い年のワインしか開けないのに対して、自分の欠点に面と向かうことを恐れずに、気持ちを交わして、何かを共有し、何かをともに見出すことを優先したことが、まさに、その素晴らしい証拠だと思う。私自身、自分が間違いなく「修道士」的なワインを前にしていることに特別な感情を抱いていた。

そう、「修道士」が、今ここに存在しているのだから。

▼**『レジデント・エイリアン』**　一九九〇年制作のジョナサン・ノシターの映画で、カンタン・クリスプ主演。マンハッタンを舞台にさまざまな芸術家が集まるボヘミアン生活を描いている。題名は「居住外国人」つまり米国永住権を持つ外国人のこと。一九九六年には副題に「ニューヨーク日記」と付けられた同名の本がクリスプによって出版されている。日本では未公開。

第12章　ドミニク・ラフォンのドメーヌで

もし**クリストフ・ルーミエ**[W]が**ブルゴーニュ**[R]の偉大な造り手の中で、アポロンのような存在だとすれば、**ドミニク・ラフォン**[W]はディオニソスである。といっても、**ドミニク・ラフォン**[W]はディオニソスのような太った享楽的な男であるというわけではない。

彼は四八歳で、明るい色の髪の毛と涼やかな眼差しをした、気の利いた筋肉質の男である。顔立ちは、彼の葡萄畑の丹精込められた土と木の列のように、きっちりとしている。トラクターに乗ったり、葡萄の木に触れている時が幸せなんだと自ら述べているように、田舎にありがちな粘り強さがあると同時に、人生にあるありとあらゆる事柄に喜びを見つけられる、そういう男だ。

豊かで深く、しかし同時に驚くほど均衡のとれた緊張感のある**ムルソー**[R]を造るということで、ワインの世界では、今や有名人中の有名人であるドミニクは、世界中を飛び回っている。リオにあるコパカバーナ・パレスでは、ブラジルのすごいワインコレクターに招待され、東京の超一流ホテルではスター歌手のように歓待される。おそらく彼の造るワインには、普通なら対立する特長を見つけられるだろうか？　緊張感のある、率直な、そしてミネラルを感じる酸味の周囲に、豊かさと官能的な味わいがあるかどうかだ。ドミニクは気のおけない田舎の人であると同時に、最も洗練された職人でもある。彼は、自分の感じたことを直截に表現して何はばかることはないと思っている人のようである。あれほどの評判がある人なら、それを守ろうとしてもおかしくないところだが、まったくそういうところのない希有な人物だ。

ドミニクに、**ブルゴーニュ**Ⓡで一番心を惹かれているものを見せてほしいと頼んだところ、躊躇することなく、**ムルソー**Ⓡから八五キロ離れた**ブルゴーニュ**Ⓡの南の端にあたる**マコン**Ⓡに、私たちを連れていった。まさに「ドミニクらしい」選択である。**コント・ラフォン**Ⓦ家のドミニクの評判は、**ムルソー**Ⓡと**モンラシエ**Ⓡのワインについてのものである。**マコン**Ⓡはこの地域では最も目立たない、あまり評判になりにくい産地呼称《アペラシオン》の一つと言えるが、ここでの最近の活動はドミニクのちょっとした個人的な計画によるものであり、**ブルゴーニュ**Ⓡの上流なワインの魅力からは遠いところにある。しかし名声ゆえのプレッシャーと**ムルソー**Ⓡのドメーヌならではの家族の中での緊張からすると、**マコン**Ⓡでの計画は彼にとって魅力あるもので、個人的に自由を感じられる場なのだ。

1……「ワイン評論なんて、いつだって不確かなものだ」

ドミニクとは駐車場で待ち合わせをしていた。彼の運転する四輪駆動の車に乗って、一路、**ブルゴーニュ**Ⓡの南に向かって、私たちは出発した。

ドミニク・ラフォン（コント・ラフォン当主。以下ドミニク）本当に皮肉だね。運転するのは大嫌いなんだ。けれども**マコン**Ⓡに行くには、他に方法がないからね。週に二回も行くんだよ。旅行に出かける時は別にしてね。ねえ、ジョナサン、『モンドヴィーノ』に関して、評論家たちがどう反応したか、すごく知りたいんだけれどな。ああいうやつらのことは、信用していないんだ。君に対してはどうだった？

ジョナサン・ノシター（著者。以下JN）映画の評論家は、おおむね熱心に支持してくれた。特に、フランスでは。ワインの評論家たちはというと、世界中至るところで、僕が早く死ねばいいのにと思っているね。でも、一番奇妙だったのは、映画を観たワイン評論家たちの最初の反応なんだ。最初に観た時には、とても肯定的な人が多かった。やがてメディアが取り上げて話題にするようになると、メディアって往々にして映画評論では二元論的なところがあるから、評論家の多くが、急に態度を変えたんだ。

ドミニク たとえば、どういう人がいたの？

JN 最悪だったのは、ジャンシス・ロビンソン▼だね。世界で最も知られている評論家の一人だと思うけど、最初は極端なくらい好意的だったんだ。興奮した感じでEメールをたくさん送ってきた。それから、この映画が世界中のワインの権力者たちをどのくらい困らせているかわかってからは、ころりと前言をひるがえしたよ。権力の手先になっちゃったんだ、単純にね。自分がこの世界で確保している地位を守るためにね。

ドミニク ジャンシスのことはよく知っているよ。ずいぶん前からね。初めて女性で「マスター・オヴ・ワイン」になったワイン評論家だね。ワインについての映画も撮っている。とっても人間関係に敏感な人だよ。

JN 『モンドヴィーノ』を撮っている時に、彼女にもインタヴューしたんだ。彼女がこの業界で仕事を始めてからしていることを知っていたからね。すごく彼女のことは高く評価していたんだ。だって昔は、はっきり発言したり、告発したりすることを恐れていなかったからね。彼女は、最強のライバルのパーカーよりも、ずっと学識もあるし、明らかに頭がよい。だけどこれは、ミッテランとシラクの比較を少し

▼**ジャンシス・ロビンソン** イギリス随一と称される女性ワイン批評家。一九五〇年生まれ。一九八四年、「マスター・オブ・ワイン」（MW）の資格を批評家としては初めて取得した。二〇〇三年、大英帝国勲章を受勲。イギリス王室のワインセラーへの助言者でもある。『ワインの飲み方、選び方――ジャンシス・ロビンソンのワイン入門』（新潮社）など邦訳書もある。

連想させるんだけれど、一方がもう一方よりも才能があり、学識豊かだということが、必ずしもその人が尊重すべき理由にはならないということなんだ。彼女に会いに行ったよ。きっとパーカーとは違うワインの世界についての見方を示してくれると期待してね。彼女を六時間も撮影したんだ。だけど、ただの一つもはっきりとしたことは言わなかったんだ。わかったのは、この女性は自分で検閲しちゃう人で、自分の位置とイメージにばかり気を使っているってこと。「イギリスの年老いたおばあちゃん」の格好をして、自分の見栄えばかりを気にしているんだ。二分おきに自分が何か変なこと言ってないかしらって、僕に聞くんだ。ブランドになっちゃった人だよ。もう評論家じゃない。ジャンシス・ロビンソンを演じているんだ。お世辞のような言葉を何度もEメールで送ってきた後で、『フィナンシャル・タイムズ』に記事を載せて、映画について意地の悪い辛辣な評論を書いたんだ。全体のトーンは肯定的だったけど、撮影当日に自分が履いていた靴のブランドのことを気にしながらという感じでね。

それから数か月して、映画がワインの権力世界の目に見えないネットワークにとって脅威だと受け取られるようになると、また別の記事を発表して**ミシェル・ロラン**(W)が公明正大なことを擁護し、映画が偽物のいかさまであるかのように非難したんだ。彼女は**ミシェル・ロラン**(W)に導かれて、新世界のいろいろなワインを擁護し始めてた。結局、そういうワインのことを悪く言えなくなっている。そういうところに助言をすることで、大儲けしているからね。新しい世界のワインと古い世界のイミテーションのワインが、**ミシェル・ロラン**(W)の指導によって、イギリス市場を席捲している。だから、必然的に、彼女はこの市場で重みを保つために、肯定的に介入しなくちゃならない。ワインの世界でお金をたくさん儲けている、いわゆる「評論家」たちの陥る罠だね。問題のあるシステムを立て直すことなんかできないんだ。そこから利益を得ているんだからね。ジャンシス・ロビンソンからロバート・パーカーまで、『フランスワイン批評』で、市場を席捲しているこけおどしのワインについて真実を語り始めるようなことをすれば、広告料を失ってしまうだろうし、またはこの市場での権威もなくしちゃうだろうね。それとジャンシスについて、一番面白くて一番悲しかったのは、映画が上映されると、彼女は自分が映画に登場していないと知ってひどく憤慨して、僕に電話をかけてきたことだね。

ドミニク　そりゃ、恐ろしいね。自分が何をどこまでしたいか、よくわかっているんだよ。権力志向の女性だから。僕も、彼女には一杯食わされたことがあるんだ。一九九四年のことだけど、世界中のいろいろな葡萄の品種について映画を撮りたいって言ってきた。**ムルソー**Ⓡでは**シャルドネ**Ⓒのことで僕にインタヴューしたいって来たんだ。ちょうど収穫の時期だった。その時に、ついででいいから、僕に目隠しで試飲して誰かのワインについてコメントしてほしいって、彼女が言うんだよ。そんなことをするのは、僕の役割じゃないって言ったんだ。問題外だってね。試飲するのは「マスター・オヴ・ワイン」である彼女の方で、僕じゃない。

ところが、撮影の最後の日になって、醸造タンクの所にいた時だけど、彼女がカバンを手に持ってやってた。カバンからはボトルがのぞいていた。そのボトルを出すと、どう思うかって聞くんだ。グラスを手にとって、何となく断わる言葉も考えつかなかったから、とにかくグラスを持って香りをかいだんだ。匂いは普通だった。口に入れると、今まで飲んだことのないような傷んだワインだったんだ。すぐに急いで醸造場の外に走り出て、吐き出したんだ。その場面を、彼女は映画で使ったんだよ。しかも音を消して、彼女がコメントを入れている。「**ドミニク・ラフォン**Ⓦに、オーストラリアの**シャルドネ**Ⓒで造った大企業のワインを試飲してもらいました。そして、彼がどう思ったかがこれです。自分の醸造場の中では吐き出せないくらいのものだと彼は思ったのです」。みんなに言われたよ。あの場面は面白かったって。それで僕は怒りくるったんだ。だって僕は、何もその知らない生産者のワインに文句があるわけじゃないんだからね。その一本が傷んでダメになっていた、ただそれだけなんだよ。

JN　それとジャンシスは、『モンドヴィーノ』の編集で細工をしたって、僕を責めるんだ。実際は自分自身がやっていることを、僕にも当てはめて邪推したってわけだ。君だって、マスコミとの関係は、込み入っているんじゃないの？

ドミニク　そうなんだ。マスコミって距離を置かれるのを嫌うからね。パーカーが来た時、というか、ロヴァーニという**ブルゴーニュ**®にいる彼の「仲間」が来た時のことなんだけど、みんなパーカーに来てほしいと思わなくなってからのことだった（ただしその仲間と呼ばれた彼も、二〇〇六年の暮れにはパーカーの仕事をしなくなった）。それで、何を飲んでみたいかって聞いたんだ。そうしたら、彼の書いた評論は読んだかって逆に聞かれて、自分のワインについてマスコミに出た評論は、まったく読まないって言ったんだ。そうすると僕に興味を示さなくなった。いったい、どんなことを書くつもりだったのかなあ？　いつもたいてい、何が書いてあるかわからないんだけど。

JN　すごい！　そうか、君もなのか！　ワインの造り手たちも、やっぱり評論家たちの大げさな言葉遣いなんてわけがわからないんだ！

ドミニク　良い評価と悪い評価の間には、いろいろな判断の間違いがあるって、みんなよく知っている。それに、ワイン屋からワイン屋へと走り回る人も、けっこうな数がいる。そういう人が時々、来るんだよ。僕らは、ワインが毎日変わるってことを知っている。時には、さほど美味しくない時もあるよ。ちょうどその日に来るとする。その時は終わりだよ。馬鹿もいい加減にしろだよ。ワインが不味いんじゃないんだ。ワインはできあがろうとしているところなんだ。それだけだ。とくにワインがまだすごく若い時に味見される時なんかはね。ワイン批評なんて、いつだって、すごく不確かなものだ。

2……マコンの葡萄畑で

一時間ほど車に乗って、**マコン**®のあたりに着いた。**ボーヌ**®近くのコート・ドールと比べると、ずっと人里離れた田舎じみた感じがする。本当の田園にいるという感じだ。丘がうねうねとつづき、小さな集落がいくつもつづく。石がゴロゴロとしていて、村の一つは、何とシャルドネ▼という名前だった。

ドミニク　ほら、ここを見てもらいたかったんだ。**クロ・ド・ラ・クロシェット**(R)だよ。買ったんだよ。二・七ヘクタールある。南に向いていて、**マコン**(R)でも有数の素晴らしいテロワールだ。最初からビオで畑を作っている。春には、黄色い花ですっかりいっぱいになる。ほんと信じられないくらいきれいなんだ。葡萄畑にミツバチを放す。動物の世界を一つそっくりここに持ってきたいくらいだよ。そういうのがビオディナミの考え方にあるんだ。来年は初めて蜂蜜を生産できると思う。ほら、見て、小石が素晴らしいだろ？　そして粘土がこんな感じだと、土地の排水がよくなって、通気性がいいんだ。もし根が水につかっていると、葡萄はいいのができない。クリュニー修道院の修道士たちが葡萄を植えた最初の畑の一つだと思う。彼らは、光の具合が変化する土地に注目していたからね。おっ、畑にうちの名人がいる。

　車を降りて、相変わらず雪が降る中で、ドミニクのもとで働いている人に挨拶をした。彼は、葡萄の剪定をしていたようだ。五〇歳くらいの、昔、ソーヌ川で漁師をしていたというポールは、ドミニクと一緒に仕事をするようになって、ほぼ一年くらいになるという。

ポール　漁師をしていた時に、葡萄農家とあったもめ事についてては話さないよ。ここで、ドミニクが剪定した枝を運んでいるところだよ。

ドミニク　そう、もう一人働いてもらっているんだけれど、今日はビオディナミの研修を受けに出かけているんだ。月が欠けていく時期に何とか剪定してしまおうとがんばっているからね。ビオディナミは環境

▼シャルドネ　この村は、シャルドネ種の発祥の地とされている。

について、一番身近なところにある要素から、最も遠いところまでぜんぶ考慮に入れる。惑星のことだけ考えて、雨のことを考えなければ、それはダメなんだ。

ポールは静かに自分の仕事をつづけ、ドミニクがひと言ふた言、指示を出す。雪からみぞれに変わって降っているなか、この活き活きとした壮麗な景色が目に焼き付いた。「麗しいところに、美味いワインはできる」とドミニクは言った。すっかり濡れて、車に逃げるように戻った。

ドミニク　賢い人なんだ、ポールって。すごく意識のレベルが高い。社会的には、五〇過ぎの失業者で、ダメ人間みたいに思われていたんだ。わからないかもしれないけれど、彼を雇えたことは本当にうれしくて。なぜって、彼は自分のしていることに熱中できる。考えたことを黙っていないで、ちゃんと言うからね。何かうまくいかないことがあると、そう言うし。新しいアイデアもいろいろ出してくれる。ミツバチも彼の考えだよ。彼みたいな人は、なくてはならないんだ。ここにいる人が愛情をもって働いてくれないと、ワインはひどい目に遭うからね。ああいう仕事（剪定）なんかも、きちんとしたやり方でなければ、一年間、畑をすっかりダメにすることになるんだ。

丘を緩やかに下って行き、きれいで落ち着いた小さな村へと私たちは入っていった。

ロール・ガスパロット（ワインジャーナリスト。以下ロール）ここが、クリュニー修道院による**ブルゴーニュ**®での葡萄作りの歴史的始まりの地なんですね。それにもかかわらず、この地方には経済的にいろいろな困難がある。と同時に、**ブルゴーニュ**®で最も多くの白ワインが造られている地域なんですね。

ドミニク　土地の価格を調べれば、まるで安いとわかるよ。葡萄がすでに植えてある畑は、一ヘクタールで六万ユーロだよ。**ムルソー**®だと、今は一ヘクタールで八〇万ユーロする。**ムルソー**®のワインは、もっと繊細で、口の中で長く味がつづき、高級で長期熟成するものだとわかる。しかも量的にも多く出回っていないワインだ。量が少ないということが、有名なワインとしては質の良さとともに価格には効果的だ。**マコン**®のワインは美味しくて、食事にも合うし、コクのあるワインだけど、珍しいワインじゃない。陽気なワインということだね。ここはクリュニー修道会の縄張りだからね。そしてシトー会との関係からすると、クリュニー修道院はきらびやかな生活を送っていた。だから、ここのワインの性格はおおらかで、お祭り気分なんだ。白ワインを造ったっていいじゃないか。僕が来たと知って、僕はここの人たちから、よそ者扱いされたよ。でも僕は、自分がそんなよそ者だって感じたことはまるでないんだ。

JN　どうして、ここに来たの？

ドミニク　人の身の丈に合った仕事が好きなんだよ。ここでは、指導者と葡萄畑で働いている人との距離が遠くないんだ。一緒に議論するんだ。時には、僕自身が手仕事もする。**ムルソー**®には、そういう人間らしさがない。南フランスの土地には興味がなかったし、あの辺の葡萄の品種も知らないしね。自分が働こうとしている場所との親密な人間関係がほしかったんだ。ここは、**ムルソー**®と土地のタイプも同じで、地理的にも大もとは同じだから。何が起こっているのかすぐにわかる。それに**ムルソー**®でがんばって一五年になっていたし、四〇歳を過ぎてもう一度自分を試してみる、というか危険にもさらしてみる必要を感じていたんだ。だって**ムルソー**®では、何もかも自然に進むってこと、わかるでしょ。闘いの場に自分を置きたかったんだ。ここでやっている事業は、**ムルソー**®での事業とは財務的に無関係、ぜんぶ銀行からの資金で運営している。融資の係は厳しいよ、はっきりしている。ここで何かを成し遂げると、その度に何かを征服した感じになる。**ムルソー**®だと、トラクターが必要だと、ただトラクターを買う。それだけなんだ。

壮大なアゼの村に到着した。

ドミニク　教会は一二世紀のものらしい。もうすぐ、ソリュトレとヴェルジソンという名の大きな岩山が見えてくる。

JN　光が素晴らしいな。映画監督としての僕の仕事は完全に光次第なんだ。**ブルゴーニュ**(R)みたいに複雑な光は、今まで見たことがないな。このあたりのワインに複雑な味わいがある理由の一つかもしれないな。エネルギーを与えているのは、ある種の光だよ。こういう考えは、馬鹿げていると思う？

ドミニク　ベッキー・ワッセルマン▼の前の夫は、ミニマルアートの画家だったんだ。その人が**ブルゴーニュ**(R)に来たんだけれど、その理由が光だったっていうことだよ。

ロール　そういえば、わたしが初めて**ブルゴーニュ**(R)に来た時にびっくりしたのも、まさに光だったの。でも、一六世紀のオリヴィエ・ド・セール▼の文章でも、テロワールの定義をするにあたって、光というファクターを忘れずに挙げている。こう言っているの。テロワールとは、土とそこに植わっているものと、そして光の同盟であるってね。

JN　僕らの前を見てみると、ほら、わかる。いろいろな光があるよね。光は一つじゃない。暖色系の灰色から寒色系の灰色、バラ色から寒色系の青と暖色系の青まで。明るさとワインの年号を結びつけて考えなければならないかもしれない。**フレデリック・ラファルジュ**(W)が言っていたんだけれど、彼にとって、光の明るさは、ワインのできた年を見分けるのに必要不可欠なんだって……。それってどう思う？

ドミニク　確かにそうだね。たとえば、一九九六年なんだけれど、その年はずっと寒かったんだ。それなのに**ピノ・ノワール**(C)は熟した。なぜなら、いい光がちゃんとあたっていたから。

ベルゼ・ラ・ヴィルに着いた。ドミニクはどうしてもロマネスク様式の教会を見せたいと言ってきかない。そこに光背を帯びたキリスト像があって、**マコン**(R)に来る度に彼は決まって立ち寄って参拝するんだという。しかし教会は閉まっていた。

ドミニク 残念だなあ。光の具合によってこの教会の中は、毎回違って見えるんだけど。

JN すごく感動しているよ。何だかパーカーや他のアメリカの評論家たちが書いていることを考えちゃった。彼らはテロワールの味というものが、それに先立つ文明と結びついているとは考えたくないんだ。彼らにとっては、そんなことは嘘だって言うんだ。君のワインを飲んで、それが他の誰かや、ある文明とのつながりを感じないでいることとなんて、できると思う？ これだよ。今まさに、僕らはそれを目の前に見ているんだ。それは過去のものではなくて、今も生きているんだ。

ロール とはいっても、ここの人たちは、このキリスト像を知っている人は少ないんじゃない。自分たちの歴史から切り離されちゃっているのね。

JN ここでは、それは知らなくてもいいんだよ。すでに彼らの一部になっているんだから。

ドミニクは都会から来た私たちをじっと見て、少しニヤリとした。

ドミニク そうだね、そうかもしれない。でも、本当のことを言えば、ここの人たちはひどく経済的に困っているから、他にいろいろと心配事があるんだ。

やっと、ミリ＝ラマルティーヌにあるドミニクの醸造場に着いた。特にロマンティックなものは何もな

▼**ベッキー・ワッセルマン** （原注）ブルゴーニュに四〇年以上も住む、アメリカ人の素晴らしいワイン輸入業者。ドミニク、ジャン＝マルク、モンティーユ家のみんなの友人でもある。

▼**オリヴィエ・ド・セール** 近代農学の父と言われる農学者。一五三九〜一六一九年。

い。むしろ、すごく小さな会社の納屋か倉庫みたいだ。機能的にできた、最低限の施設だ。商売のための飾りは何も見られない。訪問客に見てもらうようなものは何もないが、それ自体、彼ほど世界的に有名で、素晴らしい技量の持ち主としては、ちょっと他では見られない稀有なことだ。醸造タンクから抜き出した彼の美味しい**マコン**®はミネラルに富んでいたが、一一月の段階ではまだ発酵が完全に終わっていないこともあって酸味の勝った味がした。それを味わいながら、ドミニクが今夢中になっているビオディナミのことを話し始めた。

ドミニク　僕の二つのドメーヌは、ビオディナミをやっている。**ムルソー**®では一九九五年に始めた。僕の考えでは、これは一貫した一つの農法なんだ。

JN　基本的には、土壌を活性化するということなんでしょう？

ドミニク　基本的な考え方は、ルドルフ・シュタイナーによるものなんだけれど、一九二四年に彼が行なった『農業に関する講義』から発展したもので、生命を生命以外のものと分けて考えることはできない、ということなんだ。生命の原理は、人が考えているよりもずっと複雑なんだ。生きているものは、さまざまな惑星にも影響を受けている。シュタイナーの進化論は、ダーウィンのとは少し異なっている。例えば、植物はさまざまな感星の動きに応じて、もろもろの形を描くというんだ。植物はどれもすべて、自分に固有のエネルギーによって熱や光を発散している。

JN　植物を軸にして土地に働きかけていくことで、土壌が徐々に活性化される、そういうことだよね？

ドミニク　驚くべきことなんだ。そう、土に刺激を与えるんだ。理性的な説明よりも、経験に基づいている。ビオディナミでは、観察すること、全体を調和させることをとても重要視している。だから、僕も葡萄畑をよく観察しているよ。

JN　この方法のおかげで、自分が誰かに依存していないって感じなんでしょう？

ドミニク それは、とても基本的で大切なことなんだ。以前は、相談役がいて、一年に三回来てくれて、やるべきことを指示されていた。たとえ彼の言っていることを絶対したくないと思っても、頼らざるを得なかった。自分の育て方をしてから、自分の葡萄が前よりも美しくなったと思ったんだよ。

ドミニクはピペットを手にして、自分のワインを樽から少し抜き出した。グラスに入った透明な液体をじっと見つめている彼は、まるで今にも飛び立ってしまうかのようだ。

ドミニク でも、自分がしていることを説明するのは、とても難しいんだ。都会に住んでいる人で、今までに一度も植物をじっと観察したことのない人に、どうやったら植物の話がわかってもらえるのかな?

▼**ルドルフ・シュタイナー** 主にドイツで活動した人智学を提唱した神秘思想家。一八六一~一九二五年。ビオディナミ(バイオダイナミック農法、シュタイナー農法とも呼ばれる)とは、彼が提唱した有機栽培の一種で、太陰暦に基づいた「農業暦」にしたがって種まきや収穫などを行ない、また牛の角や水晶粉などの特殊な物質を利用する。

第13章 ジャン＝マルク・ルーロのドメーヌで

葡萄畑に行く前に、**ジャン＝マルク・ルーロ**[W]と私は、彼の家の台所で朝食をとった。彼の妻**アリックス・ド・モンティーユ**[W]や他の醸造家仲間と一緒に会食した時と比べて、少しリラックスしている。

他に人がいないのをよいことに、彼が自分のテロワールに傾けている熱意と、俳優としての仕事を、どうバランスをとっているのか、もっとよく知りたいと思った。彼の演劇というもう一つの仕事は、このあたりの他の醸造家たちにとっては、一風変わっている仕事をしているということに違いはない。間近でジャン＝マルクを観察してみると、とてもたくましく、鼻はローマ風、眼差しは鋭く、しかし引っ込み思案な感じがするほど控えめだ。印象としては、学校でいつも一目置かれているけれど、少し人から離れて独りでいる少年という感じだ。

ジャン＝マルク・ルーロ（ドメーヌ・ルーロ当主。以下ジャン＝マルク）六〇年代の終わりに、ベッキー・ワッセルマンがブルゴーニュ・ワインの輸出に乗り出した時に、**ムルソー**[R]にある僕の両親の家に来たんだ。彼女の夫のバートは、両親とかなりの知り合いだったからね。姉と僕はとても気に入られて、毎週月曜の夜に彼女の家で夕食をごちそうになり、英語を教えてもらった。七〇年代の初めだったな。バートとは、いろんなところに旅行もした。美術館を観るためさ。一七歳だった。彼らには影響されたなぁ。たとえば、ドイツのケルンに行ったし、それにロンドンにも。そこで彼が展示会をしていたんだ。それから僕は演劇をするって決心した。でも、そのことは家ではなかなか言い出せなかった。親に、というか父にね。父とはまるでかけ離れた世界だから。高校で演劇をやっていたんだけれど、両親にはどのくらい好きなのかは絶対言わなかった。バートがずいぶん励ましてくれたよ。それから家を出ることにして、パリに住む決心をした。七〇年代の終わりには、家を捨てて演劇をやっている息子だったんだ。悪いことをしているって感じはなかったけれど、心配をかけているのはわかっていたし、ずいぶん傷つけたんだと思う。父は泣いたんだ。僕が決心を告げた日にね。父には、この世の終わりだった。でも、僕は運が良かったよ。パリで二、三年がんばった後、コンセルヴァトワール(国立高等演劇学院)に入れたから。そのことでずいぶん助かったし、すごく安心できた。父が亡くなった後に知ったことだけれど、父はすごく喜んでいて、みんなに息子の合格を言って回ったらしい。けれど、僕にはそんなことまるで言わなかった。僕がコンセルヴァトワールの二年生になってすぐに、父は病気で倒れた。それでも、その年の終わりのオーディションには会いに来てくれた。その時には父は落ち着いていた。その後、父は亡くなったので、僕がドメーヌに戻ったことをまったく知らないんだ。

ジョナサン・ノシター(著者。以下JN)ということは、お父さんの亡くなった後に、ドメーヌの跡を継いだってこと?

ジャン＝マルク いや、まったく違うんだ。フランスの法律では、当事者の死後半年以内に相続を宣言しなければならない。それで母と姉、会計士、弁護士と公証人を交えて、僕らはここ、ムルソー®に集まった。みんなの前で僕は、はっきりノンと言ったんだ。継がないってね。それで管理者を雇おうってことになった。

JN お父さんは、君が結局、引き継いだことは何も知らなかったってことか。君はワインを造ることになったわけだけど、相続したことをどう考えているの？

ジャン=マルク　父は九か月の間、闘病したんだけれど、亡くなった時に事情をコンセルヴァトワールに相談した。だって、こちらでやらなくてはならないことがあったからね。それで一週間のうち、ここで四日過ごして、パリに三日いるという生活になった。僕がワイン造りを放棄しないって、父にはわかっていたと思う。一九八九年になって、ようやくここに戻ってきたんだけれど、パリに出てからもう一〇年経っていた。

JN　最初から、お父さんなしでワインを造り出したことになるね。**エティエンヌ・ド・モンティーユ**[W]のところは、父親**ユベール**[W]がずっと横についていたわけだし、**クリストフ・ルーミエ**[W]のところは、父親がだんだんと手を引いていったらしいね。そういえば、ドミニクのところはどうだったの？

ジャン=マルク　彼のお父さんは生きているよ。親子がどういう関係なのか、知らないけれど。僕の見たところでは、単純ではなさそうだ。僕は三四歳だったろ。自分の思うとおりにできて、運がよかったと思う。でも、二〇歳になるまでに父がしていたことをぜんぶ見ていて、しっかり憶えていたからね。父親のことを思うと、いつも仕事が思い浮かぶんだ。いろいろなことを記憶しているれど、ぜんぶ見て憶えたことばかりなんだ。ああしろ、こうしろと指図されたことは一度もない。

JN　そのおかげで、自分のテロワールに対して自由に振る舞えたって思ってるのかな？

ジャン=マルク　僕はいつだって、あちこち出かけていって、いろんなことを聞いて、教えてもらわなくてはならない。それなのに、演劇かワインか、どっちを選ぶんだって、ずっと問われつづけた。そうだね、自分が望むようには、俳優稼業はできていないかもしれない。そう、それは確かにそうだ。でも、父親が敷いたレールに自分の足を二つとも乗せてしまうのは、やるべきことじゃないと思ったんだ。演劇は僕にとって自由な場所だった。今でもそうだよ。時間をかけて、一つの仕事からもう一つへと、いつでも移れるようなすべを身につけたんだ。

JN そういう自由の感覚が、俳優としての基礎にあるって思う？

ジャン＝マルク はっきりしていないこともあるね。人生の中で、尊敬とか、地位とか。というのは、まだ僕は俳優としては尊敬されていないかもしれないけど、他者を演ずるというのは好きだな。まるで違うものを組み合わせるのがね。

JN ワインには、そういう自由な感覚を持っていないの？

ジャン＝マルク いや、それは補完的なものだよね。ここでは自分の根を掘り進めてるって感じかな。演劇はというと、別の次元のことで、周辺部のことなんだ。世界との関係というか。でも君だって、自分の選んだワインを飲んでもらうわけだろ。映画とは違うってことだよ。

ジャン＝マルクと車に乗って、**ムルソー**®の葡萄畑に向かった。ワインを愛する者なら誰でも、この地に夢のようなオーラを感じてしまうものだ。うっすらと雪が降った後で、緩やかに傾斜する丘には白いヴェールがかかっているかのようだ。ワインには関心がない人でも、この景色には無関心ではいられないだろう。

JN ワインで何が一番素晴らしいことかというと、格付けや等級分けということとは、まるで関わりのないことだと思うんだ。むしろ、その土地で働く喜びや、人としての労働の喜び、親しい人と分かち合う喜びじゃないかな。でも時には、競争、格付け、等級分けという考えが、人々をひどく脅かすものになってしまう。

ジャン＝マルク 映画だって、同じだろう？

JN まったくその通りなんだ。フェスティバルだの、コンペだのといった競い合い、ダーウィン的なサバイバル競争が、経済原理の名の下に押しつけられる。映画もそうだけれど、ワインを愛する者は途方に暮れて、外部の意見、権威ある確固たる判断がほしくなる。でも、僕みたいな人間は、自分で批評精神を駆使しようとしている。そうじゃないと、判断も愛もあり得ないと思う。けれども、矛盾するかもしれないけれど、権威主義に陥らずに常に批評的な精神をどうやって保つか、それが問題なんだ。

ジャン＝マルク　『ミシュラン』が思い浮かんだよ。星の数でレストランが等級付けされているけれど、それに気を取られて、街の普通のどこにでもあるレストランには行こうとしなくなる。今フランスでは、レストランの等級付けをやり過ぎていると思うな。

　村の集落を過ぎて、丘の低いところに沿った道を車は走っていた。葡萄畑の前で停まった。ここにもそこにも、石を積んだ塀や小道があって、細かな区割りがなされている。

JN　ムルソー《Ⓡ》の畑にいるんだね。ここでは区割りがなされていて、すべて等級が決まっている。逆説的だけれど、これはこれで見事だね。等級付けできるということは、それも喜びに至る道なんだということかな。

ジャン＝マルク　ここに見える景色は、好きだなあ。何か昔あった景色が、再現されているような気がするんだ。前に見える**ムルソー・レ・テソン**《Ⓥ》には「モン・プレジール（私の喜び）」という名前がついているけれど、そこにもたくさん塀がある。右に見えるのはプティ・シャロン、左がグラン・シャロンという名前で、傾斜が一番きついから、ここでも最も良い場所になっている。

JN　自分たちの世代は、ビオディナミを積極的に実践していると思う？

ジャン＝マルク　そうだね。**フレデリック・ラファルジュ**《Ⓦ》が**ヴォルネー**《Ⓡ》にいて、**オーベール・ド・ヴィレーヌ**《Ⓦ》、**ルフレーヴ**《Ⓦ》、**ドミニク・ラフォン**《Ⓦ》、そのほか多くの人たちがビオディナミを実践している。僕は近代生物学を中心にして栽培しているけど、ビオディナミも信じている。**ピエール・マッソン**《Ⓦ》にも会ったよ。

みんなが思っているような「導師」って感じじゃない。僕は生物学を活用してすでにいろいろなことをやってきた。そこから言えるのは、テロワールの各々の性格は、ビオを活用することによって、よりワインに色濃く反映されるということだね。

目の前に、信じがたいほど美しい景色が広がっている。葡萄畑は赤みがかった褐色に染まり、緑の下草が縞模様の跡に生え、空が曇っているにもかかわらず、何か光り輝いているかのように見える。土地の傾斜と丘がつづいていることで、すべてが穏やかできちんと収まっている感じがする。この景色と同じように、**ムルソー**(R)を口にする時はいつも穏やかな味わいを見出すが、決して平板な感じではない。

ジャン＝マルク　ほら、葡萄畑を一番正しく評価するには、後ろに下がって見るのがいいって、わかるだろ。ここは標高が五〇〇メートルだよ。一九九六年にブシェールの畑を買った時には、二キロ離れたコルセル・レ・ザールからその土地を見ようとして、ある晩のこと**ユベール・ド・モンティーユ**(W)と一緒に出かけていって、彼に意見を聞いたんだ。夜に行ったのは、人に僕の車を見られないためだ。葡萄畑が売られる時は、いろいろと気をつけないといけないとね。知り合いに話しちゃいけないんだよ。

突然、その夜の出来事の光景が見えたような気がした。月の光がモンティーユの頭を照らし出し、ジャン＝マルクの美しい鼻がシルエットとなって見える。大の男二人が**ブルゴーニュ**(R)の知り合いの目から姿を隠すべく、夜の闇に立っている。

丘へと道はつづいている。海のように広がる葡萄畑を横切って道が走っている。その一本を、私たちは今たどっている。

ジャン=マルク　地形が織りなすさまざまな要素を知ると、どうしてこの道がここを走っているのかわかるだろ。ポリュゾとブシェールの間にある丘は、本当にわずかだけれど、そこでうねっていて、それでワインが違っているんだ。そうした小さな要因が、ワインになるとはっきりと現われてくる。塀の向こうに位置する側がポリュゾで、プルミエ・クリュ畑になる。そこから五〇メートル上に行くと別の塀が石で組まれている。その向こうがポリュゾ・バ、つまり低いポリュゾとなる。ほら、こういう丸い丘はまるでエマニュエル・ベアール▼のおっぱいみたいだろ。それも一番いい時のね。その後はまた低くなっているんだ。僕はここでブシェールとポリュゾと両方を造っている。もちろん同じワインじゃないよ。太陽の光との関係が異なっているからね。

JN　五〇メートルもないじゃないか！

ジャン=マルク　葡萄畑になっている丘の形によって、下にあるポリュゾの方がより強く浸食作用の影響を受けている。だから、ブシェールでは土が少なくなっていて、葡萄はすぐに弱ってしまうんだ。それで苦労させられる。収穫の期日をいつにするか、すごく気を使うんだ。葡萄があっという間に熟しすぎてしまうからね。そんなこと、レストランにどうやってわかってもらえるのかな？　けれども、それがまさにブルゴーニュ®なんだ。

JN　いったい誰が、そういう違いに気がついたのかな？

ジャン=マルク　昔の人たちだよ。一九世紀に、すでにジュール・ラヴァル▼が等級付けをした。シトー会の修道士たちも畑の違いに気がついていたと思うんだけど、ラヴァルのようなはっきりとしたやり方じゃなかった。これは僕の考えだけれどね。ラヴァルは過去からのさまざまな経験に、はっきりとした言葉を与えたということだよ。僕としては、ここでの葡萄畑の等級付けを最大限に尊重している。だって、長い伝統の結果できたものだから。ここ二〇年で、世界で一番味を見る技に優れていると自称して、等級付けを自分勝手にやり直しているやつがいるけれど、そういうのはクソ喰らえだ。

つまり、等級付けとは経験に基づいて存在していることになる。地形の有り様と時の流れの中で存在しているのだ。それは、試飲して批評する者たちが勝手に作った嗜好の等級付けとは、対極をなしている。そういう人の中には、評論家やソムリエ、映画監督、単なるワイン愛好者などさまざまいる。こちらの等級は、味の好みだけに基づいて作られたものであるから、個人的に必要なものであっても、それを他人にあたかも真理であるかのように押しつけようとすると、まったく意味がなくなってしまう。そのような味の等級付けはよって立つしっかりとした土台などまるでないのだと、私は思う。そこには歴史はなく、人が共有している経験的な絆がない。そのことを、ジャン＝マルクはどこかで具体的な形で示そうとしているのである。

平らな土地へと坂を下り始めた。そこはプルミエ・クリュの畑でも、いわゆる歴史的な場所でもない。ただ、そこでできたワインには「**ムルソー**[V]」と名前を付けることができる、そういうことだ。葡萄の木が健康で、造り手に才能さえあれば、この**ムルソー・ヴィラージュ**[V]と呼ばれるワインは素晴らしいものにもなりうる。しかしこの丘の低いところに生えている葡萄は、その土地がほとんど平らなだけに、できる葡萄の味もほんの少しだけ平板で、深みのないものになっている。

▼**エマニュエル・ベアール**　フランスを代表する女優。一九六三年生まれ。出演作に『美しき諍い女』『八人の女たち』『恍惚』など。

▼**ジュール・ラヴァル**　一八五五年、著書の中で**コート・ドール**[R]の葡萄畑について等級付けを行なったが、一八六一年のボーヌの農業委員会で公式のものとなった。グラン・クリュ、プルミエ・クリュ（当時はクリュではなくキュヴェを用いていた）の等級名称は、その後のＡＯＣの創設（一九三五年）とともに定着した。なお、ボルドーの等級付けは、皇帝ナポレオン三世の指示によって、同一八五五年のパリ万国博覧会に際して行なわれた。

JN　ビオに基づいて仕事をしているところでは、下草が元気よく生えているよね。化学肥料や薬品を使っているところだと、地面も植物も不健康に見える。ドミニクの葡萄畑でも、葡萄の木が健康で活き活きしている感じがしたよ。

ジャン=マルク　ビオディナミ農法というのは、できたワインに造り手がサインをするように、葡萄の木にサインをするようなものだと思うな。そうじゃないと、葡萄の木は単なる生産手段になってしまう。ビオディナミが薦めるさまざまな道具を通じて、自分の葡萄の木を人格化できるってことだよ。僕は、そういう意味で今一番先端を行っているのは、**ヴォルネー**[R]のラファルジュ一家だと思うな。**フレデリック・ラファルジュ**[W]と父親ミシェルがやっている。彼らが作っている葡萄の木と同じように、彼らも生き生きとしている。

JN　**ジャン=ルイ・ラプランシュ**[W]が言っていたことを思い出したよ。**シャトー・ド・ポマール**[V]の昔からの所有者だ。テロワールを守る者たちと自分の名前を守る者たちの間には、一つの対立があるって言っていたんだ。でも、実際は、本当の意味での対立じゃないんだね。

ジャン=マルク　一方がいなくては、もう片方も成り立たないんだ。テロワールを標榜するところの葡萄だって、ひどいワインになることもある。もしテロワールではなく、葡萄の品種別のワインを造るのなら、点数を付けたり、他と比べたりするのももっと簡単になる。産地そのものは平均化され、その呼称もなくなってしまう。基本的な目印が取り去られてしまう。そうなるとみんなが貧しくなり衰えていく。

　ジャン=マルクがはっきりさせようとしているのは、三〇年代にファシストたちが統治していた時代のことだけではなく、現在の商売の在り方がますますファッション化していっているということ、経済的な生存競争という幻想、つまりは効率こそが正義であるという近年の傾向は幻想だということだ。こうした傾向を推し進めているのは、皮肉にも人間味のあるとても感じのよい人たちだったりする。他者の存在を否定しようとしているのは、ファシストや独裁者ではない。そうではなく、私たちの文化と私たち自身の出自をまったく親切丁寧に消し去ってしまおうとしている人たちである。それに対して、ここ**ムルソー**(R)でのテロワールの厳格な境界策定、そしてジャン＝マルクのような人たちがテロワールをそれぞれに表現していくやり方そのものが、一つの素晴らしい回答になっているような気がしている。

1……カーヴでの試飲

私たちはようやく**ムルソー**(R)の村に戻り、**ドメーヌ・ルーロ**(W)のカーヴに向かった。ジャン＝マルクは自分のカーヴにどれほど多く人を迎えて、そういった人たちがワインに対する愛や知識やらをさまざまなレベルで話すのを聞いてきたことだろう。醸造タンクや樽に囲まれて試飲をするのは、まさにクライマックスである。カーヴでの試飲は薄暗く、深遠な現実であり、作者＝造物主を前にして、それぞれの人が自分の正体を明らかにしてしまうのだ。真実の時なのである。「街」での試飲とワインについての抽象的な「知識」を武器にしたつもりでいても、そうしたスノビズムとは無縁の現実とここで向き合うことになる。どれほど多くの人が、心の底から自分が深い恐れにとらわれていると思わざるを得なかったことだろう。見学し、試飲する人たちが、恐れという感情にとらわれた時、彼らは失敗を強く意識することになる（それゆえ攻撃的であれ、防御的であれ、人はひどく饒舌になる）。

それは役者についても同じで、自分が下手な演技をしていると意識している場合には、何とかうまくやっているふりをしようとする。ある時、舞台の上で自分がパニックに陥っていると感じる。そこでは感情と心理の上での一つの焦点に直面する。他の役者たちと演出家を前にして、まったく単純な一つのこと、彼らに期待されていること、つまり自分を自然に表現することが最も難しくなるのである。自分がその表現をできないのは屈辱的なので、それが「できているかのように」振る舞うことになる。

しかしジャン＝マルクのところでは、さらに難しさは倍加する。なぜなら彼の舞台、つまりカーヴは世間の評判が高く、ジャン＝マルクのワインのスタイルはまさに精妙なもので、それも「いわく言いがたい」点において精妙であり、流行のスタイルとはまるで異なっているため、間違いを恐れる人たち（自称ワイン愛好家、そしてワイン評論家の大部分がそれに該当する）にとって「間違いを犯す」可能性が無限大になるからである。さらに、ジャン＝マルクは気に入られようとしてへつらうような人物とは対極にあると言い添えるなら、**ルーロ**(W)のカーヴで試飲をするというのは、まさに決闘と言っても過言ではないだろう。

ジャン＝マルクがピペットをステンレス製のタンクに差し入れて、グラスにワインを注ぎ、私に出してくれた。**ムルソー・メ・シャヴォー二〇〇四年**(V)である。

JN　ひどくひねりのきいた酸味があって、何だかドライヤー▼の映画を見ているような気がする。

ジャン＝マルク　大好きだよ、彼の映画は。

JN　じゃあ、ジャンセニストなんだね、昨日、ドミニクが言っていたみたいに。

ジャン＝マルク　酸味は自然なものだと言っておこう。

JN　レモンを吸っているみたいな印象だね。すごく美味しいレモンで、酸っぱいけれどフルーティで溌刺としている。

ジャン＝マルク　僕は苦みが好きなんだ。でも、どうしてワインに苦みが感じられるのかはわからない。葡萄の木の働きなのかな。でも厳密にはわからないんだ。

今度は、**ムルソー・リュシエ**(V)をグラスにもらう。これはクロ・ド・モン・プレジールだ。

ジャン＝マルク　この二〇〇四年は満足がいく。二〇〇五年のは濃密すぎて、逆に勢いがないかもしれない。

JN　今は、ワインは濃くすればいいとみんなが思っている時代だよ。役者だってそんなふうに思っている手合いも多くてね。大げさに泣き叫ぶのがよいなんて思っている。

ジャン＝マルク　これが、**ムルソー・ペリエール・プルミエ・クリュ**(V)だよ。もし**ムルソー**(R)にグラン・クリュがあるとすれば、これだろうな。今のところはこれを飲んでも、ペリエールって感じるのは最後の最後になってからだけだけれどね。口に入れても、最初は「やあやあ、僕だよ、ペリエールだよ」って言ってくれない。そう、本当にゆっくりのんびり味わいがやってくる。

JN　でも、それってテロワールがそうなのかな。それとも君がそうなの？

ジャン＝マルク　そういう話ができるのは、テロワールのおかげだね。

それから少し経って、夕食をということになり、ジャン＝マルクとアリックスとともにテーブルについた。彼がカーヴのいちばん奥から出してきたのは、カビだらけの一本のボトルだった。**ムルソー・ペリエール一九八二年**(V)だ。父親の時代から生き残っているワインのうちの一本だ。

ワインという液体が、はかないと同時に張りつめたものであるということを思うと、**ブルゴーニュ**(R)でのたった数日のうちに、ワインの世界にある偽りの対立、それもたいへん大きな三つの対立に穏やかな形で終息点を見つけられたという思いがしてならなかった。テロワールと個人の造り手の対立、近代化と伝統の対立、そして地方とグローバルとの対立である。ここで出会った芸術家肌のワイン醸造家たちと語り合

▼**ドライヤー**　デンマークの映画監督。一八八九～一九六八年。『裁かるるジャンヌ』『奇跡』などで知られ、聖なる映画作家と称される。

うちにわかってきたのは、好奇心に駆られたワイン愛好家がこうした対立に興味を抱くのは、一杯のグラスの中に対立するもの同士が対話する形ではっきりと現われている場合にかぎられるということである。

第V部

パリの
ワイン業界人との対決

第14章 ワイン文化の抹殺者たち——ワイン評論の現状

私は感動し、たいへん幸せな気持ちで、翌日、**ブルゴーニュ**®からパリに戻った。ワインについての清明な物語《ディスクール》とも言うべきあの聖杯にそれほど近づいたわけではなかったのかもしれないが、才能と自信に満ちあふれ、しかも謙譲の精神を持ち合わせている芸術家たちと連日交流したことで、ワインの深遠なる美しさ、しかも対話可能な美に信頼をおいてよいのだと、ふたたび確信するようになった。

パリであれ、ロンドン、ニューヨーク、そしてサンパウロであれ、どの都市であっても、都会でワインの話をし、ワインを感じるのとは対照的なものが**ブルゴーニュ**®にはあった。**ムルソー**®の村や葡萄畑、そしてあの近辺で私が滞在していた間、一度たりとも人間としての在り方、そしてワインの農産物としての在り方を見失うことはなかった。さあ、ここからはもう一度、都会の獣たちの洞窟に踏み入らなければならない。ここでは、ワインは消費される「物質」である。権力の（あるいは嗜好の）方向を自分勝手な形で表現するのがワインであり、一つの交換可能な通貨なのである。ワインとは、大都会という闘いのまっただ中で、自分が何者であるかを確立し、自分の最も強いカードを切りつつ生き残るための武器なのである。

当然のことだが、ワインは古代ギリシア・ローマ時代から、一貫して変わることなく権力を表現するものであった。シチリアそのほかで、古代ギリシア人たちは新たに植民できる土地が得られると、本国にある品種の葡萄を植えて、自分たちの文明とその領土の広がりを誇示したのである。古代ローマの人々はいっそう明確なかたちで、帝国の武器であるかのごとくワインを利用した。新たに領土を手に入れると自分たちの葡萄園を作り、そのことが新たな植民地領民がローマ化されていく強力なシンボルとなったのである。

しかし今日、人がワインを権力誇示の目的で使うやり方には、何か奇妙なところが見られる。アメリカ国家が猛りくるったように大声を上げ、大げさな身振りをしているにもかかわらず、本当の国家主義的な意味での大国の力は失われている現状では、国家を超えた経済帝国主義のような力がワインの象徴的な地位を決定づけているのだが、これは何も驚くにはあたらない。その結果、今日私たちが求めているのは、ワインが生気を失った「物質」として存在することであり、単に歴史や農業といった次元での意味合いだけでなく、人に喜びをもたらすものとしての役割すらワインは喪失してしまった。現代の都会の相克においては、ワインは本来の意味での「戦利品」となってしまった。

評論家連中は、試飲のやり方に手前勝手な科学的基準を無理やり持ち込んでいる。野心満々のレストラン経営者たちは、ワインの値段を信じられないほどつり上げて大儲けしようと企んでいる。また、なお一層の効率化と「潜在的な市場」の開拓を求める食品流通業界においては、スーパーマーケットや多国籍企業のワイン販売業者たちは、ワインは「物質」としての役割を果たせばよいのだと画一化を推し進めている。これらを見ていると、現在、ワインが生き延びてきたということすら、奇跡ではないかと言いたくなる。ワインとは自然や歴史との絆であるとする醸造家、販売業者、そしてレストラン経営者には、すべてレジオン・ドヌール勲章を授与すべきとさえ思ってしまうのだ。

1……業界用語のグロテスクさ

ワインの自然や歴史と結びついた在り方を守ろうと闘う人たちが、どういうことに直面しているか、ご存知だろうか。たとえば、パリからサンフランシスコに至るまで、ワイン評論家や自称専門家たちがどのような業界用語を使っているか考えてみよう。

そのグロテスクさの最たるものとして栄誉を受けるのは、やはりロバート・パーカー氏ということになるだろう。**ブルゴーニュ**(R)からパリに戻った夜、彼がアメリカで出版した一九九一年版『ボルドー・ワインガイド』をたまたま手に取り、眺めてみたところ、**シャトー・ランシュ＝バージュ一九八二年**(V)について、次のような記述があった（もちろんここにある記述が、このワインに襲いかかることがなければ、私には特に何とも言うこともない無垢な一本であった）。

「ランシュ＝バージュは、どっしりとした、並外れたワインで、色合いはどこまでも濃く、熟したカシスのブーケに熱いアスファルトピッチの香り、醤油とヴァニラの混じり合った風味が薫り高く感じられる。口に含むと、あたかも粘りのある、豊かで、まったく欠けたところのない、凝縮された味わい、そして喉ごしの柔らかなタンニンの感覚がある。こうしたことからして、このランシュ＝バージュは、骨組みのしっかりとした、外に開いた性格で、デカダンスと隣り合った濃密さを持ち合わせており……」

まさに、『モンティ・パイソン』での見せ場にうってつけと言える。しかも、こうした調子はここだけではない。この意図せざるダダイストの戯れにつきあって、『ワインを買う人のためのパーカー・ガイド』の二〇〇二年版を開いてみると、どのページも同じ調子である。たとえば三七六ページには、（不思議の国どころか、実際には遠く遠く離れたところであるにもかかわらず）ボルドーワインの記事に関連してロバート・パーカーの辛口赤ワインについての考えがつづられている。

「これは一つの爆弾で、果実味豊かな、炸裂するような、快楽を追い求める、魅惑するようなものであり、(……)チョコレート、コーヒー、煙草、キルシュ、そしてカシスのソースから立ち上る香りが、メロドラマのように、きらびやかに燃え立ち、クラクラさせるように感じられ、その香りの奥には焼けた土のほのかな匂いがあって、グラスから立ち上ってくる」

ボルドーワインが、かつては大人たちの飲み物と見なされていたことが信じられないような調子である。彼が名声を得たのは、一〇〇点満点でワインを採点するというやり方のおかげである。そして、ワイン売買をする者たちが、厚顔無恥にも商売を進め広告を打つにあたって、彼の採点を喧伝した。実際にファンたちを引きつけているのは、彼の採点にすぎないのだとすれば、ロバート・パーカーは自分の書いたものを人がどう読もうが、そんなことは関係ないのかもしれない。たとえ、その文章がひどく子どもじみていようが、グロテスクなまでにくどい装飾語にまみれていようが、文法的に明快さがない悪文であろうがである。ワインは、どれも五〇点から一〇〇点までで採点される。それが読者の目にまず飛び込んでくるように記されていて、文章に目を移すのは、点数に目くらましされた後になる。それも、非常に読みにくい文字が大きな固まりとなっている。ひょっとするとこの文章は、秘密の暗号で書かれていて、パーカー秘密教団のメンバーとして認められていない世俗の者には、理解できないようになっているのかもしれない。

しかし、ことはパーカー氏だけにとどまっていない。ワインをめぐるポストモダン的な駄弁は、世界中で生産されている(しかも、そのような駄弁と対応するワインを、しかるべく造り上げようと醸造学者たちが熱烈な努力を積み重ねている)。半ば秘密教団化したような、あるいは半ばマフィアのような熱狂的な意志によって、仲間として認めたり、排除したりという輩が、至るところで徒党を組んでいる。そして、ここにまた、そのお手本を一つお見せしよう。『ワイン・スペクテーター』誌からの引用だが、大仰にも「ペトロリオ」と名付けられた、一九九六年のイタリアワインについての評である。

「完璧な肉体をもつ筋肉隆々のスポーツマン。花々と赤い実の果実をつぶしたごとく立ち上る途方もない香り。ミネラルのほのかな香りも感じられる。非常に薫り高い逸品。超繊細なタンニンを含み、長く得も言われぬお美味さをともなった強固なボディ。非常に洗練されている。濃厚。メルロⒸ。九六点」

イタリアにおいても、主要なワインガイドとして認められている『ガンベロ・ロッソ』誌（二〇〇二年版）にも、この種の描写を発見してしまう。

「［ミシェル・ロランⓌの］もう一つの偉大なワイン、**オルネライア一九九八年**Ⓥには、いくつか最上級の賛辞は控えておこう。鼻には**ボルドー**Ⓡの最高級ワインの複雑な香りが感じられる。カシス、桑の実、鉛、糸杉、ミント、そして東洋のスパイス。口に含んでも、決して力強さを失うことなく、しっかりとした骨組みを証明するかのように豪奢なタンニンが感じられるとともに、非常にまろやかに仕上がっている」

ブラジルでも、いつも感じのいいサウール・ガルヴァンが、有力紙『エスタダン』に書いている批評を読むと、チリ産ワインの（うさん臭い）喜びが見つかる。この新聞は、社説では穏健な立場を保ち、むしろ保守的とさえ言える。ラテンアメリカで屈指の投資ファンド（ジュアン・ヤルール）の所有になるドメーヌが醸造したワインを、カール・ガルヴァンは次のように評している。

「限定版**モランデ・カリニャン**二〇〇三Ⓥは、『ほとんど伝説的な』ワインである［「ほとんど」って、どういう意味なのか？：著者ノシタール］。アメリカ樫《オーク》の新樽で二〇か月熟成されたもので、その成果がはっきり表われている。ワインの濃縮された感じが、樫《オーク》のどっしりしたタッチと釣り合いが取れている。さまざまな花の香り、甘草のような、煎じられたもののような感触をともなって、何か薬効があるかのようである。この濃密さは印象的である。たいへんに美味しい。力強く、熱烈なワインである。アルコール度数一四・八度（一〇〇点満点の九三点）」（二〇〇七年五月二三日付、サンパウロ『エスタダン』紙）

カール・ガルヴァンは、同僚や彼自身が定期的にそうしているように、今回も新聞批評記事の対象となるドメーヌに費用を負担させて、チリ旅行をしたのであろうか（そもそもこうしたやり方こそ、国際的に見て見事な伝統とも言えようが）。

2……嫌悪すべき得点評価

当然ながら、ワインの格付けと点数を付けることは区別しなければならない。星を三つから五つ付けて評価するシステムは、イギリスの非常に知的な評論家マイケル・ブロードベント▼が工夫して作り上げた何とも柔軟なものであるが、これと、まるで妄想とも言うべき「正確さ」を期して付けられる一〇〇点法の採点システムとは、まったく別のものである。おそらく世界で最も経験豊かなテイスターであるブロードベントは、ワインを手短に説明した後に、星がいくつかを書き添える。彼の判断は、常にどうとでも変わりうる大まかなものであって、ワインについての好みをどう表現するかは、そのワインをどのような状況で味わったかに大きく左右され、同じワインであっても試飲会によっては異なった評価になることもあり得ると、何度も繰り返し彼は強調している。彼の書いた文章を読んでみると、控えめだが率直で一貫した考え方がそこにあるので、大方の人はなるほどとうなずくだろう。一九八三年の**シャトー・ローザン＝セグラ**[V]について比べてみると、パーカーは次のように言葉の寄せ集めに自ら迷い込んでいる。

「このワインは、アカシアの素晴らしい香りがしてくるが、カシス、燻製香、煙草、さらにお香のニュアンスがあり、文字通りグラスから湧き出てくる。口に含むと、豪奢で、このうえなく濃厚なテクスチャーを表現するとはいっても、純粋さという点で何ら損なわれてはいない」

一方、ブロードベントは、次のようなコメントだけでよしとしている。

▼**マイケル・ブロードベント**　ヴィンテージワインの専門家。一九二七年生まれ。イギリスのクリスティーズのワインオークションで、競売人を二五年以上務めた。ワイン関係の著書も多数あり、『マイケル・ブロードベントのワインテースティング』（柴田書店）などの邦訳がある。

「美味しいワインだ。しっかりとして、どっしりとして、エレガントだ。柔らかな香り。しっかりした味わい。私の意見では、九〇年代になれば飲み始められ、その後も味わうに理想的なワインである」

二〇点満点であれ、一〇〇点満点であれ、点数を付けて評価する方式は、数学的な正確さを演出している。どんなに荒唐無稽であっても、この無意味な科学性は、ある一つの文化と完璧に対応している。それは慧眼なる評論家の評価には、曖昧なところや複雑さはあってはならないし、もしあればそれは受け入れられない、という考え方である。こうした考え方では、絶対的な「物質」を好む方向に向かうことになる。そこには表面的なものしかなく、実体験など必要としない、子どもっぽく、わけのわからない言葉が横行する。偽物の錦の御旗を振りかざした民主主義が、もっともらしい「事実」とやらで補強され、大声で叫ばれる。これと同じ現象が、かつてホワイト・ハウスに住まうジョージ・ブッシュにも見られた。それが世界中のテレビで放映されて、われわれのワイン文化を擁護する者たちのパソコンでも映し出される。

世界中どこでも、消費者たちは「パーカーポイント、九五点」、あるいは「ワイン・スペクテーター、九〇点」のワインを探し求めるのが、習い性になっている。ワインがどこ産であるとか、造り手は誰か、そのワインの背景など、もはや気にしない、というか、どうでもよくなる。パーカー、『ワイン・スペクテーター』誌、そして他の同じような「採点者」たちは、ワインについてわけがわからなくなっている人たちを安心させ、常に「勝者」として振る舞いたい人の気を惹いているのである。「九五点」の付いたワインは「勝者」である。「九〇点」を超えたワインは、どんなものであれすべて「勝者」となる（ついでに言い添えておくと、やがて「九〇点」以上を付けられたワインが増えすぎることになる。そうなると、この「勝者」たちの範囲を広げて、このケチなカラクリに関わるすべての役者たちの役どころを守っていかねばならなくなる）。

このような人たちが美術の世界に参入してくれれば、おそらくは次のような論評になるだろう。「美術は、歴史などについては何もわかりませんが、自分の好みで判断できますよ」。「マチス、九五点。シャガール、一〇〇点！ シャガールの絵は、目に入るや、爆発的な感じで、その色使いと感覚は輝かしいばかりである……」（こんな美術批評をされるのを想像してみてほしい）。その一方、ルオーなどは哀れにも、がさつな絵として、汚らしく、時代とズレていくとして、おそらくは七五点を超えるのもむずかしいだろう……。

ワインは生き物であり、置かれた状況によって常に変わっていく。そういうワインに点を付けるという行為は、私にしてみると、人間に点数を付けたり、人の価値を数値化するのと同じくらい、嫌悪をもよおさせるものである。

3……ワイン文化を殺す評論家／生かす評論家

世界中の至るところに、ワイン文化を抹殺するのに一役買っている評論家たちが数多く見られる。彼らは、ワインを人間という文脈から引き離して、呪文と子どもっぽい確信に支えられた人工的な世界を作ろうとしている。彼らの多くは独学でワインを学んでおり、醸造学の教育をまったく受けておらず、葡萄の木の剪定すらできないというのが現実である。自分が生活の糧を得ている液体は、その葡萄の木のおかげでできているというのに。誰でもこのゲームに参加できるし、このゲームなしではいられないのである。だからといって、すべての評論家が「ワインの殺し屋」だというわけではない。先ほど、イギリスのマイケル・ブロードベントを紹介したが、他にもワインの歴史を紹介した素晴らしい本の著者ヒュー・ジョンソン▼などもいる。さらに、オズ・クラーク▼、スティーブン・ブルック▼といったワインの世界の内側にある仕組みを精緻に観察してみせた評論家が、その才能の限りを尽くしてワイン愛好家に寄与している。

▼**ヒュー・ジョンソン**　イギリスのワイン批評家。一九三九年生まれ。ここで紹介されているのは『ワイン物語――芳醇な味と香りの世界史』（全三巻、平凡社ライブラリー）。他に『ポケット・ワイン・ブック』（早川書房）をはじめ多くの邦訳書がある。

アメリカにはマット・クレイマー▼がいて、注目すべき、知性豊かで明快な書物を何冊も書いている。ただ、『ワイン・スペクテーター』誌との長いつき合いがあるため、明らかに彼の判断も美的感覚も腐敗してしてしまった。**ロマネ・コンティ**(V)のテイスターを長く務めた**ラルー・ビーズ＝ルロワ**(W)と、マットは特別な固い友情で結ばれている。ラルーは司法の判断で**ドメーヌ・ド・ラ・ロマネ・コンティ**(W)を追われたが、いかがわしい取引に関係したためだという。現在、パーカーの息のかかった、跳び上がるほど値段が高い超濃厚なブルゴーニュワインに関わる中心人物となっている。

それとは逆に、スペインワインの専門家であるアメリカのジェリー・ドーズ▼は、抑制のきいた独立独歩の評論家として非常に稀有は存在だ。一方、テリー・テーズ▼はドイツのワインとスパークリングワインの輸入をしているアメリカ人だが、ワインの歴史・味覚、ワイン良し悪しの判断、そしてワインの魂を理解するコツについては、他の専門家よりもおそらくかなりの知識があると思われる。そのことは彼の毎年の販売カタログを見るとよくわかり、ドイツワインと**シャンパーニュ**(R)については英語で書かれたしっかりとした参考資料になっている。

フランスでは、楽天的になれるようなものは何も見られない。『ディーゼルデュセール・ジェルベ（Dussert-Gerber）』のガイドブックは、仲間内のつき合いがどのように実践されているのか、見事に読みとれる一冊である。「独立した」ガイドだと自称してはいるが、著者を大っぴらに褒めたたえてくれるなら、誰にでも栄冠を与えるという程度のものである。かつては信用できた『フランス・ワイン批評（RVF）』だが、マリ＝クレール・グループに買収されて以来、アメリカの『ワイン・スペクテーター（Wine Spectator）』、イギリスで最もワイン業界に影響力のある『デカンター（Decanter）』と同様に、ワインビジネスの巨大な広告機関に成り下がってしまった。なかでも『デカンター』が最も厚顔無恥な雑誌であろう。記事として取り扱っているワインについて、同じページで広告を載せるだけにとどまらず、ありとあらゆる造り手からあきれられ、笑いものにされているのである。何しろ同誌の広告部は、ワイン農家に対してその地域が記事として扱われるとか、誌上試飲会の対象になっているなどと情報を流して、「今のうちなら広告スペースを買えますよ」と言って、広告を取ろうとするやり口で有名なのである。

フランスでは、この種の本のベストセラーは『アシェット・ワインガイド（Guide Hachette）』である。そのすぐ後にフランス版『パーカー・ワインガイド』がつづいている。『アシェット・ワインガイド』は、こうした中では最も節制が利いている。醸造農家を見学する人に必要な電話番号や住所を提供しつつ、自分で決めた基準をしっかり守っている。しかし一方で、見本を送ってくる生産者だけしか調査していない。そして残念ながら、以下がワインの品評の例である。**シャトー・ローザン＝セグラ**二〇〇二年[v]について「暗紅色の衣の洗練され溌剌とした様子が、肩幅の広いこの若いワインの性格に見て取れる。香りそれ自体にはほんの少し美食家を思わせるところがある。カカオ、甘草、トーストの味が口の中にハッカの匂いとともに広がってくる……」。似たようなアングロサクソン系のガイドと比べると破廉恥さは少ないが、『不思議の国のアリス』の世界にいる点で違いがない。あるいは、ホラーの世界と言うべきか。

▼**オズ・クラーク**　イギリス生まれのワイン批評家。一九四九年生まれ。フランスワインについても多くの著書がある。邦訳書に『オズ・クラーク　フランスワイン完全ガイド――3大名醸地の旅』（小学館）ほか。

▼**スティーブン・ブルック**　Stephen Brook, イギリスのワイン批評家。一九四七年生まれ。ワインだけではなく、旅行についてのガイドも数多く出版している。

▼**マット・クレイマー**　アメリカのワイン批評家。邦訳書に『ブルゴーニュワインがわかる』『イタリアワインがわかる』（ともに白水社）他がある。

▼**ジェリー・ドーズ**　アメリカのスペイン料理・ワイン評論家。本人のホームページ（Gerry Dawes's Spain: An Insider's Guide to Spanish Food, Wine, Culture and Travel）を参照のこと。

▼**テリー・テーズ**　Terry Theise, アメリカのスペイン料理・ワイン評論家。インターネット上で、ドイツ、シャンパーニュ、オーストラリアの詳細なワインカタログを公開している。

他に影響力のあるガイドとしては『フルーリュス（Fleurus）』があり、これはソムリエたちが原稿を書いていることを鼻にかけている。その前書きにはまともな意図が多く見られる。私の感覚としては、ガイドブックができる唯一のことは、ドメーヌの歴史、たずさわる人たち、造られているワイン、土壌のことを紹介し、読者が自分でそのドメーヌを訪ねられるように必要な名前や住所を記載することだと思う。『フルーリュス』は、そういった情報を提供している稀なガイドである。ただ、それでもそうした情報は本の最後に隠されているかのように記載されていて、きちんと探さなければ見つからない。パーカーの本になると、そういう配慮はまったく見られず、アメリカ版では何ら有効な情報は書かれていないが、フランスの版にのみドメーヌの住所と電話番号がある。ただ、たいへん残念なことに『フルーリュス』もまた有効性という圧力に屈して、ワインに二〇点満点ではあるが、点数を付けている。二〇点中で一一～一三点だと「良いワインからたいへん良いワイン」になり、一四～一六点は「非常に上等なワインから素晴らしいワイン」、一七～一九点は「際立って見事なワインから比類ないワイン」、そして二〇点満点になると「完璧なワイン」となる。なんという恐ろしい話だ。いったい誰が完璧な人に出会いたいなどと思うだろうか。結局、ここでの言葉遣いも、あまりにも予想通りの悲しいものになっている。以下が、**コート・ド・プロヴァンス**®について書かれている記事である。

「濃い暗紅色の衣。すがすがしく豊かな香り。ピーマンと黒い果実、カシスやスグリ、カカオのアロマに芽生えつつある動物性のアロマ、腐食土、甘味タッチ」

「甘い腐食土」を軽く一杯やる気になるかって？　「芽生えつつある動物性」をともなったカカオだって？　チョコレートに群がるアリでもあるまいし、誰がこんなワインを飲みたいと思うのだろう。私にはまったくわからない。インチキな詩の技法を駆使した言葉遣いが、言葉そのものも、喜びも、コミュニケーションもすべて台無しにしている。専門家たちがそういう言葉遣いをすることで、外部の人たちから理解されないようにと懸命になっているのだ。そういう輩はどうにかしてほしい。

だが、ワインに関する言葉遣いがこれほどまでに馬鹿げたものになっていること自体を、ひょっとすると楽しまねばならないのだろうか。理解を超えた複雑な説明でびっくりさせられるこの世界であるが、どのように描写しようとしても賢く逃れてしまうこの飲み物には、何か決定的に人を大喜びさせるものがある。ワインは、こうした言葉による激しい攻撃を容赦なく受けているにもかかわらず、そこには混沌とした強靱なディオニソスの精神が相変わらず生き延びているのだ。

第15章 アラン・サンドランの「小さな革命」の店で

二〇〇五年一〇月二〇日付の『ル・モンド』紙で、美食《ガストロノミー》の世界で起きた「小さな革命」が報じられていた。

「一九七〇年代のヌーヴェル・キュイジーヌ旋風における主役の一人であったアラン・サンドラン氏は、この五月に、二八年来『ミシュラン・ガイド』から三つ星の評価を得ていたレストランをやめて、現代風の『気取らない』料理を作るという衝撃的な宣言をした。さらに氏は、これまでの評価のせいで、お客に鰯の料理を出すことができないような『圧力』さえ感じてきたと語った」

アラン・サンドランと言えば、ジョエル・ロブションやアラン・デュカスとともに、フランス料理界の最も高名なトリオをなしている。その数か月後には『アントルプリーズ（企業経営）』誌のインタヴュー取材を受けていた。「あなたのような方なら、他にもそうしている人がいるように、どうしてセカンドの店を他の場所で開店しないのですか?」と聞かれ、「もし場所を変えていたなら、ブラスリーを始めたと人から言われるでしょうね。しかし、事態はまったく違います。同じ場所でやりたいのです。ただし、その精神を変えて。これまでの店ルカ・キャルトンは豪華さがテーマでした。これから開くサンドランの店は、まったく新しい在り方を提示します。私のチームとともに、三日間、最高レベルのスペシャリストに、現代の贅沢について研修を受けましたよ」

1……若きソムリエにワインリストについて問う

私は、マドレーヌ広場を渡った。広場に面したヴェルジェ・ド・ラ・マドレーヌ▼という小さなワイン屋が目に入ってくる。この懐かしい店には、小さな店ながら数千本の素晴らしいワインが地下の倉庫に眠っている。ロール・ガスパロットと一緒に、かつてのルカ・キャルトン▼に向かって歩く。彼女は三か月も前から、この店の有名なシェフと会ってもらう約束をしていたのだ。午後三時半から四時半までのきっちり一時間が、与えられた時間だ。この美食の殿堂（形態は変わったが）の中に入った。シェフが今まで獲得していた三つ星を辞退したと同時に、レストランの漆喰塗りの壁は新しい感覚の日本風アール・デコの装飾に変えられていた。テーブルクロスもなく、ただ変化の付けられた照明が白い家具類をくっきりと浮かび上がらせている。絵も掛かっていない。ガラス製の旗のようなものが下がっていて、禅をモチーフにした透明な飾りになっている。八〇年代の映画にある装飾である。「洗練されたパリ」を思わせるブルガリアかルーマニアの趣味という感じだ。私は驚いた。サンドランは最高の教養を兼ね備えたインテリ・シェフと見なされている。さらに本当の意味でワインを愛し、ワインに気を使っている偉大なシェフは少ないが、その一人として認められているのである。

二階にある食事のできる小さな部屋に通された。中央にすべすべした楕円形の大きなテーブルが置かれ

▼ヴェルジェ・ド・ラ・マドレーヌ　Le Verger de la Madeleine, 4 Boulevard Malesherbes, 75008.

▼かつてのルカ・キャルトン　現在の店名は「サンドラン」。Senderens, 9 place de la Madeleine 75008 Paris.

ている。ご主人様のお出ましを待つことにした。少し経って、アレクサンドルという若いソムリエが姿を現わした。彼が言うところでは、もうすぐサンドラン氏がいらっしゃるらしい。正確にはいつになるのか、彼にもわからないという。それでワインリストをめくってみた。

ジョナサン・ノシター（著者。以下JN）　最初のページから、一本二三ユーロ以下の白と赤が、六本ずつ紹介されていますね。これは悪くない。特に料理の値段との関係からするとですね（平均で一人一五〇ユーロはする）。どういうお考えで、こうしているのでしょうか？

アレクサンドル（「サンドラン」の若きソムリエ）　それぞれ一〇ユーロごとに、いろいろなワインをお薦めしています。もうここは三つ星のレストランではないのですから、お値段的にもリーズナブルにしているわけです。お客様には、お考えの価格帯のワインをすぐにご覧になれるようにしているのです。

JN　とてもリーズナブルな価格で、素晴らしいワインが提供されているのはわかります。でも、お金という、言わば上辺だけの基準によってワインを分けていくことには、何か危険があると思いますが。

アレクサンドル　値段によって並べるようになってから二か月になりますが、皆さんから好評をいただいているように思います。

JN　客がありがたいと思うのは当然です。社会一般の基準と対応していますから。

アレクサンドル　それに加えて、このワインリストは二部構成になっています。第一部の方は値段で並べられていますが、第二部は古典的なやり方で、地域別になっています。

JN　ああ、なるほど。**ユエット**(W)の**ヴーヴレー・セック一九九三年**(V)が、三二ユーロで出ている。これは驚くべきことですね。

アレクサンドル　ええ。けれども、このワインをお客様ご自身でお求めになるのは、かなり稀ですね。私たちがお薦めして、お客様に喜んでいただくことが多いです。**ジャン＝マルク・ルーロ**(W)の**ムルソー・メ・**

シャヴォー一九八四年(V)も同様ですが、こちらは七九ユーロとなっております。

JN　素晴らしい。ワイン愛好家なら、とんでもない喜びを味わうことができますね。素晴らしいですよ。**ヴァインバック**(W)の**ゲヴュルツトラミネール一九九一年**(V)が、五四ユーロなんですから。たとえ、私の好きじゃないワインがリストにあったとしても。たとえば、**ボワセ**(W)の**ドメーヌ・ド・ラ・ヴージュレ**(W)とか。

アレクサンドル　たしかに、テロワールという考え方はかなり弱いです。二〇〇二年を試飲しましたが、**コート・ド・ボーヌ**(R)、**コート・ド・ニュイ**(R)、どちらのだったか、はっきりしなくなっています。技術的なスタイルがはっきりとあった気はしていますが。

　彼のあまりに素直な話し方を聞いて、心地よい驚きを感じた。人当たりは非常に礼儀正しいにもかかわらず（大衆化したいというこの店の意図からすると矛盾するような気もするが、場所柄からすると当然とも言える）、この青年に情熱と教養、そして趣味のよさを感じた。

アレクサンドル　ご存知のように、この店を言わば大衆化して以来、ずいぶんと若いお客様にもいらしていただけるようになりました。ワインについても、できるかぎり近づきやすいもの、わかりやすいものにしようと考えております。ビオディナミ農法や、自然を生かした葡萄作りをして、しっかり仕事をしている造り手の方たちと取り引きをしています。皆さん、エコロジーの感覚をお持ちで、フランスワインの特長を守っている方たちです。

JN　サンドラン氏はいらっしゃらないようですから、もう一つ最後に聞きたいことがあるのですが、ここではワインを楽しんでいると考えてよいのでしょうか？　それとも、ワインは何か真剣なものなのでしょうか？

アレクサンドル　（にこりともせずに）いいえ、楽しんでおります。最初は大真面目に受け取られていましたが、おっしゃるように楽しむことができるのでしたら、ぜひとも楽しみたいものと思います。

2……アラン・サンドランへの突撃インタヴュー

ようやくゴドー▼が到着した。アラン・サンドランには、お金持ちの粋な感じが漂っている。彼はすぐに話を始めた。若いソムリエは、ワインリストを携えて静かに姿を消した。

アラン・サンドラン（旧ルカ・キャルトンのシェフ。以下アラン）お目にかかれてうれしく思います。あなたの映画、よかったですよ。ただ、少し見方が二元論的ですが。一方は善で、もう一方が悪という図式的な感じです。

JN　そうお考えですか。まあ見方にもよりますが……。

アラン　私が良いと思ったのは、あのニューヨークのアメリカ人ですね。フランスのワインを売っていて、それを守りたいと思っている。彼は素晴らしいと思いました。

JN　あの映画が二元論的だとは思っていません。撮っている時には、そのようには感じませんでした。それに、あなたがおっしゃっている輸入業者のニール・ローゼンタールですが、彼は実際、二元論的な決まり文句をぶち壊しています。むしろ、あなたと同じ考えを述べていますよ。あなたのテロワールは、あなたのものではない。皆のものであると言っています。言い方を変えると、それはテロワールではない。反動的な懐古趣味の言い方になりますが。

サンドランは警戒をしているようだった。私の指摘など、どうでもいいらしい。

アラン テロワールは、ある場所、ある気候、そういった総体に属していて、それがテロワールの良し悪しに関わっています。他とは比べものにならないほど特権的な場所も、あちこちにある。

JN でも、一つのテロワールの価値は普遍的なものです。そうじゃないですか？

アラン そう。オーストラリアでも、どこにでも偉大なテロワールというのはありますね。

JN いえ、私が言いたかったのは、フランスのテロワールの特長は、もっぱらフランス人にのみ属しているのか、それとも……。

アラン （私の発言を遮って）いいえ、ヨーロッパ全体に属している。そして今や流行なのは、スペインのワインです。ぜんぶが良いとは言いませんが、**プリオラート**(R)や**ベガ・シシリア**(W)などいいのもある。夢のようなワインを造られるようになっています。オーストリアにも、驚かされるような白ワインがあります。

JN （半分だけ二元論的なので）半分はおっしゃることに同意しますが、私が言いたいのはそういうことではないのです。

アラン （ふたたび私の発言を遮って）何かお飲みになりませんか？

こんなに人の話を聞かない、人の質問に答えないサンドラン氏に、私も少し困ってしまった。しかし、それには、それだけのわけがあるのだろう。

JN 断わったことはないのですが……。

アラン どういうワインがお好みですか？ フランスの？ それとも他の国の？

▼**ゴドー** サミュエル・ベケットの戯曲『ゴドーを待ちながら』のゴドーのこと。この劇は二人の浮浪者が、ゴドーを待ちつづける不条理劇。

JN　あなたにとって、感動するワインとはどういうものでしょうか？

アラン　私にとって、ワインの何に感動するかというと、優雅さでしょうね。優美さは、テロワールと気候、そして人の働きにも由来します。それは議論の余地がない。フィリップ、お願いだ、持ってきておくれ（半開きにしてあった扉の向こうにいる、姿が見えない人に向かって声をかけた）。私を感動させるのは、やはり優雅さだ。どっしりとして、熟成の進んだのは、どうも我慢ならない（私が彼の言葉をとらえて、彼に反論してくるのを警戒している）。そういうワインが良くないとは言わないが、私の好みじゃない。

JN　では、あなたの好みは、**ミシェル・ロラン**Ⓦの関わるワインではないのですね。

アラン　うん、あまりね。だがあなたが彼を笑いものにして、面目をまる潰しにするのは困りますね。友達だからね（ちょうどこの時、ドアからシェフの帽子をかぶった、がっしりとした大柄な人が入ってきた）。うちのシェフを紹介しますよ。こちらが、ワインの映画『モンドヴィーノ』を撮った方だ。フィリップに来るように言ってあったんだが、いないのかな？　じゃあ、アレクサンドルを呼んでくれ。（話に戻って）あの映画のあの部分には、私も困っている。ミシェルはワイン業界の人間だし、私の好きな人物だから。たとえば、パーカー®について話をしましょう。結局のところ、責任があるのはパーカーではありません。馬鹿なのは**ボルドー**®の連中です。パーカーに気に入ってもらい、良い点を付けてもらおうとして、**ボルドー**®の魂を変えてしまったんだから。それが私には、どうしても許せない。私も以前は**ボルドー**®派だった。私は……。

助手を務める若いソムリエのアレクサンドルがまたやってきたが、ひと言も言わずに壁のところに控えている。息を殺してとでも言おうか。

ロール・ガスパロット（ワインジャーナリスト。以下ロール）　それは、いつのことでしょうか？

アラン　一九八二年だね。八五年か、それよりも後になって、**ブルゴーニュ**Ⓡに転向したんだ。私は南西フランスの出身なんだ、タルブでね。**ボルドー**Ⓡのワインで育ったんだよ。そういうわけで、いっさいがっさい、ぜんぶ**ブルゴーニュ**Ⓡに変えたんだ。**ボルドー**Ⓡの人たちが、ああいうことに関わったことは、とても悲しいかぎりだよ。それでボルドーの人たちは、暖かい国やアメリカに、一貫して負かされてしまうんだからね。

ロール　そのせいで、ここにあった**ボルドー**Ⓡワインの多くを、競売にかけて売ってしまったというわけですか？

アラン　ああ、そうだね。以前なら、お客様一人あたりの勘定は三六〇から四〇〇ユーロというところで、それもたとえばトリュフが入っているかによって決まっていた。そんなことではいけないって思った。天井知らずで、値段は上がっていったからね。えーと、白かな、それとも赤？　アレクサンドル、こちらが『モンドヴィーノ』を撮られた方だよ。

アレクサンドル　ええ、存じ上げております。

JN　またお目にかかりましたね。できましたら、あなたのお好きなワインをご一緒させていただきたいと思います。どのワインを選ばれるかも含めて、ぜひあなたの味覚を垣間見させていただければと願っております。それは感動を生むものと期待しています。

アラン　私は、白が基本的に好きな男です。それで、人からはいつも責められるのですけれど。何を出せるのかね？

アレクサンドル　感動といえば、**ボーカステル**Ⓥの白がございます。あのう、お好きだったというように……。

アラン　**ボーカステル**Ⓥが、まだあったのか？

アレクサンドル　一九九〇年のならございます。

アラン　そうそう。昨日の晩だが、マグナムのを一本飲んだが、それは素晴らしいものだった。

私の気のせいかもしれないけれど、サンドランの手が、アレクサンドルに密かに合図をしたように見えた。

アレクサンドル　確かめてみなければわかりませんが、九〇年のはもうなくなっているかもしれません。

アラン　ほかにはどんなのがある？

アレクサンドル　**ボーカステル・ヴィエイユ・ヴィーニュ**Ⓥでしたら、一九九四年、一九九一年、そして一九九二年のがございます。

アラン　あれは、単独で飲むのはいかがなものかな。そのように飲めるワインもあるのは確かだが、あれは……、**ドミニク・ラフォン**Ⓦは？

アレクサンドル　ございます。あるいは、**アンヌ・クロード・ルフレーヴ**Ⓦはいかがでしょう。二〇〇一年の**ピュリニー・モンラシェ**Ⓥは元気がよく爽やかで、私どもの肉のローストにあいます。それとも、コシュはどうでしょうか？　二〇〇〇年は感動的です。

二〇〇一年や二〇〇二年の感動は、どこにいってしまったのだろうか。

アラン　で、何を持って上がってきたんだ？

アレクサンドル　**ジャン＝フランソワ・コシュ＝デュリ**Ⓦはご存知でしょうか？　**ムルソー・ヴィラージュ**二〇〇一年Ⓥを試してみるのはいかがでしょう。

アラン　ヴィラージュだけかな？

アレクサンドル　ムルソー・レ・ルージョ二〇〇一年(V)もございますよ。

アラン　ぐっと冷やしてだな。よければ自分のグラスも持ってきたまえ。そう、つまるところ、私が好きなのは、優美さと洗練だな。白ワインにはたいていこれがあるから、いいんだ。私の女性的な側面かもしれん。どうも私は、白ワインと合う料理をこしらえるのがうまいらしい。

JN　ご自身にとって、美食におけるワインの位置付けとは、何でしょうか？

アラン　おわかりいただくには、もう少し時代をさかのぼってお話しする必要があるようですな。ヌーヴェル・キュイジーヌが始まった頃は、それが何であるか誰も説明できなかった。ジュールダン氏が文章を書くように▼、何か本能的に料理をしていたと言えるんです。一九七〇年当時、私はまだ一度も日本に行ったことがなかった。そして私が開業した当時に作りたいと思っていた料理は、日本からインスピレーションを受けたものであると、後になってわかったのです。つまりソースは少なめで、さっと熱を加えて、以前よりも美しく盛りつけをするということですな。日本に行った時に、ヌーヴェル・キュイジーヌとは何であるか、はっきりとわかりました。それと平行して、ダイエット料理も流行っていました。事実としては、無意識のうちに痩せるための料理を作っていたのです。

現在は、中華料理に触発されています。なぜなら、これからは中国がみんなにインスピレーションを与える時代になるからです。私の創作した最新の料理は、骨を抜いて蟹と大豆とスパイスで詰め物をした鳩なのですが、これにお茶を合わせてお客様にお出しするのです。驚いて天井まで跳び上がりますよ。その料理のために、ある中国の女性と出会ったのですが、一〇〇〇年もつづく茶畑を持っています。そこでとれるお茶は、年にたった二〇〇キロだけです。うちの店に来るお客様は、そのお茶を飲まれるのです。ラ

▼ジュールダン氏が文章を書くように　自分が意識しないのに何かをしてしまうことの故事。モリエールの戯曲『町人貴族』の主人公からきている。

ンチにアルコールを飲まないためですよ。つまり「アルコール」は、申し訳ないです……。

JN　ええ、少し悲しい話ですね。エヴァン法▼の間違った精神は、高級料理の世界にも影響しているのですね。あなたの料理に合うワインは、まったく見つからなかったのでしょうか？

アラン　かなり探しました。私のやり方というのはこういう感じです。まず、ほとんど毎日、ワインを一〇から一五種類くらいテイスティングします。そして気に入るのが見つかると、今度はそのワインに合わせて料理を考えるのです。それでいろいろと試してみます。うまくいく時もあれば、そうではない時もある。お話しした鳩について言うと、先に料理ができていました。この鳩のことがすでに頭にあったけれど、味見したどの赤ワインもこの料理とは相性がよくなかった。突然、自分は何て馬鹿なんだとハッとして、お茶に思い至ったのです。そして、その中国人の女性と出会い、お茶の世界を見出したというわけです。お茶がワインの代わりになるとは言いませんが、メニューに時々出てくるというのは、もちろん悪いわけがない。この鳩とお茶を召し上がる方たちは、午後の仕事の能率を気にかけているのです。

効率性という問題がどこまでも広がっていくのかと、ぼんやり考えていると、アレクサンドルが**ムルソー**Ⓡを注いでくれた。**コシュ＝デュリ**Ⓦのところの**ムルソー・レ・ルージョ二〇〇一年**Ⓥだ。

アレクサンドル　このワインはすでに成熟して、開いていますね。香りが強烈に主張してきます。非常に柑橘系の香り、グレープフルーツ、青レモン、菩提樹……。

アラン　（さえぎって）こういうのが、私の好きなワインですな。純粋だというか。

JN　ワインについて論評される言葉が、いかがわしいと思われませんか？

アラン　最も問題なのは、人がワインについて無知であるということでしょう。だから言葉が出てこない。ものごとは、それが名付けられて初めて存在するのです。うまく名付けられないとすれば、そのものが存在しないことになります。

JN というか、もっとよくない。いかがわしい言葉によって、ものごとの存在が具合の悪いことになります（ここで彼は、私を以前にも増して警戒するような目つきで、じっとにらんだ）。

秘書がやってきて、私たちの話に割って入った。私たちの前に来ることになっていたAFPの記者が遅れて到着して、アラン・サンドラン氏にインタビューを求めているという。

アラン 何時までの面会でしたか？

ロール 一六時半までです。スケジュールを入れてくれたのは、おたくの秘書の方です。

アラン（困った顔つきで）できれば一度この場を離れて、また戻ってきたいところだが。あなたたちは、このワインでしたら何をお召し上りになりますかな（会話の向きを変えて、どうも問題を避けようとしているようだが、いずれにしても熱意は感じられない）。

JN なかなかむずかしいですね。なぜなら、このワインはかなり豊かな味わいであり、同時に繊細ですから。

ロール リ・ド・ヴォー（子牛の胸腺肉）などはどうでしょう。

サンドランは平然と彼女を見つめ、動じるところがない。リドリー・スコット▼の八〇年代の舞台デザインにもかかわらず、七〇年代の少しデカダンで偏執狂的な映画に出ているような気がしていた。アー

▼**エヴァン法** 公共の建物や交通機関での喫煙の禁止、アルコール飲料の宣伝の制限を定めたフランスの法律。一九九一年公布。

▼**リドリー・スコット** アメリカで活躍するイギリス出身の映画監督。一九三七年生まれ。『エイリアン』『ブレードランナー』『グラディエーター』などで知られる。

サー・ペンの『ナイト・ムーヴス』▼のような映画に出ているような……。

JN　それで、おうかがいしたいのは……。

アラン　こういうことになって実に申し訳ないのですが、私を待ってくれている人のところに行くことにします。アレクサンドルと、どうかごゆっくりなさってください。あまりくだらないおしゃべりをしないようにな、アレクサンドル。

　というわけで、ゴドーは去ってしまった。

　その後、何分間か、若いソムリエと一緒にいたが、彼もどう話をしてよいかわからないようだった。それは話すことが何もないからではなく、その場の状況に彼が困惑していたからである。ロールと私もまた、黙ったままでいた。（遅れて彼が姿を現わした時もそうだが）偉大なシェフが姿を消したさまが、あまりに急なことに驚いていた。（私がブラジルから来ていることを知りながら）ずっと以前から予約を取っていたこの面会をさっさとやめて、地元紙のジャーナリストに会う方がしかるべきだと判断したのである。

　こうしてルカ・キャルトンを後にしたが、こうした（熟慮の上での？）スノビズムの見せつけにたまげるとともに、彼の警戒心や逃げ腰に驚いてもいた。何をそれほどに怖がっているのだろう。あのような態度を見せるということは、ロブション・スタイルの「贅沢の民主化」としての新美食《ヌーヴェル・ガストロノミー》に、何かが起こったのだろうか。それとも単に私には気をつけるようにと、ロランがあらかじめ警告していたからだろうか。人それぞれに、置かれた現実や怖れや不安があるものである。サンドランは趣味の人であるが、同時に当然ながら権力の人でもある。趣味の人としての自分を犠牲にしても、権力の人である自分を守ろうとしたのである。何と残念なことか。

　というのは、もともと私が期待していたのは、ワインと料理の趣味に関わる強力なレフリーと話をしてみたいと思っただけであった。私自身が尊敬しているワインの造り手たちが、彼を最も評価しているからである。それなのに、あまりに批判にさらされることを怖がるあまりに、自分から不信感の漂う雰囲気を作ってしまい、それが私たちの出会いを飾る唯一のものになってしまった。当然ながら、これは、私が街に帰ってきたという証拠でもある。

▼『ナイト・ムーヴス』『奇跡の人』『俺たちに明日はない』で知られるアーサー・ペンの監督作品。ジーン・ハックマン（探偵役）、スーザン・クラーク（妻役）が出演したサスペンス映画。

第16章 岐路に立つワイン造り——AOC、テロワール、醸造技術……

1……レストラン・ル・バラタンにて

ワインの造り手たちが美味しいと認めているレストランにもさまざまあるが、その中でル・ドームがいささか貴族的で、ラ・カグイユが良きブルジョワ階級のものだとすれば、ル・バラタンは気取った労働者のレストランと言える。

ベルヴィル通りにつながる狭い通りにあるこの店は、パリ二〇区の地下鉄駅ピレネから遠くないところにあるが、あまりに気取らない簡素な店構えで、うっかり見逃されてしまうかもしれない。だが、外見と実際はまったく異なっている。極端なまでに余計な装飾を排してはいるが、ひと度中に入ると、客を手厚くもてなす雰囲気が店全体から感じられる。飾り付けがまったくないおかげで、ここでは人が雰囲気を盛り上げる主役になっている。実際、この地区に住む客たちと、ロンドンからバルセロナまでさまざまな場所から駆けつける味にうるさい常連客が、この店では混ざり合って、独特の雰囲気を作っているが、それには非常に単純な理由が二つある。

最初の理由は、本物のビストロ料理を、前菜が六〜七ユーロ、メインが一〇〜一四ユーロという信じられない値段で楽しめるという点である。この値段だと、この手のレストランはパリではほとんど見つからない。主人はいったいどのような人かというと、時折り可愛らしい仕種を見せるもののぶっきらぼうなラケル・カレラという女性で、ブエノスアイレス出身のアルゼンチン人だ。一方、夫のフィリップはさらに輪をかけて愛想がない。この店は、熱心な食いしん坊たちを引き寄せる磁石の極のようなところなのだろうか。自然派のワイン、ビオのワイン、そして**クリストフ・ルーミエ**(W)のようにラベルにビオとは示していないものの、その土地をしっかりと尊重している造り手のワインを集めていて、ラディカルだが鷹揚さのある選択が見てとれる。この地区の出身者でレストラン経営をしている稀な人物の一人であるフィリップは、グラスで注文できるワインとして、毎晩、黒版に手書きで三〇種類ほどのワインを書き出している。グラスで飲めるとは！　その値段はというと、なかなか素晴らしいのが一杯五、六ユーロ。時に変わったものや出来損ないもあるが、いつも本格的で元気のよい、興味を惹かれるものばかりだ。黒板に書き出されていないワインを一本注文するには、フィリップと少し言葉を交わし、幸運に恵まれなければならない。というのも、この男は才能があり、しっかり仕事のできる男だが、それだけに気紛れな人付き合いの下手な男でもある。彼を見ていると、子どもの頃のパリを思い出してしまう。その頃パリでは、感じの悪い振る舞いをする人たちが多くて、それがパリのスタイルなのかと思わざるを得ないほどだった。

　その日、『モンドヴィーノ』の中で私を最も驚かせた人物と、このル・バラタンで会う約束になっていた。財務省の不正行為取り締まり部のアラン・シャトレである。ファンと私は**ブルゴーニュ**(R)におもむく前に、撮影初日に彼と会ったのである。財務省に行くにあたって、厳格で疑り深く、とげとげしい官僚の「場を白けさせる野郎」に会っていた。ところが会ってみると、姿形からして食いしん坊を絵に描いたよ

▼ル・バラタン　Le Baratin. 3, rue Jouye Rouve 75020 Paris.

うな人物で、白髪頭のにこにこした縫いぐるみの熊そのものであった。好奇心が旺盛でユーモアにあふれ、活き活きとした知性と批判精神が感じられる。さらに驚いたことに、彼が「ワインの見張り番」になったのは、まさにこの飲み物を愛するがゆえであるという。財務省からの帰り道に思ったのは、彼のような葡萄畑のメグレ警部▼がもっと政府に多くいたなら、この国の将来は楽観できるものになるはずなのに、ということであった。

私が午後一時半にル・バラタンに着いた時には、店は客であふれんばかりだった。すぐにロール・ガスパロットの前に座っている、アランの丸みを帯びた幸せそうな横顔を見つけられた。

アラン・シャトレ（財務省不正行為取り締まり部。以下アラン）録音する気なのかい？

ロール・ガスパロット（ワインジャーナリスト。以下ロール）嫌かしら？

アラン　ぜんぜん気にならないよ。

ジョナサン・ノシター（著者。以下JN）今日は、僕らの方が取り調べをするみたいだね。昨日の夜中の三時に、いったい何をしてたんだい？

アランは、ワインを一口飲むと笑った。

JN　何を飲んでいるの？

フィリップが私の後についてきて、挨拶もせずに話し始めた。

フィリップ・カレラ（ル・バラタン店主。以下フィリップ）ロワール®のシュナンの白だよ。ジュラ®の酸化させた辛口の銘醸酒のように念入りに造られたやつだ。すごく性格のはっきりした白だけれど、ＡＯＣ（産地呼称《アペラシオン》）から外れている畑のやつなんだ。造り手はアイルランド出身だ。

アランとロールは、レンズ豆のサラダを頼んだ。私は鱈のサラダを頼んで、その後は子羊。ワインは、まず**マルセル・ダイス**Ⓦの**ゲヴュルツトラミネール**Ⓥを一杯頼むことにした。ダイスは**アルザス**Ⓡでのビオ・ワインの完璧主義者、そして絶対的信奉者であり、ある人たちにとっては導き手であるが、他の人たちにとっては狂信的で非寛容なエゴイストである（いずれにしてもとても素晴らしいワインの造り手であることに変わりはない）。

アラン　土曜の夜に、リヨンにいる友達の家に行ったんだ。そうしたら、私を困らせようというわけで、ポルトガルのワインを買って用意していたんだ。どこでできたかというと、**ミシェル・ロラン**Ⓦの手で醸造されたと言うんだ（笑い声が皆から上がった）。これは飲む前に言うべきじゃなかったね。ワイン自体はとてもよい出来なんだ。技術的にも完璧だよ。けれど、私にはそれがポルトガル産なのか、それとも他の産地のものなのか、はっきり違いがわからなかった。つまり、アイデンティティのないワインだったんだ。

ロール　またここで、グローバル化よりもずっと広い意味での国際化のもたらすものを味わうことになるのね。アイルランド人が**ジュラ**Ⓡ地方でワインの修行をして、**ロワール**Ⓡ地方で土地を手に入れて造ったワインなんだから。こうなると、もうどこが基準なのかわからなくなるわ。でも、独特であることに違いはないから、各地方を代表するワインを載せた本にいつか彼が自分の場所を確保するってこともあるかもね。

▼**メグレ警部**　世界的に有名なジョルジュ・シムノンの推理小説シリーズの主人公。

店の主人が、私たちの席の後ろからまた姿を現わした。今日はどうやら歓迎されているらしい。

フィリップ　あいつはワインなんか放っぽらかして、恋に落ちて、惚れたダンサーの後を追ってどこかに行っちゃったよ。

JN　ということは、このワインはもう造られていないってこと？

フィリップ　そうだよ。あいつは、一九九七年にこのワインを呼称なしで造っておいて、それで消滅させてしまったってことだ。

そして、フィリップは立ち去った。彼がした話と同じように、あっけなく。

AOCは必要ないのか？

今日のグラス・ワインの黒板を見てみた。白では、**ドメーヌ・ヴァレット**Ⓦの**ヴィレ・クレッセ**二〇〇二年Ⓥの素晴らしい一杯が四ユーロ。**マルセル・ダイス**Ⓦの**ゲヴュルツトラミネール**Ⓥ、**ベルガイム**二〇〇一年Ⓥが五・五ユーロ。赤だと、ジャン・フォワイヤールの**モルゴン**Ⓥが四・三ユーロ、ドメーヌ・フラール・ルージュの**コート・デュ・ルシヨン**Ⓥが四ユーロ、ヴィルマードの**シュヴェルニー**二〇〇四年Ⓥが三・五ユーロ、そして他にも三〇種類ほどがある。何という満ち足りた幸福。

アラン　ジョナサン、役所の局長がだ、俺の女性上司だけれど、そいつがお前の映画は観ないって言うんだよ。**ボルドー**Ⓡあたりのシャトーの経営者たちに悪く思われて、面倒なことになりたくないんだってさ。

JN　話をしてみようとしたわけ？

アラン　彼女はすごく反動的な女性でね。意見を変えさせるなんてできないんだ。アメリカ人がしているようにしなくちゃいけないって考えている。人生の最後になって、筋の通らない刺々しい人間になったんだよ。風向きを見て、より力のある方にすり寄るってことだよ。俺のことは数少ない変わり者の一人だと思っていて、まあ生かしておいてはやるけれど、どうせ経済的には役に立たない見本みたいなものを守ろうとしているやつだと決めつけているんだ。

JN　それって、イデオロギー的ってことで、ぜんぜん実践的じゃない。だって、フランスで経済的に最も大きな問題を抱えているのは、どの地域だと思う？　**ボルドー**(R)じゃないか！　もともとあった特殊性を捨てて新世界のワインを真似ている彼らのやり方は、自殺行為だよ。

アラン　彼女に白ワインを飲んでもらえたことは、これまでに一度もないんだ。もともとワインなんか好きじゃないし、好きなのは権力なんだ。

フィリップ　（またやってきて、今度は赤を注いでくれた）これを一杯、飲んでみてくれよ。「**ル・タン・デ・スリーズ**(W)（サクランボの実る頃）」っていう名のドメーヌなんだ。自由奔放だろ。エロー県のテーブルワインでAOCもないんだ。

JN　でもそういうのが、いろいろな意味で不正とかにもつながるんじゃないかな。それを怖れる気にはならない？

フィリップ　ならないよ。AOCは必要だった。でも、これからはまったく必要なくなるよ。いろいろな理由でね。

JN　**トスカーナ**(R)では、ワインの大部分が**キャンティ**(R)のカテゴリーから離れて、アメリカのスタイルでワインを造っている。それもアメリカの葡萄を使ってだよ。「スーパー・トスカーナ」って。ひどいもんだ。革新すること、決まりきった規則に反抗すること、それには賛成だ。けれど、それが権力とか、いろいろ破廉恥な理由でもってなされるのなら、賛成できない。さっきのアイルランド人の友達が決まりを逸脱したワインを造るっていうのとは別の次元だよ。それは、もっとラディカルで詩的な体験という範疇だと思う。

フィリップ　話題になっているそのイタリアのワインは、好みの標準化と関わりがあるんだよ。そんなワインでも生き残ってくれることを祈っているよ。そういうのが醸造に関わるさまざまなやり方や方法をまねて、結局は全体の安定を保証していくんだ。マーケットのことしか考えないやつらに応じたやり方さ。でも、そんな高速道路建設や巨大な地ならし用機械のようなワイン生産のかたわらで、ちゃんとしたワインもあるんだよ。だから、そんなに大したことではないよ。

JN　いやいや、重大なんだ。その高速道路とやらが、みんなに必然的に跳ね返ってくることになるんだ。たとえば、**キャンティ**®にあった酸味がなくなるとか。「スーパー・トスカーナ」をみんなが真似し始めるからね。みんなクローン・ワインになっちゃう。高速道路が、田舎の道という道をみんな吸収しちゃうんだよ。

フィリップ　ワインを造るにあたっての決まりは、原則的に最悪を避けて最善を生かすということにある。でもAOCは、平凡な規格化されたワインの番兵になってしまった。

JN　ぜんぜん賛成できない。

アラン　AOCが生まれた時、そこには一つのヴィジョンがあったんだ。今となっては、もはや経営のことしかないね。今では経済的な問題を、品質の問題とごちゃ混ぜにしている。INAO（原産地呼称《アペラシオン》統制局）は、原則的には、産地呼称《アペラシオン》の付いた美味しいワインをどう造るのかを示すのが役割とされている。ところが、現状では何かが決まるとしても、常に経済的な指標に基づいている。たとえば、二〇〇四年は天候の条件からすると最高の年であったのに、何と収量を減らしている。ワインの売れ行きが悪くなるから、生産量を調整したというんだ。これはマルサス的な生産制限であって、ワインの品質の善し悪しとはまったく関係がない。逆に、二〇〇四年は通常通り、あえて言えば景気よく、収益が上げられるよう造り手の思うままにさせてやるべき年だったんだ。だって、ワインの質は良いものになるはずだったんだから。

フィリップ・パカレの挑戦

フィリップ　たとえば、**ブルゴーニュ**(R)の**フィリップ・パカレ**(W)は、俺の知っている中では指折りの頭の良い、筋の通った造り手の一人だと思う。決まりなんて無視だよ。思い切った取り引きをしている。資本もないし、受け継いだものもないから、自分のワインをどうするかは自分で決めている。さまざまな農家と契約を結んで、一五か所くらいの異なった産地呼称《アペラシオン》のワインを造っている。

JN　その人のワインは、ここにあるの？

フィリップ　ああ、もちろんだよ。当然じゃないか。たくさんではないけど。彼のところに直接行って、カーヴで味見をしてるんだ。あそこの二〇〇四年はまだ樽に入ったままだけれど、テロワールって何なのか、行ってみるとわかるよ。

JN　もしできるなら、ここで彼の造ったワインを味見させてもらって、それから彼に会いに行くってことができるといいんだけれど。

フィリップ　それは、この次にしてほしいな。

JN　えっ？

フィリップ　次回だって言っているんだ。我慢だよ。今日は飲ませないよ。（沈黙）偉大なる**ブルゴーニュ**(R)では、パカレって名前が出たとたん、みんな嫌な顔をするんだ。彼と話をするのは、とっても面白いんだけどね。

ロール　あの人って、すごい右派なんじゃないの？

フィリップ　政治的には、彼は大したことはないと思う。**フィリップ・パカレ**(W)には複雑な話がつきまとっていて、おそらくしなければならない仕返しのようなものがあるんだろ。いつだって逆境にあるんだ。偏執狂のようにね。ありとあらゆる「他者」に対して突っかかっていくんだ。ユダヤ人、アラブ人、アメリカ人……。

JN　冗談だろ。

フィリップ　人間として、複雑な性格をしている。極右だとは思わない。ともあれ、俺が知っているかぎり、一番頭の良い造り手の一人だという気持ちは変わらない。ワインを造っているやつなんて、その九割は考え方として我慢ならないやつだと思う。だって、モンティーユを俺はよく知ってるけれど、素敵な人なわけないだろ。あの人は、現代の古風な保守派の権化だよ。

JN　確かに保守的ではあるけれど、誤解だよ。

アラン　よし、じゃあ何を飲もうか？　今年のボジョレ・ヌーボーはもう飲んだ？

ロール　まだ。二日前からジョナサンにお願いしているんだけれどね。

アラン　俺は子ども時代、**ボジョレ**[R]のおかげで育ったんだ。小さかった頃、父が食料品店をやっていて、シトロエンに乗ってあちこち回ったよ。

シェルメット夫妻〔現ドメーヌ・ジャン・エティエンヌ〕の**ボジョレ・ヌーボー**[V]を注文したが、それが実際、すごく美味しかった。フルーティで活き活きとした味わいがあり、**ボジョレ**[R]やボジョレ・ヌーボーを台無しにしているあのバナナ臭いひどい味がしない。アランとロールはジャン・フォワイヤールの**モルゴン**[V]を取った。一杯四・三ユーロだ。一口飲ませてもらうと、これもまたさっぱりとして口当たりがよい。

アラン　**マルセル・ラピエール**[W]のことは、どう思う？

JN　自分じゃそう思ってないのかもしれないけど、まさに極めつきの商売第一って男だね。

アラン　俺もそう思うよ。

JN　ラピエールの**ボジョレ**Ⓡなら、MK2で『サインズ&ワンダーズ』を撮る準備をしていた頃、MK2の隣にあるル・スクアール・トゥルソー▼という素晴らしいレストランで、何度も出会ったよ。店の主人は、このビストロを個人的な趣味を表現できる場所として維持していこうと、二〇年来闘ってきた。とはいえ、この店ほど過激じゃないと思うけれどね。でもつい最近、その店の主人が言うには、闘いに疲れ果ててしまったので、「ビストロ・フロ」▼グループに売り払ってしまおうかと思っているって言うんだ。昔、「**マルセル・ラピエール**Ⓦの過激なビオ・ワイン」について話してくれたウエイターの度を超した熱心さには、パリで流行のビストロにありがちだけれど、是が非でも本物を宣伝したいという熱意にあふれていた。

でも、そのワインは美味しかったけど、ワイン版「キャヴィア左翼」▼みたいな感じもしたな。その後、**マルセル・ラピエール**Ⓦのビオの**モルゴン**Ⓥは、パリの最高級ワイン市場で「伝説的」ワインになった。ラピエールという人はいい人だって、みんな僕に言うけれどね。自然派ワインのバーやビストロには決まって置いてある。良いものだと認めるけれど、彼のまわりから聞こえてくるさまざまな雑音からすると、ワインと彼とがズレている感じがするんだ。

アラン　俺が知っていたのは、**ボジョレ**Ⓡじゃないんだ。四歳で父親について**ボジョレ**Ⓡの山の中でワイン農家をまわり、品物を配達していたんだ。時には、車から降りて地下倉でワインを飲んでみないかって誘っ

▼**ル・スクアール・トゥルソー**　パリ一二区にある一九〇七年開店のレストラン。パスティーユとリヨン駅の間にある。最寄り駅は、地下鉄八号線ルドリュ・ロラン（Ledru Rollin）駅。昼は二〇ユーロ、夜なら四〇ユーロほど。Le Square Trousseau, 1 Rue Antoine Vollon 75012, 75012 Paris.

▼**ビストロ・フロ**　レストランのチェーン店グループ。「ビストロ・ロマン」や「イポポタミュム」なども傘下に収める。

▼**キャビア左翼**　キャビアを食べるような上流階級に属しながら、思想的には左翼を気取る人のこと。

てくれたんだ。そういう農家の親父は決まって言うんだ。坊主にも飲ませろってね。それが俺の思い出のマドレーヌ▼菓子なんだ。今の法律からすると、俺の両親なんか刑務所行きだな。

トスカーナの変節

思い出の液体の「マドレーヌ」というと、私にもある記憶がよみがえってきた。トスカーナである。ほとんどパリと同じくらいに、私にいろいろなことを教えてくれた土地である。私がまだ若かった頃の**キャンティ**Ⓡのこと、そしてその後の**キャンティ**Ⓡの変化について考えた。一九世紀の中頃、トスカーナではすでに赤ワインは二〇〇〇年の歴史が刻まれ、リカゾーリ男爵によって定められた**キャンティ**Ⓡの製法が厳格に守られていた。主要な赤ワインの原料となる葡萄、**サンジョベーゼ**Ⓒを使ったその製法の他には、**マルヴォワジー**Ⓒと**トレビアーノ**Ⓒという白ワイン用の葡萄も一〇％ほど作られていた。トマトソースのかかったパスタ、オリーヴオイルやローズマリーを使った肉料理といったトスカーナ特有の料理に合わせるべく、**キャンテ**ィⓇの製法にはそれなりの意義があった。トマトの味と釣り合いが取れるように十分に酸味のあるワインが必要であり、パスタに「食らいつく」には繊細なタンニンが求められる。そうして、腹ごなれがよくなり、幸せ一杯になる。

八〇年代初め、アメリカ市場がここに触手を伸ばしてくると、イタリアの市場の開拓者**ピエロ・アンティノーリ**Ⓦが、七〇年代に手付かずで蓄積された経験をうまく活用して、付加価値を生み出すことに成功した。彼が、最初に「スーパー・トスカーナ」を創り上げたのである。つまり、**キャンティ**Ⓡの取り決めを守らないワインである。彼の造った**ティニャネッロ**Ⓥの最初の年号は一九七一年で、**サンジョベーゼ**Ⓒと**カベルネ・ソーヴィニヨン**Ⓒが使われた。八〇年代にそのワインを飲んだ時のことを、今でも憶えている。素晴らしく美味しかった。新しい味わいで、性格もはっきりしていた。そして疑いなくトスカーナのテロワールを反映した味わいがあった。**サンジョベーゼ**ⓒという品種に独特の絹糸のような舌触りとわずかに苦みのある甘みが、**キャンティ**Ⓡを生んできた土地の味わいとともに感じられた。アンティノーリは頭の鋭い改革主義者であった。

しかし、その後どうなったかというと、権力と金の誘惑に屈してしまい、彼の会社は、今でもイタリアの最有力会社に違いはないが、ワインの多国籍企業となって、すっかりかつての会社の特長をなくしてしまった。彼に従う人たちは、**キャンティ**Ⓡの取り決めを愚直にもすべて廃して、酸味のないワインを、現代風の製造法で造り出している。タンニンの味わいをまろやかにして、アルコール度を高め、爛熟した果実の風味を付け、一〇〇%新樽に寝かせることでヴァニラの風味をプラスする。それが客に受け、時には一本一〇〇ユーロを超える値段で売れることとなった。

葡萄の品種まで変えて、**サンジョベーゼ**ⓒの畑に**メルロ**ⓒや**カベルネ**ⓒを植えている。市場に圧力をかけ（とりわけ『ワイン・スペクテーター』誌などに称揚され）、二〇年の間にトスカーナの人々は**キャンティ**Ⓡの土台をすっかり壊してしまった。今日、典型的な**キャンティ**Ⓡはほとんどなくなっている。生産者の九九%は、隣の造り手が金儲けをしているのを見て、世界に蔓延しているやり方を採用した。つまり、テロワールの「土地」の味とも言うべきミネラル分を隠してしまう過剰に甘みの強い果実味を強調するようになった。商売上の理由から、何代にもわたって静かに根を張ってきた土着の、あるいは古い時代に持ち込まれた品種を、簡単に変えてしまったのである。そしてあまりにも技術的な操作に頼って、角のない、甘ったるい子ども用ワインを造り、フランス樫《オーク》の新品の樽でさらに熟成させる。

まるでフェリーニの映画『青春群像』▼のフィルムを総天然色に変え、サウンドトラックには歌手のマド

▼マドレーヌ　プルースト『失われた時を求めて』では、幼少の頃に口にしたマドレーヌ菓子の味をきっかけに、記憶をめぐる旅が綴られていく。

ンナ（私はとても好きなのだが）を起用し、特殊効果も駆使する、そんな感じだ。さらに良くないのは、こうしたワインの造り手たちが、たとえて映画で言うなら、白黒作品が上映される映画館をなくしてしまうことである。そうなると、もとの映画、つまりテロワールの記憶が世界から消滅してしまう。二世代も過ぎれば、そんなことに関心がなくなってしまうかもしれない。絵画の歴史では、ブルジョワを驚かして評判をとろうとした画家たちは、強い衝撃的な作品を生み出したが、やがて時代とともに衝撃力を失った。そういう人たちは、たとえばセザンヌのように、根本的に革新に努めた人たちとは、まったく立場が異なっている。彼らは自分たちに先行する美術について、細かな気配りをし、十分に理解していた。しかしワインでは、状況が異なっている。一〇〇年前に瓶詰めされた「セザンヌ的」なワインは、ほとんど今は消滅している。もう比較する対象がないのだ。絵画であるならば作品はいつまでも残るが、ワインは古くなっても美味しくなるという変化はあるものの、生き物でありいつかは死んでしまう。消えてなくなってしまうのである。もし過去からの継続が保たれず、生産が一気に断ち切られてしまえば、〝ワインのオルセー美術館〟といったものがあったとしたら、収蔵されている美術品の半分を失われてしまうのだ。

ワインは農産物か、加工食品か

フィリップ・パカレ(W)のワインがカウンターにあるのを見つけた。それに手を伸ばした。だが、中身が空だった。それでアランの方に向き直った。

JN　現在のワインにとって、何が最大の脅威だと思う？

アラン　そうだな、交差点のまん中で立ち往生しているみたいなものだよ。EUとアメリカの間で調印された、ワイン産地表示問題での合意▼なんかそうだよ。その合意によって、アメリカで行なわれている醸造技術が認められ、それが大きく広まっている。合意ではその代わり、アメリカはフランスの産地呼称《アペラシオン》などを、今後は勝手に詐称しないことを約束した。一〇年、二〇年、三〇年後には、加工食品と同じようにワインが造られているかもしれないね。今のところは、その高い壁の一番下の所にいるわけだけれど。

毎日のように、造り手たちとは電話で話をしているよ。みんな分裂状態に陥っている。俺に言うんだ。不正行為に対する取り締まりのせいで、ワインを改善するための手立ても禁止されているし、農産物のように昔風にワインを造ることもできない。それなのに、外国のやつらは好き勝手ができるってね。造り手たちは、できればそっとしておいてほしいんだ。口調は激しかったり穏やかだったりと違いはあるけど、みんな声を揃えてそう言う。

外国の工場で造られたようなワインの製法を承認するという合意がなされた時、フランスの造り手たちは、みんなうれしく思わなかった。問題はそこだと思う。客がイチゴが好きだとすると、俺は自分のワインにイチゴを入れられる、ということだよ。農業の一環としてワインを造っている人たちは、もはや将来ワインを造れなくなるんじゃないかと思うよ。そこに問題があると思うな。醸造技術のレベルじゃなくて、人間的なレベルでね。やがて工場や化学者、大企業が幅をきかせることになるだろう。アルコール低減化

▼『青春群像』　フェリーニが育った北イタリアの港町リミニを舞台にした、一九五三年のモノクロ映画。絶望の影がにじむ青春の郷愁をくすぐる感傷的な作品。原題は“I vitelloni”で「乳離れしない仔牛」という意味。

▼ワイン産地表示問題での合意　二〇〇五年に合意されたもので、アメリカ産ワインがヨーロッパの産地やワインのタイプの一七の名称（シャブリ、シャンパーニュ、ポート、シェリーなど）を使うことを禁止し、その代わり、ＥＵ内では禁止されている醸造技術（樽香をつけるためのウッドチップの使用など）を使用許可し、またアメリカ産ワインのＥＵへの参入障壁となっている官僚的手続きを改善するというもの。

という事態を考えてみると、問題がよく見えてくる。夏が暑かった年には、造り手は結果的にアルコール度数の高いワインを造ることになってしまう。ところが、そういう場合でも葡萄の酸味が強くなることを恐れて、あえて早くに収穫せずに遅くなってから収穫して、後になってアルコールを低減する方法をとるようになった。こういったやり方はアメリカでは一般に行なわれている。アルコール分は取り去るけれど、ワインの骨格はそのまま残すんだ。

JN　それは、しっかり食べて、その分スポーツをして痩せようという代わりに、脂肪を吸引してもらうという人たちみたいなものだね。

アラン　こういったやり方の問題点は、この方法が大量のワインを対象にしてしか使えないという点で、つまり規模の小さな造り手にはできない方法だということだ。葡萄の栽培に異なった二つの速度があるという危険が生まれる。消費者も、たとえばワインに酵素を使っていないかとか、自分で見分けがつかなくなってしまう。自然のさまざまな困難を人の手で埋め合わせるようなやり方で、どこまでやっていけるんだろうか。二〇世紀初めに決めたフランスの規則では、葡萄に自然に含まれている成分ならワインに添加してもかまわないということになっていた。だからイチゴ味などは許されない。だったら同様に、もし糖分を使ってアルコール強化するなら、葡萄の糖分を使うべきであって、砂糖大根の糖は使えないということになる。

でも、こういう原理的な考え方は現実離れしたイデオロギーに陥ってしまうだけで、意味はない（ここでアランは自分の**モルゴン**®をごくりと一口飲んだ）。倫理的な問題を無視して厳密に経済的な観点から考えると、小規模の造り手にはいかなるチャンスもないことになる。小さな造り手が生き残りたいなら、農業という領域にしっかりと踏みとどまらなければならない。二〇〇三年と二〇〇五年の違いをなくしてしまう農産物加工業としての産業的なワイン造りに参加したいと望むなら、彼らに出る幕はない。彼らに代わって、その土地で何をどうしたらよいか、もっとよくわかっている巨大グループ企業がいくつもできることになるだろう。

JN 仕事柄、フランス文化を守りたいという気持ちがあるのかな？

アラン （笑いながら）そこまでは考えていないよ。ただ、とんでもなく変な方向に向かわないように、正常な流れになるように努めているつもりだけど、背後にいろんな問題がありすぎて、とても難しいんだ。今ある法律を遵守してシンプルに葡萄を使ってワインを造るようにしなくてはならないんだけれど、それすら確実なわけじゃない。ワインの定義は「生の葡萄をアルコール発酵させて造られるもの」となっている。EUに加盟したいと思ったポーランドは、EU域内の法律に従うことになったんだけれど、この定義にある要求を出した。彼らの主張では「わが国では葡萄の木がないので、伝統的に葡萄の濃縮果汁を用いてワインを造ってきた」と言うんだ。その人工的なワインを造りつづける許可を得たいと考えた。だって現状がそうなんだからね。イギリスでよく見られる「自家製ワイン」も同じだ。スーパーの薬局で濃縮葡萄と砂糖が入ったものが買えちゃう。

ボジョレ®については何も語らず、アランは、にっこりと微笑んでグラスのワインを飲み干した。

アラン ほらね、生の葡萄で造ったワインって、すごいことなんだよ。

2……ル・ヴェール・ヴォレにて

地下鉄ピレネ駅で、上機嫌のアラン・シャトレと別れて、私はベルヴィル通りをサン＝マルタン運河まで歩いていった。ル・バラタンの主人フィリップの精神を受け継ぐ息子とも言うべき、シリル・ボルバリエに会いに行きたいと思った。彼はまだ三七歳と若い。シリルは、二〇〇〇年に運河に面してビストロ、ル・ヴェール・ヴォレ▼を開店し、オベルカンプ通りには同じ店名のワイン屋も開いていた。ランクリー通りにあるビストロは、ワイン屋も兼ねていて自然派ワインとビオ・ワインを専門に扱っている。まるで個人の図書室のような素敵な店内には、狭いながら八つのテーブルが置かれている。この店では棚いっぱいに置かれたワインを飲むことができ、最高のアンドゥイエット、黒ブーダン、そしてソーセージ、さらには最高品質の自家製豚肉加工品を、ワインに合わせて注文できる。シリルが見せる「原理主義者」の面については懐疑的ではあるが、彼のしっかりとした趣味のよさ、人を喜ばせる接客態度、まさに現代にマッチした精神は、賞賛に値すると思っている。

　これまで、人工的なワインばかりが並び、マーケティング理論にしたがった生産ばかりを目の当たりにしてきたが、良いことも見つけることができた。**ロワール**®からウルグアイに至るまで、自分の葡萄を有機農法で育て、できるだけ自然を尊重したやり方でワインを造る工夫をしている造り手が増えているということである。ただここ数年、バーやワイン屋では、自然派ワインとビオ・ワインが正しい信仰の証のように見なされたり、さらには品質保証の目印とされることが爆発的な勢いで増えているが、それは驚くべきことだ。神を信じミサに行くことは、良き信仰の証にはまったくならない。パリ八区の高級な商業地区にあるラヴィニア、（ブリュノ・クニウーという過激な人物に率いられた）ラファイエット・グルメのような店では、売り場にはっきりとビオと表示して商売をしている。ルグラン、レ・カプリス・ド・ランスタン、パンタグリュエル、バッカス&アリアーヌといった、パリの一区、二区、四区、五区、六区にある質の良いワイン屋ではビオと表示はしていないが、扱っているワインのほぼ半分は間違いなくビオのワインである。ところが、自然派ワインやビオ・ワインが本当に爆発的に増えているのは、一一区にあるレストランやワイン屋なのである。ル・バラタンからラ・ミューズ・ヴァン▼（この店は最も「人工ワイン」の流行に譲歩しているため、私の評価が最も低い店）に至るまで、さらにはカフェ・デュ・パサージュ▼、大評判の「ワイン・レストラン」ヴィアレ▼、スクアール・トゥルソー、ル・ヴェール・ヴォレもすべて、ビオ・ワイン一色に塗りつぶされている。

曲がりくねった道を歩いていくと、中華料理やタイ料理の店、アフリカ系やアラブ系の食材・香辛料の店が並んでいる。フランスのテロワールを純粋に表現しているワインに過激なまでに肩入れしている店が多くあるこの地区にしては、何かホッとさせる逆説を見るような気がする。しかし、この地区でのビオ・ワインの寡占状態は危険なことではないだろうか。私にとってワインをめぐる喜びとは、自然と人間との間にある関係がワインによって最も洗練されたかたちで表現されることである。自然から切り離されて都会に住む人々にとって、とりわけ大切な点である。だから、原則としてはビオ・ワインという考え方はとても素晴しいと思う。われわれと自然との最も適切な関係に導いてくれるのであり、われわれ自身も自然を感じることができるからである。ところが、パリのビオ・ワインの店にありがちなのは、単に売らんがために「ビオ」というラベルを貼っているワインが多すぎることだ。それは歪んだ市場のあり方であり、擬似的な詐欺だ。「ビオ・ワイン」のラベルを見ると、何のてらいもなく自分の純潔を主張してやまない誰かを見ているような気がする。それはいかがわしいことだ。さりとて、ワイン屋やレストランが「ビオ・ワイン」のラベルを貼って販売しているからといって、生産者を非難するわけにはいかない。それに、今日、本当に真面目にワインを造っている生産者の七割は、程度の差こそあれ、有機農法を実践している。五年もすると九九％そうなるだろう。

ル・ヴェール・ヴォレの扉を押して中に入った。シリルはいなかった。ニコラ・ロンスレとヨアン・タ

▼ル・ヴェール・ヴォレ　東京の目黒にも支店がある。Le Verre Volé, Bistro et cave à vins: 67 rue de Lancry-75010 Paris, Cave à vins: 38 rue Oberkampf 75011 Paris.
▼ラ・ミューズ・ヴァン　La Muse Vin, 101, rue de Charonne, 75011 Paris.
▼カフェ・デュ・パサージュ　Café du Passage, 12 rue de Charonne, Bastille, Paris.
▼ヴィアレ　Villaret, 13,rue Ternaux, Paris.

ヴァール（二二、三歳）が、この店を任されていた。**ドメーヌ・ヴァレット**Ⓦの**プイイ・フュイッセ**Ⓥ、**マコン**Ⓡ、**ボジョレ**Ⓡの白と一緒に**マルセル・ラピエール**Ⓦが目に入ってきた。**ヴァレット**Ⓦはパーカーのお気に入りの一つである。おかげで私はこのワインに対して疑り深い気持ちにさせられた。けれどもシリルは、私がそうしたワインを理解するように執拗に求め、結果的に、それらのワインがとても美味しいことを知った。まったく自然なビオのワインである。ラベルにそう記載されているだけのワインではなく、テロワールに対する本当の働きかけが感じられ、明るく澄んだその液体から活き活きとした味わいとテロワールの性格の違いを感じることができる。

　ニコラが私のもとにやって来たが、彼の態度からは、自分の立場をはっきり私に知らせようとしていると感じられた。

ニコラ・ロンスレ（ル・ヴェール・ヴォレ店員。以下ニコラ）人々がどのようにワインを消費するのか、現在、一つの曲がり角に立っていると思います。私はディナール▼の学校を出て、調理のBTS（上級技術者免状）を取得しました。ワインのソムリエ講習の先生は、コンクールで結果を出すことよりも、ワインに対して情熱を抱くことの大切さを教えてくれました。本物への回帰、ちゃんと造られたものへの回帰が起こっています。先生は、自分が若かった頃は**ボジョレ**Ⓡのクリュを飲めばそれがどのクリュかすぐにわかったれど、今はそうではないと、いつも嘆いていました。

ジョナサン・ノシター（著者。以下JN）画一化しすぎたということかな?

ニコラ　土に働きかけなければ、良いワインはできないのです。田舎者ですから、私は。

ヨアン・タヴァール（ル・ヴェール・ヴォレ店員。以下ヨアン）私は、**ブルゴーニュ**Ⓡで二年間葡萄とワインの勉強をしました。今はここで働いていますが、いずれはワイン造りをしたいと思っています。ただ、葡萄畑は持っていないし、ワイン業界で働いている家族もいません。

JN　じゃあ、いったいどうやってやるつもりなの？

ヨアン　いろいろとつき合いがあります。まだ狭い範囲ですけど。造り手の方たちと会って、最初は誰にも頼らず、仕事があるところで働きたいと思っています。その基礎として流通について勉強したかったので、ここにいるのです。

JN　ここでは、どういう造り手を評価しているのかな？

ヨアン　誰でも近づきやすいワインが良いと思っています。民主的というか。値段は正直です。株式相場のような評価ではなくて、需要と供給に基づいた値段です。仲買と取扱会社は一つの世界に属していて、それがラベルの価値を維持安定させているのです。

JN　ちょうど今、目の前に**アニエスとルネ・モス**(W)夫妻のアンジュ(R)の白ワイン、**ル・ルージュ・フェール**二〇〇三年(V)があるけれど、一七ユーロしているね。

ヨアン　この夫妻は、いろんなワインをぜんぶ造っているすごい人たちですよ。

JN　**ルメール・フルニエ**(W)の美味しい**ヴーヴレー・セック**二〇〇二年(V)が、九・五ユーロだね。

ニコラ　これが酸化しているというお客様もいますよ。もしお気に召さなければ、返品してもらって別のワインをお薦めしています。

JN　そんなことで客が買ったワインを戻すんだ？　だけど、自然派のワインにはよくあることだよね。

ニコラ　どうしてこういう味になるのか、根本的な理由をお客様にお話ししています。コルクがダメになって臭いが付いていると思う方もいらっしゃいます。でも、そういう方は酸化したワインの味がどんなものか、実は知らないんです。

JN　ワインに熱中しているなんて、あなたたちの年代ではそう多くはいませんよね。同じ年頃の客には、

▼ディナール　フランス西部ブルターニュ、イル・エ・ヴィレーヌ県の人口約一万人の小さな町。

どんなふうに話すの？

ニコラ　ワインというものについて、さまざまな物差しとなるものをお教えします。たとえば、あるワインががっしりしているとか、いないとか。試飲は、運転免許証のようなものですね。誰もがそれぞれ自分のやり方で試飲します。最初は往々にして取っつきにくい感じですが、私はお客様に「3×3」というキーワードをお教えしています。つまり、見た目／香り／味ですが、そのそれぞれについて三つずつ吟味しなければならない事柄があります。お客様には好きになってもらえるような、いくつかの鍵となる事柄をお教えしなくてはならないのです。

JN　ユーモアを織り交ぜたりなんて、しないのかな？

ヨアン　（真剣に）ありますよ。そういうことができる時には。

カウンターに大切に置かれていた**ジョ・ランドロン**(W)の**ミュスカデ・アンフィボリット**(V)を開けてもらった。

JN　美味しい。自然な度数一二度の、アルコール強化していない清明なワインを飲む喜びが感じられるね。これほど酸化しやすいものにしては、何か元気が足りないな。牡蠣に合わせるにはどうかな？

五〇歳くらいの客が一人、店に入ってきた。ミュスカデを一杯、ごちそうした。その後から、もう一人、服装の立派な六〇歳くらいの客が入ってきた。

最初の客　わたくしは癌の専門家なんです。この時代、私たちが食べているものには、サルファ剤や着色料、添加剤、合成味覚剤といった化学薬品がたくさん添加されていて、それらが癌の主な原因となっています。今から二〇年もこうした食品を食べつづけると、免疫のシステムは弱くなっていくでしょう。人間は何にでも適合できるわけではありません。

ニコラ　三〇〇〇年前からワインは造られつづけています。化学は必要ないんですよ。ひどいものですね。

二番目の客にも、ミュスカデを振る舞った。客は一口飲んで、グラスをカウンターに置いた。

二番目の客　これは私には合わないな。私が具合悪くならないのは、混ぜものをしたワインだけなんだ。自然派のワインを飲むと決まって頭が痛くなる。混ぜものをした**ボルドー**®を注文することにしている。冗談じゃないいんだよ。私の意見だが、私たちが今まで保ってきた動物的な側面はもう捨ててしまった方がいい。たった一つの解決法は、薬だけしか口にしないことかもしれないな。そうなると農業なんてなくなるんだから、肥料なんてものもなくなるんだろうな。

ル・ヴェール・ヴォレを後にしてから私が思ったのは、現実の生活にある偶然によってこんなにも豊かな演出が行なわれているのに、どうしてフィクションの映画などを自分は撮っているのかということだった。

第17章 パリの凄腕ソムリエとの対決
――アラン・デュカスの世界とワイン

1……ビストロ「ブノワ」にて

ロールと一緒に、パリ四区のシャトレ劇場近くにあるブノワ▼というビストロに行った。ここはパリのビストロの中でも最も由緒正しい店の一つで、先頃、アラン・デュカスのグループが買い取った店である。私たちは、ジェラール・マルジョンと待ち合わせをしていた。彼は、アラン・デュカス・グループが世界中に展開している二八のレストランの統括ソムリエである。

ワイン商のダニエル・ジェロー女史と一緒にホテル・プラザ・アテネを訪ねた際に、私はレストランの舞台裏で彼に会って、とても興味を惹かれたのだった（第6章参照）。権力の権化のような人物を予想していたのに、ワイン好きでワインの話を上手にする人物だとわかって、心地よい驚きを感じた。つまり子どもが遊びに興じているように、味に関する似たような言葉を次々に発して人をうんざりさせるのではなく、ワインの本質と自然との関わりを理解しようと努めている人物だということである。このスーパー・ソムリエは、ワインにまつわる言説と権力についての偏見を打ち壊してくれる人ではないかと、私の期待は高まっていた。ジョエル・ロブションやアラン・サンドランの新たな店が打ち出した「すべての人に贅沢な味を」という新機軸を体験した結果、ほのかに苦い後味を感じていただけに、もっと直接的にグローバル化を進めているこのグループのワイン責任者が何を言うのか、興味津々だった。ラヴィニアのようなワイン販売店では可能な経営モデル（国際的な支店を展開をすることでブランド力を高めながら、各地域の違いを尊重するというやり方）は、レストランの分野でも可能なのだろうか。ある意味、この質問の答えの方がよりいっそう重要である。アラン・デュカス・グループのネットワークは、単に一企業の広がりをはるかに超えた影響を及ぼすからである。ワイン業界における**ミシェル・ロラン**(W)と同様、その危険（あるいは利点）とは世界全体の味覚と嗜好に対する影響である。まさに嗜好の権力化である。

彼を待ちながら、ワインリストを眺めることにした。表紙に木を使ってある古典的なリストであるが、ディズニー・ランドを思わせる感じだった。**ルネ・エ・ヴァンサン・ドーヴィサ**(W)のワインが多数あるのはうれしくなった（もしかすると、このワインは「流行」になろうとしているのだろうか?）。四五ユーロの**プティ・シャブリ二〇〇二年**(V)から、五八ユーロの**シャブリ・プルミエ・クリュ・ラ・フォレ二〇〇三年**(V)（これはル・ドームやラ・カグィユと同じ価格だ）まで。そして、**シャブリ・グラン・クリュ・プルーズ二〇〇一年**(V)が一一〇ユーロである。ジェラール・マルジョンが店にやってきた。パリと世界にある自分のレストランを、すべて全速力で駆け抜けてきたラガーマンのような男といった印象だ。彼の注文した最初のワインは、彼が到着して一分後には運ばれてきた。サービス満点だ。

▼**ブノワ**　ビストロでありながら唯一ミシュラン・ガイドで星を得ている店。創業一九一二年で、現在はアラン・デュカスが経営権を持つ。東京・青山、大阪・西梅田にも支店がある。Benoit. 20, rue Saint Martin 75004 Paris.

ジェラール・マルジョン（アラン・デュカス・グループの統括ソムリエ。以下ジェラール）　**アルザス**Ⓡの**アガト・ブルサン**Ⓦのところの**ジンクプフレ**Ⓥをまずやりましょう。二、三年前からワイン造りを始めて、いい仕事をしている若い女性です。個人的な好みで選んだものです。でも、ここにある六〇％は昔からの造り手によるワインです。もともとの店の雰囲気やスタッフをそのままに、店を買い取ったのは初めてです。ここに来られるお客様たちは、ここの料理と歴史の全体を大切に思っていると考えたからです。

ジョナサン・ノシター（著者。以下JN）　どのくらい前からアラン・デュカスと仕事をしているのですか？

ジェラール　一九九三年からです。私は**ブルゴーニュ**Ⓡの農家の出です。一九七八年には、現在のようなソムリエの学校はありませんでした。それで四年間、ホテル業の勉強をみっちりしました。教室でも、現場でもひと通りです。当時は何でもやりました。アイロン掛けもですよ。私が興味を持っていたのは、ワインの味ではなく、別のことでした。**ブルゴーニュ**Ⓡ地方の大富豪の邸宅の立派な鉄柵の向こう側に住んでいる人と、顔を合わせることができるのだと期待していました。そうした家の前を通りかかる度に、絶対近づくことができないと思っていたからです。

実際に会ってみると、**ユベール・ド・モンティーユ**Ⓦや**アルマン・ルソー**Ⓦのように、世の中を落ち着いた目で見ている本物の立派な農民でした。まあ、昔の世代のブルゴーニュ人を頭に描いて、その意味で言っています。私が抱えていた問題は、**ブルゴーニュ**Ⓡを自分の中で客観視できない、ひどい先入観があったということです。申し上げているのは消費する側としての**ブルゴーニュ**Ⓡですよ。「**コート・ド・ボーヌ**Ⓡ」とか「**コート・ド・ニュイ**Ⓡ」と呼ばれなければ、無であると考えている人のようなものです。そういう人たちは別世界の人でしたし、金持ちというか、金持ちのためのワインというか、いろいろなものを背負いすぎているワインです。アルコール強化のためにひどく補糖されたワインですよ。

三五種のリスト、五〇〇〇種・一五万本のワインをさばくソムリエ

JN　それでは、現在のブルゴーニュⓇはどうでしょうか？

ジェラール　まったく別のものになっています。この仕事を始めた頃は、理想のワインリストを作りたいと思っていました。それで、ある日、気がついたのですが、パリではどこでも同じようなワインリストになっているということです。ブルゴーニュⓇについては、みんな同じ造り手、ヴァンサン・ジャンテⓌ、メオ・カミユゼⓌ、ダヴィッド・デュバンⓌ、ドゥニ・モルテⓌなどが並んでいました。それでこの決まり切った道を一度外れてみなければならないと思いました。私は買い手としては、とても浮気者なのです。そして、それが黄金律なのです。

JN　浮気者という考えは、ワインにおいては基本的なことだと思いますよ。もしかすると愛というものとワインの間にある、唯一の違いかもしれませんね。

ジェラール　ワインに対しては、浮気をすることが客観的でありつづける唯一の方法です。そうでなければ息が詰まって死んでしまうし、ワインリストは変わりようがなくなります。人が機械のように動いているので誰も幸せを感じられない、そういう日が来てしまいます。そして、お客様に「他のワインはないの？」と聞かれるのです。リストが少ないアイテムで作られている場合には、問題はもっと難しくなります。オー・リオネ▼では、現在一〇〇種類あります。前の経営者の時代からアラン・デュカスに経営が変わ

▼**オー・リオネ**　一九一四年にビストロとしてパリ二区で営業を始めた伝統ある店。二〇〇二年にアラン・デュカスが買い取った。リヨン風の伝統料理を現代風にアレンジして、より近づきやすい形で提供し、カジュアルに楽しめる店となっている。Aux Lyonnais, 32 Rue Saint-Marc 75002 Paris.

った際に三〇〇から一〇〇に減らしたのですが、それに時間をかけることができませんでした。
JN　つまり効率の問題ですか？
ジェラール　フランス全体に対して客観的でありたいと思っても、二五〇ではそう多くはありません。私が担当するレストランは、北アメリカ、イギリス、フランス、スイス、イタリア、モーリシャス島、香港、そして日本に、合計で二八軒あるんですよ。
JN　それは客観的にその通りです。

そう言ったが、彼には聞こえていなかった。すでに彼の話す速度は、時速一五〇キロになっている。

ジェラール　今日も三五冊のワインリストを抱えて、約五〇〇〇種類のワインを相手にしています。およそ一五万本のワインを各店舗に分配することになります。常に葡萄畑に足を運んでいます。最新の機能を備えた携帯電話を持って出かけますが、次々とメールが来ます。もちろんフィルターがかけられていますから、ぜんぶ見ているわけではないですが。そうじゃないと満杯になってしまいます。いつも、すべてがわかっている状態でいたいのです。ですから、他の誰かにリストの元になる部分を、私に代わって管理してもらいたいなどとは、まったく考えていません。

最初の料理がテーブルに出された。

ジェラール　では、アラン・デュカス以前の時代から出されていた料理、蛙のももを食べてみましょう。ただ、私なりに見直しはしてありますよ。

ボルドー[R]**のシャトー・ル・ゲ**[V]の所有者カトリーヌ・ペレ＝ヴェルジェが姿を現わした。彼女はアルゼンチンにも葡萄畑を所有している。『モンドヴィーノ』の中で、醸造責任者の**ミシェル・ロラン**[W]が「ミクロ酸素処理なんて、わからなくてもいいんですよ。私が責任持ってやりますよ」と、言葉をかけていた相手が彼女である。何という偶然の一致なのだろう。彼女がブノワに昼食を食べに来るとは。それも、広報担当のジャン＝ピエール・チュイルとジャーナリスト二人を引き連れている。一人はジャン＝フランソワ・シェニョーで、『パリ・マッチ』の記者。もう一人は『フランス・ワイン批評（RVF）』のベルナール・ビュルッチーだ。彼女は通りがかりに、私たちに微笑みながら慇懃《いんぎん》に挨拶をした。

カトリーヌ・ペレ＝ヴェルジェ（シャトー・ル・ゲ[V]の当主。以下カトリーヌ）『モンドヴィーノ』の後で、匿名の手紙がきましてね、**ミシェル・ロラン**[W]はお友達から削るようにって言うんです。そして、彼はワインよりも、お金の方が大切なんだって言いますの。映画のおかげで、いろいろと問題が発生しました。

JN　本当ですか？　まさか、ご冗談でしょう。

カトリーヌ　冗談ではございませんのよ。わたしはテロワールをとても大事にしています。ジョナサンにアルゼンチンに来てもらおうと思ってますの。そうしたら、とってもお金持ちにしてくれるでしょうね。

私たちにうやうやしく挨拶をすると、彼女は店をあとにした。

JN　面白い言い間違いだったね。**ミシェル・ロラン**[W]が彼女を大金持ちにしてくれるって、言いたかったのに。

ロール・ガスパロット（ワインジャーナリスト。以下ロール）いいえ、本当に「ジョナサンが」と言いたかったのよ。

▼ＪＮ　そうかな、それは変だな。僕が誰もお金持ちにしたことはないし、しかも彼女はクリスタル・ダルクの財産の相続者だからね。テーブルウェアの世界的なトップ企業の跡取りだよ。

ジェラール　私はカトリーヌが大好きですよ。とても強い女性です。毎週月曜日に、この店でいろいろなジャーナリストと昼食をとるんです。

ロール　そういえば来週の月曜は、わたしとでした。おかしな話ね。自分のワイン、とりわけアルゼンチンのを売り込むんだから。

ジェラール　私は、南アメリカのワイン醸造には、まったく魅力を感じていません。歴史的に見ても、経済的に見ても、チリやアルゼンチンの人ではない方たちが投資しているのは、アルゼンチンやチリの土地をワイン産地として知らしめたいという気持ちとは違う、何か別の意図あってのことだと確信しています。

ＪＮ　残念だけれど、まったくおっしゃるとおりだと思います。僕はブラジルに住んでいますが、近くの国から洪水のようにワインが入ってきます。今では、その一つ一つを見分けることなど客観的には不可能です。それは、五ユーロのワインのでも五〇〇ユーロのでも同じです。どれもこれも同じような感じになってしまっています。残念なのは、アルゼンチンには一七世紀にイエズス会の人々が植えた葡萄が育っていて、とても素晴らしいテロワールが存在していることです。しかし今日、アルゼンチンワインは、お金を儲けるか、社会的な地位を獲得するかの手段になってしまっています。その両方の場合もあります。チリワインは完全に輸出を考えて造られています。アルゼンチンとは反対に、歴史的にはチリではワイン消費がとても少なく、生産もごく少量でした。ところが八〇年代以降、アメリカとヨーロッパのさまざまな国からの投資が集中し、低いコストで世界中に受け入れられる生産物を造るようになったのです。

ジェラール　そう、まったくその通りです。

三種類目の白ワインが出された。**アガト・ブルサン**(W)の**アルザス・リースリング**(V)、名前のわからない生産者（名前を云々するには印象が薄すぎたからなのか）によるシャトー＝ヌフ＝デュ＝パップ[R]、そしてシノン[R]の白に移った。

ジェラール　このクーリー＝デュテイユの**シノン**二〇〇三年[V]を味見してみてください。卒倒しますよ。

JN　これはリストでは、いくらになっているのですか？

ジェラール　三五ユーロです。

JN　いくらで仕入れているのですか？

ジェラール　消費税抜きで一〇ユーロです。

JN　マージン三五〇%ですか。それがブノワのやり方ですか？

ジェラール　いいえ、何も決まりを作ってはいません。このワインが珍しいからです。割り当て量や評判、そして再入荷の容易さに応じて、値段は決められるのです。私にとって値段はタブーではありません。いつも客観的にしています。ここには、たとえば、今晩、プラザ、リッツ、クリヨンといった立派なホテルのお客様ばかりです。ここに来て、気楽に庶民の味を楽しまれているのです。人から聞いたとおりの、そしてご自身で想像したとおりのフランスのエッセンスのただ中にいるわけです。安心してテーブルに着くことができますし、私はちゃんとしたワインをお持ちします。三五ユーロで売られているこういうワインから始めて、リストをたどっていくとフランスを代表するクラシックな素晴らしいドメーヌの精髄に至ることができるのです。

▼**クリスタル・ダルク**　一九六八年にパリで創業したクリスタルガラス食器の製造販売会社。ベルサイユ、ポンパドゥール、ランブイエなどのコレクションを次々と発表し、ロンシャン・シリーズでは五億円を超えるグラスを世界中で販売した。

JN　この料理（蛙）とワインとの相性は、どのようにお考えですか？

ジェラール　これはたいへん繊細な料理で、すぐにワインの方が勝ってしまいますね。

ジェラール・マルジョンは、こういう文脈で並べられたワインに私が納得していないと理解していた。自分に対する批判となりうるものを、自分にとっての切り札にしてみせた（権力に特有のわざだ）。とても巧妙である。南アメリカとそれ以外について彼がしてみせた指摘は、真摯なものなのだろうか、それとも私を喜ばせるためのものであろうか。

ジェラール　私には、とても単純なことなのです。私にはレストランとはどのようなものか、自分のヴィジョンがあります。お客様が来てくださるのは、シェフとソムリエがいるからです。もしソムリエが良ければ、シェフを圧倒することもできますが、もしその店で長生きしたいのなら、シェフを超えるようなことはしてはいけません。そういうことは稀ですが、もしそういうことが起こると、必ずうまくいかなくなります。現在、ワインレストランと呼ばれているところは、たいていもったいぶった感じがしますが、そんなに美味しい食事はできません。店のソムリエとシェフの関係は、ワインと料理の関係と同じですからね。ワインは料理を下から支えて、料理を元気づけるのです。ワインがいい気になってのぼせ上がらないようにすることが大切です。お客様がワインを口に含んで、飲み込む。それから数秒後に感じられるのは料理の方です。お客様はこの店にわざわざ来て、蛙をご注文になっているのは、口の中で蛙の美味しさをしっかりと味わいたいと思っていらっしゃるからではないでしょうか。

二種の赤ワインをめぐって

カラフに入った赤ワインが二種類出された。

ジェラール　**グルナッシュ**(C)で造った二種類の**シャトーヌフ＝デュ＝パップ**(R)です。考え方にも二種類あるということです。

並べて置かれたカラフをじっと見つめてみた。同じテロワールで造られた二種類の赤ワインだ。これを出してきたということは、同じ場所にも差異があるのを確かめるためだろうか、それとも二つの違ったタイプのワインを出して間違えてしまわないように、同じタイプでコンセンサスを求め気楽な感じを出そうというのだろうか。

ジェラール　一つは二〇〇三年です。私のお気に入りの**エリック・ミシェル**(W)です。もちろん、フランスの造り手なんですよ。ただ、外にはまったく出ていません。誰にも知られていないし、見たこともないと思います。ところがこのワインには才能を感じるんです。

ずいぶん熱を帯びた話し方をするので、まるでテレビの司会者のような感じがした。中継で番組の視聴者に商品を販売している、ああいう感じだ。スタジオの歓声や拍手が聞こえてくるような気がした。とはいえ、私は冷静に、彼のワインについての話におとなしく耳を傾けた。

ジェラール　ここは五ヘクタールの畑です。醸造は、一つのタンクが私用で、もう一つが彼自身のタンクです。ゴー・ミヨで、一九八九年に年間最優秀醸造者に彼が選ばれた時、まず最初に何を彼がしたと思いますか？　電話番号を変えたんですよ。

二番目の赤を味見してみた。

ジェラール　これを飲んでもらうということは、私の秘密の場所にお連れするということです。というか、私自身を見せると言ってもいいでしょう。私のものの見方がどうなっているのか、おわかりいただけると思います。現代の世界ではいつも通用するものではありませんよ、私の見方は。お気に召しましたか？

JN　ええ、とっても。

ラベルを見せてくれた。**シャトー・ピニャン二〇〇二年**(V)。これも同じ**シャトーヌフ＝デュ＝パップ**(R)で、**エマニュエル・レイノー**(W)が造り手だ。ということは、例のワイン店ルグランで買って、返品した**フォンサレット**(V)の白の造り手である。

JN　驚きました。目隠しの試飲だったら、絶対にわからなかったと思います。**ブルゴーニュ**(R)の何かだろうけれど、すごく並外れているワインだなどと言ったかもしれません。

ジェラール　これは「プティ・シャトー・ライヤス」です。つまり「ピニャン」といって、ライヤスのセカンドです。**フォンサレット**(V)は、ここのサードワインということになります。レイノーにまったくそっくりですね。彼もあなたを見かけると、逃げ出しますよ。

JN　レイノーか！　すごい。この本のためにルグランを手始めにさまざまなところをめぐってきたのですが、**フォンサレット**(V)の白に関しては一騒動あったのです。しかし、このピニャンはシャトーヌフにしては驚くほど繊細な味がしますね。南の品種**グルナッシュ**(C)を使っているのに。とても活き活きとしています。最初の**エリック・ミシェル**(W)のワインの方は、少し大胆なスタイルを上手に表現している感じがしました。

どちらかというと私が好きなのとは対極的な、つまりすごく現代的で、エッセンスを感じる、豊かでアルコールの強い、むしろ濃すぎるくらいと言った方がいいくらいで、何か料理と合わせることなど不可能です。しかし、テロワールを表現しているワインなので、そのことは尊重したいですね。

ジェラール　口に含むと、雑味がないですね。二〇〇三年なので色も印象的です。例のちょっと青っぽいワインの新しい哲学に属しているように思われるでしょうね。けれども**グルナッシュ**(C)の伝統的にアルコールを感じさせるタッチとあいまって、ミネラル分の強いワインに仕上がっています。繊細微妙で、実際にはアルコール度数は高くありません。果実味も過剰ではない。このワインは真実をしっかりと語っています。

素晴らしい野ウサギのロワイヤル風パイ包みが、血をベースにしたソースに囲まれて出された。黒々とした、深みのある濃い色をして、これでもかというほど濃厚な感じがするものの、実に見事に調理されているものだから、たまらなく美味しそうである。そのミステリアスで濃い味わいによって、まるで一九世紀の世界にタイムスリップしたかのような気がした。

ジェラール　ソースがとても味わい深く、色も濃いですね。でも技術的にお話しすると、私ならこれほど食材に色の濃いワインを使わないでしょう。なぜなら、同系色になりますから。この料理のような狩りの獲物を使った料理には、ソースを抑えて、やさしくそっと使ってやる方がよいですね。たとえ「ソースの色にはワインの色」などと言うとしても……。

JN　困ってしまいますね。**エマニュエル・レイノー**(W)のピニャンには、野生の、飼い慣らされていない、飼い慣らすこともできない一面があって、野ウサギの血をたぎらせるような激しさがあるとすれば、もう一つのワインがすでに過剰に濃厚なこの料理を鉛色にしないでいられるでしょうか。

ジェラール　ええ、そうですね。ピニャンの方が合っていますね。

私は、ジェラールがまた私をじっと探って、どうすれば私に近づき、私を説得できるのか、探ろうとしている気がした。しかしそうだとすれば、何について説得しようとしているのか、そしてなぜなのか。

ジェラール　ジョナサン、おわかりかと思いますが、一九九〇年以降、私はよくアメリカに行きます。とてもカリフォルニアが好きなんです（私はここで彼に少し疑り深い視線を向けた）。人にはイライラさせられますよ。ワインの造り手の話です。値段や、客観性がないことなど、すべてに神経を逆なでされます。耐えがたいものです。何年もの間、ハッタリをかまされてきました。**セインツベリー**Ⓦのブラウン・ランチは**ブルゴーニュ**Ⓡのような色をしています。それにさらさらしていて、加えてもちろんアルコール度数も高いんですよ。

JN　「さらさらしている」っていうのは、面白い言葉遣いですね。言葉としてはとても便利なように聞こえます。

ジェラール　「美味しく飲める」というような新しい言葉を使うつもりはありません。

JN　商売して儲けようって考えているやつらの専売ですね。ピエール・カステル以来、**ミシェル・ロラン**Ⓦやロバート・パーカーたちのね。美味しく飲めるとか、口当たりの良さとか。しかし、さらさら感というのも、それに近いなあ。確かに流れるような感じの時には、それがいいですね。素晴らしい。結局、ワインについて細かく言い表わそうとする場合、あなたの言い方は理想的だと思います。

ジェラール　私が好きなのは、ワインが私たちの手を逃れていくことです。**オーベール・ド・ヴィレーヌ**Ⓦと、ある時、たぶん一九七三年かと思いますが、何年のだかわからないワインを飲んでいて、私がそのワインはよくわからないけれど、機知に富んだ感じがすると言ったら、彼がこう言いました。ワインを飲むのに知覚が必要なのかって。機知に富んだ感じ、それも悪くはないですよ。**ボルドー**Ⓡは一般的には、もう機知に富んだ感じもないし、不思議でわからない感じもありません。彼らは商売のために客観性の世界を捨て去ってしまったのです。

ロール　そのようにあの人たちに言ったのですか?

ジェラール　いいえ。ただ、彼らとそういう話はできないだろうって思っていました。昔でしたら絶対に電話などしてこない造り手がいましたが、今はそういう方たちが電話をかけてきて、会いたいとおっしゃるのです。それは、アラン・デュカスという名前のおかげかどうかはわかりません。私は一九七七年にこの仕事を始めました。ビアリッツ▼で五年過ごして、二週間ごとにビアリッツと**ボルドー**Ⓡを往復しました。お金を使い果たしましたよ。**ピエール・コスト**Ⓦという先生がいたんです。**グラーヴ**Ⓡの赤ワインの旗手でした。客観的なワインを造っていましたよ。

JN　興味深いですね。その「客観的」という言葉をずいぶん強調されますね。

ジェラール　客観性は私にとって、さまざまなドメーヌ、料理、ワイン、人生、すべての面でいちばん強い意味を持っている言葉です。客観性は、人の手が変えられないものですから。

ロール　そうはいっても、ロバート・パーカーは自分の客観性を主張していますよ。

JN　フランスで育った時期が少しはあるアメリカ人の見方からすると、それは言葉の意味のズレだと思いますね。英語では「客観性」という言葉には宗教的な力があって、客観的に担保されている科学という意味です。ジョージ・ブッシュは客観的な民主主義を喧伝しています。ロバート・パーカーも自分が客観的だと主張し、あなたや私よりもより良くワインを見分けて判断を下せるとしています。ラテン系のカト

▼**ビアリッツ**　フランス南西部、スペイン国境近くの大西洋に面した人口三万人ほどの都市。一八世紀からリゾート地として人気があり、ボルドーからも比較的近い。

リックの国であるフランスでは、情熱に駆られた人たちが客観性を持ち出す場合、それは美しい神秘となるのです。

アラン・デュカスにスカウトされた経緯

チーズが出された。古典的なものだが、よく選び抜かれている。

JN　アラン・デュカスとは、どうやって出会ったのですか？

ジェラール　彼の飛行機事故の話は、ご存知ありませんか？　アラン・デュカスは一度死んだのです。私も同じです。一九七六年に、ちょうどホテル観光業の勉強の終わりに、急性の髄膜炎にかかりました。普通なら誰も生きられないような病です。その後、すっかり学び直しました。髄膜炎は神経をすっかりダメにしてしまいます。私は一五歳でした。五日間、危篤状態でいて、ぜんぶもう一度やり直しました。食べることも、歩くこともです。それはデュカスも同じです。そういうことを体験すると、さっさと前に進みたくなります。失ってしまった時間を取り戻したくなるのです。

JN　でも、常にもっと早く進みたくなる現代生活と、それよりはずっと遅いリズムでようやく自分の素晴らしさを見せてくれるワインと、どうやって折り合いをつけるのでしょう？

ジェラール　人は正反対を求めるものです。いずれにしても、彼からなんですよ、アラン・デュカスの方が私に電話をかけてきました。一九九三年の一〇月でした。彼はモナコにいました。私は、パリのメリディアンにいました。こう言われました。「モナコに来て、ここで何が起こっているか見ないとダメだ。もう切符は速達で送ってある」

JN　どんな話をしたんですか？

ジェラール　何もかも、経済、ビジネスの話、会計のこと、デュカス自身のこと、率直にね。

JN　で、ワインのことは？

ジェラール　まったくなしです。必要ないんです。オリーヴとローズマリーのソースを使った地物の魚のヒメジ料理に、私がどんなワインを合わせるかなんて、彼はまったく知る必要がなかったのです。そういうことには、まったく興味を示さない人でした。それもそのはずでした。というのも、彼にとってメニューを構成し直すこと、スタッフを集めてまとめること、それは息の長い仕事で、それが最も大切だったからです。経営方針を政治的に再度明確にすること。レストラン・ルイ一五世の基本方針をしっかり根付かせること。それは、まさしく政治にほかなりません。そしてたいへん困難なことでした。ただ、私には子どもが三人いました。それで少しぐずぐずしていたのです。半年間、毎週彼は電話をくれました。それで、ついに一九九四年三月に承諾の返事をしました。

JN　どうしてそういう気になったのですか？

ジェラール　まったくうるわしくない、たいへんボケた話なのですが、彼にたった一つだけ質問をする機会がありました。「試用期間は何か月くらいあるのですか？」「無駄にできる時間はないから、君が間違いを犯している暇なんかないんだよ」と彼が答えたのです。

2……レストラン「アラン・デュカス・オ・プラザ・アテネ」にて

ブノワでの昼食を終えて外に出ると、今度はシャンゼリゼの近くにあるプラザ・アテネ・ホテルに行っ

▼メリディアン　パリのホテル。凱旋門近くのメリディアン・エトワールとモンパルナスのメリディアン・モンパルナスの二つがある。

た。ホテルの正面には樅の木が飾り付けられ、豪華に光り輝き、人工の雪のような飾りも施されている。ポルシェやフェラーリがオーナードライバーを待って、パリの超高級ホテルの回転ドアの前に停まっている。広く大きなホールを通り抜けて、スタッフが忙しく立ち働いているレストランのスペースを過ぎて、調理場に降りた。ジェラール・マルジョンが待っていてくれた。四時間の間に二回会うことになる。

メインの調理場の片隅にある小さな部屋にテーブルが用意されていた。だいたい一七時になろうとしていた。また食事（今度は夕食と言うべきか）をすることになる。ジェラール・マルジョンがやって来たが、両手にそれぞれワインクーラーを持っている。

ジェラール　ようこそ！　さあ、おかけください。今度は違う豪華さでしょう？

ボランジェ一九九六年(V)で、まず乾杯をした。ジェラール・マルジョンの口から出てくる言葉は、シャンパーニュ(R)用のグラスから立ちのぼる泡と同じ感じになった。

JN　今度は、どうして**シャンパーニュ**(R)で始めたのですか？

ジェラール　これから食べてもらおうと思っている、ちょっとしたものと合うんじゃないかと思ったからですよ。お昼に口にしたパイ包みや豊かなワインの後では、ちょっと尖った味でしょう。

JN　あの昼食がなければ、もっとじっくりとこの**シャンパーニュ**(R)を受け入れるでしょうね。

ジェラール　いいえ、味覚に目を覚ましてもらわなければ。

JN　口の中に脂っぽい感じがあったのですが、この酸味でずいぶんすっきりしました。そうなると実際は、感じているよりもずっと酸味が強いのかもしれませんね。

ジェラール　そういうことを言われるのは、一九九六年のものだからですか、それともマグナム▼だからですか？

JN　いえ、今現在の口の中の状態について話しただけです。

ジェラール　そうか、一九九六年だから、とげとげしい感じがある。ただ、**ボランジェ**[V]だから、さほどでもないですね。それにマグナムのボトルですし。だから、これが二つの食事の橋渡しとなるのです。おっしゃるとおりで、少し角張った感じがありますね。私は嫌ではないけれど、確かに感じます。

これこそ、まさに嗜好の（真摯な意味での）政治学の見事な訓練と言える。さまざまに対立する感覚や味覚について話をしている際に、どうして意見を異にしたままでいられようか。そして、絶体の和解へと誘う言葉を聞いて、ほっとしない人間がいるだろうか。これが、ジェラール・マルジョンの様式にしたがった「超高級ホテル」のやり方である。「客観的」なのである。

JN　それでは、何を食べますか？

ジェラール　コロンナータ▼のベーコンです。最高級品です。卒倒しますよ。

JN　あの一杯の後だと、口の中がさっぱりして、何でもやさしく受け入れられる準備が整うんじゃないですか？

ジェラール　ちょっとした刺激ですよ。あなた方がお着きになったので、急いでお出ししました。まずは口をさっと清めるのに、橋渡しとして、きりりと冷やした**シャンパーニュ**[R]をと思い、一九九六年のマグナ

▼**マグナム**　通常のボトル（七五〇ミリリットル）の二倍サイズ。

▼**コロンナータ**　ラルド・ディ・コロンナータ。イタリアのトスカーナ地方フィレンツェ県のセスト・フィオレンティーナという自治体の集落で造られる豚肉のベーコン。イタリア最高峰と称される。

ムでお出ししたわけです。

JN　これは皆さんに出すのですか？　歓迎の一杯のように？

ジェラール　ここプラザ・アテネでは、シャンパーニュ®や白ワインをお出しする場合、たいていはマグナムです。赤ワインは違います。それと、大広間でお出しする場合は、むしろグラスです。

JN　見た目にマグナム・ボトルというのは、なぜ重要なのですか？

ジェラール　お客様には、シャンパーニュ®もアペリティフもいらないという方がいらっしゃいます。隣のテーブルに、そう、台車が来ます。ええ、台車に載せてマグナム・ボトルをサービスいたします。すると、アペリティフはいらないとおっしゃられたお客様が、冷えて汗をかいているマグナム・ボトル、いくつものシャンパーニュ・グラスが載っている台車を目にします。映画の場面のようですよ。シャンパーニュ®を注ぎます。ボトルの口をさっと拭きます。すると、そのお客様が言われるんですよ。「私にも一杯」って。

JN　ということは、映画の演出のような効果があるということですね。

ジェラール　ご要望がない時には、それを創り出すんです。しかも、それをお客様ご自身で決められたのだという印象を持っていただくことが大事なのです。

　彼の客への演出とは異なり、演出家が指示どおり演技できない役者に対して何度も同じ指示をしている場面に、私は何回遭遇したことだろう（そのことで嫌な思いを何度したことか）。若いウエイターが、私たちのいるキューブリック▼風のこの控え室にやってきた（ガラス窓を通して、またモニター映像によって、ここから調理場をすべて監視することができる）。彼は、レモンを添えた牡蠣、ロブスターをお持ちしますと告げた。

ジェラール　それが、いったいどのように行なわれているのか、ご説明しましょう。すべて寸分違わず決められています。このような超高級ホテルでは、いろいろなことが他とは異なります。まず、お客様がお着きになると、お客様同士が最初の接触をするお時間です。お二人ですと、たとえば男性と女性、夫と奥様かあるいは愛人、ビジネスマンとそのお客様というような感じです。その時には、まったくお客様は私たちのことを意識されていません。名刺交換などをされています。前菜《アントレ》が済んだ頃から、すべてが始まります。私たちがしていることを意識されるのは、主菜《プラ》が出される頃かもしれません。そして、チーズとデザートの時になって、お客様は緊張を解かれるでしょう。ですから、それほど長い時間ではありません。お客様と仕事場とはまったく離れておりますし、私たちのことは見えないのです。アラン・デュカス自身が、そのようにすべきだと考えています。

三つ星レストランで自由の与えられていない客の姿を思い浮かべていると、ウエイターが来て別の料理を出していった。オマール海老、赤ワインで味を付けたオニオンソース、りんご添えだ。

JN　この一皿には、それぞれ違った方向の要素が、四つ入っていますね。

ジェラール　基本的な用語を使うと、オマール海老はヨウ素の方を向いており、りんごは苦みを感じさせるということになります。ですから少なくとも三つの方向がありますね。そうすると、同系統でいくのか、あるいは包み隠してしまうのか。これがソムリエとして私が考える問題です。

▼**キューブリック**　アメリカの映画監督スタンリー・キューブリックのこと。一九二八〜九九年。監視のできる「控え室」について、近未来世界を描いた映画『時計じかけのオレンジ』のイメージを連想しているのだと思われる。

「ソースの色、ワインの色」、それをジェラールは思い出させてくれた。オマール海老を食べながら、二種類の赤が出されたが、それも目隠しだった。最初の赤は、新しい樫《オーク》の樽によるヴァニラの香りがして、ジャムのような舌触りがする。とても「流行」のワインだ。二番目の赤は、ほとんどデザートワインのように甘いワインだが、適度の酸味が感じられる。二つとも素材としては、極端なものである。ジェラールの話すスピードはさらに加速した。今や時速二〇〇キロくらいだ。

ジェラール　私はあまり香りには興味がありません。むしろ口に含んだ味わいですね。これから次々と味わっていきますが、息を抜いて、次のワインにいきましょう。ですから、骨組みをしっかり理解していただきたいと思うのです。三つ星レストランのお客様は、香りなど気にとめていないのです。

JN　ワインの味は料理によって、まったく変わってしまいます。けれども、必ずしも良い方に変わるわけではないでしょう。

ジェラール　骨組み、ミネラル分、アルコールの強さ、そういうものが残っていくのです。お客様はプロではありませんから。そこのところに私は直接訴えかけて、その後でゆっくりと味わいを残していくのです。

ジェラールは、私を打ち負かし始めた。

JN　それでは、一緒に口に入れるのですか？

ジェラール　ええ。オマール海老を一〇〇％ぜんぶ飲み込んでしまう前に、ワインを二〇％、口に入れるのです。

JN　私としては、それではワインの味が消滅してしまいます。ぜんぜん感じもしません。

ジェラール　しかしここに来るお客様は、オマール海老のために来るのでしょうか、それともワインのためでしょうか？

JN　我を忘れるほど、大いに楽しむためでしょうね。

ジェラール　お客様は、オマール海老、それもデュカスのオマールのためにいらっしゃるのです。私のワインは、その次なのですよ。

JN　では、料理に付き従うワインであって、調和して融合するワインではないのですね。残念です。これは、スペインか**ラングドック**Ⓡのワインのように思いますが。

ジェラール　これは素晴らしいワインですよ。**シャトー・マルテ**Ⓥです。**ボルドー**Ⓡのサント＝フォワで一〇〇%**メルロ**Ⓒの二〇〇三年です。高くはありません。ワイン商から九ユーロで買っています。方向としては、何とも乳酸が効いています。乳酸の効いた赤い果実が詰まった感じです。どなたも異論のないところです。

JN　私にも言わせてください。これがスペインのワインだと思ったのは当然です。私の言う「スペインのワイン」とは、完全に安っぽい現代風の造りに寝返ってしまったワインです。時には輝かしいのもあるでしょうが、土壌を感じさせるワインはどんどん少なくなっています。**ボルドー**Ⓡですか、これが？　それは、単にメーカーのラベルがそうなっているにすぎません。

ジェラール　いや、いや。

JN　私はこの料理となら白ワイン、**ジュラ**Ⓡの**サヴァニャン**Ⓒを頭に描きますね。

ジェラール　ここに**ジュラ**Ⓡのワインを飲みにいらっしゃる方はいらっしゃいませんよ。ここは超高級ホテルですから。ここではそういうのは使えません。

　二番目の赤ワインを試飲してみた。

ジェラール　理論的には、このワインですが、基本的にこれを望まれる方はいません。プラザ・アテネのテーブルクロスの上には置かれないワインです。ですが、私は大好きなのです。変だと思われませんか？

ＪＮ　スペインのではないのですか？

ジェラール　いいえ。

ＪＮ　そうですよ。たとえ違うと言われても同じタイプです。

ジェラール　北半球の葡萄はまったく使っていません。オーストラリアで私が気に入っているドメーヌのものです。**ラスデン・バロッサ**(V)といって、葡萄は**シラーズ**(C)で、収穫を遅くしたものです。とても才能を感じる一本ですよ。

ＪＮ　私の好みからしますと、あまりに濃く、凝縮された感じがします。

ジェラール　これは常々申し上げていることですが、私は何でもかんでもフランスというタイプではありません。

ＪＮ　残留糖度はどのくらいありますか？

ジェラール　四度と五度の間です。ご注意ください。これで人の舌は喜ぶんです。それから客観的な視点で考えなければなりません。人の舌を喜ばせることはやさしいことですが、その後で元に戻さなければなりません。（三番目の赤ワインが出された）。さて、このワインで、舌を元に戻してやるんです。ほら、そしたらもう一つの喜びになりますよ。

ＪＮ　これは面白い。味覚というのはとても複雑なものですね。味わいや脂分、そしてタンパク質にはいろいろな層があるんだ。それぞれ違ったふうに知覚するのですね。他のワインを先に飲まずに、このワインだけを味わっていたら、少し洗練されすぎていると思ったかもしれません。

ジェラール・マルジョンがとても真摯であると思うし、もちろん才能も素晴らしい。私は負けたと思った。私たちは複雑さという段階を超えてしまったのではないか、そして矛盾という領域に入ってしまったのではないか？

JN　この三番目のワインは、とても人の手が尽くされたワインですね。最も今風な醸造家の存在を背後に感じます。

ジェラール　一人の偉大な醸造家が管理した葡萄を使ったワインです。**ミネルヴォワ**(R)です。造り手は**ジャン＝クロード・ベルーエ**(W)、ムエックス社▼のグループに所属しています。**シャトー・ペトリュス**(V)とかの造り手ですね。

JN　才能を感じるワインであることはその通りですが、この造り手に才能あることを喧伝するために造られているかのようです。彼が発見した醸造所に、自慢気に誘われているみたいじゃないですか。

ジェラール　これは二〇〇〇年のだから、もっと待たないと。

四番目の赤ワインの試飲に移った。

JN　面白いですね。とても美味しい。でも残留の糖分がありますよね？　それともあんなに濃いワイン

▼**ムエックス社**　ワイン商で、創業者のジャン・ピエール・ムエックスは、無名だったポムロムの**シャトー・ペトリュス**(V)を世界最高と称されるまでに変えた。**ジャン＝クロード・ベルーエ**(W)を醸造責任者に迎え、混合比率をメルロ中心に変え、一ヘクタールあたりの生産量を三五〇〇リットルと通常の半分に制限し濃密で凝縮したワインを造り出した。現在のムエックス・グループの社長は息子のクリスチャンで、トロタノワ（ポムロール）、ベレール（サン＝テミリオン）、マグドレーヌ（サン＝テミリオン）など一〇以上の有名シャトーを所有している。

ばかりを飲んだから、私の口がダメになってしまったのでしょうか。これが辛口に感じられません。

ジェラール　他に何か質問はありませんか？　なんて美味しいんでしょう。そううかがったのは、先ほどブノワで飲んだのが、このワインの弟にあたる**シャトー・ピニャン**Ⓥだからです。そしてこれが、例のレイノーの**シャトー・ライヤス二〇〇二年**Ⓥです。

JN　信じられないですね。同じ造り手が二つの違うテロワールで造った**シャトーヌフ＝デュ＝パップ**Ⓡの二本とは。ブノワでしたのと同じ間違いをしました。これもまた、**ブルゴーニュ**Ⓡの変わったタイプだと言うところでした。おっしゃるように、信じられないほど美味しいのですが、きっと複雑な性質のせいか、この高貴なまでの野蛮さによるものと思っていました。

ジェラール　**ブルゴーニュ**Ⓡには、このような糖度の使い方はありません。ヘマをやらかした造り手は除いてですが。

JN　**フォンサレット**Ⓥのレイノー、ピニャンとライヤス。この造り手たちは、どうも私の旅につきまとって離れません。

ジェラール　私が赤い糸を結んであげたのですよ。トマトの酸味と苦みの調和した味わいがあって、超が付くくらいヨウ素の感じられる料理に、私は同じワインをふたたび合わせたのです。たとえ偉大なワインでもですよ。どういうことかと申しますと、そこには心地よさという概念しかないのです。それが才能です。土からのメッセージです。それ以外は重要じゃありません。ただ、ちょっとした細工をさせていただきました。レイノーのセカンド・ワインをビストロの方で、つまりブノワではピニャンをお出ししました。そして三本マストの帆船の上では偉大なワインを、つまりプラザ・アテネではライヤスですね。

JN　もしかすると気を悪くされるかもしれませんが、僕はライヤスよりもピニャンの方が気に入りました。なぜなら、この方がより軽みがあるからです。もちろん、ライヤスは極上ですよ。そして今、どうしてなのかよくわかります。舌の喜びが二倍になっています。これだから目隠しの試飲はよいのですね。ある一定のところまでは、客観性が保たれます。しかし後になると、その喜びを理解できるかどうかは、知識も関係してくる。

ジェラール　一般的なお客様なら、ライヤスよりもピニャンを好まれるかもしれませんね。しかし、ライヤスには活力があります。「活力」という言葉は、普通ワインには使いません。駅の活気ではありませんし、ワインの造り手の妻の元気さでも、太陽のエネルギーでもなく、自然の土の力なのです。二〇〇二年の活力です。元気なものです。ピニャンよりもこちらの方にずっと活力が感じられます。ピニャンは少し衣を掛けられたかのようです。レイノーという才能ある偉大な造り手が、さまざまなレベルのものを大切にした結果でしょうか？　ライヤスの二〇〇二年の不思議とは、そこなのです。糖分の使い方ですね。サクランボのジャムというか、いや、パンチの効いたサクランボのマーマレードです。で、その糖分にあまりに深みがあるため、もう一方もとても心地よく感じられるのです。

JN　しかし今の一般的な人は、とろりとした感じのワインに、むしろ喜びを感じるのではないでしょうか？　身体的な意味で、口の中、舌の上でライヤスの方がとろみがあります。やさしく撫でてくれる感じです。もう一方のピニャンには野性味というか、挑発するような感じがあります。

ジェラール　時折りですが、助けてほしいと思った時には、グラスにピニャンを注ぎます。そうすると皆さん、賛同していただけます。

JN　あなたのやり方には本当に感嘆しますが、僕なら、味わいの意味で、あなたの選んだのとはまったく反対のワインを四種類選ぶと思います。

ジェラール　そうですか。

JN　ええ、そうですね。今日はワインに関するありとあらゆる経験が、ここに集まったのだと思います。お互いを理解し合うためのに。そして何も合意しないためにですが。

ジェラール　ええ、その点に関しては、私も同感ですよ。

第Ⅵ部

スペインのワイン革命

「本物」とは何か？

第18章 スペインのワイン革命の真実

パリにはレストランは数多くあるが、最も元気があって、深い印象を与えてくれる一軒だと思われる店が、グラン・ゾギュスタン河岸にある。スペイン料理店でエル・フォゴン▼といい、シェフはアルベルト・エライス、三八歳、ヴァレンシア出身である。

テロワールを生かした彼の料理は、まさしく本物である。これほど過激で革新的なレストランはパリでも見つけられない。エル・フォゴンは、まさに現代性とテロワールの間に横たわる逆説を、すべて目に見えるかたちにしていると言える。あるいはそれ以上である。パリという異国の地にあるこの「スペイン」レストランは、現代性とテロワールとの間で交わされる闘いが偽物であることを暴き、テロワールの名の署名とテロワールの間の偽物の論争が広がっていることを明らかにしている。しかしながらエル・フォゴンは、かの著名なフェラン・アドリア▼と彼の既成概念を打ち壊す知性あふれる料理からは、ほど遠いレストランである。シェフのアルベルト・エライスは、フェラン・アドリアのポストモダン的な技術を採用しながらも、昔からの官能的で人間味あふれた食の喜びとして提供している。人はシェフという職業を褒めたたえるためにその店に行くわけではない。その店でタパスのコースを食べて、食の喜びに浸るのである。

フェラン・アドリアをはじめとした我の強いシェフたちは、決して自分の店ではしないことだが、エライスの店でまず出されるのはハムのひと皿である。それもただのハムではない。生産年号のついたハムで、豚にもテロワールがあるとして、そのテロワールの可能性をできるかぎり推し進めて具体的に示して見せたものである。つづいて出されるのは、六つのグラスが載った一皿である。そのグラスには一つ一つ違うガスパッチョが入っている。カリフラワーとバイ貝とか、ルッコラとアンチョビ、あるいは砂糖大根《ベットラーヴ》とミントといった取り合わせである。もったいぶらず穏やかに食べられるようにと、半液体状で出されたこの料理は、それぞれ素材のエッセンスを食べているような印象だ。

エライスは、まっすぐな性格で、広い心を持ちながら熱い男である。さまざまな味のポリフォニーから、途方もないコースを毎日のように創り出している。その料理の出し方は独創的だが、土地で採れる作物をできるかぎり単純に生かした表現をする。一〇皿で構成されたタパスのコースが四〇ユーロほどだが、これほど魔法のような料理の数々を旅するのであれば、むしろ笑いたくなるような安い値段だ。それに料理は気のおけない、しかも彼のエネルギーによって「若さあふれる」雰囲気で出される。しかも細部にまでしっかり注意が行き届いている。もちろん席もほどよく離れている。つまり食事の間に話ができる程度の

▼**エル・フォゴン**　パリ六区にある。夜のコース料理は四五ユーロほど。次々と出されるタパス（小皿料理）を楽しめる。ガスパッチョやパエリア、イベリコ豚の生ハムなど基本の料理もあるが、サービスはモダンでスピーディ。リストのワインも豊富。El Fogón, 45 Quai des Grands Augustins, 75006 Paris.

▼**フェラン・アドリア**　「世界で最も予約が取れないレストラン」と言われたスペイン・カタルニア地方のレストラン「エル・ブジ」の料理長。世界最高の料理人の一人と称される。同店のコースは、四〇皿以上にもなる小皿料理だった。人気絶頂の二〇一一年に突如閉店したが、二〇一四年に料理研究所「エルブリ・ファウンデーション（El Bulli Foundation）」として活動を再開する予定らしい。

空間が確保されている。またパリには珍しいイベリア風の美点だが、午前零時でも食事できるのである。

しかしながら、このパリにある美食の楽園でさえも、困難を抱えている点がある。テロワールの調和というイデアの世界を求めたためだろうが、スペインでのワイン醸造の革命と、美食の革命の間にある重大な断絶によって生じた空白地帯に、アルベルト・エライスと彼のレストランは置かれてしまっているのである。これは、言わば新たな「スペイン市民戦争」である。

私が初めてエル・フォゴンに行ったのは、ジャン＝ポール・ジェネという一風変わった意地の悪い美食評論家のおかげだった。店ですぐに待ち受けていたのは、自他ともに認める美食家たちが陥るジレンマであった。一方では、スペインの伝統を再発見させるような料理が、技術的にはまったく新しい、遊び心に満ちたやり方で出されたのである。どういう食材に対しても芸術家の夢を実現するシェフである。しかし、もう一方では、ワインリストに載っている大部分は、料理によって目覚めたばかりの味蕾を皆殺しにするようなものばかりなのである。白はアルコール度数が高く、骨太すぎるもので、新しい樫《オーク》の樽の匂いが強く付いている。また赤も、非常に濃縮感のある、果実味の強い、やはりアルコール度数が高く、木の樽の匂いが付けられたタイプばかりである。残念ながら現代のスペインワインを支配している二つの傾向がそのまま反映している。

また、どういう意図によるのかわからないが、エル・フォゴンのワインリストは二部構成になっている。おそらく民主的な意味での配慮によって、そうなっているのだろう。リストの第一部は、二〇〜三八ユーロの価格帯で、一五種類ほどが並べられている。値段からすると素晴らしいが、すべて現代風の「流行の」ワインであって、料理の繊細さや生きのよさを味わうのには飲めたものではないと断じておこう。第二部には「とっておきワイン」として、一〇〇ユーロ以上のワインが三〇種類ほど載せてある（ということは、三八〜一〇〇ユーロの価格帯には何もないのだ。中流階級はくそ喰らえということなのだろうか）。これらの贅沢ワインは、アルゼンチン、チリ、アメリカによくありがちな、ほとんど大半が先に挙げたワインのクローンで、高価で、樽の匂いの強いワインにすぎない。新しい木の樽は値が張るというわけだ。幸運にも二つだけ例外がある。それも何という例外だろう！　**ヴィーニャ・トンドニア**(V)の赤と白だけである。現代のスペインにある格差を、違うかたちで見せつけられるような気がした。

1……スペインワインの偉大なる歴史と現在

流行のワイン（これは人を悩殺するほどの力だ）に対する抑止力のように、スペインの**リオハ**(R)にある広大なドメーヌ、**ヴィーニャ・トンドニア**(W)の歴史的な魔法と繊細さが存在する。年産五〇万本以上と巨大なこのドメーヌは、世界でも有数の複雑で深みのある白ワインの造り手として名を知られており、赤ワインでもイベリア半島では文句の付けようのないミネラル分と優雅さを備えたものを生産している。隣にある素晴らしいドメーヌ、**ラ・リオハ・アルタ**(W)と同様に、三、四年経なければここのワインは決して市場には出荷されない。「レゼルバ」であれば、五、六年は寝かせてからでなければ絶対に出荷されない。この素晴らしいワインが、「最近の」年号のものであれば一本一二ユーロと二五ユーロでリストに載っている。

現在、このドメーヌは、**マリア・ロペス・デ・エレディア**(V)という若い女性が率いている。彼女は、「現在」についてに人とは異なった感覚をもっている人である。弟のフリオとともに、過去と未来の間の架け橋となるワインを一生懸命に造っている。自分が歩いた後にできる足跡は、自分がこの世からいなくなっても残るという認識がある。それはちょうど親の残した足跡が、今でも残っているのと同じである。実際にそうした足跡は、今も生きつづけている。そのことは**ヴィーニャ・トンドニア・ブランコ一九八七年**(V)の味に十分に感じられる（このワインはスペインでは一四ユーロほどで売られている。二〇〇七年現在）。

このトンドニアの赤の一九七六年と一九八一年、そして白の一九六四年（この白はまだ生きている）と一九八一年が、エル・フォゴンのリストに載っているという事実は、どのように説明したらいいであろうか。

それらは一〇〇ユーロ以上のカテゴリーの中ではあるが、年代と希少価値、外国ワインとしてのステータスを考えると、リーズナブル以上の価格設定であると私には思われる。この白ワインが、四二年もの歳月をかけて熟成できるのだとすれば、このワインを生み出したテロワールには、語るべき一つの歴史があるのではないだろうか。

トンドニア一九六四年の当時、**リオハ**Ⓡの生産者たちは、ほとんど全員が**リオハ**Ⓡの白にしかない独特のワインの品質を守っていた。それは酸化しているワインという点では**ジュラ**Ⓡのワインに似ているが、**ブルゴーニュ**Ⓡの素晴らしい白ワインと同じような複雑さと高貴さを兼ね備えていた。今日、**リオハ**Ⓡの白を造って商売している生産者は、わずか二、三軒しか残っていない。世界の消費者にこのタイプの白ワインをわかってもらうのはあまりに難しすぎると、**ラ・リオハ・アルタ**Ⓦの社長**ギレルモ・デ・アランサバル**Ⓦに打ち明けられたことがあった。しかし何とも残念なことだ。エル・フォゴンのこれほど気前の良いコース料理の価格設定（二八～四〇ユーロほど）に対して、それに見合った価格と品質のワインが店に置かれていないとは。これがフランス料理店なら、フランス産のワインにはほとんど無限のヴァリエーションがあるだけに、ひどい話だとして、客はみんな憤慨するだろう。アルベルト・エライスにその責任があるのだろうか。私はそうではないと思う。というのは、スペインの状況はそれほど深刻だからである。ヨーロッパとワイン生産新興国に見られる流行を、奇妙なまでに追いかけている。現在、スペインのワイン商たちが「スペインのワインは、旧世界における新世界のワインだ」と声をかぎりに喧伝しているのも、出鱈目なことではないのである。

ピレネー山脈の向こう側にあるスペインでは、グローバル化に直面したフランスやイタリア、ドイツとは、状況が異なっている。いったい何が起こっているのだろう。これら四つの国は、二〇〇〇年前から、古代ローマ帝国が世界に拡張していく中で、上質なワイン生産の歴史において重要な役割を果たしてきた。そのことを考えると、何か皮肉なものを感じる。今日、フランスの各産地が、世界的な市場の均質化という有害な圧力に、最もよく抵抗している。しかしながら、**ボルドー**(R)のような鍵を握る地域などは、徐々に抵抗を弱めている。イタリアでは、事情はまったく逆である。この二〇年間、むしろ積極的に国際的な市場形成に協力してきた。しかし数年前から、フリウールからサルデーニァに至るまで、造り手の中で自らのアイデンティティを侵していく力に対して意識的に闘い、テロワールを再発見していこうとする人々が増えている。ドイツでは今、抵抗は至るところで見事に維持されている。

では、スペインではどうなっているのか。長い間、スペイン産ワインは国際市場において控えめな存在に甘んじてはきたものの、上質なワインを愛する人たちにとっては重要な位置を占めてきた。また、お金に余裕のない愛好家にとっても同様で、そもそも**リオハ**(R)の古くからある良いワインは、それほど高くはなかったのである。フランコ独裁政権の時代、自主性が制限されて、各地のワインは時代から取り残されてしまった。ところが皮肉にも(あるいは皮肉ではないという指摘もあろうが)、ここ一五年の現代風のワインが巻き起こしている世界的潮流によって、スペインワインに爆発的な流行がもたらされたのである。ロバート・パーカーや『ワイン・スペクテーター』誌の付けた点数が九〇~九五点に達したことで、世界市場がこれらのスペインワインに注目し、東京からブエノスアイレスに至るまで、天井知らずの価格が付けられることになった(ジョエル・ロブションの店のワインリストで、あの**ピングス**(V)が八〇三ユーロだったことを思い出していただきたい)。マンチュエラやバレアレス諸島といった、以前にはあまりワイン産地として開発の進んでいなかった地域は、歴史が浅いか、商売を目論む輩たちがでっち上げた歴史しかない。二〇〇〇~二〇〇五年のたった五年間に、こうしたスペインの新しいワインの出荷量は一〇〇万から三〇〇万ケースと三倍に膨れあがった。

ファシスト政権の退場とこのワイン生産の爆発的な増加には、何か関係があるのだろうか。これは世界の新しい経済に対する、スペインの人々の熱狂的な喜びの表現なのだろうか。新しい民主主義による自由の現われであって、人々が求めた聖杯なのだろうか。あるいは、最近の二〇年間にスペインで巻き起こった驚くべき美食革命を、高らかに宣言するものなのだろうか。あるいは、まったく反対に、そうしたことの否定なのであろうか。ファシスト政権下での抑圧された自由なき市場という極端な状態から、自由を標榜しつつ実は自由も民主主義もあまりない自由市場という極端な状態への移行なのだろうか。ワインの世界に関わっている者の多くが、「手造り」を標榜して、できるかぎり「品質」にこだわり、技術を駆使したワインを市場に出している。その結果、原産の品種または新たに輸入した品種によるスペインワインが、何千もの新しいラベルを貼られて、消費者に三ユーロから八〇〇ユーロまでの選択肢で出荷されている。問題はどこにあるのだろう。これが民主的ではないと、いったい誰が言えるだろうか。

　こうしたワインの味の話をする前に、それを造っている人たちを考えてみよう。結果的には同じ結論をもたらすはずだからである。世界を股にかけた新たな「店売り」のワインを生産する人たちは、ほとんどが最近になってワインの世界に参入してきた人たちであり、もとはメディアから金融まで他分野で財を成した人たちである。彼らはワインを造ることが、自分と自然をつなぐ好都合なものと考えているのだろう。しかしワイン造りは、成り上がり者の世界で好まれている活動領域の一つであって、社会的に自分のランクを上げる早道とみなされていることも否定できない。スペインもその例外ではない。**リオハ**《Ⓡ》のドメーヌ、**レミレス・デ・ガヌサ**《Ⓦ》は、この新しい潮流をはっきりと具現している。**リオハ**《Ⓡ》地方で不動産業で財を成した**フェルナンド・レミレス・デ・ガヌサ**《Ⓦ》は、土地を買って、一九九二年に自分のブランドを立ち上げた。一九九八年、その**リオハ**《Ⓡ》のドメーヌは、ヴァニラ味のスグリのジャムよりも黒く凝縮された味のワイン（当然ながら一〇〇%新しい樫《オーク》の樽を使用）によって、うまいことパーカー・ポイント九五点と九六点を獲得した。二〇〇六年三月に、マドリッドのラヴィニアで彼に会った時、彼はこう説明してくれた。「**リオハ**《Ⓡ》は一つのブランドであって、テロワールじゃないんだよ」

　こうした新しい造り手たちが、自分の後につづく世代が地域との密接な関係を発展させていくのを見守る気概と忍耐がないのなら、自分たちの活動を、歴史や文化、連綿とつづく文明の一環として想定していないことになる。彼らは、自分勝手な夢想を抱き、短期的な市場の反応を追い求めるだけである。彼らが頼りとする味のバロメーターは、味覚のチャンピオン、ロバート・パーカーや『ワイン・スペクテーター』誌、そしてホセ・ペニンなどの一部のスペイン人評論家などによって形成されている国際的な嗜好の判断基準である。そして、**ミシェル・ロラン**Ⓦ、テルモ・ペニンのようなスペインの醸造技術者たちが、こうした味の担い手となって仕事に取りかかっている。彼らは、即座に売れるワインを手早く造り上げねばならない。ということは、飲めばすぐに味がわかるワインである。

自らのワインとともに、何世代にもわたって生きてきた農民がいる。ある日、隣家にやってきた人たちがワインを造り始め、瞬く間に成功を収めていく。パーカーは、その成功が「品質」を保証していくのだと主張している。スペインの新しいワインを擁護する人たちは（これからその一人を紹介する）、スペインにも現代的な革命が訪れたのだと大声で宣言して、農民たちのことなど顧みる必要はないと主張している。彼らにとって民主主義とは、新たな職人的ワイン産地創出のプロジェクトを次々に繰り出して勝利を収めていくことである。そうした新勢力が、ここ一〇年ほど前から各地に登場して、新自由主義の天国への入口へと、この国を導いているのである。

2……ワイン革命を象徴する人物による私への攻撃

『モンドヴィーノ』の上映に合わせて、マドリッドとバルセロナを訪れた時、インターネット新聞Ⓦを通して、スペインのワイン界の新秩序を代表するエージェントの一人、**ビクトール・デ・ラ・セルナ**と論戦したことがある。おかしなことだが、ビクトールと私には共通点が多く見られる。二人ともヨーロッパとアメリカの両方に根を張っており、何か国語かを話すことができる。彼は、私の父がそうだったように、新聞記者であり国際政治を専門としている。そして二人とも、ワインがこのうえなく好きである。

しかしビクトールは、スペインやアメリカ、他の土地でも、アメリカで発表した記事の中でも、私をワイン界の「偽メシア」として紹介している。このことは、カトリック教会の保守的な傾向にそった彼の記事にしても、また彼自身の性格からしても、その執筆の事情をよく表わしている。彼は、スペインで二番目の発行部数を誇る日刊紙『エル・ムンド』（二〇〇六年三月）にこう書いた。

「知的誠実さの点からしても、ノシターは道を踏み外している。彼の映画は、よくよく検討してみたが、恥知らずの偽りであり、空想の産物であり、マイケル・ムーア▼のようなヒステリックな妄想である」

ビクトール・デ・ラ・セルナ(W)が、最初に私の視界に入ったのは二〇〇四年だった。フランスで『モンドヴィーノ』が公開された後、ロバート・パーカーのインターネット・サイトに、彼が映画への酷評をアップした時だった。その後、このサイトにはさまざまな酷評がアップされたが、まるでアメリカのネオコン（新保守主義者）の世界の舞台裏を覗いているかのようだった。彼らは、自分の友人には武器を渡し、敵に対してはそれが事実であろうがなかろうが嘲弄のかぎりを尽くす。このサイトには、アメリカのワイン専門誌も特別な注意を払っている。二〇〇五年、アメリカで『モンドヴィーノ』が上映され始めると、『ニューヨーク・タイムズ』をはじめ新聞各紙が一〇〇ページ近くを使って映画への攻撃を開始した。当時パーカーの飼い犬だったピエール・ロヴァーニが、五〇人もの子分を駆使して、ようやく書き上げたものだった。私と私の映画は、左翼（私はスターリン主義者だと言う）にされたり、右翼（私のインタヴューはゲシュタポのようだと言う）にされたりして、最も下劣な表現だとして告発された。ユダヤ人である私としては、カリフォルニア州知事だったオーストリア人の有名俳優による後者の中傷には、特に気分を悪くしたのは当然だろう。しかし、こういう唾棄すべき誹謗は、彼らのイデオロギー的混乱も含めて無視することにした。そして事実としての間違いと嘘を訂正することだけで満足することにした。

こうした批判の一つは、マドリッドにいる**ビクトール・デ・ラ・セルナ**(W)によって行なわれた。私の映画にはスペインが登場しないと言って、私を責め立てたものだ。スペインは、私の主張から外れているので無視したのだというのだ。それが一つ目の問題とされた点であった。私は映画人である。つまりいろいろな人と一緒に仕事をしているのであって、何かの使命のために仕事をしているのではない。二つ目の問題とされたのは、**ミシェル・ロラン**[W]という「非の打ち所のない醸造コンサルタント」に対して、わざと一面だけを強調して歪んだ人物として描いているということである。彼の言にしたがえば、私は**ボルドー**[R]とその近郊の葡萄畑で**ミシェル・ロラン**[W]とともに一週間も撮影したにもかかわらず、ロランが運転手付きのメルセデスに乗って醸造所にちらりと姿を現わす映像しか映らないように、最終的な編集で加工したというのである。ところが、ロラン自身も認めているように、私たちが一緒だったのは一〇月初めのある日の午前中だけで、彼を撮影したのは朝八時から昼一時までだけであった。私たちは、彼のメルセデスからほとんど外に出なかった。念のため、はっきりとさせておいた方がよいだろうが、私はロランに対しても映画に出てくれた他の出演者に対してと同様に、彼が望むとおりに正確に自分の世界を紹介してほしいと頼んでいた。したがって、彼が葡萄畑にまったく入っていかなかったのは、彼自身が望んでそうしたことなのである。

だが、私と一度も会ったことがなく、映画でも他の分野でも私のやり方をまったく知らないビクトールが、なぜこんな話を公表しようと考えたのであろうか。あるいは言い方を変えると、どうして誰からか聞いた嘘を信じてしまったのだろうか。私が意図的に「真実の首を絞めた」とか、「世界の均質化によってさまざまな恐るべき事態が発生しているというのは、ノシターの左寄りの偏った考え方、あるいはノシター自身の想像の産物にすぎないのだ」と断言するのは、なぜなのだろうか。いずれにしても、彼による

▼マイケル・ムーア　アメリカのドキュメンタリー映画監督。一九五四年生まれ。恐いもの知らずの突撃取材で、さまざまな社会問題・政治問題を追求した映画は世界的な評価を得ている。高校での銃乱射事件を題材に銃社会と全米ライフル協会の実態に迫った『ボウリング・フォー・コロンバイン』（アカデミー長編ドキュメンタリー映画賞受賞）など。

と、私のこういう考え方はいずれ高くつくことになるらしい。ビクトールは、単なるワイン評論家ではない。数十年来の国際情勢を報道してきたジャーナリストであって、有力紙『エル・ムンド』紙の権力ある副編集長であり、さらにはカトリック教会の保守的な人々がスポンサーとなっている「ラジオ・カデナ・コペ▼」放送で、定期的に政治コラムを発表している人物である。付言すれば、このたいへんな影響力のある人物は、常に大声で自分の主張を述べ立て、事あるごとに自分のジャーナリスト感覚が優れていることを喧伝している。

スペインで『モンドヴィーノ』がDVD発売されるのを機に、私の妻パウラがワインについて短編映画を撮ることになり、私は手助けするためにマドリッドを訪れた。その際、彼に面会を申し入れたのだが断わられてしまった。私の招待を、ひどい言葉で激しく拒絶しただけでなく、メディアが私のインタヴューを掲載しないように彼の関わりのあるメディアに手をまわしたと、映画の配給会社にわざわざ連絡をしてきて、圧力をかけてきたのである。幸いにも、カタロニアの配給会社はそうした検閲行為には服従しないと公言してくれた。『エル・ムンド』紙の編集部も、ビクトールの批判的な記事とのバランスをとるために、まともな映画ジャーナリストが公平な（つまり素晴らしい）批評記事を書くことを承認した。

すると、彼はさらなる一撃を加えてきた。それは、パーカーのインターネット・サイトに、その次週に載せられた。このサイトはアメリカ人向けだが、ビクトールは、私を大ボラ吹きのペテン師扱いして非難攻撃した。彼によると、私がどのように破廉恥で道徳に反することをしたかというと、彼が『エル・ムンド』紙に対して検閲的な行為を行ない、映画配給会社に圧力をかけてきたという作り話を、私がでっち上げたというのである。

しかし、こうしたことはすべて、ワイングラスの中の嵐にすぎない。だが、ビクトールのしたことを考えてみると、ワインというものを通して、権力とは何かということを雄弁に明らかにしてくれたと思う。また、ワイン文化とスペインの置かれた特殊事情が、今日激しく動いている世界市場の中でどのような変化をこうむっているのかについても明らかにしてくれた。

　では、四年間かけて七か国をめぐって撮影した『モンドヴィーノ』に、なぜスペインを含めなかったのか。それは、ビクトールがパーカーのサイトに何度も繰り返し大声で述べているように、私のイデオロギーとやらに関係する問題なのだろうか。あるいは、ここ一五年来、ワイン革命が起こっているこの国が、市場のグローバル化と資本主義化を象徴する旗手になりはしないかと、私が恐れているからであろうか。彼によると、私が主張しているとされる「極左的な二元論」とやらの理論と、スペインの現実は両立できないそうである。ビクトールはこう書いている。

「スペインは、ノシターの先入観のようにはならなかったのだ。三〇年前のスペインのワイン市場は、相変わらず一〇〇年前と同様に、ヘレス（シェリー）や**リオハ**[R]におけるようにひと握りの巨大な生産卸業者や協同組合に牛耳られていた。ところが今日では、小規模生産者が爆発的に増えている。ワインを生産して四〇〇〇年この方、まるでこの国ではありえなかった事態である。今後、われわれの古くからある素晴らしい手造りワインの伝統が、グローバル化と均質化の波に飲み込まれて一掃されるなどと断言するのは困難である」

　このような言い方は偽りであり、それもいくつもの点で間違っている。私のスペインワインについての知識は、かなりの部分をルイス・ブロマンに負っている。彼は私の親友であった。三八歳でエイズでこの世を去ったが、亡くなった時にはアメリカにおけるスペインワイン協会の会長を務めていた。**リオハ**[R]の白ワインの楽しさ、赤ワインの熟成した深みと複雑な味わい、新しいスタイルのアルバリニョス、まさしく繊細な味わいのガリシア、そしてこれも繊細な手作りのヘレス（シェリー）、それらが一つの伝統を復活させつつある。ルイスが手ほどきしてくれたおかげで、私はこうした味わいに慣れ親しんだのである。同

▼**ラジオ・カデナ・コペ**　スペインのカトリック教会系（八割の株主が教会関係者）の民間ラジオ局。

様にして、私は彼のおかげで**モーゼル**Ⓡの**リースリング**Ⓒが、世界でも最も洗練された味わいの一つであると確信するに至った。しかし残念ながら、私はドイツでも撮影をしなかった。なぜか？　それは五〇〇時間も撮影をし、四年以上も時間を費やし、できるかぎり最低に抑えられた予算の中で、単にこれ以上の撮影をつづけることができなかったのである。そのうえ、『モンドヴィーノ』は映画であって、インタヴューによるニュース報道ではない。だから、百科全書的にすべてを網羅する必要はないのだ。もしその必要があったのなら、私は特にオーストラリアにも行くべきだっただろうと思う。

しかしもっと興味深いのは、スペインワインの世界市場への進出は、アメリカ、スペイン、イギリス、フランス、イタリアの指導者たちのヴィジョンの勝利を象徴するものであるというビクトールの主張は、正しいのかということである。しかもスペインワインは文化的な正当性を保っており、世界を均質化するとしてグローバル化に懐疑的な人たちですら、まったく批判をしていないと、決め付けている。スペイン全土に数えきれないほど多くのワイン農家があり、さらに、別業界から新たにスペインのワイン産業に投資がなされている。スペインが、世界全体では数十億ドルという規模のグローバルなワイン市場に乗り出そうと情熱を傾けているというのは事実だろう。しかし、そうした人たちが五〇ヘクタール以下の土地しか所有していないという理由だけで「手造り」のワイン農家と考えてよいのだろうか。彼ら全員が自分独特のワインを造っているのだろうか。それもそれぞれ異なった文化と地域性を保持しているのだろうか。反対に、「巨大」生産者だからといって工業的な魂のこもっていないものを造っているとはかぎらない。ビクトールがこの点に反対しているのは奇妙である。

リオハⓇの大規模生産者の中には、長い間、スペインの名誉と言われてきた造り手もある。たとえば、**マリア・ロペス・デ・エレディア**Ⓦの**ヴィーニャ・トンドニア**Ⓦ、**ラ・リオハ・アルタ**Ⓦ、そして**リスカル社**Ⓦや**ムリエタ社**Ⓦなどのワインがそうである。こうした素晴らしいワインは、この国とこの地域のアイデンティティをはっきりと証明しており、それもとても手に入れやすい価格で売られ、一世紀以上も前から絶えることなく生産がつづいている。もし資本主義と企業倫理の美点を守りたいと思うなら、これ以上の素晴らしい例は見つからないだろう。

では、ありとあらゆる場をとらえて、私を熱心に「パラノイア的な極左主義者」扱いしているビクトールは、なぜ大物生産者を攻撃して、小規模手造り生産者を擁護しているのだろうか。彼は、この立場を何度となく繰り返し表明している。この質問に答えることは、ワインの世界における現代化と伝統を対立的に捉える〝偽りの論争〟の核心に触れることになる。そしてまた、私が目にした最も明白な矛盾、それも金銭に関わる矛盾に触れることになる。しかもこういう事例は、この世界であちこちで見られることなのである。

ビクトールは、世界で最も力のあるワイン評論家の寵愛を自分に引きつけようとして努力し、パーカーのインターネットサイトに膨大な数の意見を投稿している。そうした彼の投稿の一つで、以下のように述べている。

「農家ごとの個性的なワイン、テロワールのワインは、一五〇〇年もつづいた大規模な工業的なワイン生産の後に、ごく最近になって現われた形態にすぎない。このことはノシターが下している判断を、まっ向から否定するものである。彼は、ロランやパーカーといった唾棄すべき人物の影響によって、ワインが均質化したりグローバル化しているとして嘆いてみせているのである」

どうして**ビクトール・デ・ラ・セルナ**ⓦは、スペインにおける最も影響力のあるワイン評論家であり、一九九八年以降、ラ・マンチュエラの**フィンカ・サンドバル**ⓦという葡萄園の所有者でいられるのだろうか。この「手造り農家」論争が起こって二年後に、彼はインターネットサイト「エル・ムンドヴィーノ」（私の映画とはいっさい関わりはない）を他の人と協力して立ち上げ、日常的にワインの話題を提供し、その影響たるや世界中にスペインワインを広めるうえで見逃せない大きな力をもつに至ることができたのだろうか。残念ながらこれは、このワインの世界の至るところにある、さまざまな矛盾の一例にすぎない。自分自身が犯している罪の数々を、敵のせいにして非難攻撃をしかけるというやり方（ホワイトハウスによって完成の域に達したやり方）は、まさしく現代的な流行と言えるが、それについては話題にすることは差し控えておこう。

3……ビクトール・デ・ラ・セルナの豹変

かつて**ビクトール・デ・ラ・セルナ**Ⓦは、いかなる脚本家も思いつかないような、驚くべき豹変を遂げていたという事実がある。そして皮肉なことに、豹変する前の彼は、なかなか優れたジャーナリストであった。彼は、ワインの世界におけるある問題を、最初に指摘し、告発した一人であった。申し添えておくと、この告発とは、小規模生産者は素晴らしく、大規模生産者は必然的にダメなのだ、という考え方を打ち消すものである。一九九七年、つまり彼がドメーヌを所有しワインの「商売」を始める前になるが、「ヨーロッパから見たパーカー」と題して、彼を弾劾する文章を書いている。それは、ワインの均質化の危険に直面した、慧眼なるジャーナリストのものであった。

「パーカーには、彼の書くガイドブックに名前は出ていないものの、現地の『アシスタント』と呼ばれる数名の部下がいる。彼らは、先回りしてワインを試飲し、選別し、パーカーをある場所に導き、ある場所からは遠ざけるという重要な手助けをしている。これはずいぶん前から皆が知っていることだ。（……）そのことが、往々にして彼を間違った方向へと導くこともある。**ボルドー**Ⓡには、影武者のようにパーカーを支えているアシスタントがいるが、とても重要な人物である。それは、醸造家の**ミシェル・ロラン**Ⓦだ。彼の影響力はパーカーを通じて強大になり、今日では、ロランの検印が押されたワインは、パーカーの検印のあるワインと同等と見なされる。世界中の造り手がそのことを知っている。彼らが皆、ロランの方を向いて自分の赤ワインに新たなスタイルを導入しようとしている事実は、かなり明白である。それがロバート・パーカーから良い得点を与えられる、最も確実な方法だと信じているのである。抽出度合いの高い、（場合によっては熟し過ぎの）超熟葡萄を使った、酸味の少ないワインによって、ロランは中程度の力しかないテロワールからできるワインの品質を向上させ、顧客を惹きつけるワインに変身させられると考えるようになった。しかし、こういった薄っぺらなワインのスタイルへの変更は、非常に偉大なテロワールに対して、どの程度、適用可能なものなのだろうか。私はさまざまな疑念をおぼえている」

　では、なぜビクトールは、この持論を九年後に変えたのだろうか。なぜ、神聖なるパーカーとロランの最も熱烈な擁護者に転向し、パーカーのサイトに一八〇〇を超える追従のコメントを寄せるようになったのか。ここ一〇年来、誰の目にも明らかなほどにロランとパーカーの影響力が急激に広がり、この二人の周囲に「権力構造」が形成されていると、私が勝手に想像しているとして、なぜ彼は私を非難し攻撃するのだろうか。本人自身は、この驚くべき豹変ぶりの隠れた理由を知っている。かつての彼は、自分のスタンダードな味覚に合ったワインを造るべく努めていた古典的な農家と同じ立場にあった。ところが、パーカーのサイトに一〇〇〇回以上もワインの宣伝を載せるようになり、パーカーから絶賛の批評を得られるようになっていった。そしてビクトールのワインは、たった数年前に彼が告発した「薄っぺらなスタイル」になっていったのである。

　アメリカにいるスペインワインの評論家の中で、最も経験豊富で誰にも依存していない評論家であるジェリー・ドーズは、ビクトールについてこう評してくれた。

「**ビクトール・デ・ラ・セルナ**[W]は、母方の家族が買い取ったラ・マンチュエラ（ラ・マンチャの東にある村）に土地を持っていた。そこに葡萄を植えたんだけど、その名にふさわしいワインが一度たりとも造れなかった。それでいったいどうしたか。彼は、一九九八年以降、自分が書く記事の中で、声をかぎりにこの地方が『約束の土地』であると叫び始めたんだ。それはよい考えだったと思う。だって、その土地にずいぶん投資したんだからね」

そのような記事は、彼の新聞に何度も掲載された。たとえば、『エル・ムンド』二〇〇二年一一月一五日付けの別刷り付録版の中で「**ラ・マンチャ**Ⓡ**特集**」が組まれたが、そこには次のようにある。「**レオン**Ⓡ、**ムルシア**Ⓡ、そして**ラ・マンチャ**Ⓡの赤ワインが、スペインワインの革命を起こし、世界中で素晴らしい成功を収めているのをご存知ですか？　一〇〇ユーロを超えるワインもたくさん出現しています！　**リオハ**Ⓡを震撼させているのです！」。また、二〇〇五年の一一月二〇日付けで、同じく『エル・ムンド』だが、「高級ワインに改宗する荒れ地」と聖書のような見出しをつけた記事が載せられ、「**フィンカ・サンドバル**Ⓦ（**ビクトール・デ・ラ・セルナ**Ⓦ所有）の驚くべき新しいワインは、まったく新しい葡萄の品種をブレンドすることで、これまでこの地方で造られたワインの中でも、歴史上最高のワインとなった」と厚顔無恥にも書いている。

　ドーズが言うには、デ・ラ・セルナは「名のある醸造家、たとえば**エグレン家**Ⓦの**ヌマンシア**Ⓥの醸造者とか、**マリアノ・ガルシア**Ⓦとか、他にもいろんな人に、ワイン造りへのアドバイスを依頼した」らしい。さらにデ・ラ・セルナはもう一人の別の評論家に頼んだということが知られている。それは誰か。**ミシェル・ロラン**Ⓦなのである。非公式なかたちではあるが、「友人」という肩書きでの参加であった。ビクトールは、この交際のおかげで、スペインにいるパーカーの一番重要なパートナーであるホルヘ・オルドニェスに出会うことになった。

　ホルヘ・オルドニェスとは何者か。ボストン近郊に居を構えるこのスペイン人は、ワインの世界に落下傘的な参入を果たした面白い一例である。もっぱら輸出業に精を出した後、九〇年代になって自分自身でスペインのあちこちに葡萄園の所有をしようと思い立った。ドーズによると「この五年で、オルドニェスは、自分がワイン輸出を担当していた葡萄畑の大部分をうっちゃって、それから自分自身の葡萄園、自分のワイン醸造生産のチーム、そして自分の創り出したブランドに変えていった。もしパーカーがこの計画に点数付けの白紙委任状を出していなければ、そんなことは不可能だっただろう。ロバート・パーカーは、フランスやカリフォルニアと同じようにスペインでも、産地固有のテロワールが明白に感じられるワインを造ってきた自営の造り手たちによるワイン醸造の世界を自分の手中に収めて、コンサルタントと輸出業者と企業の代表者たちとの戯れに変化させてしまった。その過程で、ワインは文字通り一人の同じ味覚に揃えられていったのだ」

パーカーは、ホルヘ・オルドニェスのワインをスペインの他の生産輸出業者のものよりも、頻繁に、そして好意的に評価しているが、そのオルドニェスが、やがて**ビクトール・デ・ラ・セルナ**Ⓦと**フィンカ・サンドバル**Ⓦの輸出業者となって、アメリカという最大のワイン市場に出荷し始めた。これについてもドーズはこう言っている。

「ビクトールは、ホルヘ・オルドニェスとともにメリーランド州のモンクトンに赴いた。そこはパーカーの出身地で、彼に面会して自分の造ったワインを個人的に味見してもらった。そして、九二点を付けてもらったことに力を得て、それ以来、パーカーのサイトに絶えず意見を投稿するようになったんだ」

ビクトールは、自らのサイト「エル・ムンド」でも、自分のワイン、**フィンカ・サンドバル・キュヴェTNS二〇〇三年**Ⓥに付けられた九五点は、これまでの**ラ・マンチャ**Ⓡ産の中で最高点であると誇らしげに書いている（新たなドン・キホーテの誕生と言えるかもしれない）。ドーズがさらに言う。

「私は、『アルタ・エスクプレシオン』▼についての記事の中で、彼について論評したことがあるんだけど、本人から配慮がないと責められたんだ、まったく。その記事は、スペインでは力強いワインへの傾倒という現象が熱病のように巻き起こっており、それは全面的に『エル・ムンド』（つまりビクトール）の影響力によるものだ、という内容だったんだ」

▼**アルタ・エクスプレシオン**　alta expresión,「豊かな表現」という意味のスペイン語で、スペインの現代派のワインで、濃厚な最高級ランクのものを指す。第19章・三九八ページを参照。**ピングス**Ⓥ、**レルミタ**Ⓥなどがその代表。

　少し前からスペインには、小さい規模だが素晴らしい造り手が何人も誕生している。それは否定できない事実であり、なかには絶品の**リオハ**Ⓡの赤、**キム・ビラ**Ⓦの「**パイサヘス**」から、有名な映画監督でもあるホセ・ルイス・クエルダ▼の**リベイロ**Ⓥのすっきりした白までさまざまある。こうしたワインには、その地方の独自性が表われている（二人ともこの土地の出身ではないが）。どれも新しいワインであり、ワインを変えていく造り手である。このことはパリのスペイン・レストラン、エル・フォゴンにも見られるように、スペイン料理の新しい輝きとも連動している。

　しかし、そうした素晴らしい例だけがあるわけではない。追従主義者、出世主義者、そのほか権力や地位を汲々として求める者たちは数多い。彼らは皆、均質化される味覚と権力の組織化が世界中でどのように機能しているか理解しており、そこから金銭的・社会的なあらゆる利益を引き出している。私は、国際関係のジャーナリストの息子として、世界中を転居しながら育った根無し草のアメリカ人だ。そして映画『モンドヴィーノ』は、私自身のテロワールを求めるために撮影したものである。ビクトールは、この映画に対して吐いた激しい呪詛に満ちた言葉の中で、私の父バーナード・ノシターの名前を引き合いに出し、父に対しては賛辞を贈っている。私にとって、これは二重の意味で破廉恥なことである。父は『ワシントン・ポスト』紙と『ニューヨーク・タイムズ』紙に勤めていたが、一生をかけて、特権を濫用してはばからない権力亡者たちとその偽善を告発したのだから。

　ビクトール・デ・ラ・セルナⓌの例を見ても明らかなように、ロラン、パーカー、『ワイン・スペクテーター』の三者によって作られたシステムが、ワインの世界に根をはびこらせている。彼らは自らを、モダン化、自由な市場、世界の民主主義を擁護するものだと任じている（ここには、イデオロギー的な混乱があり、世界の不公平を推し進めるのは保守派の特権だという認識は間違っている）。なぜなら、ビクトールのやり方から進歩や改革を読みとろうとしても、まったく無関係なものしかないことは明白だからである。彼が喧伝するスペインワインの地方色、葡萄畑、新たな味わいという、無からひねり出したものは、人々と分かち合い、そして次世代に伝えていくという未来につながる要素を何一つ持ってはいない。彼は、自らを現代化の推進者と高らかに宣言し、一方では、自分は保守主義の模範を示しているとも言っている。彼は、自由な市場とか、消費者の自由という言葉を使って、いったい何を言いたいのであろうか。また彼は、何を守ろうとしているのだろうか。それは、自分の権力以外の何ものでもないと私は考える。一人の男の中にこれほどの矛盾が凝縮されており、さらにその男が造ったワインの味にも矛盾が凝縮されている。権力の味とは、その味わいが倍増していき、複製され拡大していくのである。

▼**ホセ・ルイス・クエルダ**　スペインの映画監督。一九四七年生まれ。代表作は、スペイン内戦を八歳の少年の目で描いた『蝶の舌』など。その一方で、ガルシア地方DOリベイロで葡萄畑を購入し、土着品種を造っているワインは高い評価を得ている。

第19章 モダン対クラシックという論争の欺瞞

1……「伝統的な大規模生産者」対「現代的な職人的小規模生産者」

アメリカのスペインワイン評論家であるジェリー・ドーズは、スペインで巻き起こっているワイン論争についての記事の中で、スペインワインの新しい潮流についてこう述べている。

「一〇月になると**ラ・マンチャ**®に繁茂するサフラン・クロッカスのように、高度に凝縮された力強いワインの波がスペインに押し寄せている。高抽出された国際的に流行するスタイルのワインが、新たにさまざまなブランドから驚くほど数多く販売されており、その品質も信頼の度合いも非常にまちまちである。論争のもととなった『アルタ・エクスプレシオン▼・ワイン』という名称で大雑把に群れをなしているこれらのワインは、筋骨たくましいワインで、年を経るにしたがって柔らかくなり古びた色を帯びていく伝統的なスタイルのスペインワインとは、根本的に異なっている。そもそも、**リオハ**®がワイン産地として最初に栄誉を受けたのは、伝統的なワインによってであった。しかし今では、『アルタ・エクスプレシオン・ワイン』は、あの種のグループからはたいへんな賛辞を受け、一方では辛辣な批評を受けている。スペインはこのワインによって、国際的な舞台でも沸立つ激しい論争のまっただ中に進み出ることになった。伝統的なワイン造りを支持する者たちと、アメリカに特徴的な全速力で造るようなやり方を擁護する者たちとの論争は、収まる気配がない」

私としては、こうした論調に距離を置きたいと思っている。伝統主義者と現代化推進者たちの間には、実は対立点などないと思うからである。たとえば、**キム・ビラ**[W]とワインの世界との関係は、パリにあるスペイン・レストラン、エル・フォゴンのシェフであり、過去にしっかりと根ざした現代的な改革者となったアルベルト・ヘライスとレストラン業界との関係と同じである。もともと独立不羈の精神で知られるカタロニアの出身である**キム・ビラ**[W]は、商売を手がけ、ワインの生産から販売代理店まで経営するなど何でもやっているが、自らを生粋の現代化推進者と任じている。私もそのように思っている。ワインを取り扱う店の経営者として、彼の好みは世界のすべてを対象としている。バルセロナにある彼のワイン屋「ビラ・ビニテカ」は、私がこれまでに見た中でも、多彩な商品の品揃えにおいても価格が良心的である点においても最大級の店である。**ヴィーニャ・トンドニア**[W]のようなテロワール重視派のワイン、**ブルゴーニュ**[R]、**モーゼル**[R]の素晴らしい造り手のワインのほぼ半分を集めている一方で、**ミシェル・ロラン**[W]の世界戦略を代表する見本のようなワインも一〇種ほど置かれ、さらには**ビクトール・デ・ラ・セルナ**[W]のフィンカ・サンドバル[W]までである。**キム・ビラ**[W]は、スペインにおける**ロマネ・コンティ**[V]とも言える**ウニコ**[V]を造る**ベガ・シシリア**[W]や**ピングス**[V]の代理店であり販売を代表している。これらのワインはどれも**リベラ・デル・ドゥエロ**[R]地方で造られ、パーカーお好みの入念に手を入れて造られた超人気ワインで一本八〇〇ユーロである。

カタロニア生まれであるということは、**リオハ**[R]においては、よそ者ということだ。そんな彼が、一九九八年、**ペイサヘス**[V]のワイナリーを共同で立ち上げたのは、**リオハ**[R]地方、つまりスペインの中央北部の地域

▼アルタ・エクスプレシオン　第18章・三九五ページの訳注を参照。

であった。**ペイサヘス**Ⓥは、私の目からするとスペインでも最も人を感動させる赤ワインの一つであり、将来を期待されるお手本だと思われる。**リオハ**Ⓡのワインは洗練されたボディに土地の香りと酸味が生かされた、テロワールの心を持っているワインであったが、この地方で長い間かけて確立されてきた味わいのワインを、さらに柔らかく果実味を増したのが**ペイサヘス**Ⓥである。これ以上の皮肉はないと思われるが、**キム・ビラ**Ⓦはスペインの新しいワインの中でもおそらく常軌を逸していると思われるほど高価な二つのワイン、**ピングス**Ⓥと**レルミタ**Ⓥ（たしかに美味いことに間違いはない）の販売代理店となっていながら、自分のところのワインは一八ユーロで販売している。まったくもって、この**キム・ビラ**Ⓦという元気溌剌な平和主義者は、どこから見ても、現在の流行からはずれた例外である。

『デイヴィド・ローゼンガーテンズ・リポート▼』誌という、他に与しないアメリカの雑誌は、「アルタ・エクスプレシオン」という現象がどういう状況で生まれたのか、次のように解説している。

「**リオハ**Ⓡのワインを、一九四〇年から、五〇年、六〇年、七〇年、八〇年と試飲したが、このよく慣れ親しんだスタイルは、ワインの世界でも他に類を見ない、繊細で軽やかで、煉瓦色の、ほどよく熟成したワインと言える。たしかに壊れやすいワインだが、私が知っている他のどの醸造された葡萄果汁よりも芳醇な香りをほんのわずかの量でも発するワインである。この**リオハ**Ⓡの赤ワインにしか見られない魔法は、伝統的に五年から七年という長期間にわたって熟成されてからでなければ売り出されないという点にあると考えられる。

　ところがである。ワイン評論家たち、とりわけアメリカの評論家たちは、ある日突然、**リオハ**Ⓡの赤はカリフォルニアのカベルネにあまり似ていないし、自分たちが持っているワインについての世界的なヴィジョンに呼応していないと決めつけた。このワインが紫がかった赤い色をしておらず、果実の香りも強くなく、きつくも乱暴でもなく、喉にぐっとくるアルコールの感じもせず、タンニンも強くないうえに、アスペンで囲まれたスキー場の管理人の小屋よりもずっと新しい樫《オーク》の木の板で飾り立てられた匂いもしていないことに、完全にたじろいでしまったのである。トム・マシューズが『ワイン・スペクテーター』誌に**リオハ**Ⓡの赤について最初の長い批評記事を載せたその日、本来ならひざまずいて敬意を表わすべきワインに七〇点代の点数をつけ、高貴な伝統に対する侮辱とも言うべきワインに九〇点代の得点を与えたことで、この日が長いワインの歴史の中で、最も忌まわしい一日となったと私には思われる。なぜならスペインの造り手たちは、この種の雑誌が、味の好みに対してどのような影響力を持っているか理解していたし、世界中のワイン醸造にたずさわる者と同じく、自分のワインの伝統が抹殺される記事を読んだ時にそうするように、自分のワインのスタイルを変え始めたのである。それも、これまで自分たちのワインをまったく知らなかった人たちが、いずれ自分たちのワインを気に入ってくれるのではないかと期待してのことであった」

ジェリー・ドーズとデイヴィッド・ローゼンガーテンが「アルタ・エクスプレシオン」のワインが、ワイン全体を支配してしまうことに警鐘を鳴らしたのは、疑いなく正しいだろう。さらに、**キム・ビラ**Ⓦのような流行に反する例外は、よりいっそう現在の事態を明らかにしてくれる。本当のリオハワインとはどういうものか、そして、今日において本物が持ちうる意味とは何か、という興味深い問題を提起しているのだ。一方には、バルセロナの食料品店の息子である**キム・ビラ**Ⓦがいる。もう一方には、テロワールという領域にしっかり根を下ろした現代的なワインを造り出している、**マリア・ロペス・デ・エレディア**Ⓦの**ヴィーニャ・トンドニア**Ⓦ、**ギリエルモ・デ・アランサバル**Ⓦの**ラ・リオハ・アルタ**Ⓦのような伝統をもつ造り手がいる。この造り手たちは、自分たちが守ってきたリオハワインの独自性と、未来を見据えた展望とを融合させる

▼『デイヴィド・ローゼンガーテンズ・リポート』 David Rosengarten's Report. デイヴィド・ローゼンガーテンは、アメリカの食品・ワイン・料理ジャーナリスト。その批評記事がレポートとして出版されているもの。また多くの雑誌や新聞にも記事を書いている。http://www.rosengartenreport.com/ を参照。

方法を見出している。この両極の存在は、ともに「本物」であることは言うまでもないが、倫理的に作られた独自性という側面があり、そうなると将来的には変わっていく可能性もある（独自性を永遠に固定化するというのは、逆に反動的な考えであると思う）。

カタロニア人の商人である**キム・ビラ**Ⓦとは反対に、ロペス・デ・エレディアもアランサバルも大土地所有の貴族の末裔である。彼らはともに**アロ地方**Ⓡの土地に深く根を下ろしている。しかしビラと同様に、彼らは絶えず世界中を旅して、新しい市場と新たなチャンスを求めている。ある面では、最も古典的な意味での保守派なのかもしれないが、もう一面では、大胆不敵な進歩派でもある。彼らは、逆説的にも、伝統的なリオハワインを、それぞれ独自の考えで発展させているのだ。国際人であり、同時にたいへん教養ある紳士でもある**ギリェルモ・デ・アランサバル**Ⓦという人物に私が惹きつけられるのは、〝地方の独自性〟に関する彼の考え方のためである。かつては反動的な右翼たちの主張の論拠であった〝地方の独自性〟とは、グローバル化によって世界の文化が変容するにしたがって、左翼の世界観の表明と捉えられるようになった。

私の妻が撮ったワインについての短編映画『モンドエスパーニャ』のご褒美として、**リオハ**Ⓡの造り手たちとマドリッドで夕食をともにした時に、コンティーノの醸造家**ヘスース・マドラーソ**Ⓦが「リオヒーテ（リオハ人）」の話をしてくれた。それは、ホセ・ペニン（影響力と採点の仕方という点でスペインのパーカーと言える）、**ビクトール・デ・ラ・セルナ**Ⓦ、彼のサイト「エル・ムンドヴィーノ」などの批評の仕方について、**リオハ**Ⓡ地方が感じている反発を説明しようとしてのことだった。**リオハ**Ⓡは、規模や地理的条件、歴史的な影響関係からすると**ボルドー**Ⓡに近いと考えられるが、ワインの性質、その繊細さや複雑さ、その魅力からすると、むしろ**ブルゴーニュ**Ⓡを思わせる。しかし、**ラ・リオハ・アルタ**Ⓦの**ヴィーニャ・アルダンツア**Ⓥ、**ヴィーニャ・トンドニア・レゼルバ**Ⓥなどが代表してきたこのスタイルのワインは、最近一〇年でスペインからも国際的な話題からもすっかり駆逐されてしまった。驚くにはあたらないかもしれないが、ホセ・ペニンが最近発表したリオハワインのトップ六〇には、これらの造り手たちのは一つも入っていない。リストの上位には、パーカーお気に入りの同じような味のワインが顔を揃えている。急進改革派の**アルタディ**Ⓦの**ヴィーニャ・エル・ピソン**Ⓥ、夜のように暗い色の濃い味でシロップのような**レミレス・デ・ガヌサ**Ⓦのワイン、その名もよくも付けたと思われる「**トラスノッチョ**Ⓥ」（夜ふかし）などである。この「新秩序」の預言者たちがこの地方のルーツなるものについて話す時には（彼らの主張する自らの「現代性」のインチキぶりはおいておくとしても）、いつも「伝統的な**リオハ**Ⓡ」ワインは無視される。彼らが「伝統的」と言う時に見せる嫌悪の念は、彼らと同類のアメリカ人たちと完全に呼応しており、テロワールを信じないという信念に通じている。彼らの目には、テロワールとは、産業革命期の機械破壊《ラッダイド》運動や、歴史に逆行する反動的人間を擁護するための言葉にしか見えないのだ。パーカーは自らのガイドブックの序文で「テロワール」や「伝統」、「古い生産年」のワインといった概念を持ち出す人たちを非難している。つまり、わけのわからない言葉で消費者を巧みに欺いて、「柔らかみのない」、「酸味のある」（この酸味についてはパーカーの辞書では否定的な性質となる）、「ごつごつした、固い」、「成熟度の低すぎる葡萄によるタンニン不足の」あるいは「腐ってしまったかのような不熟の葡萄による」ワインを造っているというのである。そしてパーカーは、いつもの皮肉たっぷりな口調で、こう締めくくる。「テロワールには、また驚かされた」

ビクトール・デ・ラ・セルナⓌや**レミレス・デ・ガヌサ**Ⓦのような「現代的で小規模の職人的な造り手Ⓦ」に対比するものとして、凡庸で「古くさい」ワインを大量に造ったという理由で、**ラ・リオハ・アルタ**Ⓦが非難される。そうした攻撃への回答として、**ギリェルモ・デ・アランサバル**Ⓦは、**ヘスース・マドラーソ**と一緒にした夕食の折りにこう述べている。

「私は、『工業的』な造り手として扱われたことに唖然としました。私たちはもう五世代にわたってワインで生計を立ててきています。子どもの時から、ワインやこの土地について、一本一本のワインの性格について、それがいくらの値段のワインであっても、祖父や祖母が大切にしてきたという以外の話を耳にしたことがありません。ここでワインの仕事を始めて以来、葡萄に常に投資してきており、今もなお、利益の九五%は品質向上のために使われています。私たちが興味を持っているのは、お金ではありません。ましてや商売の魅力でもありません。そもそも私たちの家系がこの仕事を始めた頃に、そういう魅力は存在しませんでした。私たちはグローバル化されてもいませんし、金融グループでもありません。偽物の『現代的』な『手造り派』が、私たちを『大規模生産者』呼ばわりすることは、単純に言って不公正としか言いようがありません」

ギリェルモは、アメリカのビジネススクールを卒業し、家族が所有していたワインの世界にデビューした。その葡萄畑が経済的に事業として成り立つようになったのは、七〇年代末になってだった。彼を知れば知るほど、『モンドヴィーノ』の映像をスペインで撮らなかったことが悔やまれた。彼は誤った考え（そして私の映画への間違った解釈）に風穴を開けてくれる。たとえば、大規模な生産者はブランドのワインを生産するものであり、テロワールのワインを生産しないという考えは間違っており、**ビクトール・デ・ラ・セルナ**(W)の**フィンカ・サンドバル**(W)からわかるように「小規模」なのが素晴らしいとか本物だとはかぎらない。マドリッドに滞在してから後、私たちは熱のこもった対話を重ね、その内容は個人的な範囲にまで広がっていった。しばしば共通の友人であるルイス・ブロマンの死も話題になった。ギリェルモは、ブロマンは「カバレロ」（騎士）のような人間だったと述べながら（ギリェルモ自身も騎士のような人物だが）、彼の父親や先祖が遺した影響について話してくれた。

「数か月前に父を亡くしました。七六歳で、四月に癌で亡くなったのです。今日、私が知っていることは、何もかも父が教えてくれたことです。私たちの倫理観や尊敬の念は、自らの歴史と独自性によるものです。それだけではなく、物事を新たに開拓し、臆病にならずに未来を見据えていく姿勢も同じです。父は起業家でしたが、もともとバスク地方の出身で、性格はバスク人です。どういうことかと言うと、自分のすることすべてにテロワールがいつも現われる、つまり土地と人に対する愛が現われるのです。しかし、この国で何十年も過ごしているうちに、自分自身や自分の持っているものが自分の意志とは異なった方向で使われてしまい、まあテロリズムもそうなんですが、何をするにも、社会全体にどういう影響があるのかを常に考えながら行動するようになっているのです」

2……ナショナリズムとテロワール――グローバル化＝均質化の中で

ギリェルモ・デ・アランサバル(W)の目には、バスク▼の独立運動は、排外的な民族主義の現われではなく、カタロニアの独立運動と同じで、〝区別〟の尊重を要求するものだと映っている。独裁者フランコの時代、バスク人とカタロニア人は執拗に抵抗をつづけた。そして今日では、彼らは世界の過剰な均質化に対して抵抗している（「バスク祖国と自由」〔ＥＴＡ〕という野蛮な分離独立主義の一派は別ものだ）。「世界の過剰な均質化」という言葉は、「グローバル化」という言葉よりも、ずっと正確に現実を言い表わしている。ギリェルモ自身、文章でも書いているが、テロワールと民族主義を結びつけることの危険性を認識している。過去数十年に、ＥＴＡのテロ活動によって多くの人が犠牲になってきた現実からは当然であろう。進歩的な改革を求める勢力に活気があった七〇年代頃までは、多くの人々が、民族主義（国家主義）の傾向に抗議の声を上げた。それが侵略的な帝国主義や全体主義とつながるからである。左翼運動も、植民地主義に抗する民族自決のための民族主義（国家主義）は擁護したが、国際主義が基本的なスローガンであり、民

▼**バスク**　フランスとスペインの国境にまたがる地方。バスク語を話す独自の民族であったが、両国に分かれて帰属したため、様々な政治的・社会的状況に翻弄されてきた歴史があり、独立運動が現在もつづいている。「バスク祖国と自由」（ＥＴＡ）はその急進組織で、フランコ独裁政権への抵抗運動として一九五九年に結成されたが、両国からの分離独立を目標として、現在まで爆弾や暗殺などのテロ活動をつづけている。

族主義・国家主義に反対の立場をとった。しかしギリェルモの言葉を聞いて、脱イデオロギー化した「経済と文化の全体主義」が世界に広がっている現在、この風向きが変わっている。

今日、「進歩的改革」の方向性は逆転している。少なくとも先進国では、地域性や国の文化を守ることに価値を置くべきであるというのが、進歩的改革派の主張である。現在の最大の脅威は、ナショナリズムやその派生物でなく、世界の一元的な均質化だからである（もちろんこうした世界の新秩序に対する認識には、いくつもの例外がある。アフリカなどの植民地から独立した後にアイデンティティが形成された国々がそうだ）。文化を超えた「統一」のために、地域や国、あるいは民族の違いを無理矢理に根こぎにしてしまうことは、独自性を無条件に礼賛し保護するのと同様に危険である（例えば、民族虐殺が発生したクロアチアやルワンダなど）。

もう一つ明白なことは、異なったアイデンティティとされるもの（例えばテロワール）を区別する根拠とは、例えば敵対する二つのグループ——一方が特殊なグループで、もう一方はそれに敵対するより広い領域をカバーするグループ——があった場合、両者を区別する根拠とされるものは、恣意的なものでしかないことが多いことだ。プルミエ・クリュかグラン・クリュかという**ブルゴーニュ**[R]の葡萄畑を区別する線引きと、まさに同様である。こうした敵対関係を防ぐ方法とは、それぞれの文化的な独自性を生み、隣にいる他者と自分とを区別する背景となった歴史を振り返り、その歴史のもつ豊さを見直すことである。

いずれにせよ、一つはっきりと言えるのは、地域性の違いを守るのをやめることとは、ある基本的な概念を放棄してしまうことである。それは、マーケティングと均質化という国を超えた圧力の波を前にして、歴史と文化を背景にして存在する人間としてのアイデンティティという概念を放棄してしまうことになるということである。「**トラスノッチョ**[V]」の闇に気をつけろ、ということである。多国籍の大企業であろうと、成り上がりの「手造り」ワインナリーの経営者であろうと、個人的な利益のために文化の違いをなくしてしまおうとする人たちが使う冷酷な論理は、自分の好みをどのように表現しようが自由であるはずの私たち市民を、単純きわまりない消費者に変えて、選択能力こそが嗜好の表現であるという幻想によって騙すのである。

私たちの独自性の背景にある歴史的なルーツを大切にするということは、それを模倣していくことではなく、そのルーツがどのように作られたのかを見きわめることである。それをやめてしまえば、私たちは碇《いかり》となるものを失って、ありとあらゆる虚偽と簒奪の餌食となってしまう。私たちの権利や誇り、独自性は捨てられて、オルダス・ハクスリー▼やジョージ・オーウェル▼の描いた悪夢が現実のものになりかねない。テロワールがなければ、むしろ私たちは、自由を失ってしまうのだ。

3……新自由主義革命とテロワール——失われる過去との結びつき

ここ二〇年、左派と右派の間に見られるイデオロギー上の混乱と、本物とは何かという問題に関して、その関係を検討してみるのも面白い。お互いの主張の中で、おそらく最も熱がこもっているのは、右派と左派で、どちらがより「保守的」なのかを競い合うような逆転現象である。一九八〇年までは、右派は保守的な言動を専門としていたし、左派といえば変革や革命を叫ぶのが専売特許であったが、どちらも空疎さが漂っていた。しかし、アメリカにレーガン政権が誕生した時に、世界の権力構造の中心で「革命」が起きて、すべてが変わってしまった。レーガン政権は、何十年にもわたって確立されてきた規制を撤廃し

▼オルダス・ハクスリー　イギリスの作家。一八九四～一九六三年。『すばらしい新世界』(一九三二年)で、機械文明の発達によって人間が自らの尊厳を見失っている未来像を描いた。

▼ジョージ・オーウェル　イギリスの作家。一九〇三～五〇年。『1984』(一九四八年)で、悪夢のような未来の管理社会を描いた。また、フランコのファシズム勢力と闘うために、義勇兵としてスペイン内戦に従軍し、その体験を『カタロニア讃歌』(一九三八年)に描いた。

た。そのため大資本が市場で好き勝手をするのを止められなくなった（私の父は、この現象を歴史的な観点から論じた本を執筆している。『太った年と痩せた年（Fat Years and Lean）』）。

個人的に最も驚いたのは、「パラマウント法」と呼ばれる一九四七年制定の独占禁止法の廃止であった。この法律によって、ほぼ四〇年間、映画の制作と配給は規制され、スタジオが映画市場を好き勝手にできないようになっていた。この規制撤廃によってハリウッドがこうむった急激な変化は、誰の目にも明らかだ。七〇年代の実験的映画の黄金世代（ジョン・カサヴェテス、初期のマーチン・スコセッシ、初期のフランシス・フォード・コッポラ、アーサー・ペンの『ナイト・ムーヴス』）が姿を消し、八〇年代以降、〝レーガン印〟の新しい映画に取って代わられた。映画は利益目的だけで企画される「娯楽作品」として造られ、大企業によってスポンサー契約され、まるで文化的な野心などかけらもないものになっていった。何十年にもわたった古きハリウッドのテロワールは、不平等なものであったが、非常に活気ある、独自なものでもあった。それが一〇年も経たずに解体されてしまったのである。その状態は、現在も改善されてはいない。

遠慮のなき金銭欲へと扉を開き、お金と権力を際限なく渇望させ、それを一般市民にも賛美すべき価値であるかのように喧伝した「レーガン・サッチャー革命」は、右派と保守派の絆を断ち切った。そして、ブッシュ、ベルルスコーニ、ブレアなどが「制度上の改革派」という立場となっていく道筋をつけた（これはモンティ・パイソン的な意味で、六〇年前からメキシコ政権を担っている政党ＰＲＩ〔体制改革党〕と同じである）。アメリカ、イギリス、フランス、イタリア、その他の国々の「右翼」の主要人物たちは、私たちの文化を共通の土台として守ろうとしているようには見えない。今日、私たちの目の前で行なわれていることは、過去と私たちの結びつきを世界規模で徹底的に破壊していく行為である。なぜなら過去との関係を根こぎにすることは、人を簡単に騙せる環境を創り出すことだからである。そして、マーケティングの大物たちと独裁者たちの夢が叶えられる環境が整えられる。このような状態で、人々の自由を守るために必要な最良の武器は、過去の記憶を共有することである。

しかし、右派と左派という伝統的なイデオロギーの差異が失われ（トニー・ブレア首相のイギリス労働党政権の誕生が、それを確認する出来事だ）、右派だけでなく、左派も中道もすべて、過去をいっさい抹殺していくという血みどろのスポーツに没頭している。フランス社会党のミッテラン政権を例にとってみたい。歴史的に社会主義的と結びついた原理原則を次々と裏切っていっただけではなく、自分自身の対独協力者という過去も意図的に消したという事実がある。アメリカ民主党のクリントン政権はどうだろう。ルーズベルトが実現した民主党の進歩主義的な政策を引き継ぐことを拒否し、民主党を歴史的な独自性から切り離したのである。あるいは、ブラジルの中道左派の大統領だったルーラを見てほしい。さらに世界中の数かぎりない左派の政治指導者を見てほしい。ルーラは反体制の立場の時には、社会と経済の正義のために何年も闘った。しかし権力の座につくと、即座に旧来の権力の前で武装解除して、これまで労働者の党として掲げてきた理想を、何もかも一気に無に帰してしまった。それ以降、不正行為と政治腐敗が次々明るみに出ても、おかまいなしの呑気な態度となったが、そんなことに驚くべきではないだろう。過去が意味をなくしてしまっている環境では、何を発言し、何をしようが、翌日になれば重要性などなくなるのだ。

右派であれ、左派であれ、あるいは中道であれ、権力に飢えている者たちにとって、テロワールが脅威となるのは、このためである。テロワールを尊ぶには、過去に対して道徳的な責任の感覚を持つ必要がある（また過去に意味を持たせるためには、常に時間的な推移の中で再評価をしていかなくてはならない）。文化、社会全体の保護、市民としての責任、公正な雇用、報道の透明性、そうしたものすべては、私たちが歴史の感覚を失った時、つまり私たちはみんなで共同体を構成しているのだという感覚を失った時、崩れ去ってしまう。

小さなワイン屋ル・ヴェール・ヴォレの反時代的なサロンから、美食の殿堂アラン・サンドランの贅を尽くしたレストランのソムリエに至るまで、ほとんどみんなが本物のワイン、オーガニックワインと声高に叫ぶのを耳にすると、「本物とは何だろう？」と自らに問いかけしてみることも必要だろう。あるいは

「誰が本物をほしがっていて、なぜ彼らは本物を望むのか?」と。その一方で、本物には興味なく、混ぜものをした人工的なものを楽しんでいる人が多いのは、なぜだろうか。しかしそうした対立の構図も、実は虚構なのかもしれない。なぜなら「本物」とされるものは、「純粋」でも「純潔」でも「伝統的」でもないからである。

急進的なポストモダニズムの信奉者、「進歩主義」を批判する者たち、相対主義者たちは、みんなそろって現代のドン・キホーテ的な「愚か者」を非難して得々としている。「本物」を守ろうなどと主張するのは、頭の悪い感情的な伝統主義者で、反動的な人間だというのである。そして一般的に、まずそうした非難の対象となるのが、通常なら「右翼」とか「保守派」というレッテルを貼られる人たちであるというのは、かなり皮肉なことである。これまでの習慣にのっとって、保守主義を「右派」に結びつけるのだが、これが現代の最もグロテスクで矛盾したものになっていることは前に述べたとおりである。

それでは、「本物」とは何であろうか。「本物」であろうとすることは、なぜ大切なことなのだろうか。私たちが生きている世界は、私たちのイメージから身体まで、気分や精神も、すべて何でも瞬時に人為的に改変できる、そういう世界である。それなのに、なぜ私たちは、相対主義に陥って「本物」などというものは存在しないとうそぶき、すべてのものが有益かつ真実であると主張しないのだろうか。

「本物が何なのかを決めるのは、自分だよ」という人たちもいる。しかし、そういう人たちに私は、「本物」とか「自然」という概念は、個人の尊厳という神聖不可侵な原則に結びついている、と答えよう。私たちはみんな、他者と異なる権利を持っているだけではなく、その権利に付随して義務も負っている。「本物」を拒絶することには、結果として一つの危険がともなってくる。それは、個人のアイデンティティでも、意見でも製品でも創造行為でも、極端な独我論的なものになってしまう可能性である。それは、何千年にもわたって私たちが共有してきた文明を拒否することになりかねない。

「現代のワイン」(この呼び方こそがいかがわしいが)とは、これこそが独我論的な危険の完璧な例と言えよう。「アルタ・エクスプレシオン」のスペインワインの例にしても、カリフォルニア化した**ボルドー**®の例でも、一六度にまで度数を高めたアルゼンチンワインの例にしても、まさにそうである。これらのワインを飲んだ時、私たちが自らに問いかけるのは、次のような言葉であろう。

「なぜ何も考えずに何かを好きになれるのだろう？　そして私は、今ここで、何を求めているのだろう？」

それに対して、テロワールのワイン（とりわけ自然との清らかな関係によって育まれたもの）を味わった時、自らに問いかけるのは次の言葉である。

「このワインを造り出した土地と自然は、私にどのような物語を語っているのか？　私は誰なのか？　私はどこから来たのか？」

それらはワインへの問いかけであるとともに、自分自身への問いかけでもある。

ワインを「自由市場」という神話の世界の産物とする人、歴史的背景なしに文化的表現を創り出している人は、ナルシシストにすぎない。自我を超えた現象としてのワインを味わうこと、テロワールの表現としてワインを味わうこと、それこそが大人の味覚、共同体と結びついた味覚、子どもっぽさから卒業した味覚の表現なのである。

ドイツのテロワールのワインをアメリカに輸入した草分けでもあり、そうしたワインの（そして手造りの**シャンパーニュ**®生産者の）擁護者でもあるテリー・テーズは、二〇〇五年のカタログで次のように述べている（このカタログは宣伝のためのものだが、ドイツワインについて最も詳しく熱のこもった素晴らしいカタログになっている）。

「私の考えでは、私たちが求めているのは、何ものをも拒絶しない絶対的な受け入れ状態である。つまりそこでは、ワインのことだけを考えているのであって、ワインを考えている私たち自身のことは考えていないのである。そう、もちろん、そういう言い方は禅の言葉のようである。しかし、それが喜びと健康に至る道だと確信している。もし自分自身を超えて、自分が信じてきた嗜好を超えて、その向こうが見えなければ、『ワインとは、自分にいったい何をもたらしてくれるのか？』という問いより先に進むことは不可能である。そうなると、すべてがこの『自分』をめぐる問いになってしまう。『自分に』何をもたらしてくれるのか？　『自分は』何を考えているのか？　『自分は』このワインに何点つけるだろうか？　さらに私が言うことができるとすれば、次のことである。もし、あなたがそういうふうにワインを飲むのであれば、あなたがセックスする時には、できれば同じ態度でしないよう心から忠告したい。なぜなら、あなたとセックスをする相手は、心底うんざりするはずだから」

4……ワインとは過去からの贈り物、そして未来への導きの糸

スペインでは、大胆不敵にも若いデンマーク人の**ピーター・シセック**Ⓦが、一九九二年から最高の「アルタ・エクスプレシオン」のワイン、**ピングス**Ⓥを**リベラ・デル・ドゥエロ**Ⓡ地方で造りつづけ、自分の思い通りの値段をつけている。即席の「自我」を売りにしているような彼のワインは、ロバート・パーカーが一〇〇点満点を付けたワインとしてメディアによって栄光の頂点へと押し上げられ、八〇〇〜一〇〇〇ユーロの値段が付けられている。

いかなる「出来事」でも、マーケティング的には好都合な事件にすることができる。ある年のワインが船の遭難によってほとんど失われてしまったとしても、市場での希少性が高まり途方もない値段へとはね上がる。パーカーのやり口にしたがって、熟達した才能で市場を手玉にとることに成功したシセックは、自分自身と自らのワインのためにもうこれ以上の評判を得る必要を感じていない。反対に、**ムルソー**Ⓡの**ドミニク・ラフォン**Ⓦや**ジャン＝マルク・ルーロ**Ⓦ、あるいは**ピエモンテ**Ⓡのブロヴィア家などは、大金持ちどころか経済的な不安にも脅かされているというのに、本来付けるべき値段の半額、あるいは三分の一程度で

自分のワインを意識的に販売しているというのは、いったいどうしてなのだろう。私たちが**ピングス**(V)のワインを目にしたスペインから戻り、私の妻が**ドミニク・ラフォン**(W)にそう質問をしたところ、彼は驚いた様子でこう言った。

「**ブルゴーニュ**(R)の造り手たちやお客さんたちと、これまでつづいてきた関係が壊れてしまうような値付けのワインにすることには、ぜんぜん興味がないんだ」

彼は、自分の過去と、そして自分の未来との断絶を作るようなことはしたくない、と言いたかったのかもしれない。

私は、失われていく過去を懐かしがる、そういう夢想家ではない。「昔は良かった」とは思わない。私たちが現在直面している問題は、私たちの親の世代の問題と、たいへん残念なことに驚くほど似ていると思う。二五年前、愛すべき、飲んでみたいワインが山ほどあった。それは今も変わっていない。もしかするともっと多いかもしれない。しかし、パーカー、**ピングス**(V)、デ・ラ・セレナ一派の攻勢を考えると、私が映画『モンドヴィーノ』のために調査をしている時に、アメリカ・ハンプシャー州のダートマス大学で、私にラテン語とホメロスの時代のギリシア語を教えてくれた尊敬すべき先生、エドワード・ブラッドレイが語ってくれた言葉を思い出さずにはいられない。

「地方の文化を破壊するというのは、われわれの専売特許ではないんだよ。古代ローマ人は、この分野の専門家だった。私たちと同様、創造もしたけれど、それと同じくらい破壊もした。けれども、西欧のローマ化がどのくらいの規模で何を犠牲にしたのか、なかなかはっきりとさせることは難しい。というのも、それらはすべて時が重なっていくうちに埋もれてしまったから。地方の文化が失われていく苦しみそのものを伝えてくれる証言はないので、さらに埋もれてしまう。絶滅してしまった見事な鳥や植物がどのくらいあるのか、その数を具体的に知っている人はいない。同じように、五万ものガリア人が両腕を叩き斬られ、ガリア人のうち少なくとも五〇万もの人を奴隷としてカエサルが売り飛ばしたと知っても、その人たちの苦しみはいかばかりであったか、想像することしかできない。古代ローマによる征服が人々の苦しみという意味でどれほど大規模なものであったか、そのほとんどを私たちは知らないままでいる。理論的には今日の私たちと何が違うかといえば、証言する能力の違いだけだ。例えば、プリモ・レーヴィ▼を思い起こしてみよう。もし私たちの文化に一つの意味があるとすれば、それは彼のことだ。少なくとも、私たちが何かを失った時に、それがいかなるものなのか、その証言を残すことはできる」

私たちにとって、思いのまま手に入れられるワインは数限りなくあるが、同じように地方の文化の痛ましい喪失を証言していく手立ても無数にある。歴史的に見れば前例のない急激な変化をともなう時代を生きていながら、記憶を守っていくための手立てが無限にあるということは、おそらく私たちの時代で唯一の誇りにできることだと思う。しかしそれは、信じられないほどの猛スピードで、文化のみならず、その記憶までも根こそぎにしていく方法を私たちが持っているということをも意味している。そういうことを思って、私はブラッドレイ先生に聞いてみたことがある。私たちの一世紀後に、歴史などない、歴史的な記憶がすべて失われてしまった社会を想像してみるとする。その近未来の非歴史的人類に、歴史の意味が絶対的に必要とされていたことを理解してもらうために、どのように語りかけることができるのであろうか、と。

この陰鬱なシナリオを、彼も考えてみたことがあったようで、私がこの質問を言い終わらないうちに、素早く答えてくれた。

「こう言うでしょう。『あなたには、お父さんはいますか？　兄弟は？　伯父さん、伯母さん、おじいさんは？　ルーツは？』。個人の歴史的な記憶は、言葉としては最も豊かで広く深い意味で、個人の基本となっているのです。そういう結びつきがなければ、もはやどこにも碇《いかり》を降ろすところがないということになる。孤独という最も深い淵に、永久に落ち込んでしまうのです。私たちが共有している歴史を意識しているということは、もっと大きな規模で同じ現象を認識するということなのです」

　ワインは、さまざまな形で記憶を語ってくれる。何か、非常に単純なことなのかもしれない。ニューヨークにある私のカーヴで長期間保存していたワインを一本、最近、リオにある家の庭でバーベキューを囲んでみんなと飲んだ。みんなとは、ブラジルの才能ある映画監督サンドラ・コーグット、その夫でアメリカ人のポストモダン的な社会変動を研究している才気活発な研究者トーマス・レビンである。彼は気のいい人だが、郷愁を誘うようなことに対しては懐疑的である。飲んだワインは、レ・コッリーネの**ガッティナーラ・モンセッコ一九七八年**(V)。普段はとてもおしゃべりな友人たちが、この年代のイタリアワインを飲んだことがなかったためか、煉瓦色の不思議で人の心を魅了する液体を飲んで、しばし言葉を失った。ワインが古い年のものだっただけでなく、今は普通にはもう見られなくなっているスタイルで造られたものだったからである。驚くほど魅力的な酸味があり、タンニンは強烈だがまさに品の良い繊細さが感じられる。そこで私たちが口にしていたワインは、いかなる意味においても別の時代のワインだった。

　このような特殊なワインが消滅しようとしているとわかって、私は心を動かされてはいたものの、だからといって郷愁の念も、ブラジルの人たちが言うようなサウダージ▼も、まったく感じていなかった。トーマスはこういった感情をたいへん警戒している。私は彼に、このワインを現代によみがえらせてほしいというような「懐古趣味」は持ち合わせてはいない、そんなことをすれば、それこそ偽物を造る行為に他ならない、と言った。現代フランスの映画監督が、ファスビンダーの映画のリメイクを撮ろうとして、完全に悪趣味におぼれて、それをもって彼に対するポストモダン的な「オマージュ（賛辞）」としようとする、それと同じくらい偽物の行為である。それは、道徳に反して過去との関係を打ち立てようとすることであ

▼**プリモ・レーヴィ**　序章・二九ページの訳注を参照。

▼**サウダージ**　「郷愁」や「せつなさ」を意味するポルトガル語だが、意味合いは複雑で、ポルトガルの民族歌謡ファドのテーマにもなっている。ブラジルではこのように発音されるが、ポルトガルでは「サウダーデ」。

り、固有な歴史的な瞬間それぞれの実態を尊重しないことである。芸術作品の中で「引用する」というのが現在流行しているが、それは過去を知らない人たちと同じくらい、無駄なことである。パロディ、オマージュ、引用が得意の哀れな文化破壊者タランティーノを見れば、明白である。

この古いピエモンテ®の赤ワインを飲みながら、フランセス・イエイツ▼の書いた記憶術に関する古い文献を思い出した。古代のギリシアの記憶術として、頭の中に想像上の家を建て、その家の中のそれぞれの部屋に、別々のお話の要素を配置していくのだという。長い物語の横糸となるものを配置して、それをもとに全体を形作っていくのだ。私たちは、ワインという生きている液体の博物館に潜り込んでいるのであって、私たちがそれを飲み、ボトルの中身が消費され、永遠に失われていくにしたがって、それぞれその博物館の部屋は徐々に解体していき、私たちの視線の届かないところへと去ってしまう、そんなことを頭の中で思い描いてみた。

このワインが約三〇年を経ることによって、若い頃のボディや香りは、まったく異なる現在の状態へと変化している。しかし、尖った感じで、酸味や苦みがあり、味わい深く、はっきりと大人の味を示している性格は、このワインができた時にすでに備わっていたはずである。このワインを飲んでいると、時間をさかのぼって、一九七八年当時に立ち戻ることができた。その時代には、人々は、マクドナルドによって押しつけられた味覚のような、甘ったるい味のワインを求めていなかった。この一本によって、私たちは、はかない嗅覚の高みから、惜しむ気持ちではなく、一つの時代をはっきりと再発見することができた。

▼フランセス・イエイツ　序章・二九ページの訳注を参照。

第20章 ワイン市場の変化と味覚の変容

1……一九七六年「パリスの審判」をめぐって

シリュス・レディング▼によれば、「現代のワインは、どのような疑いを差しはさむ余地もなく、過去の時代のワインよりも優れている」という。世界を漫遊したこの大胆不敵なイギリス人は、『現代ワインの歴史と案内』（一八三三年出版）でこう述べた。

いつの時代にも、自らの時代の文化の貧しさや退廃が、他の時代よりも進んでいると主張する者がいる。その反対に、自らの時代の生産品が過去のどの時代よりも優れていると主張し、商売の世界で活躍する者もいる。味覚に関わる商品を売っている人たち、その喧しい「追従者」つまり「評論家」たちにとっては、

▼**シリュス・レディング**　イギリスのジャーナリスト・ワイン評論家。一七八五～一八七〇年。ここで言及されているのは『A History and description of modern wines』。一八一四年にパリに渡っている。

最も新しいとされるものが、最も優れたものだと主張することで、個人的な利益が生まれる。では、現代のそのような人々は、どのような方法でそれを具現化したのだろうか。

　最近の二〇年、この時代の商人たちは、世界中で一つのスタイルのワインを売ってきた。それは、ある目隠しの試飲会での偶発的な結果が鵜呑みにされたことがきっかけになって、広まったものである。その試飲会とは、今から三〇年前に催されたもので、結果として人々のワインについての味覚が変わっていくきっかけの一つとなった。これは、味覚の変化が権力の変化にともなって起こるということを如実に表わす証左となった。

　一九七六年の「ワイン試飲オリンピック」と呼ばれているこの催しは、現代のワインの歴史では最も有名な出来事の一つである。アメリカのワイン評論家、そして造り手たちのほとんどが、これを決定的な出来事として、自分たちの論拠に置いている。これは一つの権力の移動であって、ヨーロッパが犠牲になり、アメリカ大陸とその他の新産地が利益を得ることになった。アメリカでは、この話はたいへんな敬意をもって語られ、ワインの世界における〝コペルニクス的転回〟または〝救世主の再来〟のような出来事として考えられている。しかしこの奇跡は、水がワインに変わったというようなものではなく、ワインが葡萄の果汁に戻ったという程度のものであった。私から見ると、この出来事はワインの歴史の中でも、屈指の大厄災である。

　一九七六年の春、スティーヴン・スパリエ▼は、経済的な難局に立たされていた。彼はイギリス人で、口数は少ないものの元気のよい若者で、金融資産家だった。彼は、パリで、ワイン販売の店舗を買い取り、さらにアメリカから来た人々を相手に英語で教えるワイン・スクールを開校した。ところが、ワイン・スクールの方は人が集まらず行き詰まってしまった。そこで、話題となるような〝一発〟を狙った宣伝を打とうと思い立った。当時は、アメリカのワインを真面目に評価しようなどという人はいなかったが、スパリエは奇抜なアイデアを思いつき、それが運命の悪戯とも言える幸運を、彼にもたらした。そのアイデアとは、アメリカとフランスのワインで、目隠しの比較試飲会を開催することだった。赤については、当時は誰も話題にしなかったカリフォルニアの**ナパヴァレー**®、最高級の**ボルドー**®。白については、カリフォルニアの**シャルドネ**©種、最高級の**ブルゴーニュ**®から選ばれた。

この企画はあまりに馬鹿げているので、試飲会には報道関係者は誰一人来ないだろうと思われた。その通りになるはずだったが、最後の最後になって、ある偶然から一人のジャーナリストが取材に現われた。それは、雑誌『タイム』のパリ特派員ジョージ・M・テイバーだった。何年も経ってから、テイバーは自分が立ち会った出来事について、厚顔無恥で盲目的な愛国心まる出しの本を出版している。この出来事は、彼が「歴史」にしたようなものだが、その本の題名は、大袈裟にも『パリスの審判――カリフォルニア・ワインVS.フランス・ワイン』▼となっている(私としては、この本の書名は『パリスの審判などなかった』とするべきだと思う)。

このパロディのような試飲会に集まった、フランスの造り手、評論家、ワイン商人たちは、目隠しで試

▼**スティーヴン・スパリエ**　イギリス人のワイン批評家。一九四一年生まれ。一九七〇年、パリにワイン店カーヴ・ド・ラ・マドレーヌを開き、一九七三年、フランスで初めてのワインスクールを開校した。一九八八年にイギリスに戻り、ワイン雑誌『デカンタ』の批評顧問を務めた。ワイン関係の著作も多い。

▼**『パリスの審判――カリフォルニア・ワインvs.フランス・ワイン』**　邦訳：日経BP社刊。「パリスの審判」とはギリシア神話の一挿話。パリスはトロイヤ王プリアモスの王子で、別名アレクサンドロスのこと。彼は、ヘラ、アテナ、アフロディテの中から誰が最も美しいかを決めるように求められ、自分に最も美しい妻を用意すると約束したアフロディテを選んだ。これを「パリスの審判」という。その結果、アフロディテにそそのかされてメラネイオスの妻ヘレネを奪い、妻としたことからトロイヤ戦争の原因となった。この書名は、この「パリス」と試飲会が行なわれた都市名のパリを引っかけている。

飲して、ワインを採点するよう求められた。その結果、総得点の平均を出してみると、何と予想を裏切って、白ワインも赤ワインもアメリカが栄冠を獲得した。興奮したテイバーの記事が『タイム』誌に掲載され、「アメリカがワイン世界の新たなダビデとなった」と高らかに宣言され、世界中にそのニュースが流れた。

そして、それはちょうど、世界の市場に大金持ちのアメリカのワイン生産者と消費者が登場してきたのと同時期であった。ロバート・パーカーのような新たなアメリカの自称ワイン評論家たちは、そうした絶好の機会をうまく捉える術を知っていた。必要なのは、時と場所を活用できる才能である。パーカーが言うところのワインを「発見」してから五年という短期間の経験だけで、このアメリカ出世主義の典型とも言うべき人物は、自らに「ワイン専門家」さらには「消費者の代弁者」という称号を与えたのである。当時急増していたアメリカのワイン愛好家たちは、まさに新参者であっただけに、彼の存在はちょうど都合がよかった。パーカーはアメリカの愛好家たちの中にしかるべき地位を手に入れ、お互いにヨーロッパのワインや批評を怖れることなく、何一つ嫌な思いもせずにすんだのである。こうして、大した知識は持ち合わせていないものの、熱意と自信だけはあふれるほど持っていたパーカーが、レーガン政権の初期にあたるこの時期に、ワインの新たな時代の先頭に立つことができたのである。

一〇年も経たないうちに、「メイド・イン・ナパ」の味に関する感覚、この進化のしないファストフード的な味覚、盲目的な愛国主義による熱狂的な批評、そしてアメリカの新たなワイン消費層の膨らんだ財布、それらが世界中でワインの在り方を変化させていった。スパリエが催した目隠し試飲会を、パンドラの箱を開けてしまったとして非難するのは正当ではないかもしれない。しかしこの出来事が、ワインに「客観的」「数値的」判断がありうるというもっともらしい伝説を広めてしまったと言えるかもしれない。

そして、これ以降、どうなったのか。まず、ナパのワインがアメリカ国外ではまったく知られていなかったという事実は、当時のワインの品質に見合うものだった。カリフォルニアのワインは、当時は市場の制約からは保護されていた。それによって、栄光も財産も期待していない熱意あるワイン好きの人たちが、何の劣等感も感じる必要のないまま、新たなテロワールを生み出そうとしていた。当時のハリウッド映画と同じく、七〇年代のカリフォルニアワインは洗練されてはいないものの、戦後のアメリカ精神に裏打ちされた溌剌とした生きのよいエネルギーに満ちあふれていた。ジョン・カサヴェテスの比類なき映画『チャイニーズ・ブッキーを殺した男』（一九七六年）、コッポラの『カンバセーション…盗聴…』（一九七三年）、あるいは**モンテ・ヘルマン**▼の映画『断絶』（一九七一年、『イージー・ライダー』の元ネタ）に見られる、いかなる束縛からも解放された最高に輝かしい創作に通じるこだわりや肌触りが感じられる。これは、**リッジ**Ⓦの**ジンファンデル**、Ⓒ**モンテレーナ**Ⓦの**カベルネ・ソーヴィニヨン**、Ⓒ**ロバート・モンダヴィ**Ⓦの**シャルドネ**Ⓒにあるたくましさや筋金の入った性質にも認められる（八〇年代にモンダヴィに起こったことは、コッポラの映画に起こったことを想起させる。その後、コッポラは、モンダヴィの隣でワイナリーを始め、まさに造り手として仲間になるのも何かの因縁かもしれない）。

ところで、一九七六年の目隠し試飲会では、なぜフランスチームは敗北したのか。出品された**ジャン＝マルク・ルーロ**Ⓦの父親が造った**ムルソー一九七三年**Ⓥのようなワインは、**マックス・オフュルス**▼の『たそがれの女心』、**ロベール・ブレッソン**▼の『バルサザールどこへ行く』のような映画を思わせるが、そのような非常に洗練されたワインであるがゆえに判断を狂わせたというだけで、すますわけにはいかない。では、

▼**モンテ・ヘルマン**　アメリカン・ニューシネマの映画監督。一九三二年生まれ。

▼**マックス・オフュルス**　ドイツの映画監督。一九〇二～五七年。『たそがれの女心』（一九五三年）は、夫の贈り物の首飾りを売り払った貴婦人とその首飾りの顛末をめぐって展開する物語。

▼**ロベール・ブレッソン**　フランスの映画監督。一九〇一～九九年。素人を使って独特な映画作りをした。『バルタザールどこへ行く』（一九六六年）は、ロバのバルタザールをめぐる様々な人物の生きるさまを描いた作品。

どうしてアメリカのワインが優れていると評価されたのか。まず、一九七六年という年を考える必要がある。試飲されたワインは、一九七六年の二、三年前か、せいぜい四年前のワインである。当時の**ボルドー**(R)は、できてからまだ年が経っていないうちはタンニンが強く、よそよそしい感じで、ほとんど人を寄せ付けないように造られるのが通常であった。それに対してカリフォルニアワインは、タンニンも酸味もはっきりとしていて、現在造られている甘い爆弾とでも言うようなワインに比べると味わい深いものだったが、若い**ボルドー**(R)に比べれば、果実味の立った、甘みのあるワインで、すぐに人を惹きつける性格だった。

試飲会の審査員の中には、かの**ロマネ・コンティ**(V)の永遠の貴族**オーベール・ド・ヴィレーヌ**(W)もいたが、甘やかな果汁たっぷりのカリフォルニアワインの新奇さに、すっかり魅惑されてしまったのだ。オードリー・ヘプバーンが、グラマラスな美女たちに囲まれて、ミス・ユニバースで優勝できるだろうか。彼女の妖精のような細く華奢な美しさは、ビキニを着て舞台を歩かされたのでは光り輝くことはできないだろう。肉感的なアメリカのワインがもつ、人を惹きつける力を過小評価しているのではない。ワインを味で競い合うということが、いかに荒唐無稽なことであるか理解してもらいたいのである。それさえ前提であるならば、一九七六年の試飲会で、ブリジット・バルドーのようなワインに軍配が上がっても、その三〇▼年後に、再びパメラ・アンダーソンのようなワインが勝利したとしても納得できる。

この素人のイギリス人たちが催したグロテスクな話題作りに、お人好しのフランス人のプロたちが心ならずも正当性を与えてしまったことになるが、これがその後、アメリカのナショナリズムや経済利益追求のために歴史的な出来事に祭り上げられ、影響も甚大なものになった。こうしてワインの世界市場が再編され、シュワルツェネッガー風やパメラ・アンダーソン風のワインに、客観的・数値的と称するお墨付きが与えられ、市場を席捲するようになったのである。カリフォルニア在住のカーミット・リンチは、六〇年代から**ブルゴーニュ**(R)とローヌの有名ワインや**シャルル・ジョゲ**(W)の**シノン**(R)などをアメリカに輸入し、ヘップバーン・ワインの気品をアメリカ人に伝える努力をしてきた人だが、こうしたワイン評価のやり方について、次のような名文句で言い表わしている。「目隠し試飲会とワインの関係は、ストリップ・ポーカー（負けた人が服を脱いでいくポーカーゲーム）と愛の関係と同じである」

残念なことに、この出来事は抜群のタイミングで生じた。時はまさに、アメリカによって世界の文化が支配されようとしていた時代だった。さらに九〇年代になると、アメリカは唯一の超大国になっていった。ハリウッドと同様にカリフォルニアワインも、八〇年代のレーガン政権のもとで、規模を巨大化していった。グローバル化していく市場では、豊かさ、個人の利益、経済的な優位などが至高の目的であり、普遍的な価値基準であるとされていく。これが、アメリカの嗜好を世界に押しつけていく準備を整えていった。ワインでも、映画でも、文化的な商品のすべてで同じような現象が起こった。カリフォルニアが、新たな普遍的な基準、新たな「金本位制」ともいうべきシステムを世界に敷いたのである。それは、映画では熱

▼その三〇年後（原注）スティーヴン・スパリエは、一九七六年の試飲会の三〇年後の二〇〇六年に、試飲会のリターンマッチを催した［一九七六年と同じワインの銘柄を基本としようとしたが、白などはピークを過ぎているとして別の銘柄になった］。審査員に呼ばれたのは、ほとんどがアメリカとイギリス人であった。結果、またしてもアメリカワインが「勝者」と宣言された。いくつかの問題点（例えば、**ジャン＝マルク・ルーロ**[W]はワインを提供するのを原則として拒否した）、審査員の国籍が偏っていることからしても、この結果は、熟成が進んだ状態でもカリフォルニアワインの方が優れていることの証明とするにはほど遠いものであった。もちろん、フランスが優れているという証明でないことは当然である。審査の条件がたとえ公平なものだったとしても、この試飲会も、結局のところは「一発」を狙った宣伝行為であることには変わらない。

（訳注）スパリエは、一九七六年の試飲会の一〇年後の一九八六年にも、試飲会のリターンマッチをパリで開催している。審査員はフランス人だけだったが、その際も、アメリカに軍配が上がっている。また、一九七六年の試飲会はイベントとして話題になったため、それから数年の間に、同様の試飲会は、フランスやアメリカでいくつも開催された。

烈で自己中心的な「ヒューマニズム」であり、ワインでは人を魅惑するまろやかさであった。しかし、こうした現象は、感情や考え方、そして思想の画一化を不可避的にもたらす。権力は常に自分が栄養を得られる乳房に、美味しい味をつけようと工夫するものである。しかしその乳房からは、乳と同時に毒も流れ出る。パウル・ツェラン▼の言う「黒い乳」もそれに含まれるのだ。

2……味覚の幼児化

私たちは自らの味覚において、どのくらい自由なのだろう。どのくらい自立しているのだろうか。みんなが同じ能力を持っているのだろうか。世界中の至るところで、本当にワイン愛好者は、あの果実風味のアルコール入り爆弾のようなワインを求めているのだろうか。あるいは、マーケティングと売り手市場による操作の被害者なのだろうか。私たちの嗜好は、自分の自由な判断と市場の自由な力によって形成されているのだろうか。あるいは、「民主主義」と呼ばれている最大公約数的な共通項を押しつけられた結果なのだろうか。

カリフォルニアのサンタ・クルーズのワイン醸造家で、熱心だが気難しい性格の人物**ランダル・グラハム**Ⓦは、**ナパヴァレー**Ⓡの権力構造と、この地域のワインの多くに見られるインチキを告発している。彼のワイナリーを訪ねた日、映画『チャーリーとチョコレート工場』を思わせる、まさに工場のような醸造所で話してくれた。

「人間の味覚を、本能的に糖分と脂質に向かわせるのはビッグ・マックだけではなく、ワインにも見られる。そうしたワインは豊かで熟成しており、糖度とアルコール度数が高く、世界中どこでも、どんな価格帯でも造るのは簡単だ。ワインを濃く甘いものにすればするほど、売るのが容易になり、果実爆弾の独占的な贅沢バージョンとして規格化される。その点で、カリフォルニアには、完璧にそうした製品を仕上げる技術がある。脂質と糖分だけを崇拝する、そういう時代にわれわれは生きているのだ」

脂質と糖分が生存に不可欠だったネアンデルタール人たちの時代以来、初めて人類は、最も怠惰でダイナミックさに欠けるこの二つの栄養素に、これほどの情熱を傾けるようになったのだと言ってもよいかもしれない。

『ニューヨーク・タイムズ』紙で、食品・美食関係の専門記者をしているマイケル・ポーランは、これをワインを超えた現象として追いつづけている。『アメリカ食品栄養ジャーナル』(American Journal of Clinical Nutrition) 誌の彼の記事を引用してみよう。

「スーパーの中央で包装された商品が並ぶ棚には、山のように積まれたクッキーや甘いお菓子が売られており、たった一ドルで一二〇〇カロリーを摂取することになる。同じ一ドルでも、少し離れた売り場にある生鮮食品のコーナーでは、ニンジンなら二五〇カロリーである。同様に一ドルで、ソーダ水だったら八七五カロリーだが、果汁ジュースでは一七〇カロリーである。したがって、もしあなたが家族の生存のために必要な栄養カロリーだけを考えて買い物をするとすれば、論理的にジャンクフードを買うことになる。遺伝によって私たちの体は、できるだけエネルギーの消費を抑えて、最大限にそれを蓄えるようにできている。したがって、私たちが『エネルギー集約食物』、つまり自然界にはなかなか見つからない糖分や脂質を多く含んだカロリー値の高い食べ物に惹きつけられるのは、自然なことである。自然界の世界では、糖分は熟した果物か、運のよい場合にはハチミツなどでしか得られない。脂質は肉に含まれるが、肉の獲得にはエネルギーを非常に多く消費することから、日常生活では肉はかなり稀な食べ物と言える。ところ

▼パウル・ツェラン　ドイツ系ユダヤ人の詩人。一九二〇〜七〇年。両親はナチスの収容所で死亡し、収容所を転々とするが、一九四四年に解放され、それ以降文学を勉強し、一九五二年に最初の詩集『罌粟と記憶』を発表。この中にはユダヤ人虐殺をテーマにした詩「死のフーガ」があり、その中で「黒い乳」についての一節がある。

が、現代のスーパーマーケットでは、こうした栄養カロリー入手の論理がまるで逆転している。エネルギーを最も集約している製品は、最も手に入りやすいものである。つまり最も安いものなのである。

こうした現象は、この社会のありとあらゆる所で見られる。たとえば、私の映画『モンドヴィーノ』の守護聖女にして、私が編集をしている時に部屋を貸してくれたアレクサンドラ・ド・レアルと夕食をともにした時に、私はドクター・カーンの隣に座った。ドクター・カーンは「アレクサンドラの隣人で、フロイト派の素晴らしい心理分析家で、映画界の患者を多く抱えている」と紹介された。このドクターの話に全神経を集中した。ドクターは、プロザックやザナックスといった抗うつ剤に依存する今日の文化のあり方について話し始めた。

「映画関係者にかぎりませんが」、ドクターは私をまっすぐ見つめて言い出した。「私の患者には、こうした薬剤を飲まなければならないと感じている方が、ますます増えています。それも人生でまったく普通にある、いろいろな出来事に耐えるため、というのが理由です。例えば、誰かが亡くなってその服喪の期間を過ごすためというのです」

ドクターの説明では、「こうした薬物依存は、人が大人になっていくうえで通らなければならない試練をどんどん少なくする」のであって、困惑を感じているという。この話を聞いて、すぐに私は思った。ワインも一人一人の人間と同じで、育っていくには試練を受けることが必要である。どのワインも、発達の過程を一つ一つ乗り越えるものであって、自分の個性や特長をしっかり出せるようになるには、最も難しい過程も越えねばならないのである。一つも傷を受けずに育ったワインは、自然に年を経たと認められるようなワインに見られる複雑さを獲得することなどあり得ない。ミクロ酸素処理であるとか、新樽での熟成といったよく見られる技術が普及したことで、消費者の口に入ったワインがすぐに美味しいと感じられたり、お手軽に時間をかけないで古い味わいを装うこと（故意の矛盾語法）もできるようになった。ドクター・カーンは、話をひと区切りさせるために、いささか得意げなところもあったのかもしれないが、

「私たちは、際限のない幼児化の時代を生きているのです」と語った。

文化の面から考えてみると、確かに私たちは、子どもでありつづけるよう、大人らしい嗜好を表明しないよう、自分自身と向き合わないようにし向けられている。一方で、この同じ文化の中で、個性というまったく偽物の概念が称揚されている。これは政策的な組合協調主義者の最もずるい策略である。私たちは、オルダス・ハクスリーの未来小説のような、自分が幸せで自由だという幻想の中を生きている。新しい木の樽、糖分、柔らかなタンニン、プロザック、映画の結末は複雑な味わいのない安っぽいハッピーエンド……。消費という地獄で、砂糖に埋もれた生活をしている。自分で自分に「よりよき世界」という「栄養素」を過度に詰め込んできたのである。

国際取引によって利益を得ているワインの「プロ」たちが、世界中至るところで口を揃えて言うには、現代は空前の民主化が進んだ素晴らしい時代で、中国でもパラグアイでもアフリカでさえも、どこでも最高品質のワインを、それぞれ相応の価格で手に入れられるとのことだ。しかし、もちろんそんなことは、すべてインチキにすぎない。「プロザック」的なワインというか、「常時躁状態」なワインとでも言うべき、べったりとして甘く簡単に再生産できる製品が、「大衆向けスーパー」と「高級デパート」の両方にあふれているだけだ。これには、醸造の技術的進歩、気候温暖化によってリスクなく熟した糖度の高い葡萄を収穫できるようになったことが背景にある。さらに、マーケティングの執拗な努力と売り手による独占状態の推進、そして評論家・ジャーナリストの共犯なくしては、このジョージ・オーウェル的な未来社会のような「民主化」は現実化されることはなかっただろう。

私たちは、さまざまな政治的立場をとる市民という姿から、国境を越えて画一化された消費者、さまざまな文化に属していたはずなのに消費行動が予測されうる消費者へと、自らの姿を変えていく過程にある。そこでは、嗜好の多様性も、イデオロギー的な多様性も失われていく。「世界市民」は、糖質と脂質を求める安易な「グローバル消費者」になってしまったのである。

3……嗜好と帝国

古典文学の教員をしているエドワード・ブラッドレイは、自らと何かの固有名詞を結びつけることによって、私たちの個人的な歴史や物語が織りなされると考えている。その固有名詞の由来やそれに関わるさまざまな人と、私たちは深く関係している。それゆえ、ホメロスでは、過去と現在にわたる広大な物語を織りなす横糸を使って、まさに広大な物語の中に一つ一つの物語が紡がれているという考え方を理解する必要があるのだと、彼は言う。つまり、語り継がれる広大な文脈のただ中に、私たち各々の存在を位置付けていく行為こそが、私たちに意味を与えるのである。テロワールが直面している脅威とは、その大きな横糸と私たち個人の物語を切断しようという傾向が、今日、顕著になっていることである。

こうした危険な動きは、一九三〇年代にファシズムの台頭とともに始まった。そして今日、凶暴には見えないかもしれないが、その動きは、いっそう破壊力を高めたかたちで、株式会社の崇拝者とマーケティングの神官たちという「行き過ぎた資本主義」の担い手たちによって推進されている。

これは、エドワード・ギボンが『ローマ帝国衰亡史』で描いた、ローマ帝国の最後の時代と似ていると言えないだろうか。古代ローマ文明は、豊かさと快楽が回復されたまさにその時に崩れ去った。それは利益と消費が一般化した時代であり、市民としての責任を自ら放棄してしまった（それによって自由も失った）時代としても知られ、そして人々が自ら「物語」を創造しなくなった時期でもある。帝国の末期には、権力が嗜好の方向性を決定し、特定の嗜好が権力と化していく。嗜好について語ることは、最後には権力を行使することと同じになってしまう。そして、そうした権力こそ、周知のように崩壊していくのである。

第Ⅶ部

テロワールの旅の最後

第21章 旅の出発点、ルグランへの帰還

ワインの試飲とは、プラトンの洞窟▼の譬えのようなものである。さまざまな言葉によってなされる説明は、客観的な知識が動員される。その結果、実際には二重の盲目とも言うべき状況が生まれてしまう。

では、目隠しでの試飲とは、いったい何なのか。そのワインをわからないまま味わっている時に、私たちはいったい何をしているのだろうか。知識という先入観のない試飲において、何らかの権威は影響するのだろうか。知恵をもつことは、味覚にとって有害なのだろうか。

これは、真理とは発見できないものなのだ、という経験を積み上げていくということかもしれない。言わばこれは、ワインにおける禅のような側面と言えるかもしれない。知恵と経験、好み、味覚、ものの見方、さまざまな確信を会得してもなお、決して「知恵」を手にしたとか、「真理」を摑んだなどとは言えないのだ。これを認識するには、勇気と謙虚さが求められる。まるで映画の演出と同じである。そうあろうとしている私たちが、いつもさらされている試練であり、多くが日常的にその試練を乗り越えられずにいる。

ラベルのないボトルやカラフに入ったワインが目の前に置かれると、人はワインについて盲目状態になる。つまり知識を失った状態となる。私たちは、わからないことに接すると不安に陥いる。曖昧なものに

対しては脅威を感じる。私たちは、知識で判断できない時、感覚によって考える。しかし感覚だけでは確信が持てない。逆に、知識を得たとしても、それによって絶対の真理にたどり着けるわけではない。それが分別をもった大人の態度だと思う。私にとって、ワインとは、はっきりと定義できないもの、曖昧さをもったものであり、そこからさまざまな喜びを与えてくれるものである。しかし嗜好は権力に影響され、私たちはワインを定義し、ランク付けし、階級を分ける。嗜好に関する知覚は、先入観によって強力に形成されるものであるから、目隠しでの試飲会は、そうした先入観から解放される良い機会となる。したがって原則的には民主的な行為だと言えるだろう。

しかし一方で、試飲会によって、絶対的な一つの真理に到達するはずだ、という誤った考え方を導いてしまうこともある。例の一九七六年のパリでの試飲会以来、人々は「客観的」だと僭称するある真理を金科玉条とする間違った方向へと道を開いてしまった。「客観的な真理」とは、それ自体が混乱した馬鹿げた考えである。重大な過ちは、目隠しでの試飲会を実施するにあたって、競争原理を導入したことにあったのだろう。良識的なワイン愛好家たちの目には、試飲会は信用ならないものに見えたが、一般の人や自分の利益だけを考えている評論家、そして儲けにおびき寄せられた造り手たちには、試飲会が科学的な真理というステータスを得るところまで高められることになった。

私たちが生きている時代の狂気は、ワイン評論家の中で最も賢明な者に対してでさえ、一日に二三一種類ものボジョレ®を試飲▼するように強いるところまできている。現代の文化は、何でも量に置き換えて計測し、他との比較ではなく、絶対状態で判断を下すよう求めている。あたかも、私たちは自分自身の影に怯えているかのようだ。しかも、洞窟の中だけではなく、洞窟の外においても、自分自身の影に怯えている。

▼**プラトンの洞窟**　第2章・一〇九頁の訳注を参照。

▼**一日に二三一種類ものボジョレを試飲**　第5章・一六七頁を参照。

影に怯えるとは、つまり自分自身の嗜好に怯えているということなのだ。

1……ルグランでの目隠し試飲会

　昼間は活気あるパリのパサージュ、ギャルリー・ヴィヴィエンヌも、夜になると静かなたたずまいとなる。しかし、ワイン屋ルグランにいた私は、落ち着いた気分にはなれなかった。今回のワインの世界への冒険旅行の最後を締めくくるイベントが、これから始まるからだった。

　この度の旅は、このルグランから始まった。まずパリでは、レストラン・ラヴィニア、ラトリエ・ド・ロブション、イヴ・カンドゥボルドのル・コントワール・ド・ルレ、シャーロット・ランプリングとともにル・ドーム、ワイン評論家ジャック・デュポンとラ・カグイユをめぐり語らい、小さなこだわりの店パンタグリュエルと巨大スーパーのオーシャンという対照的なワイン屋を比較し、タン・ディンで六時間もの試飲を断行した。そして、ブルゴーニュへ場所を移し、ルーロ、ルーミエ、ラフォンらと語らい、彼らのドメーヌをめぐった。パリへ帰還すると、アラン・サンドランを突撃取材し、ル・バラタンでフランスワインの現状を憂うフランス財務省の役人と語らい、アラン・デュカスという華麗なる美食の世界で昼食と夕食を立てつづけに取り、凄腕のソムリエと対決した。

　私は、こうしたワインめぐりの最後の締めくくりとして、ルグランでの目隠しでの試飲会を企画し、友人である**シャルル・ジョゲ**(V)と妻モニックを紹待したのだ。ルグランで話題になったシャルルの名前が付いたドメーヌの問題が、この旅の出発点の一つだった。スタート地点の問題意識を振り返ることが大事だと思ったのだ。

　七六歳になる偉大なワイン造りの芸術家と、彼よりもかなり若い素敵な奥さんに会えると思うと、何か感極まるものがあった。二人は結婚してもう三五年以上になるという。最後に二人と会ったのは、三年前にシノン®近郊のサジリーでだった。その時は、私はドメーヌの入口にある素敵な家に迎えられた。ドメーヌはすでに彼の所有ではなくなっていた。ドメーヌと自分の名前を売ったつらさを抱えながら、何とシャルル夫妻は、自分たちがかつて所有していた土地の端で生活をつづけていた。これは勇気だろうか、狂気だろうか、それとも晴朗な達観だろうか。それはわからなかった。しかし、シャルルの友人である私たちにとって、言い換えると彼の造る他では見られない素晴らしいシノン®、農民のワインでもあり貴族のワインでもある傑作を心から愛している者としては、心穏やかではいられない状況であった。

葡萄と絵筆の芸術家であるシャルルは、経営者タイプの人間ではなく、自分のドメーヌによって莫大な借金を背負ったという話だった。高い評価を受け、商売としてもワインでは成功を収めていたにもかかわらず、ドメーヌを売却しなくてはならない苦境に陥ってしまったのだ。しかし、他にも理由があったらしい。それについては、話をする時にはみんなが慎重になったので、本当の理由は推測するしかなかった。シャルルとモニックは、難しい局面はあったものの、深い愛とお互いの敬意を抱いて二人の歴史を刻んできたが、子どもには恵まれなかった。モニックの方が子どもをほしがった時期に、シャルルはそうではなかったと聞いている。その後は、話が逆になったという。それから一時期、二人は別れて生活し、そして……。誰にでもあるような個人的な人生の経緯が、ついにはみんなの知るところにまでなっていた。というか、少なくともその結果、二人がどうなったかということは、みんなが知っていた。シャルルは、ワインに関する偉大な芸術家の一人とされ、シノン®のワインには何世紀にもわたって与えられてこなかった栄光を彼一人で勝ち得た。その彼に跡継ぎがいないということは、彼の技が永遠に失われてしまうことを意味していた。実際、ジョゲのシノン®の技は、一九五九〜九六年のワインがこの世からなくなってしまうその時に、消えて失われることになる。

しかしシャルルとモニックは、エネルギーと情熱をもつ多くの人たちがそうであるように、二人とも悲しみや憂いといった感情を表に出さない。少なくとも、私が彼らの家を訪ねた時も、この夜にパリで会った時もそうだった。シャルルは、フランスで、そしてニューヨークで、たっぷり時間をかけて絵を描いていると語っていた。彼の人生は、**ジャン＝マルク・ルーロ**(W)と少し似ている。農家の生まれながら、芸術家として生きるために、父親に反抗しなければならなかった。ところが父親が早く亡くなったために、ドメーヌの仕事を引き受けることになり、二重の生活を過ごすことになった。そして今、邪魔されることなく心穏やかに絵画に没頭し、まるで二五歳の青年のように励んでいるように見えた。

試飲に参加する人たちが、だんだんと到着した。膨大なワインの棚に囲まれて、高めの椅子にゆったりと座って、馬の蹄鉄の形をしたテーブルについた。この日集まったのは、ロール・ガスパロット（ワインジャーナリスト）、ロベール・ヴィフィアン（ヴェトナム料理店タン・ディンのオーナー）、ダニエル・ジェロー女史（ワイン商）。リオから着いたばかりのレナート・マチャドー（彼は『グローボ』誌の記者で美食評論家であるが、ブラジルではチリやアルゼンチンのマーケティングによる誘惑に乗らない唯一のワイン評論家で、テロワールの哲学をたった一人で、優雅に、そして情熱的に擁護している）。ソムリエで作家でもあり、またワイン商もしているリンダ・グラッブ。今回の試飲会を引き受けてくれたワイン屋ルグランの経営者ジェラール・シブール＝ボードリー、共同経営者パスカル・フォーヴェル。そして、**シャルル・ジョゲ**(W)とモニックである。

それぞれが、この日の試飲用に一本ずつワインを持参している。ルグランのソムリエの一人、マチューがワインすべてに目隠しをして、ラベルを見ずに試飲できるようにしている。もちろん、持参した本人にもわからない。一つだけルールがある。それぞれみんな、何らかの感動をおぼえた一本を持ってくるようにお願いしておいた。私の探求は、まだ終わっていないのだ。

2……最初のワイン

年の若いマチューが、最初のワインをみんなに注いでくれた。白である。なごやかな私たちの催しは、カウンターの奥に座っているダニエルから始まった。タン・ディンでの試飲会の折りに、失望感を味わった彼女だったが、もう一度情熱を傾けて、友情の一本にある秘密を見抜いてやろうと、今回も招きに応じてくれた。

ダニエル・ジェロー（ワイン商。以下ダニエル）この最初のワインは、香りとしては、ドロップ飴みたいね。葡萄は見当はつくけど、すぐにうんざりした感じになっちゃう。

ロール・ガスパロット（ワインジャーナリスト。以下ロール）わたしは、いい感じだと思う。しっかりとして、すがすがしくて酸味も適度にあるし。

レナート・マチャドー（ブラジルのワイン評論家。以下レナート）私も同じような感想だけど、子どもの頃なめた飴みたいだな。リオで映画を観に行った時、売っていた飴を思い出した。アルコールが入ったやつもあったんだ。

パスカル・フォーヴェル（ルグラン共同経営者。以下パスカル）皆さん、子ども時代の思い出に浸っているけれど、僕も母の作ってくれたリンゴの砂糖漬けを思い出したよ。

モニック・ジョゲ（シャルル・ジョゲの妻。以下モニック）口に広がる香りという点では、白イチジクかな。うれしいわね、だって、白イチジクはトゥーレーヌ地方の特産だもの。シャルルは、去年、白イチジクを植えたの。今年は、黒イチジクを植えるつもりなんですって。でも、皆さんが感じたドロップ飴みたいな感じは、少し私には疲れるわ。

シャルル・ジョゲ（ブルゴーニュの醸造家。以下シャルル）かなりパッとした感じがあるね。「媚《こび》を売ってる」ところがあるかもしれないけど、素敵だよ。ただ、美味しそうなんだが、糖分とアルコール分を感じ出すと、それが味を台なしにする。二〇〇三年だと思うな。

ジョナサン・ノシター（著者。以下JN）皆さんが今、何を食べたところなのかわかりませんが、ロールと私は、六時間もぶっ通しで最高にリッチな料理を次々と食べてきたところなので、そのせいか、このワインはすごくいい感じがします。心地よいミネラル分があるという印象です。

リンダ・グラップ（ソムリエ・ワイン商。以下リンダ）これがいいとすれば、後味がすっきりしているところかな。ごくごくと飲みたくなる。

ロベール・ヴィフィアン（タン・ディンのオーナー。以下ロベール）ワインで大切なのは、天候とテロワールだ。そして場合によって技術。これは技術を感じる。酵母の香りがするね。そしてドロップ飴とかいろいろだ。人工的な、醸造や酵母によって付けられた香りが好きなら、すごく良いでしょう。だけど、香りのもとになる気体の感じが強すぎるね。どこのワインかな。まったくわからない。そう、今日はくたびれた。これで二五〇種類目のワインなので。

ジェラール・シブール＝ボードリー（ルグラン経営者。以下ジェラール）アルゼンチンから、一五時間も飛行機に乗って、つい先ほど到着したんですよ。いずれにしても、このワインについて、私ならこう言いたいね。「それで、これで何をするつもりなの」って。

ロベール　誰か、この葡萄の品種を当てられる人がいれば、脱帽するよ。

ダニエル　暑かった年の**ロワール**(R)の**ソーヴィニョン・ブラン**(C)だと思うな、二〇〇三年タイプの。

モニック　私は**アルザス**(R)だと思うわ。でも、そんなはずないかな……。

　私はシャルルを見た。彼が一人だけのワインの造り手だから、違った角度で見えている可能性があると思ったのだ。

シャルル　私は、無理に考えないことにするよ。

リンダ　これは、わたしのワインだと思います。辛口ですね。**ドクター・ローゼン**(W)の**モーゼル・リースリング二〇〇四年**(V)です。皆さん、まったくのハズレでしたね。この造り手は、最も自然に仕事をしている人の一人です。ワインを、とても単純なものに仕上げたいと思っているの。

JN　ということは、**モーゼル**(R)で最も素晴らしい造り手たちの一人からきているワインだけれど、最も安いクラスのワインということだね。ドイツだと一本、五〜六ユーロというところかな。すごいことだね。

というわけで、最初のワインが終わったが、何も教訓は引き出せていない。相変わらず闇の中にとどまっている。穏やかなる闇ではあるけれど。

3……二本目のワイン

ルグラン経営者のジェラール・シブール＝ボードリーが、今度は最初に口火を切ることになった。それぞれ自分の感覚を語りながらも、ワインについてとともに、自分についても話し始めているようだった。ワインは、出発点となるテロワールだけではなく、そのワインの目的地となる「テロワール」もまた映し出すのだ。

ジェラール　この白ワインは、旅をしている気分にしてくれるね。いろいろな感情が次々とわき起こってくる感じだ。華やかな、果実味あふれる感じ。この段階では、そういうのはどうでもいいんだけれどね。

ロベール　このワインは、ずいぶん洗練されてるね。前のよりも、もったいぶった感じ。たぶん木の樽で醸造されてる。私もそうだけれど、今多くの人が飲みたがっているワインの仲間ってところかな（ロベールは、私の方を見てにこりとした）。

JN　とても香りの良い、鼻から人を惹きつけるワインだと思うな。口に入れると甘くて木の樽の匂いがする。洗練されてるけど、ちょっと軽いかな。すぐに気に入られる味だけど、落ち着かない気がする。

シャルル　豊満なワインだね。平板で、ふくよか。私にはふくよかすぎるな。

モニック　いたずらっ子なワインだけれど、同時にとても官能的。ちょっと恋するワインっていう感じ。

レナート　テロワールをまるで感じさせない。何かを長く語るような、何かが響いていくようなものがない。次の物語の展開が予測できる映画を観ているみたいだ。あるいは、美しいけれど、ただそれだけの女性かな。

ダニエル　これは、わたしのワインだと思う。すごく魅惑的で官能的。好きになるべきなのかどうかはわからないけれど、実際、大好きになっちゃうワインで、本当に口の中でパッと広がる。

みんながダニエルを見つめた。「自分のワイン」で間違うなんて、あるのだろうか。「審判」の不安をみんなが感じていた。口にするのが恐いのだ。

リンダ　ワインリストを作っていると、同じワインなのに、レストランによって、美味しく感じたり、そうでもなかったりすることに気がついたの。ある種のワインは、別のレストランに出すと輝かしい光が鈍っちゃうの。「客観的」であろうとする場合には、これは本当に問題だわ。

ダニエル　テーブルを変えても、ワインの味は変わるわよ。同じワインでも、まったく違った味わいになったりする。人によっても変わるんじゃないかと思う、呼吸の仕方とかが違うみたいに。気分も影響するわね。ワインを暗くしちゃう人もいれば、明るくする人もいるってことね。

リンダ　絵とか、音楽でもそうね。

レナート　いずれにしても、どういうワインなのか、私にはわからない。

パスカル　ロワール《Ⓡ》だよ。**サンセール**《Ⓡ》の二〇〇〇年、**アルフォンス＝メロ**《Ⓦ》の**キュヴェ・エドモン**《Ⓥ》だと思う。

みんなが驚いて、彼を見た。試飲能力の高い人なのか、あるいは彼が持ってきたワインなのか。それとも、間違って自分のワインだと思っているのか。ワインを注いでいたマチューが、ラベルを見せた。

マチュー　素晴らしいよ、パスカル。自分のワインだってわかったんだね。そう、**サンセール**《Ⓡ》の**アルフォンス＝メロ**《Ⓦ》のところの**ソーヴィニヨン・ブラン**《Ⓒ》だよ。

ダニエル　えっ、てっきり、わたしのワインだと思った。

ロール　**サンセール**《Ⓡ》にしては、規格外れね。樽の香りの高い**ボルドー**《Ⓡ》タイプだもの。

JN　ダニエル、何で自分のワインだと思ったの？

ダニエル　テロワールの感じがしないってことと、新しい樽を使って香り付けしているから勘違いしちゃったんだと思う。これだったら、出来のいい**シャルドネ**《Ⓒ》だって言っても、みんな信じるんじゃないかな。

非常に才能あるプロの人たちでも、次々に間違いを犯していくのを見て、うれしい気持ちになった。人が（上手に）間違えば間違うほど、どんどん勇気が湧いてくるって感じだ。だんだんとみんなの肩から力が抜けていった。

4……三本目のワイン

ダニエル　わたしには、今度はすごい白ワインだって気がする。でも、これからは遠慮がちに言うわ。でもこんな一本なら、ひざまずいて拝んじゃうってところね。

ロール　すごく深みのある白ワインね。地面の下、石灰岩を感じる。
レナート　輝く星だね。深みのあるミネラル分があって、偉大なワインだよ。こういうワインのためなら、ブラジルからやって来ても損はないね。

私もまったく同感だという目をして、レナートを見た。心から共感した。どれほどたくさんのこうした魔法のように素晴らしいワインがあって、しかも、すぐに手に入るという恵まれた状況にあるのか、ヨーロッパに住んでいると忘れてしまうのである。ところがヨーロッパ以外では、たいへん面倒な手続きをして輸入しなければならない。抱えている問題はいろいろとあっても、フランスはワイン好きにとっては天国なのだ。

モニック　たいへん立派な領主さまですね。城の入口に立って、昇り来る陽の光を浴びた素晴らしい領地を眺め、「この世は美しい」と心の中で言うの。そんなふうに、本当に幸せを与えてくれるワインね。
シャルル　とてもいいものだ。口に入れても長く味わいがつづく。まったくざらつきのない豊かな味わいだ。
リンダ　つまり皆さん、このワインが望んだそのままを受け取っているのね。
ロベール　素晴らしいということは、みんなが同意したね。これは、人の手が最もかかっていない、そしてテロワールが最も強く力を発揮している。奇妙かもしれないけれど、このワインが最も酸味があって苦みもあるというのに、別に驚きもしない。もしかしたら、最も古いワインじゃないかな。何か複雑な味わいがあって、それが飛び抜けていて、美味しいんだね。変な樽の味が付いていないワインだということもはっきりわかる。

ロベールの心が広く開かれていること、そして彼の知識の証でもあるけれど、たった今、彼の言ったことは、偉大なワインに見られる主要な長所である。ただし、それが彼の好みに合っているとはかぎらない。こういう彼のあり方は、本当の意味で、嗜好の権力をあわせ持っていることなのだと思う。

ジェラール 私は、かなり幸せな気分だね。若い女性と夕食をともにしているような気分だよ。その女性は、スパイシーなクマツヅラの香りを少しだけ身につけていて、きちんとした服装をしていて、化粧っ気はない。その女性と会話をしていると、彼女の姿かたちの向こうに、彼女の本当の姿が見えてきて、彼女が考えていることの深さがわかってくる。やがて彼女と自分が完全に一体となって、そして恋に落ちるような感じだね。

少しの間、みんなが沈黙した。女性たちは皮肉っぽい微笑みを浮かべて、ジェラールを見ていた。しかし、その視線は非難めいたところはなかった。

ロール つまり、みんな同じ意見なのね。では、どなたがこのワインを持ってきたのかしら。
リンダ わたしじゃないわ。**アルザス**Ⓡのワインのような気がするし。
ダニエル わたしのだとも思えない……。
JN ユエットⓌのところの辛口の**ヴーヴレー**Ⓥを思わせるなあ。
パスカル 僕は、むしろ素晴らしい**オステルタグ**Ⓥの**リースリング**Ⓒって感じがする。
レナート **リースリング**Ⓒだよね。**アルザス**Ⓡのグラン・クリュだよ。かなり年は経っているけど、すごく古いというほどでもないかな。
ロール わたしは、**シュナン・ブラン**Ⓒかなって思ったんだけれど。

モニック　ぜんぜんわからない。

ジェラール　どのくらい年が経ったワインなのか、わからないし、産地がどこなのかもわからない。いずれにしても、今飲むのがちょうどいいね。

女性たちの目が愉快そうに輝いた。少し間をおいて、ダニエルが、恐る恐る口を開いた。

ダニエル　もし、これがわたしのだとすれば、**フランツ・プラーガー**Ⓦのオーストリア・リースリングです。このワインが好きなのは、最初に飲んだ時にはシュナンだと思ったからなの。異なったテロワールの別々の品種を混同してしまうというのは、よくあるわよね。

ロール　いくらするの？

ジェラール　高いとか、高くないとか、そんなことどうでもいいことだよ。

JN　ワインの商売をしている人としては、すごくおかしいよ、そんなこと言うなんて。

ダニエル　一本、二二ユーロ。その値段でレストランに卸しているの。（心配そうにマチューを見ながら）もし、これが私のならね。

ゆっくりとマチューが、ボトルの覆いを取っていく。そして彼女に向かって、にっこりと微笑んでみせた。そう、まさに（フランス以外で）かの有名なオーストリア、ワッハウⓇの葡萄栽培家**フランツ・プラーガー**Ⓦの**オーストリア・リースリング**Ⓥだ。アングロ・サクソンの愛好家にとっては、**ルーロ**Ⓦや**ラフォン**Ⓦと同格のワインと見なされている。

5……四本目のワイン

これを飛ばして、最初の赤に移ろうということになった。みんながそう望んでいた。

6……五本目のワイン

今度は、私から口火を切ることになった。運が良かった。

JN このワインには、完全に魅了されてしまうね。香りでも、口に入れた味わいでも、複雑さがある。退廃した感じとともに、生きの良さがある。一五年ものかな。

リンダ わたしも、こういうタイプのは好きね。時が流れの中で、宙づりになった感じがする。

ロベール ちょっと当惑を感じるな。ずいぶん危険を冒している気がする。すごく濁ってるよね。香りと口に入れた感じで言うと、すごく造りががっちりしたワインじゃないけれど、複雑さはある。

JN 好きか、好きじゃないかという、子どもっぽい主観的な判断に比べると、ワインと対話するあなたの評価の仕方は、とてもよいと思うよ、ロベール。とても優雅なアプローチだと思う、中立的とは言えないかもしれないけど。

ロベールは少し顔を赤くして、一礼を返してくれた。ジェラールが発言を始めた。

ジェラール これは、とてもレベルが高い。ひと世代ほど違う女性の魅力に、やられちゃうって感じだ。

砂糖漬けになっている果実の庭にいる感じかも。しっかり熟している果実だね。ラベルもないし、どこ産かもはっきりしない。けれど情熱だけは感じる。

ジェラールはこう言いながら、ロールとダニエルの反応を見たが、今回は二人ともジェラールの言葉に気を惹かれなかったようで、反応はなかった。

シャルル　これは、私のだね。一五から一八年経ったのだ。デカンタの仕方が良くなかったね。きっとボトルの底の澱が入ってしまったんだろう。目を見張るようなところがあるとすれば、中に入っているものが、いろいろとたくさん感じられるってことかな。

モニック　むずかしいけど、これは、わたしたちが持ってきたものね（確信して言っている）。すごくよく知っているから、あまりこのワインについて話したくないわ。ある夜のこと、シャルルが言ったの。「カーヴから一本持ってきたよ。何だかはわからないんだけれどね。ラベルがなくなっているんだ。飲んでみようよ」って。それで開けてみたの。かなり冷えていたわ。でも、何か強い感覚があったの。まるで祖母に再会したみたいにね。わたしが好きなのは、このワインの年がすごく経っている感じ。とても繊細なワインなんですよ。シャルルに言ったの。「素晴らしいわ。濁っているけれど、心に光が射し込んでくるみたい」って。

私は、シャルルとモニックをじっと見つめた。二人は、自分たちのワインの話をしながら、二人の心の中を語っている。しかし私は気になっていた。二人が自分のワインを間違うなんてことが、あり得るだろうか。シャルルのところのワインだとしても、この一本が彼らが持ってきたものとはかぎらない。つまり、彼らの造ったワインではあるが、別の人が持ってきたものかもしれないと。

パスカル　偉大なブルゴーニュだと思うな。たぶん、ヴォーヌ・ロマネかな。複雑で洗練されている。

レナート　このワインは、堂々たるものだ（レナートは六〇歳くらいで、リオの伝説的な女たらしだ。その彼が周囲を見回して言った）。特に年を経たものに特有の繊細さがある。私に言わせると、これは素晴らしいブルゴーニュⓇで、**コート・ド・ニュイ**Ⓡあたりのだな。でも、もしシャルルの言うとおり**ロワール**Ⓡの彼のワインなら、葡萄の品種も、地域も、何もかも私は間違っていることになる（にこりとしながら、もう一口ごくりと飲んだ）。そうだったら、頭を下げるよ。

ジェラール　もし、これが**ロワール**Ⓡのなら、私も最初から勉強しなおさないと。私も**コート・ド・ニュイ**Ⓡという意見に賛成だ。

マチュー　これは、**シノン**Ⓡの一九九二年で、**シャルル・ジョゲ**Ⓦの**シェーヌ・ヴェール**Ⓥのマグナムです。

JN　ということは、シャルルので合ってたということだね。あなたのワインです。でも、間違えていたことにもなる。だってこれは、ロールと私が持ってきたマグナムですからね。このように、父と息子が理解し合えるとは……。

シャルル　一九九二年は良い年じゃなかった。

JN　ということは、この古い**シノン**Ⓡが、僕たち全員をこれほど魅了したというのは、二重の意味で驚嘆すべきことですね。

ロベール　古い**シノン**Ⓡについては、何も知らないな。この一九九二という年についても知らなかったよ。

ダニエル　一九四五年の**シノン**Ⓡを飲んだことがあるけれど、これと同じような感動があった。そのワインは、すごく興奮させるような、元気を回復させてくれる何かがあったの。喜びを味わっている時には、本当に人は間違えてしまうものなのね。そのことを教えてくれる、そういうワインね。女性って、男よりも我にこだわらないと思う。間違えるってことは、わたしたち女にとっては、大したことじゃないのよ。

モニック　わたしは、頭がクラクラしているわよ。

JN　これは、実は、ここルグランで買ったんだ。これを選んだのは、みんなで再認識したいと思ったからなんだ。こんなに素晴らしいテロワールが、人に知られていなくても、素晴らしい才能のある造り手にきちんと世話をされると、一五年経っても、さらに「良くない年」であっても、こんなに多くの何かを表現できるんだってことをね。これこそが、私を感動させてくれるワインなんだ。

パスカル　昔、これを買い取っていたのは、フランシーヌ・ルグランで、シャルルの造るワインにすっかり恋していたんだよ。マグナムを買った時に、言ってたよ。ずっと取っておくんだ、それをいつか……。

ロール　（ダニエルに）泣いているの？

ダニエル　感動よ。なんていい話なの。あまり良くないと言われている年の**ロワール**®のワインが、ますます好きになっちゃった。ただ、素晴らしい畑のものだけ。ほんとうに、そう思う。

7……六本目のワイン

少し休憩した後、次のワインに移った。とても色の濃い、ほとんど黒いと言ってもいいくらいの赤ワインだ。前のとは対極的な一本。

レナート　シャルルの**シノン**®と比べると、現代的なワインだね。まるで見当がつかないよ。

パスカル　僕は意見を差し控えるよ、だって、選んだのは僕だからね。

JN　本当にそうなの？

パスカル　そうだよ。

モニック　ワインというよりは、自分の仕事を見せたがっている人の名刺みたいなものね。「僕はお勉強しました。現代的になって、まろやかで、わかりやすくなりました」って言っている感じ。知っているわよ、こういうタイプのワインを造る芸術家はうまくやってるものね。

ロベール　私はもっと複雑だな。好きな種類のワインだし。これについてコメントするのは、むずかしいな。葡萄がしっかり熟してから収穫して、お金のかかる醸造過程を経て、しっかり造っている。タンニンもきれいだし。完璧に現代風のワインで、**ボルドー**Ⓡの高級な銘柄、ドルドーニュ川の右岸の最近のだとは思うけれど。

ジェラール　私にもむずかしいな。というのは、この店でもう二〇年以上も前から扱っている造り手のワインで、すぐに私の持ってきたものだってわかったからね。あのタイプのワインだよ。

JN　それって、テロワールのこと、それとも造り手？

ジェラール　造り手の腕前のことだよ。

JN　そう言ったのは、テロワールという意味じゃ、何にも感じられないね。

ダニエル　少し胸がむかつくワインだとは思う。でも同時に、大好きだって思う。こういうのが好きだってことが、時々、恥ずかしくなるの。だって、今流行だからね。これを持ってきたのは、私だと思う。

ロール　自分がこれを好きだってことはわかるの。それが間違っているのかどうかは、わからないけれど。

ロベール　**ミシェル・ロラン**Ⓦのワインだと思う。私が持ってきたものだよ。

マチューが、これがどのワインかを明かした。そして、ロベールが持ってきたワインだと判明した。つまり、パスカルやジェラール、そしてダニエルが主張したように、彼らのワインではなかった。

8……七本目のワイン

みんなの雰囲気は、ワインが変わるとともに変わっていった。目隠し試飲でのそれぞれ間違いは、埋め合わせることができるだろうか。七番目のワインは、私たちをどこに連れていってしまうのだろうか。

モニック　これは、とっても好き。惚れ込んじゃうってほどじゃないけれど、美味しくて、とてもいいワインだと思う。何か素直で、じかに響く感じ。ただ少し味がさっと消えてしまうけれど。**シノン**Ⓡか**ブルグイユ**Ⓡの**カベルネ・フラン**Ⓒだと思うわ。

パスカル　僕も**カベルネ・フラン**Ⓒだと思った。とても素直で、はっきりしてるからね。

レナート　もし、君の言うとおりなら、熟成した**ロワール**Ⓡの**カベルネ・フラン**Ⓒを見出したことに驚かされるね。偉大なテロワールの素晴らしいワインにある柔軟さと気品を、あますところなく見つけたという感じだね。

ロール　とても素敵ね。飲み物であるとともに、食べ物でもあるね。完璧ね。とても見事な質感がある。それに華麗さも。酸味もあってがっしりしている。

ダニエル　わたしは、これはずるいまでのやり方で、自分が持っているわずかなものを、見事なまでに抜け目なく使っている、そういうワインだと思う。神様から祝福されてはいないけれど、だからこそこの味をうまく造り出したんだって思う。とても活き活きとしていて、自分の最も良いところも悪いところも、何も隠していないように思えるわ。私はこのワインを、性的な意味で好きなんだな。

リンダ　何か、野性的で獣のような感じが、このワインにはあるわね。

ジェラールは、ダニエルを見て、それからリンダを見つめた。

ジェラール まったくその通りですよ。

ロール じゃあ、こんなにみんなの情熱をかき立てるこのワインは、誰が持ってきたと思うのかしら。

モニック わたしだと思う。今度は間違えていないと思いますよ。

ダニエル これは、とても悪い年のワインね。一九八〇年、八一年、八四年、それとも八七年。ものすごく悪い年で、葡萄が酸っぱくて、寒くて、どうしようもない年のね。

パスカル シャルルとモニックが、今晩どんなワインを持ってきたのか、聞いて知っていたからわかったんだけれど、お二人のところの一九八七年の若い葡萄から造ったワインだね。もしそうだったら、自分でもびっくりすることだね。一九八七年という年の悪さ、そして葡萄の木の若さを考えるとね。ものすごいことだと思う。

マチュー 問題があるんですが、このボトルにはラベルがないんです。

シャルル それじゃ、私たちのだよ。私たちのカーヴからのやつだ。モニックが話していたワインだよ。一九八七年だと、葡萄は植えてからまだ一〇年しか経っていない。ダニエルが言うように、ひどい年だったよ。

JN ねぇ、シャルル。今日の目隠しの試飲会は、あなたは知らないかもしれないけれど、この道の実力のあるプロたちが集まっているんだ。どうして、この試飲会に、ご自分のところの最も良い年の最も良い畑の葡萄でできた**クロ・ド・ラ・ディオットリ一九八九年**[v]を持ってこなかったんですか？　どうして最大の自信作を持ってこなかったんですか？

シャルル この一本を見つけたのは、とても愉快なことだったんだ。三本見つかったんで、あと一本しか残っていない。一本を開けて飲んでみたんだけど、すごく良かったんだ。うちの**カベルネ・フラン**[c]がどんな味に仕上がっているのか、見てもらうのは面白いと思ったんだよ。こういうむずかしい年だとしてもね。**シノン**Ⓡの**カベルネ・フラン**Ⓒは途方もないんだ、だって、年が経つとともに、だんだんと自分が表に現われてきて、大したものになっていくんだから。**ピノ・ノワール**Ⓒと同じような品種だよ。でも、なかなか気難しくて、「さあて、うまく仕上げてやろう」ってわけには簡単にいかないんだ。

モニック　この前、シャルルがこのワインを開けた時に、わたしは感動したの。その感動をお友達に、つまり今までの友達、そしてこれからの友達に届けたいって思ったのよ。このアイデアは、うまくいきましたよね。ほら、皆さん今、幸せな気分でしょう。

その時、みんなは、ミサの時に全員が隣の人と手をつないでいるような心持ちになっていた。

ロベール　今晩は、特に郷愁をそそるワインが多かったね。現代的なのは、たった一本だった。

JN　そういう区別は嫌だな。どうして「郷愁をそそる」って言い方をするの？

ロベール　それは……、若い人たちが味わうことができないワインだと思うからかな。こういう味わいを知らないんだ。文化と教養の問題だね。

ダニエル　わたしは、すごく楽観的よ。わかりやすい味を飲んでいると、ある時、疲れちゃうの。そんな時に、少しでも複雑な味わいのを飲むと、突然、何か天から啓示されたような気がするの。わたしたちの仕事って、そういう可能性をみんなに与えることだと思うわ。偶然に任せてね。それって素晴らしい神さまの啓示なの。

ロール　それに「若い者にはわからない」というのは、いつだって年寄りの台詞よ。機会さえあれば、若い人だってじっくり味わって飲みたいはずよ。

ダニエル　そうそう、それがわたしたちの仕事なの。わたしたちワインの戦士は、そこに関わっていくの。

何か別のものを提示してあげるのよ。

ロール そう、ある種のワイン商人たちが発明したみたいな、無から生み出されたワインではない、別のものをね。

そろそろ午前零時をまわろうとしていた。若いマチューは、五時間もこういったやり取りに注意深く耳を傾けてきた。そして自分のも含めて、みんなのグラスにすべてのワインを注いできた。ずっと口元に微笑みをたたえて、一本、また一本と、ワインを注いでくれた。もしかすると、さらにもう一本つづいたかもしれない。そう、そこにいたみんなが幸せを感じていた。みんなが声を立てて笑っていた。

ダニエル このワイン持ってきたのは、わたしだわ。

パスカル いいえ、僕だよ。

ダニエル 違う、わたしよ。

リンダ わたしよ!

レナート 私もだ!(ちょっとして)何だか、よくわからなくなってきたぞ。まあ、いいか、何でも!

第22章 エピローグ——「フォンサレット事件」の顛末

真夜中の飛行機に乗ってブラジルに帰ることになっていた、その晩のことである。

シャーロット・ランプリングと、次の映画のことで話をしなければならなかった。彼女は撮影中だったが、パリ市内でならという条件で、私の好きな所で会ってくれることになった。日中の撮影で疲れきっているから、ワイン一杯とパン一切れくらいの時間しかないわよ、と言っていた。それでワイン屋のルグランで待ち合わせをした。

パリのパサージュ、ギャルリー・ヴィヴィエンヌから、この素晴らしいワイン屋の中に入って、素敵で温かい雰囲気に包まれると、彼女の機嫌もすっかり良くなった。夜七時半なので、ワイン・バーのコーナーにはほとんど客はいなかった。ガランとした店内には、まるで一九世紀の亡霊たちが、店の中の好きな場所に住みついているかのようだ。撮影の後なので、シャーロット・ランプリングは化粧をしたままだった。いつもどおりの独特のセクシーな雰囲気を漂わせていた。私たちは椅子に腰掛けた。

「じゃあ、何をいただこうかしら?」と、にっこり微笑んだ。

「何を飲んでみたい?」

「寒いわね。赤がいいわ。でも、一二時間も撮影がつづいたから、重たいものだと疲れがどっと出そうで、嫌だわ」

　その気持ちがよくわかった。そこで、軽い**ブルゴーニュ**(R)を処方することにした。スター女優の到来に備え待ちかまえていたルグランの経営者のジェラールに、この店にあるマルサネーの**コート・ド・ニュイ**(R)の何かで、**ボジョレ**(R)のいちばん上品なのを思わせるような生きる喜びを与えてくれる、空気のようにきわめて軽やかなワインを出してくれるように頼んだ。それがシャーロットにはよいだろうと、私は思った。ジェラールは、ジャン＝ルイ・トラペの**マルサネー**二〇〇〇**年**(V)を手に取った。思わず声をあげた。

「トラペは絶対にダメだよ。僕には洗練されすぎだし、現代的すぎる」

「大丈夫、信じてくれよ。いいワインだよ」とジェラールが応じた。

　あまり信用したくはなかった。なぜなら造り手が知り合いのような気がしたから。しかし、シャーロットがテーブルで待っているので、あまり話を引きずりたくないという思いから、承諾してしまった。それに、そのワインは二〇ユーロと**ブルゴーニュ**(R)にしては非常にリーズナブルだった。一〇分後、気が付いてみると、私は二杯目をグラスに注いでいた。そのワインは陽気で、美味しく、清々しい味がした。ジェラールの言うとおりだった。こうしてまた一つの偏見が消えてなくなった。このワインを飲んで元気が出ると考えたのは、私だけではない。シャーロットの気分もすっかり変わっていた。疲れなどつゆほども見せずに、私が知っているとおりの楽しい彼女で、輝かんばかりだ。良い一本にあたった。私はついていると思った。私は、フランスで最も魅力のあるワインの殿堂の一つに居た。そして、純粋に美味しいワインを飲んで、その味わいからくる喜びを二倍も感じていた。そのワインのおかげで自分の無知と偏見から解放されたのだから。さらに、世界で最も素晴らしく光り輝いている女性の一人と一緒なのである。こうした素晴らしい偶然のおかげで、非常によい気分で、次の映画でシャーロットに演じてもらう役の話をすることができた。リオの美容整形外科医というのがそれである。この医師は、他の人のためにその仕事をしているが、自分のためには決して整形手術はしないと固く心に決めている。五八歳で美しく輝くシャーロットは、その性格のおかげで、そして彼女の勇気のおかげで、そうした役を深く演じることができるだろう。

　私は思わず、彼女に、彼女の性格や彼女自身について、次のような質問をしてしまった。

「自分の美しさを、重荷だと感じたことはありませんか？」

　シャーロットは真面目な顔をしてじっと私を見つめると、声をあげて笑い出した。

「あなたって本当にバカね。なんて贅沢な話。なんて幸運。私は、一生あますことなく、ぜんぶ利用させてもらうわよ。When you're beautiful, you can get away with murder（人は美しい時には、何でも許される）」

　ジェラールは（女性の美しさには黙っていられないので）、私たちの近くにきて座った。彼がすぐに、ありとあらゆる手練手管を使って彼女に近づこうとするのを見て、おかしくてたまらなかった。彼の態度が恥ずかしくなって、また少し悪戯っ気もあって、少し席を外して彼にチャンスをあげることにした。私は部屋の奥にそっと移動して、これから始まるショーを鑑賞しようとしていた。すると、もう一つの部屋を横切って、客が銀行通りの方にある広間に移っていくのが見えた。明らかに、これから試飲会が始まろうとしている。店の従業員が、廊下から私に声をかけた。

「ノシターさんですか？」

「ええ」

「これからお客様と試飲会をするのですが、その造り手の方をご紹介させてください」

　私は、紹介された三〇歳くらいの若い男性と握手を交わした。素直な顔つきをしている。

その若い造り手　こんばんは。**エマニュエル・レイノー**(W)です。

JN　え、**エマニュエル・レイノー**(W)さんって、シャトー・ド・フォンサレットとシャトー・ド・ライヤスの？

エマニュエル　その本人です。

JN　何という偶然でしょう！　お目にかかれて光栄です。皆さんそうだと思いますが、ずっと以前から、あなたのお仕事とおじさまのお仕事には敬服してきました。しかし、ここで偶然あなたとすれ違うことがあろうとは、非常に驚きです。この店で、ずいぶんあなたのワインを買ったんですよ。去年、この店から返品された**フォンサレット**(V)の白があったことを憶えていますか?　「味が損なわれていた」と言って返品した一本のことですが、実はそうではなかったのです。もうしわけなく思っています。その行き違いの原因は、この私にあるんです。

彼は、いぶかしげに私を見つめた。

エマニュエル　いいえ、ルグランからは、欠陥品といってワインが戻されたことは、一度もありませんけれど……。

　その後のことは、はっきりとは憶えていない。というのは、動転するようなことがあった時には、記憶が飛んだりするからだ。ただ、かなり長い間、呆然としていたように思う。その後、彼と握手をして別れ、シャーロットとジェラールのいる部屋に戻ったと、おぼろげに記憶している。

　二〇分ほどして、私は空港に向かった。私がパリに来たのは、二、三週間でこの本を書くためだ。**フォンサレット**(V)の白に関して、例の嫌な出来事があってからもう一年以上経っている。私がリオに帰るその時に、あの一本を買って、そして返品したその当の店で、そのワインを造った当人と出会うなどとは、いったい誰が予想し得たであろうか。こんな話は、でっち上げではないと私がいくら言っても、誰も信じてくれないだろう。しかし、ここで起きたことはすべて事実であり、フィクションではない。まったく、真実というのは、いつだってフィクションよりも、ずっと厄介で人を困らせるものである。

ちょうどシャーロットが席を立とうとしているその時に、私はその場に戻ったようである。ジェラールがくり広げる誘惑の戦場を離れるにあたって、彼女はすずしげな微笑みを浮かべていた。その場に私が戻った時に、ちょうどジェラールが、彼女の耳元でこう囁いている言葉が聞こえた。

「よろしい時に、私とお食事をしましょう。この店はもう、あなたのものですよ」

謝辞

マニュエル・カルカソンヌとロール・ガスパロットが、この本の生みの親である。ロールはワインの世界の花も実もある、まさに中心をめぐる旅に同行して、あちこちで何十時間もかけて録り集めた会話を文章に起こしてくれた。そのうえ、私のフランス語にある野蛮で粗野な言い回しを文明化し、あるいは少なくとも穏やかな調子になるように力を貸してくれた。グラッセ書店の若く才能ある編集者ピエール・ドゥマルティ（翻訳家でもある）は、私が英語で書いた五章分の文章をフランス語にしてくれただけでなく、テロワールのない私のフランス語を読み、さまざまな出会いや私の考えが渦巻いて混乱している文章をかたちに整えて、最終的にフランス語版の本として完成させてくれた。

　同じく、心から感謝の念を伝えたい人として、ソニャ・クロンラン、ジュアン・ピタリュガ、そしてアレッサンドラとリュクレツィア・ファナーリがいる。私も、私のこの本も、非常に重要な段階で、たいへんお世話になった。ロベルタ・サドブラックは、リオで最高のレストランを経営しているが、人間としてもまたレストランの点でも、世界でも屈指の料理人である。その彼が、この計画がより良い方向に進んでいく過程で、彼自身はそうと知ることなくずっと一つの方向性を与えてくれた。本書は、ロベールとイザベル・ヴィフィアン、ダニエル・ジェロー、**ジャン＝マルク・ルーロ**(W)、そして**モンティーユ**(W)の家族たち、**ドミニク・ラフォン**(W)、**クリストフ・ルーミエ**(W)、ワイン屋ルグラン、シャーロット・ランプリング、ルイス・シュワルツ、ビル・クレッグ、マイケル・グリーンバーグ、ジョージ・プロクニック、オリヴィエ・ノーラ、ハイディ・ワルネック、アダム・ノシター、ジェリー・ドーズ、ギリェルモ・デ・アランサバル、パスカル・メリゴー、**シャルル・ジョゲ**(W)とモニック夫妻、**キム・ビラ**(W)、**イヴォンヌ・エゴビュリユ**(W)、アルベルト・ヘライス、ジェラール・マルジョン、シロ・リラ、ブリュノ・クニウー、レナート・マシャド、エドワード・ブラドレー、ソフィー・ボロウスキーといった方々のご厚意がなければ、存在することすらなかっただろう。

最後に、他の誰よりも、私は妻ラウラに感謝している。この本をブラジルで一五か月にわたって編集している間に、私たちの子ども、ミランダ、カピトゥ、ノア＝ベルナルドを育ててくれた。しかも、私たち二人がパリで暮らしていた時にワインを通して味わった喜びを思い出して、このワインをめぐる旅の動機を作ってくれたのは、その私の妻なのである。

［日本語版解説］

テロワールのワインは、人にテロワールを与える

福田育弘

テロワールを求めて

現代の消費に力点をおいた資本主義的な都市文明に暮らすわたしたちは、多かれ少なかれ自分のよって立つ土地を失った故郷喪失者ではないだろうか。

明確な性格をもった土地という意味で、フランスで近代になってよく使われるようになったキーワード「テロワール」（terroir）とは、もともと大地をさす「テール」（terre）に由来する言葉で、辞書には「農地、郷土」といった意味が記されている。しかし、現代的な文脈で考えれば、わたしたちの多くが失った、あるいは失いつつある、よって立つべき土地としての故郷、あるいはさらにもっと広く、わたしたちを育んだ文化的土壌をさす言葉である。だから、あえて日本語に訳さずテロワールというフランス語がそのままカタカナ表記で使われる。

さてそんな観点からすると、このルポルタージュ風の物語は、明らかにテロワールなき人がテロワールを求める物語だといってもいいだろう。

ワイン業界とワイン生産の現場を描いた映画『モンドヴィーノ』（二〇〇五年）を監督した著者のジョナ

サン・ノシターは、アメリカ系ユダヤ人で、生まれこそアメリカ合衆国の中枢部ワシントンDCだが、国際関係を専門としたジャーナリストの父にしたがって幼少期をフランスで過ごしたあと、ヨーロッパ各国で暮らし、現在はブラジル人の妻と三人の子どもとともに、ブラジルのリオデジャネイロに居を構え、英語やフランス語のほか、スペイン語やポルトガル語など数カ国語を話す筋金入りのコスモポリタン、大学ではギリシア・ローマの古典文学を学んだ教養ある国際人である。

ノシターが教養あるコスモポリタンであることを示す記述やエピソードは、この著作の随所に見られるが、何よりもパリやブルゴーニュでのワイン巡礼を語るルポルタージュ風の記述の合間にときにはさまれる、ブラジルやチリのワイン生産の歴史と現状に関する透徹した意見や、スペインワインの歴史への批判的な知見、さらに歴史的により巨視的な視野にたってノシターが学んだ歴史学者たちの見解がワイン文化との関連で紹介されていくという、本書の叙述方法にはっきりと認めることができる。

そんなコスモポリタンのノシターは、執拗にテロワールのワインを求める。あるいは、ワインのテロワールとは何かと考えつづける。それは、彼自身、全世界をまたにかけて映画を制作する国際人であり、数多くの言語を操り、多くの文化をそこに暮らすことで内側から知りながら、いや知っているからこそ、ここそわたしを育んだ土地だというテロワールがないからだ。いや、より正確には、ここそわたしを育てた土地だという確信がもてないからだ。

それは第I部の最後で、パリの多国籍企業化した品揃えのいいワイン店で、昼食に飲むワインを選びながら、『モンドヴィーノ』の撮影のために訪れたブルゴーニュでのワインの造り手たちとのやりとりを思い出す部分に、もっともはっきりと表われている。その章の節題のひとつは「他者のテロワール」であり、それにつづく節は「テロワールなき者」と題されている。つまり、これらの節題は、この著作が他者のテロワールを通して、テロワールなき者がテロワールを探し求める物語だと宣言しているのである。そして、著者はそのようなテロワール探索の理由とテロワール探索そのものに、きわめて自覚的なのだということも。

テロワールの表現としてのワイン

では、なぜワインなのだろう。

もちろん、それがコカコーラではダメなことはだれにでもわかる。つねに品質が一定の工業製品では、テロワールとは正反対、まさにグローバル化の産物であるからだ。テロワールは多様性に意味があり、多様性とは個性の豊かさにほかならない。

たしかに、ビールやウイスキーもテロワールの産物という側面をもつ。しかし、穀物から造られるアルコールは土地離れを起こしやすい。原料が傷みにくく、輸送が簡単で、醸造に技術を要するからだ。ドイツやベルギーには地元に密着した小規模なビール醸造所があり、土地土地に個性的なビールを造っている。ただし、世界にも日本にも、大手のビールメーカーがあり、それらがビールの消費市場で大きなシェアを占めていることも忘れてはいけない。大手メーカーの定番の銘柄は、味がいつも一定であることが期待される。味の違いは、多くの場合、醸造技術の違いによって造られたもので、まただからこそ、各社が異なる味わいの製品を商品化しているのである。穀物酒であるウイスキーも、基本的には同じような側面をもつ。

それに対して葡萄という果実から造られるワインはどうだろうか。葡萄は果実のなかでもとりわけ果皮が薄く、多量の水分を湛え、とても傷みやすい。収穫して放っておくと、自然に発酵を始めかねない。その場ですぐに仕込むしかないのだ。しかも、途中に糖化という複雑な過程を経て造られる穀物酒と異なり、その発酵は基本的にいたってシンプル。潰した果汁を容器にいれ、一定の温度に保てば、葡萄に付着した自然酵母の活動で醗酵してくれる。葡萄の原産地である中央アジア辺りでいまだにつづく原始的なワイン造りだ。この基本は今も同じ。人間がやることは、丁寧に葡萄を育て、醗酵が正しい形で進むよう見守り、ときに手助けしてやることだ。

みなさんもこの本を読もうというほどのワイン好きなのだから、名だたる造り手を訪れ、当主が手ずから樽の上部に空いた穴の栓を取り、そこからピペットでワインを抽出してグラスに注いだものを試飲させてもらったことがあるのではないだろうか。もちろん、ピペットに残ったワインは樽に戻すし、造り手によってはグラスに残ったワインも樽に戻してしまう。こうした光景に、わたしは最初、とても驚いたものだ。あの偉大なワインがこんなに素朴な器具で作られ、こんなにラフな状態で試飲させてもらえるとは。これは複雑な醸造過程でさまざまな技術が必要とされる穀物酒との違いである。

さらに、穀物以上に、果実の出来は、土地の自然条件や毎年の気候条件に左右される。だから、土地の影響力はなおさら強力である。まともなワインに収穫年が記載されるのは自然な成り行きだとわかる。ワイン造りは、基本的に土地の恵みであり、たとえ超の付く高級ワインでもそれは同じ。ワインは基本的に土地に密着した産物、テロワールの産物でしかないのである。

そもそも土地の味わいは、農産物を通してしか人間には知覚されない。まぁ、土そのものを頬張るというのも一つの方法だが、これは地質学者か一部の農家を除けばよほど酔狂な人にしかできない。わたしたちは食卓で土地の産物を通して、その土地の味を知覚し、体験する。

フランスでは古くから農産物は土地の味をもつものとされてきた。「テロワール」という語の歴史を『ロベール・フランス語歴史辞典』で調べると、当初、単に「地方」を意味したこの語が一三世紀になって「農地」について使用されるようになり、やがて一六世紀中葉になると「土地の味」として、特にワインについて用いられるようになったことがわかる。これほどワインがテロワールを代表するものとされてきたのである。これは、当時すでに土地ごとにワインが個性をもち、それが受容のレベルで消費者に意識されていたことを示している。

ここから「典型」(type, ティップ)という考えが生まれる。たとえば、あるワインがブルゴーニュらしい、シャンボールらしいということをフランス人で少しワインのわかった人たちは、「このワインは典型的 typé（ティペ）だ」と表現する。あるべきテロワールをちゃんと表現しているということだ。逆に、極端な話、いくら美味しくても、きれいな果実味が身上のブルゴーニュのワインがボルドーのような厚みのあるタンニンでどっしりしていると、そのワインはあまり評価されないということでもある。

この著作の本文でも typé「典型的」とか、typicité（ティピシテ）「典型性」という言葉が試飲の際によく使われており、邦訳では文脈に応じて「性格がはっきりしている」とか、「特長がある」といった表現になっているが、実はそのような判断の背景には、ワインはテロワールの産物であるという事実と認識があるのだ。

グローバルな工業製品対ローカルな農業製品

こうしたワインの飲料としての性格から見えてくるのは、グローバルな工業製品とは本来対極にあるワインの姿である。

コカコーラや大手メーカーのビールのように、工業的に生産された飲料はつねに均質であることを特徴とするし、消費者もそのような性格を求めている。しかし、土地に根ざさざるをえないワインは加工品には違いないが、基本的に農産物である。

日本でワインの品質向上に長年取り組んだ醸造学者、麻井宇介は、「農産物を原料とする醸造は農業と工業の接点に位置づけられる」とし、「ブドウの収穫そのものであるワインづくりと、収穫した米や麦から随所でつくられる清酒やビールとでは、つまり農業の末端にあるものと工業の発端にあるものとでは、工業化するための技術に対して、依存の仕方に本質的な差が現れるのは当然であろう」と喝破した。そして、「醸造技術の役割は、より高度の工業化にあった」点を認め、ヨーロッパのワイン造りには「工業化の技術とは対極にある『いかに風土をとじこめるか』の思想」が息づいている一方で、「日常ワインの大量生産システムが風土をこえて進んでいる」と、すでに一九七八年の時点で明快に指摘している（『ブドウ畑と食卓の間』中公文庫）。

麻井の言うように日本酒という穀物酒の技法を江戸時代に完成させた日本では、明治以後、長い間、ワインを技術で造ろうとしてきたが、ようやく一九八〇年代になって麻井の強力な指導もあり、適切な品種を選び、よい葡萄を作ることから、すなわちワイン造りを一からやり直すことで、「日本のワイン」は「日本ワイン」といえる個性を獲得したのである。

ノシターが問題にするのも、一九七〇年代以降、急速な醸造テクノロジーがワイン生産に次々に導入され、高度なテクニックを駆使した「スーパーワイン」が作りだされて、それが市場でテロワールのワインを圧倒し、消費者に人気を呼んでいる現代のワインの生産と流通、受容と消費の状況である。

実は、他のアルコールにすでに適用されてきた高度な醸造技術が一九七〇年代になってようやくワイン生産の分野に導入されたのは、ワインが勘と経験による手作りの農産物であるという考えが強かったからだ。

しかし、高度な醸造技術は、それがいったん導入されると、より効率的な生産と科学的な効果を求めて邁進する。こうして、若いうちに飲んでも過度な甘みと媚びるような濃厚さがあり、パワフルで力のある、わかりやすいワインが世界各地で大量に生産され、出回ることになった。ノシターの言う「ケチャップ味のハンバーガーワイン」であり、「甘い果実爆弾」である。

そして、それを受容の面から支持したのが、一九七〇年代末に本格的にワイン評論を開始するアメリカ人のロバート・パーカーである。パーカーは今やワイン好きにはおなじみの一〇〇点満点による採点を導入し、こうした高度な技術によって造られた濃厚な、時にジャムのようなワインに高い評価を与えていった。パーカーはそのわかりやすい点数制と、わかりやすいワインを評価することで、アメリカを中心として新たにワインを受容し始めた国々の消費者の導き手となる。ワイン新興国によるテクノロジー革命擁護の急先鋒といえるだろう。この過程をワイン評価の「民主化」と見る視点もありえるだろう。ただし、問題は、その民主化が、ある意味、衆愚化でもあることだ。

わたしはよく、ワインを飲み始めてワインにハマった当初、多くの人がしばしば「濃い病」にかかると思っている。それは、濃いイコール美味いイコール高級という単純な指標でワインを判断する病である。ここにオークの新樽香でも付けば、それがたとえオークチップによって化学調味料のように後付けされたものでも、ある種の疑似的な充実感と高級感をもたらすのは否めない。新参者で、通ぶりたいときに、わかりやすい指標は渡りに船である。大抵の人は凄い、美味いと思ってしまう。

この本に登場する生産者がしばしば述べているように、濃いワインを造ることは、現在の技術を使えば、むしろ簡単である。これはここ三〇年のわたしの飲み手としての経験や、フランスのワイン生産の現場でのフィールドワークで得た知見とも一致する。むしろ、葡萄の特性を生かし、葡萄本来の果実味が開花するよう造ることこそ難しいのだ。もちろん、それは土地の味を生かすということにつながる。しかし、そうしたワインが生産において脅かされている。工業が本来農業製品であるワインを壊滅させつつあるのだ。

『モンドヴィーノ』の反響とその意味

そんな現状を結果として告発することになったのが、ノシター監督の映画『モンドヴィーノ』だった。特にボルドーを中心に世界をまたにかけて活動している醸造コンサルタント、ミシェル・ロランはパーカーのパートナーで、パーカーを生産の面から補佐しているワイン業界の大物だが、どこにいっても「ミクロオクダシオン」(ミクロ酸化発酵)というアドバイスを繰り返し、黒塗りのメルセデスで葉巻をふかすその姿はまるでギャングの親分のように描かれていて、その見事な悪役ぶりに「なかなかいい味を出しているな」などと思ってしまう一方で、ロランの関わったワインにあるあの果実味のある濃厚な味わいはこんな技術で造られているのかと驚いた。ただし、本人にしてみれば、こんな描かれ方に怒り心頭だっただろうことは想像に難くない。

しかも、こうしたパーカー的ワイン生産の現状を描く一方で、弱小のワイン農家をその犠牲者とでもいうかのように対比的に描いたから、どうしても悪代官と彼と組んだ悪徳商人が弱い百姓衆をいじめているように観る者には映ってしまう。事実、ワイン関係者やワイン愛好家の間での反響はすさまじく、この本にもあるように、パーカーとパーカーに与する人々は、ノシターはインチキで映画はでっちあげだ、と一大キャンペーンを繰り広げた。

しかし、少し醒めた目で見れば、ノシターの映画への、このように激しい反応の在り方こそ(人は本当のことを言われるとキレるものだ)、ワイン業界における問題のありかを鮮明に映し出しているといっていいだろう。ワインというものをどうとらえるかという問題である。さまざまに味つけ可能な工業製品とみなし、ブランドという記号性をまとわせることで、高価にも高級にもなるステイタス・アイテムととらえるか、あるいはこれまで通り農産物としてとらえ、技術を制限して使用し、土地の味を重視し、おのずと現われてくる個性に価値をおくかという問題である。ワインの個性は技術で演出可能として演出力を磨くか、ワインの個性はあくまで土地との関係で表現されるべきと考えるか、という価値観の問題である。

この背景には、アメリカをはじめとする新たにワインの生産と消費に乗り出した地域と、ヨーロッパで昔からワインの生産と消費を担ってきた伝統的なワイン文化圏との対立がある。伝統のある地域はすでに確立したテロワールを維持することにうまみがあるが、新たにワインを造りだした地域では、技術によって個性を演出するという考えが広まっても不思議はない。それが極端に走れば、ノシターが指摘する、「テロワールなんて、でっちあげ」だとするパーカーの信念となる。

もちろん、経験と勘に依存してきた伝統的なワイン造りは、これまでもいろいろな技術を活用してきた。たとえば、糖度を上げるシャプタリザシオンは一九世紀に発明された手法である。しかし、問題は、醸造学者、麻井宇介が自戒の念をこめて指摘する「高度な工業化」である。一九八〇年代以降、果実濃縮機やミクロ酸化発酵などの高度な醸造技術が次々に導入され、造り手はほぼ思い通りのワインを創作することが可能になった。さらに、本文にあるように、二〇〇五年のEUとアメリカとの合意で、アメリカが自国のワインにヨーロッパのワインの名称を使用しない代わりに、ヨーロッパでの樽チップによる味つけが認められた。こうなれば、やがて客がイチゴ味のワインを望めば造れるようになってしまう。カクテルやチューハイのようにワインが即席に味つけ可能となるのだ。

いやすでに一九八〇年代のアロマ酵母の開発と普及により、味つけは行なわれている。みなさんがよくご存知のボジョレによくあるバナナの香りは、まず確実にアロマ酵母によるものだ。酵母を選べば、バナナやカシスの香りなどお手のもの、自由に香りづけできる。人工酵母に頼らざるをえないのは、除草剤や殺虫剤の使用によって、土地に自然に生きている多様で無数な酵母の数が一〇分の一ほどにまで削減してしまうからである。土地の養分を吸い上げて育つ葡萄と同じように、醸造段階でも土地ごとに異なる無数の酵母が土地の味を創り出すのである。

本書に登場するほとんどの造り手が、ビオディナミをはじめとする有機農法にこだわるのはそのためだ。もちろん、環境への気遣いもあるが、土地の味を生かそうとすれば、おのずと有機農法か、それに近い自然な農法にならざるをえないのである。そして、それは一度投資すればよい工業的な高度な技術の使用よりも、はるかに日常的に手間暇のかかるものであることもまた否めない。

こうした状況で、土地の味を重視するワインへの思いは、当然ながら深く内面的なものになる。ブランド性をまとった工業製品の人工的な魅力ではない、土地本来の味わいの農業的な探求は、工業的な商品の溢れるなか、人のアイデンティティに関わる行為となるのである。味覚という知覚のなかでもっとも直接的に身体に訴える飲食物だからこそ、プルーストのマドレーヌ菓子のように、わたしたちの内面に働きかけるその力も、大きなものになるのだ。

飲み方と関係するワインの味覚

主に生産面での世界のワインの現状を描いたノシターが、本書で探求するのは、受容と消費という場面におけるワインの姿であり、味覚としてのワインである。それは、ワインがどのように飲まれ、その飲み方を通してどのようにワインに関する味覚が育まれるのかを探ることであり、それらの全体として築かれ引き継がれていくワイン文化とはどのようなものなのかを考えることである。

国際問題のジャーナリストだった父がパリに暮らしていたおかげで、二歳の時から両親にパリでワインの手ほどきを受け、三歳の頃から少しずつワインの味を憶えてきたと語るノシターは、さほど古くからワイン文化をもたないアメリカ人ながら、ワインを生活の一部とし、食事の欠かせない伴侶としてきたフランスのパリで、しかもいまだ古き良き時代の面影を残すヨーロッパのワイン文化のただ中で、ワインと出会い、ワインへの味覚を形成してきた。

その味覚の中心にあるのは酸味への嗜好である。さわやかで溌剌とした酸味や、品のよい洗練された酸味への共感と賞賛は、この著書のいたるところに見いだせる。まさに、ケチャップに代表されるアメリカ人好みの濃厚な甘味嗜好とは正反対の味覚である。

ワインには酸味がある。果実酒だから当然である。素直に発酵させた素朴なワインには果実の酸っぱさがある。基本的にどのようなワインにもあるその酸が、フランス料理に代表される、ソースや焼きものに脂を使った料理にうまくマッチする。だから、白であれ赤であれ、きれいな酸がないワインをノシターは評価しない。

逆にノシターが賞賛するのは、今や時流に押されて造られなくなったシャスラやシルヴァネールなどの高級とはいえない品種から造られる愛らしい酸のある白ワインであり、酸味と果実味のある高級品種リースリングから造られるアルザスやドイツの上質の白ワインである。また、シュナン・ブランという酸味と潜在的な糖度とを兼ね備えた品種からできる、さほど知られていないロワールの白ワイン、たとえばユエットやフォローのヴーヴレーであり、サヴァニャンという独自の品種から酸味を強調して造られる、さらに知名度の劣るジュラの白ワインなのである。もちろん、きれいな酸味があるかぎりにおいて、シャルドネから造られるブルゴーニュの白も、ローヌの白も評価される。

ワインに骨組みを与え、熟成を可能にするのも、この酸味である。厚みのある甘い赤ワインは、熟成しても思いのほか良化しない。酸こそ命なのだ。

だから、赤でもノシターの好みははっきりしている。ピノ・ノワールから造られる熟成しても決して若々しい果実味を失わないブルゴーニュの赤ワインであり、一部の愛好家を除いてあまり知られていない、熟成してブルゴーニュと見紛う果実味を示すカベルネ・フランから造られるロワールの最良の赤ワインなのである。

これはほとんど、わたしの嗜好にも重なる。フォローもユエットもかねてより好きなワインだし、年代ものを何本も飲んだ。ブルゴーニュやボルドーほど値が張らないうえに、なんといってもそのまろやかに熟成して酸味と甘みのバランスの取れた味わいが上品な和食に見事に合うからだ（本当にどこかの店でこの組み合わせで出してもらいたいものだ）。果実味のあるロワールのカベルネ・フランの古い赤も、熟成したブルゴーニュの赤も、和洋を問わずよく上品な料理に合ってくれる。ジュラのワインについては、おそらくノシターよりも心棒者だ。ジュラの白は和食や東南アジアの料理によく合うし、ヴァン・ジョーヌも一ケースほどカーヴに眠っている。それは、ノシターの二歳からにはとてもかなわないが、わたしも二〇代後半の三年間のフランス滞在でワインを憶えたからだ。

ワインはつねに食事とともにある。これがパーカーに代表されるアメリカのように、長い伝統としてのワイン文化、ワインは食事の一部であるという文化を持たなかった国との違いだ。アメリカの映画やテレビドラマにワインが出てくるとき、よくワインだけがハードリカーのように飲まれている。これがワイン文化のない国の典型的な飲み方である。そうすれば、ハードリカー同様、単体で派手なワインが好まれるのも当然である。フランスなら、単独で飲む場合も、ほとんど食事のアペリティフとしてであり、せいぜい軽い白（petit blanc）か、シックにいくならシャンパーニュに限られる。

これに対して、ワインを食事の一部と考えてきた地域では、ワインは料理と合わせてはじめてその十全な輝きを発揮する。どの料理にどのワインというのは、蘊蓄の披瀝ではなく、ワイン文化圏に育った人々がごく普通に普段から意識していること、いや意識することなく発動されるワイン文化の感性なのだ。だから、ノシターは撮影のロケ地にもワインを持参し、場合によっては昼でもワインを酌み交わすことにこだわる。ワインは食事の一部であり、人生の一部でもある。ときにこれ見よがしに濃い現代的なワインを顕示的に消費するものではないのだ。

では、アメリカと同じように最近になってワインを飲むようになった日本はどうか。ノシターが「日本語版序文」である程度気づいているように、日本には日本酒に美味しい肴を合わせる伝統があり、これがベースとなって美味しい料理にワインを合わせるという飲食行為が割とすんなりと受け入れられたと考えていいだろう。ただ、主食である米を用いて造る日本酒は、それ自体を味わうことが重要で、多様な少量の小皿料理は本来、酒の味を違った風に引き立てるためにある。しかし、ワインの普及によってそれが逆転し、今では和食店やすし屋でも、料理やすしに日本酒を合わせるという日本酒のワイン化が起こっている。

造られたテロワール、造られていくテロワール

では、自らをテロワールなき者とするコスモポリタン、ノシターは、テロワールを見いだせたのだろうか。あるいは、テロワールとは何かということを探りあてたのだろうか。

それを解く鍵はすでに、第Ⅱ部、パリのレストラン「ラ・カグイユ」での、フランス人のワイン評論家

ジャック・デュポンの説明の中に予告されている。

実は、テロワールとは、長い年月をかけて人間が自然環境とやりとりをし、造り上げてきたものである。デュポンはローマ帝国の崩壊後の葡萄畑創設時、司教区を単位に部族国家が並立していた古代末期、今のコート・ドールを含むブルゴーニュ地方はオタンの司教区に属しており、彼らによって拓かれたことで優良なワイン産地となったことを説明している。

実は、これはフランスの歴史地理学者ロジェ・ディオンがその著作ですでに五〇年以上前に詳しく展開した見方であった（邦訳『ワインと風土』人文書院、『フランスワイン文化史全書』国書刊行会）。

ディオンは、単一品種から多様なワインが造られるテロワール神話のもっとも強固なブルゴーニュについて、土壌が上質なワインをもたらすとされるコート・ドールと基本的に同じ石灰質のサントネーの南のマコンを中心とした地域では、なぜそこそこの品質のワインしかできないかについて、それはオタンの司教区がマコンの司教区より多大な初期投資をして土壌を大々的に改良し、葡萄栽培に手間暇をかけ、ワインの品質を上げたからだということを、史料を詳細に検討して明らかにした。オタンのもつコート・ドールはマコンと同じ土壌で、葡萄栽培には恵まれているものの、ワインを消費地に運ぶ航行可能な河川をもたず、川のある北の場所まで陸路荷車で運ばなければならないという不利を抱えていたのに対し、南のマコンはソーヌ川に河港をもち、造ったワインを容易に消費地に運んで売りさばくことができた。河川交通は、一九世紀の鉄道施設まで、ヨーロッパにおける主要な輸送手段であり、重いものを大量かつ安価に運べる唯一の方途だった。つまり、マコンのワインはそれなりに造っても、安い運賃で消費地で売りさばくことができたのである。一方、オタンでは陸路のため輸送費がかさみ、それがワインの価格にはね返り、他のワインとの競合に負けてしまう。

そこで、もともと裕福だったオタンの人たちは逆転のマーケティング戦略に打って出た。二〇〇〇円のワインに二〇〇〇円の輸送費がかかれば、輸送費がはるかに安いマコンの同じようなワインと太刀打ちできないが、一万円、二万円のワインを造り、運賃の比率を下げれば十分競争できる。こうして大規模な投資による土地の改良と、手間暇をかけて行なう葡萄造りが開始され、それが現代まで維持されて、いまだに二〇〇〇円のマコンと数万円のモンラシェの違いになっている。ディオンの議論をまとめると、そういうことになる。つまり、土壌の違いではなく、長年にわたる土地の改良と人間の労働がテロワールを造ったというのである。

これはある意味、従来のテロワール神話を崩す見方であり、前ソルボンヌ大学学長でフランス地理学会会長のジャン＝ロベール・ピットも、ディオンの業績を高く評価しながら、近著『ボルドーVS.ブルゴーニュ』（日本評論社）で、「いまだに革命的」と形容している。

ディオンはさらに時代の下った一八二八年のコート・ドール県のワイン生産に関する報告書にふれ、「新しいぶどう畑から良質のワインが得られる理由として、われわれが期待するような土地の良好な自然条件ではなく、純粋に人的な次のような三つの事項が挙げられている」と述べ、報告書の三つの条件「土の搬入、品種の選択、それに忍耐強い労働」を引用し、次のように結論づけている（『フランスワイン文化史全書』）。

「このようなことは、良質なワイン作りに成功したフランスの偉大なワイン産地であれば、どこにでも当てはまったにちがいなかった。自然は、場所によって程度の差はあるものの、これらの基本となる必要不可欠な労働を助けただけにすぎない。自然が人間にこれらの務めを免除した試しなど一度たりともなかったのである。」

たしかに一見すると、ディオンの見方はテロワール神話を打ち壊す。ただ、それは自然条件をほぼそのままのテロワールとするやや単純で素朴な見方にとって、そうであるにすぎない。テロワールをたえず良いワインを造ろうとする人間が手間暇をかけて造り維持するものと考えれば、フランスのワインの造り手たちの営々とした努力を讃えるものともなる。

事実、ノシターが言うように、ブルゴーニュでも知名度にかまけて努力を怠る造り手のワインには高価な割にひどいものも多い。逆に、ドミニク・ラフォンが、大したワインができないテロワールとされるマコンで見事なワインを造っているのも納得できる。

要するに、人間と土地とのたえず更新されていく相互のやりとりで造られ維持されていくのがテロワールなのだ。テロワールは過去を受け継ぎ、未来へとつながる人間の自然環境への働きかけと自然環境の反作用を空間的に葡萄畑として可視化し、ワインとして人々の味覚に感じられるものにしているのだ。こうしたテロワールは、ノシターが言うように、「本質的に開かれたもの」である。だから、彼が評価するのは、シャルル・ジョゲのシノンやイヴォンヌ・エゴビュリュのジュランソンなど、新たに造り手の努力で見事なテロワールになったワインなのである。

しかも、こうしたテロワールのワインは、それに関わる者たちに、テロワールを分有するよう仕向けてくれる。テロワールのワインを積極的に評価することで、そのテロワールの維持に参加しているのだから。つまり、テロワールのワインは、それを受容するわたしたちにテロワールを与えてくれるのだ。突き詰めれば、これがノシターの結論である。そして、この結論はノシター同様、程度の差こそあれテロワールを失ったわたしたちにも妥当する。

この本は、だれにでも読めるワイン本ではない

パリでの豪華なワイン遍歴や、ブルゴーニュでの名だたる造り手たちと彼ら自身のワインを飲み語らう場面は、日本のワイン好き、いや世界のワイン好き、特にブルゴーニュの愛好家には興味津々で垂涎を誘う。面倒な議論がいやだというむきは、第二章のパリで偉大なワインを試飲する場面から読んでもいいし、この著作の心臓部ともいうべき第Ⅳ部のブルゴーニュへのワイン巡礼から読んでもいい。ただ、新大陸のワインが好きな方や、ボルドーファンには、あまり勧められない。ノシター自身が冒頭で述べているよう

に、この著作はだれにでもアクセス可能な点数批評ではないのだ。まさに個性のあるワインと同じである。

それに、人間観察も鋭く、比喩も卓抜だ。デュカス・グループの有能な統括ソムリエの流麗かつ有能な話ぶりを、「今や時速二〇〇キロくらいだ」と評したり、現代的な洗練されたフランス料理と濃厚な現代風ワインとの落差を「人々がクラシックバレエのダンサーのような料理を求めている一方で、ステロイド漬けのボクサーのようなワインを造っている」と表現してみたり、批判精神が生き生きとそれぞれの場面を活気づけている。

最後に訳者に捧げて

『訳者あとがき』に代えて」にあるように、訳者の加藤雅郁さんは、この本の刊行をまたず急逝されてしまった。わたしの後輩でもあり、友人でもあったので、まさに晴天の霹靂であった。

そのため、多少ともワインに関わり、ワイン関連の記事や訳書のあるわたしが、事典や注の部分もふくめて校正にあたった。いくつか不備な箇所を訂正し、不適切な訳をあらためた。これらはおそらく加藤さんが生きていれば、同じようにしただろうと思う。

また、ドイツ風の綴りを、ドイツ風でもフランス風でもなく、まさにテロワール風に発音するアルザスの（フランス人にさえ）とても厄介な固有名詞については、飲食を研究領域とするアルザス出身の地理学者で、わたしの友人でもある名古屋大学准教授のニコラ・ボーメールさんにご教示を仰いだ。感謝に堪えない。

邦訳が刊行されたら、加藤さんを偲んで、ノシターが評価するワインを、この著作の刊行に関わった人たちとぜひ酌み交わしたいと思う。わたしたちの開かれたテロワールに思いをはせて。

二〇一四年五月六日

訳者あとがきに代えて

斎藤まゆ

本書は、Jonathan Nossiter, *Le goût et le pouvoir*, *Éditions Grasset & Fasquelle.* を全訳したものです。

本来であれば、翻訳者である加藤雅郁先生がこのあとがきを書くべきですが、残念ながら加藤先生は本書を訳了された後に、刊行を見ることなく急逝されました。本訳書は、加藤先生の遺された翻訳とワイン事典の原稿を、親しい友人であり、ともに「ブドウ収穫隊」（後述）の仲間であった小林正巳先生（文京学院大学教授）、齋藤公一先生（大学講師）、杉村裕史先生（大学講師）、塚越敦子先生（大学講師）、教え子である斎藤まゆ（ワイン醸造家）、また加藤先生が私淑していた高遠弘美先生（明治大学教授）、そして作品社編集部の内田眞人さんが引き継ぎ、編集を進め、刊行に至ったものです。さらに、『フランスワイン文化史全書』（国書刊行会）の翻訳者であり、ワインについて造詣の深い福田育弘先生（早稲田大学教授）に、解説をご執筆いただくとともに、ワイン関連用語の確認や訳文のチェックをしていただきました。

加藤先生のあまりにも突然の死は、先生と関わりのある多くの人々に悲しみと衝撃を与えました。二〇一二年一一月二日、くも膜下出血によるもので、享年五三でした。私は、加藤先生の教え子であり、先生との出会いがきっかけとなりカリフォルニア州立大学で醸造学を学び、ワイン醸造家として人生を歩み出しました。加藤先生との思い出について、書かせていただきます。

先生とは、私が早稲田大学の学生だった頃、フランス語の授業を受けたのが出会いだった。先生は、学生たちから「加藤先生」ではなく自ら名付けた「パスカル」という名前で、親しみを込めて呼ばれることを喜んでいるようだった。綿密で、かつ機知に富んだ魅力ある授業は、時間をかけて準備されたに違いなく、当然多くの学生から人気の的だった。先生は、年度初めの授業で、学生に必ずフランス人の名前をつけることで有名だった。

＊

「もし、フランス語を間違っても、自分が間違えたと思わなくて済むでしょう?」

というのがその理由だった。そして、

「ぼくはパスカルと言います」

そう言うと学生たちはドッと笑い、途端に先生のことを好きになった。

先生は、普段のやわらかい物腰からは想像しがたいほどの行動力の持ち主で、授業中に学生と交わした雑談がきっかけで、一九九九年「ブドウ収穫隊」を結成した。以後、十数年間、先生は隊長として、日本から延べ五〇〇〇名以上の隊員(学生)を引率し、フランス各地の醸造所を巡り、コルシカ島のドメーヌ・ペトラ・ビアンカでブドウ収穫を行なった。二〇〇〇年にこの「収穫隊」に参加したことが、私がワイン醸造家を目指すきっかけとなった。数々の畑や醸造所を訪ねて私は、生産者の歓待に心安らぎ、生活に根差したワイン文化の虜となったのだった。日本で美味しいワインを用意し、今度は旅人を受け入れる側になりたい。そんな夢のような私の話を、「楽しみだね。まるで自分の夢を、君が叶えてくれるようだ」と、本気で受け止めてくれたのは、当時、先生くらいだった。

その旅から一〇年後、ワイン造りの職人となった私は、修業のためフランスはブルゴーニュ地方に暮らしていた。シャブリのドメーヌ・ジャン・コレで働いていた頃、先生が足を運んで下さったことがある。周囲のワイン生産者たちに先生を紹介すると、

「『モンドヴィーノ』に字幕をつけたのは、あなた？　あのわけのわからない映画に……」

といって誤解され、

「そうじゃない、ノシターが書いた本を翻訳しているところだ。映画はもちろん観ているが……」

と言い返す一幕もあった。先生は、やわらかな声で流暢なフランス語を話し、いつもフランス人からの尊敬を集めていた。

ブルゴーニュに暮らしてみるとわかることだが、たいていの造り手は、貴重な一本を開ける時には、その相手をよく選ぶものだ。その夜の食事中、ワインについて先生と長いこと会話を交わしたドメーヌ・コレの当主ジル・コレは、クロ・ド・ヴージョ・グラン・クリュが好きだと言った先生のために、自らのカーヴに眠っていたその一九八五年ものを持ってくると、やすやすと栓を抜いてくれた。それは、息子ロマンの生まれた年のもので、コレ家に残っていた最後の一本だった。ともにグラスを傾ける相手が、自分と同じようにワインを愛し、まことに造詣深く、価値を知る人間かどうかを見極めた結果なのだろう。ワインそのものに魅せられ契りを交わし、自身の嗜好を知る人間を前にした時、その人物とお気に入りの一本を共有するかどうかを決めることは、造り手として自らの倫理や価値観を確認することでもある。

先生亡き後の二〇一三年、山梨県甲州市に新しく**Kisvin**（キスヴィン）ワイナリーの建設が終了し、私はその醸造責任者に就任した。先生の創設した「ブドウ収穫隊」の隊員たちも収穫や仕込み作業に加わり、にぎやかな初ヴィンテージとなった。さらに私は、失われた命の悲しみを癒そうとするかのような、新しい命を授かっていた。大きなお腹を抱えての収穫と醸造はなかなかに苦労も多いものだったが、先生がど

こからか見守り力になってくれているような、そんな不思議な感覚でワインを醸した。ワインについて一番信頼のおける話し相手を失ってしまったが、弔いのために造るワインもまたあるのだということを教えられた。これが私の造るワインの味に、一つの深みを増してくれたと信じている。

これから毎年出来上がるワインの最初の一杯を、いつも加藤雅郁先生に捧げます。

*

加藤先生は、その行動力と人柄から、日本にもフランスにも多くの友人がいましたが、その一人、ヤン・ドゥデ（Yann Dedet）さんが、本訳書の刊行に際してメッセージを寄せてくれました。ヤン・ドゥデさんは、フランスを代表する映画編集者で、フランソワ・トリュフォー監督の『アデルの恋の物語』など数々の作品の編集を手がけ、またトリュフォー映画『アメリカの夜』には俳優として出演もしています。近年では、『ヴァン・ゴッホ』『レディ・チャタレー』などの話題作を編集し、二〇一二年には『パリ警視庁──未成年保護部隊（原題 *Polisse*）』で第三七回セザール賞編集部門賞を受賞しています。

「加藤雅郁とは、ジョナサン・ノシターのこの本を翻訳するにあたって、細かい点をメールでやりとりした。そのメールが今見あたらないのが残念だ。私と雅郁は、この映画についても、ずいぶん一緒に話しあった。映画はとてもいいものだし、とても愉快で遊び心に満ちている。そして今日のワインについて非常に批判的である。つまり、アルコール度数や糖分を上げればいいと思っているというわけだ。ジョナサンは、こうしたワインを〈赤い果実のジャム〉だと言ってのけている。この本では、とりわけパーカーを告発している。ボルドーワインの奴隷となったアメリカ人批評家である、と。ひどい嗜好の持ち主で、本物のマフィアである、と……。私の中には、雅郁について、とてもいい思い出がある。彼は、とてもまじめで鋭敏な人で、素敵なフランス語を話し、たいへん繊細な人物であった」

＊

最後に、解説執筆や編集にご協力いただきました、福田育弘先生、小林正巳先生、齋藤公一先生、杉村裕史先生、高遠弘美先生、塚越敦子先生、作品社編集部の内田眞人さんに、加藤先生に代わって御礼を申し上げます。

そして加藤先生は、この訳書を、奥さまの加藤文子さん、そしてお嬢さんのあんずさんに捧げられるつもりであったと思います。

二〇一四年四月

メルロ (merlot)
世界的に栽培されている赤用で、**ボルドー**(R)の**サン＝テミリオン**(R)や**ポムロル**(R)地区では主要品種。また、**メドック**(R)地区でも栽培され、**カベルネ・ソーヴィニョン**(C)と相性がよくブレンドされることが多い。厚みがありつつ、まろやかで若いうちから飲みやすいため、現在世界中で人気。ただし、上質なものは長く熟成して良化する。

リースリング (Riesling)
アルザス地方を代表する白用。アルザスのドメーヌでは、それぞれ畑の3〜4割で作付けされる。アルザスだけでなく、ドイツ、オーストラリア、ニュージーランドでも広く栽培され、ワインとしては甘口から辛口のものまで、さまざまなヴァリエーションがある。特にドイツには世界の**リースリング**(C)畑の3分の2があると言われ、歴史も古く最初の作付けは600年ほど前とされる。なお、本文に出てくる「リースリング・イタリコ (riesling italico)」とは、イタリコのロンバルディアやヴェネト州、オーストリア国境近くで栽培されている同種。

テロルデゴ（Teroldego）
イタリア北部とサルデーニャで主に栽培されている、トレンティーノ州原産の赤用。ノヴェッロ（新酒）として発売され、3,600円ほどで販売。ミディアムボディの柔らかな酸味のあるワインとなる。ノヴェッロでなければ、5,000円ほど。

トカイ（Tokay）
もともとハンガリー原産の品種であるが、アルザス地方で「トケイ」（tokay）の名で**ピノ・グリ**(C)が栽培されてきた歴史がある。2007年以降、アルザスのトカイ（トケイ）（tokay d'Alsace）は**ピノ・グリ**(C)という表示で統一されている。辛口・甘口いずれのワインも造られ、厚みと深みのあるワインとなる。

トレビアーノ（Trebbiano）
イタリア中部でよく栽培され、オルヴィエート、ソアベなど、主に白用に使用される。際立った特長はないものの、酸味のある飲みやすいワインができる。フランスでは、ユニ・ブランと称され、コニャックやアルマニャックなどのブランデーの原料にも使われる。

ピノ・グリ（Pinot Gris）
ピノ・ノワール(C)の突然変異種。白用だが、果皮は赤茶色をしている。**ピノ・ノワール**(C)同様、冷涼な気候を好み、軽い土壌を嫌う。粘土石灰質の土壌で育てられることで、スケール感が加わり、ハチミツのようなアロマを持つ。寒冷地でよく見られ、アルザス地方が有名。ドイツ、イタリア、ニュージーランドでも栽培されている。

ピノ・ノワール（Pinot Noir）
赤用の代表的な品種の一つ。**ブルゴーニュ**(R)が原産地。ほとんど黒に近く、紫みを帯びた青色の果皮を持つ。もう一つの代表的な赤用品種の**カベルネ・ソーヴィニョン**(C)種とあらゆる部分において対照的で、ピノ・ノワールの赤ワインは比較的軽やかで、渋み、タンニンが少ない。**カベルネ・ソーヴィニョン**(C)は上級者向け、ピノ・ノワールは（テンプラニーリョと並んで）初心者向けと宣伝されることも多く、軽口で飲みやすいものも多い。ただし、カベルネ・ソーヴィニョンの分りやすい厚みに比べ、軽やかで気品があるため上質なものは高価であるにもかかわず、ワイン好きの間では人気が高い。

マルヴォワジー（Malvoisie）
ギリシア原産の白用の品種**ピノ・グリ**(C)の別名。イタリアやフランス南部、そしてスペインで主に栽培されている。また、ポルトガルでマディラ酒用に用いられるマルムジーと同種。コルシカなどで作られているヴェルマンティーノ（マルヴォワジー・ド・コルス・ロール）とは別種。

ミュスカ（Muscat）
白用で、日本で言う「マスカット」と同品種。あらゆる品種の中で最も葡萄本来の香り・味がそのままワインになると言われる。南フランスで芳香の高いヴァン・ドゥー・ナチュレルのミュスカ・ド・フロンティニャンやコート・デュ・ローヌのミュスカ・ド・ボーム・ド・ヴニーズを生み出し、イタリアでは口当たりのよいアスティ・スプマンテやモスカート・ダスティとなる。全世界で栽培されるが、変種が200以上もあると言われる。アルザスでは「プティ・グラン」「ミュスカ・ダルザス」という2種類のミュスカが栽培され、辛口ワインとなる。なお、ミュスカデルは別品種、ミュスカデは生産地および別品種の名称であり無関係。

ーな品種であるばかりでなく、南北アメリカ大陸でも栽培され、イタリア起源の品種の中では、唯一国際的な品種。

シャスラ（Chasselas）
スイスで栽培されている白用。もともとはアルザス原種と言われ、フランスでもスイスに近いサヴォワ地方のほか、**ロワール**(R)中上流の中部地域（プイィ・シュル・ロワール）やアルザスにも見られる。厚みはないものの、さわやかな酸味の愛らしいワインとなる。スイスではファンダン（fendant）とも呼ばれる。この品種から造られた辛口の白ワインは安価、日本でも2,000円ほど。

シャルドネ（Chardonnay）
世界中で栽培されている高級白ワイン用。**シャルドネ**(C)の名は、**ブルゴーニュ**(R)のマコネにある村シャルドネによると言われる。一般には単品種ワインが多いが、オーストラリアではセミヨンとブレンドされる。 樽での醗酵や熟成によりオーク香が付加されることが多い。シャンパーニュのように発泡性ワインでの使用も多い。

シュナン・ブラン（Chenin Blanc）
ロワール(R)地方のトゥーレーヌやアンジュで白用に栽培される。辛口から貴腐、そして発泡性まで、さまざまな種類に使われる。少し酸味の強いワインができるが、潜在的な甘みもある。カリフォルニア、主にセントラル・ヴァレーでも栽培される。若い時は溌剌とした酸味があり、熟成すると酸味がまろやかになり上品な味わいとなる。

シラー（Syrah）
赤用で、フランスではローヌ川流域からラングドック＝ルーシヨンで栽培され、オーストラリア、スイス、スペイン、イタリア、南アフリカ、カリフォルニア、チリ、アルゼンチンなど世界各国でも栽培される。深く濃い味わいとスパイシーな香りのワインとなる。収量の多さ、病気に対する抵抗力などによっても珍重されている。

シラーズ（Shiraz）
シラーと同じ仲間の品種だが、オーストラリアでは「シラーズ」と呼ばれている。

ジンファンデル（Zinfandel）
イタリア南部とカリフォルニアを中心に栽培される赤用。ジンファンデルはアメリカ名で、イタリアでは「プリミティーヴォ（Primitivo）」と呼ばれる。カリフォルニアでは、その温暖な気候に適合しており、ワインは色も濃く、アルコール度数も15度ほどと高いものとなる。

ソーヴィニョン・ブラン（Sauvignon Blanc）
白用では、世界で5番目の栽培面積を誇るポピュラーな品種。未熟時と、完熟時で大きく味わいが異なるのが特徴。未熟時は、草っぽい青臭さを感じるが、熟すと一転、トロピカルフルーツのアロマが感じられる。

タナ（Tannat）
おそらくフランスのベアルン地方原産。赤用で、もともとはフランス南西部マディランで栽培されていた。原地では「タナット」と発音される。ウルグアイでは主要品種であり、アルゼンチン、オーストラリア、イタリアのプーリアおよびアメリカ・カリフォルニアにまで栽培は広がっている。色が濃く、タンニンが豊富といわれる。「タンナ」とも表記される。

〈葡萄の品種〉（C）

・本文で太字で表記され（C）のルビが付した〈葡萄の品種〉を50音順に並べて紹介した。

アリゴテ（Aligoté）

ブルゴーニュ(R)では、**シャルドネ**(C)とともに白用に栽培される。また、この品種の白は、造り手やブーズロンを除いた地域の名前を銘柄の名称としてはならない。通常、単に「ブルゴーニュ・アリゴテ」として販売される。酸味の強い辛口のワインが多く、比較的安価なことでも知られる。

アルザス・シルヴァネール（Alsace Sylvaner）

フランス、アルザス地方の伝統的品種で、同地方の白ワイン用の6品種の一つで、特に愛らしい香りのする辛口を造るのに適する。

カベルネ・ソーヴィニョン（Cabernet Sauvignon）

赤用の代表的品種で、収量は少ないものの世界中で人気がある。起源については諸説があり確定しなかったが、1990年代、カリフォルニア大学デイヴィス校でのDNA分析により17世紀に（つまりかなり新しい時代に）**カベルネ・フラン**(C)と**ソーヴィニョン・ブラン**(C)の自然交配によって誕生したことが明らかになった。比較的粒が小さく皮が厚いが、タンニンを豊富に含み長期熟成に向いている。**ボルドー**(R)地域では主要品種として使われ、**メルロ**(C)や**カベルネ・フラン**(C)といった他の品種と混合されることで良い特長が引き出される。

カベルネ・フラン（Cabernet Franc）

赤用で、**ボルドー**(R)地方では**サン＝テミリヨン**(R)や**ポムロル**(R)あるいはペサック＝レオニャンやグラーヴで、またフランス中部**ロワール**(R)地方でも多く栽培される。さらにイタリアでも見直され、新たに作付けされている。

グルナッシュ（Grenache）

スペインのアラゴン州を原産地とする赤用で、スペイン語では「ガルナッチャ」(Garnacha)。ピレネー山脈を越えてフランスのラングドック＝ルシヨン地方に伝わり、そこから世界に広まったと言われ、現在世界で最も多く栽培されている。かつて南仏で水代わりに飲まれていたワインがこの品種だったが、スペインの**リオハ**(R)、フランスのシャトーヌフ＝デュ＝パップやタヴェル、イタリアのサルデーニャ島で作られるカンノナウなどの高級ワインにも、グルナッシュが使われている。

サヴァニャン（Savagnin）

フランスのジュラ地方独自の白品種。普通に造っても独特な酸味とうまみのある辛口ワインになる。また、独自の製法（6年の樽熟、ウイヤージュ〔ワインの補填〕をしない、フロール〔酵母皮膜の形成〕）によってゆるやかな酸化作用を経て、濃厚なシェリーのような見事なワイン、ヴァン・ジョーヌ（黄色いワイン）となる。

サンジョベーゼ（Sangiovese）

イタリアの**トスカーナ**(R)州を中心に作られている赤用。現在、イタリアで最もポピュラ世界遺産に登録され、景勝地として知られている葡萄栽培地域。季節による寒暖の差が激しく、しかも段々畑を形成する石垣の石の保温効果、高度差による気温の違いなども葡萄栽培に大きな影響を与えている。白用の栽培が90％近い。比較的低地ではグリュナー・フェルトリーナー、高地では最高級の**リースリング**(c)が栽培される。ぎりぎりまで熟成させ糖度を増やし、かつ高い酸度を保持する白ワインは醍醐味を楽しめる。ドイツ語読みでは「ヴァッハウ」。

リオ・グランデ・ド・スル（Rio Grande do Sul）（ブラジル）
ブラジル南部の州で、ウルグアイやアルゼンチンと国境を接する。州都はポルト・アレグレ。1748～56年の間に約2,000人のポルトガル移民が、1824年からはドイツ移民も入植し（50年間で総計28,000人）、小農家として定着した。1875～1914年にはイタリアのヴェネトなどの北イタリア農民たちが移住し（総計約10万人）葡萄の栽培を始めた。以降も東ヨーロッパからの移民が入植した。

リオハ（Rioja）（スペイン）
スペイン北部の自治州で、古くからワインの産地として知られる。テンプラニーリョ、**グルナッシュ**(C)などが主要な品種。**メルロ**(C)やカベルネなどの品種もあるが、これらは典型的なリオハワインとは一線を画すとされる。非常に多くの造り手がいるが、全体としては2,000～3,000円の安価なワインが多い。

リベラ・デル・ドゥエロ（Ribera del Duero）（スペイン）
マドリッドの北にある4つの県にまたがり、ドゥエロ川に沿った東西約120キロの間に広がる産地。土壌は石灰質が多く、テンプラニーリョが主要品種。**カベルネ・ソーヴィニョン**(C)や**メルロ**(C)もある。スペインの高級ワインは長年**リオハ**(R)が有名であったが、原産地呼称（ＤＯ）が認可されてから日の浅いリベラ・デル・ドゥエロの品質の高さが世界に知られるようになった。

リュリー（Rully）（フランス）
ブルゴーニュ(R)地方南部、コート・シャロネーズのAOCで**ブーズロン**(R)の南に位置する地域。プルミエ・クリュに格付けされた畑もある。**シャルドネ**(C)を使った白は、2,500円ほどから。**ピノ・ノワール**(C)の赤は3,000円ほどから。

ルーピアック（Loupiac）（フランス）
ボルドー(R)地方の大きな区分としては、アントル・ドゥー・メールに含まれる産地。ガロンヌ川をはさんで南向かいにある産地**ソーテルヌ**(R)やバルサックと同様、AOCルーピアックのワインは遅摘みや貴腐のセミヨンの葡萄を使った甘口の白。手頃な価格の上質な甘口ワイン。同じく手頃なサント＝クロワ・デュ・モンより一般的に上品だが、やや高価。特に近年、知名度の上昇とともに価格も上昇中。シャトー・マルティヤック2006年で3,000円ほど。

レオン（León）（スペイン）
スペイン北西部の県で、東隣が**リベラ・デル・ドゥエロ**(R)。カスティーリャ・イ・レオンでは、ティンタ・デ・トロ、プリエト・ピクード、そしてテンプラニーリョが赤ワイン用、白用にはベルデホが使われている。どちらも日本に輸入されているのは1,000円台の値段だが、なかにはベガ・シシリアのプロデュースするピンティアなど8,000円近いものもある。

ロワール（Loire）（フランス）
ロワール川流域に広がる広範なワイン産地。上流はアリエ川の**サンセール**(R)やプイイ＝フュメから始まり、ロワール川河口のナントまでと、ロワール川近隣のポワチエ（AOCの１つ下のAOVDQSオ・ポワトゥー）や北のル・ロワール（le Loir）川流域ヴァンドーム、**ジャニエール**(R)を含み、さらにナントの南のヴァンデ地域（AOVDQSフィエフ・ヴァンデアン）をも含んでいる。

ワッハウ（Wachau）（オーストリア）

あり、**ジュヴレー・シャンベルタン**(R)の南、**シャンボール・ミュジニー**(R)の北に位置する狭い地域。総面積108haのうち、グラン・クリュとプルミエ・クリュの畑の割合が多い。グラン・クリュは5つあり、クロ・ド・ラ・ロッシュ（16.6ha）、クロ・デ・ランブレイ（8.5ha）、クロ・ド・タール（74.7ha）、ボンヌ・マール（13haただし、大半はシャンボール村内）そして村の名前の元となったクロ・サン＝ドゥニ（6.2ha）。また、プルミエ・クリュの畑も44haある。実質の栽培面積は90haで、ほとんどが赤用の**ピノ・ノワール**(C)、白用は3.5ha。

モンバジヤック（Monbazillac）（フランス）
フランス南西部**ボルドー**(R)から東に70kmほど離れたベルジュラックの南に広がる産地でドルドーニュ川の南側に位置する。セミヨン種の遅摘みを使った甘口の白を産し、ソーテルヌ同様、フォワグラと合わせると美味しい。ただし甘口貴腐ワインとしてはソーテルヌに比べはるかに安価。375mlで1,200円ほどと安い。

モンラシェ（Montrachet）
ブルゴーニュ(R)の**コート・ド・ボーヌ**(R)にあり、ピュリニー・モンラシェ村とシャサーニュ・モンラシェ村に分かれる。グラン・クリュの畑があり、モンラシェに隣接して、北にシュヴァリエ・モンラシェ、南にバタール・モンラシェ、ビヤンヴニュ・バタール・モンラシェ、クリオ・バタール・モンラシェの4つのグラン・クリュがある。品種は**シャルドネ**(C)。これらの白は、世界で最も入手できないものの一つとなっている。なかでもモンラシェは別格で最も高価。

ラ・マンチャ（La Mancha）（スペイン）
スペイン中南部の高原地帯。トレドなどの県がある。ドン・キホーテと風車で知られる。以前は品質よりも量を重視するという印象があったが、1970年代終わり頃から新たな企業が多く参入し、品質の向上が著しい。1,000～3,000円ほどのものが多い。

ラインガウ（Rheingau）（ドイツ）
ライン川がドイツの都市マインツを過ぎて西に向かうあたりから、川の北側に広がる地域を指す。南向きの斜面に広がる畑からは上質なワインができる。

ラヴォー・サン＝ジャック（Lavaux Saint-Jacques）（フランス）
ジュヴレー・シャンベルタン(R)のプルニエ・クリュの畑。たいへんな高級ワインとして定評があり、2006年・2007年で12,000円ほど。ドミニク・ロランの1997年のラヴォーは23,000円、クロード・デュガの2001年は26,000円。

ラングドック（Languedoc）（フランス）
ガール県西部からエロー県・オード県にわたる広大な地域。地中海性気候で、夏は乾燥して暑く、冬は温暖で、葡萄生産に適する。古くから安価なワインを大量生産し、19世紀半ば、フランスに鉄道網が整備されると、葡萄栽培に適さない北部の生産地を駆逐し、フランスワインの3～4割を占めた。しかし1980年頃からは品質向上がめざましくなり、特に**ボルドー**(R)や他の南西地方のAOC法上の規制の厳しさを嫌った優れた醸造家の進出などもあり、コート・デュ・ローヌやプロヴァンスを含めた南仏地域は「フランスのニューワールド」と呼ばれ、現在フランスで最も注目すべき生産地の1つになっている。

マジ・シャンベルタン（Mazis Chambertin）（フランス）
ジュヴレー・シャンベルタン(R)の中でグラン・クリュに格付けされている畑。総面積9ha。**ブルゴーニュ**(R)を代表する銘醸ワイン。オスピス・ドゥ・ボーヌをはじめ数多くの造り手に畑は分割されているが、2004年・2005年の若いもので20,000円ほどだが、少し古く1989年など飲み頃のものや葡萄の良い年になると100,000円近いものもある。

ミネルヴォワ（Minervois）（フランス）
ラングドック(R)地方の北西部の地域で、1985年AOCに昇格した。ワインは荒さがなく、厚味がありつつ飲みやすいタイプの赤ワインが多い。近年、マセラシオン・カルボニックの開発、高級品種（**グルナッシュ**(C)、ムールヴェードル、**シラー**(C)）の導入が盛んに行なわれた。少量だが白とロゼも産する。

ムルシア（Murcia）（スペイン）
スペイン南東部の自治州。中心都市はカルタヘナ。地中海に面した温暖な気候を利用し、果物や野菜の栽培が盛ん。日本に輸入されているワインでは1,000円台のものが多いが、モナストレル（フランスではムールヴェードル）の葡萄を半分以上使って造られるフミーリア地区のアルトスなどは6,000円、ピコ・マダマは4,000円ほど。またボデガス・オリバーレスなどは500mlで4,000円ほど。

ムルソー（Meursault）（フランス）
フランスの**ブルゴーニュ**(R)、**コート・ド・ボーヌ**(R)の中央に位置し、北に**ポマール**(R)、南にピュリニー・モンラシェの畑が広がっている。ムルソーにはさらに細かな畑の区分があり、シャルム、ジュヌヴリエール、ペリエールなど数多くのプルミエ・クリュに格付けされた畑がある。ほとんどが**シャルドネ**(C)100%の白を生産する。ムルソーの名前の付いたワインは4,000～18,000円ほど。**ラフォンラフォン**(W)のムルソーはその極上の品質で知名度が高く、28,000円（2002年）ほどと高価。

メドック（Médoc）（フランス）
ボルドー(R)の中心的な産地の名前。ガロンヌ川沿いのボルドー市内から河口近くまでの川の南側に広がり、南半分がAOCオ・メドック、北半分がAOCメドック。さらに、オ・メドックの中で、市の近くから順に、マルゴー、ムーリス、リストラック、**サン＝ジュリアン**(R)、**ポイヤック**(R)、サン＝テステフといった基本的に村単位のAOCが並んでいる。

メルキュレー（Mercurey）（フランス）
ブルゴーニュ(R)地方南部、コート・シャロネーズのAOCで、**ジヴリー**(R)の北にある。生産は9割が赤で、**ピノ・ノワール**(C)100%。白は**シャルドネ**(C)。プルミエ・クリュの畑が多い。白は3,000～4,000円、赤は3,000～7,000円。

モーゼル（Moselle）（ドイツ）
ライン川支流のモーゼル川・ザール川・ルーヴァー川の流域にまたがる産地。品種としては、主に**リースリング**(C)を用いる。

モルゴン（Morgon）（フランス）
ボジョレ(R)地区AOCクリュ・ボーショレの1つ。ヴィリエ＝モルゴン村の周辺地域。

モレ・サン＝ドゥニ（Morey-Saint-Denis）（フランス）
ブルゴーニュ(R)地方**コート・ド・ニュイ**(R)に

広がり、北からサン＝タムール、ジュリエナ、シェナス、フルーリー、シルーブル、ムーラン・ア・ヴァン、モルゴン、レニエ、コート・ド・ブルイィ、ブルイィと10のAOCクリュ・ボジョレ（ボジョレのグラン・クリュ的存在）がつづく。それらの地域を取り囲むようにAOCボジョレ・ヴィラージュと呼ばれる地域があり、さらに外側と南側に単にAOCボジョレと呼ばれる地域がある。赤にはほぼ100%、ガメイ種が使われるが、稀に**ピノ・ノワール**(C)を10%ほど栽培するドメーヌもある。白には**シャルドネ**(C)が使われているが、生産量は少ない。毎年11月の第木曜日に解禁されるボジョレ・ヌーヴォーが造られるのは、ボジョレ・ヴィラージュと単なるボジョレの地域。

ポマール（Pommard）（フランス）
ブルゴーニュ(R)、**コート・ド・ボーヌ**(R)地区に位置し、**ボーヌ**(R)と**ヴォルネー**(R)の間にある村。**ブルゴーニュ**(R)の中でもワイン造りの歴史が古く、最も早く1936年にAOCが認定された。また、**ボーヌ**(R)に次いで生産量が多い。**ピノ・ノワール**(C)100％の赤のみ。長期熟成タイプのものが多く、濃厚な色合いと豊富なタンニン、そして素朴で開放的な雰囲気が特徴。グラン・クリュはなく、グラン・ゼプノ、プティ・ゼプノ、リュジアン・オ、リャジアン・バなど有名なプルミエ・クリュがいくつもある。

ポムロル（Pomerol）（フランス）
ボルドー(R)市の対岸、ドルドーニュ川右岸にあるリブルヌ市郊外のワイン産地。隣に**サン＝テミリヨン**(R)がある。ペトリュスに代表される高級ワインの産地としても知られる。4haから大きくても20haまでの比較的小規模の造り手が多い地区で、**メルロ**(C)が7、8割を占める。

ボルドー（Bordeaux）（フランス）
フランスを代表するワインの産地。中心都市ボルドーの名前がついている。ボルドーワイン全体はいくつかの地区に分割され、**メドック**(R)、**グラーヴ**(R)、ソーテルネ、アントル・ドゥー・メール、リブルネ（**サン＝テミリオン**(R)と**ポムエム**(R)地区）、ブライエ・ブルジェとなっている。さらに各地区が細かな村や地区に分かれ、産地呼称AOCが定められている。造り手のシャトー名がそのままラベルに示されている場合がほとんどで、高級ワインでは地域名や畑の名前で呼ぶことは基本的には少ない。**カベルネ・ソーヴィニョン**(C)と**メルロ**(C)を中心にいくつかの品種をそれぞれ醸造し、最後に混合してボトル詰めする。単一種のワインが売られていることは稀である。しかし白は、**ソーヴィニョン・ブラン**(C)単一か、セミヨン単一、あるいはこの2種類をブレンドするというのが通常で、わずかにミュスカデルという品種も造られており、上記主要2品種に混合されることもある。辛口白のグラーヴとペサック＝レオニャン地区、アントル・ドゥー・メール地区、甘口白が主体の**ソーテルヌ**(R)地区を除いて白は少ない。

マコン（Macon）（フランス）
ブルゴーニュ地方のマコネー地区。AOCマコンを名乗るワインは、すべてマコネ地区の26の村で造られる。白が7割弱、赤とロゼが3割強で、フランス国内で消費される手頃でそこそこの品質の白ワインの量産地。白は**シャルドネ**(C)、赤はほとんどがガメイだが**ピノ・ノワール**(C)も使われる。AOCマコン・ヴィラージュが3分の2を占め、南部に最良の**プイィ・フュイッセ**(R)がある。

ラート・ワインを復活させ、国際的な評価を得た。

ブルグイユ (Bourgueil) (フランス)
トゥーレーヌ地方のトゥールとソーミュールの間にあるブルグイユを中心に、ロワール川の北に広がる地域。南の**シノン**(R)とは川を挟んで向かい合う。総栽培面積は1,400ha。品種は**カベルネ・フラン**(C)。

ブルゴーニュ (Bourgogne) (フランス)
ボルドー(R)とともにフランスを代表する産地。基本的にはディジョンから**ボーヌ**(R)を通ってサントネー、マランジュに至る国道74号線沿い、あるいは高速道路A31の北側に広がる南向きの斜面を指す。赤には**ピノ・ノワール**(C)、白には主に**シャルドネ**(C)、または**アリゴテ**(C)の葡萄を使用。赤にはガメイを混ぜたり、主体とするものもある。

ベアルネ／ベアルン (Béarnais ／ Béarn) (フランス)
フランス南西部ピレネー山脈の近くにある産地。中心都市ポーから大西洋に面したバイヨンヌに向かう高速道路A64の付近に広がる。また、ポーの南西側には**ジュランソン**(R)があり、これに隣接している。AOCジュランソン、AOCジュランソン・セック、AOCベアルンがある。この地域のドメーヌは、赤に用いる品種はさまざまだが、タナ種が中心。白も、この地域独特の品種グロ・マンサンやプティ・マルサン（地元ではともに「マンサング」と「グ」を発音する）が中心のことが多い。

ペサック (Pessac) (フランス)
ボルドー(R)市の南に隣接した町で、もとは**グラーヴ**(R)地区に含まれたが、1987年、**ボルドー**(R)地域のAOCの改変によって、南に隣接するレオニャンとともに、AOCペサック＝レオニャンとして独立した。ここにはシャトー・オーブリオンがあり、古くからワインの銘醸地として知られる。

ポイヤック (Pauillac) (フランス)
ボルドー(R)の北西に広がる**メドック**(R)地域にある村。南に**サン＝ジュリアン**(R)、北にサン＝テステフがある。フランスを代表するシャトーがいくつも並ぶ地域で、**ボルドー**(R)の1855年の格付けでプルミエ・クリュに選ばれた4つのシャトーのうち2つ（ラ・トゥールとラフィット・ロッチルド）があり、現在は1973年の格付けの見直しでプルミエ・クリュに加わったムトン・ロッチルドとともに5大シャトーのうちの3つがある。**カベルネ・ソーヴィニョン**(C)が中心（5割から7割）のブレンドで、**メルロ**(C)が3割ほど。

ボーヌ (Beaune) (フランス)
ブルゴーニュ(R)、**コート・ド・ボーヌ**(R)地区の中心地。ボーヌ単独で村名AOCを名乗っている。赤は**ピノ・ノワール**(C)のほかに、ピノ・リエボー、**ピノ・グリ**(C)が認められているが、**ピノ・ノワール**(C)単独のものが多い。プルミエ・クリュの畑から造られたものは、ボーヌ・プルミエ・クリュを名乗ることができしばしばラベルに畑名が付される。白は、**シャルドネ**(C)とピノ・ブランで作られる。グラン・クリュこそないが、プルミエ・クリュでもかなり上質のものがある。

ボジョレ (Beaujolais) (フランス)
リヨンの北、**マコン**(R)の南に広がり、ソーヌ川（リヨンからはローヌ川となる）と高速道路A6の西に位置している。クリュとして区別されている地域がボジョレ全体の北側に

バジリカータ（Basilicata）（イタリア）
イタリア半島の南に位置する州で、大部分は山地および丘陵地にあたる。南イタリアにありながらも寒冷な辺境地で、ワインの産地は山岳部ではなく北部にある。古代ギリシアから伝わるとされるアリアニコという品種から造られるアリアニコ・デル・ヴルトゥーレが代表的ワイン。ルビー色の辛口の赤ワインで、良い年は10年以上の熟成に耐えられる。

バンドル（Bandol）（フランス）
プロヴァンス地方の港町バンドルを中心としたAOC。赤にはムールヴェードルを中心に、補助としてサンソー、さらに**グルナッシュ**(C)やカリニャンもブレンドされる。値段のわりに品質の高いワインが多く、最近ますます注目を浴びている。

ピエモンテ（Piemonte）（イタリア）
フランスと国境を接するイタリア北部の州で、州都はトリノ。DOCGとしては、バローロ、バルバレスコ、ガッティナーラ、アスティ・スプマンテなど9種類を有する。特にイタリアワインの王様と称されるバローロはネッビオーロを用い、3年以上熟成させたものだけが出荷される。**ブルゴーニュ**(R)と同様に、規模の小さな造り手が多い。バローロは近年、価格が高騰し、昔ながらの熟成に時間のかかるタンニン重視のタイプに戻りつつあるが、タンニンの少ない早飲みのできるタイプも相変わらず人気がある。

プイィ・フュイッセ（Pouilly Fuissé）（フランス）
ブルゴーニュ(R)地域の**マコン**(R)市南西部に広がるAOCで、総作付け面積は753ha。辛口の白ワインとして知られる。名前の似ている**プイィ・フュメ**(R)はローワル川流域のAOCで**ソーヴィニヨン・ブラン**(C)種で造られるのに対し、プイィ・フュイッセは**シャルドネ**(C)で造られている。

プイィ・フュメ（Pouilly Fumé）（フランス）
ロワール(R)地方の**サンセール**(R)地域とロワール川を挟んで対岸（東側）にあるAOC。中心にある村名はプイィ・シュル・ロワール。辛口の白として定評がある。100% **ソーヴィニヨン・ブラン**(C)で造られる。フュメとはこの白ワインが「煙でいぶしたような」独特の香りがあることから付けられた名前。なお、同じ地域で、シャスラを品種とするとAOCプイィ・シュル・ロワールとなる。

ブーズロン（Bouzeron）（フランス）
ブルゴーニュ(R)地方**コート・ド・ボーヌ**(R)からさらに南にあるコート・シャロネーズ北部の産地。1998年より正式名称ブルゴーニュ・アリゴテ・ブーズロンとしてAOCとして認定された。この小さな村で**オーベール・ド・ヴィレーヌ**(W)が、1986年から完全有機農法で**アリゴテ**(C)を造り、100% **アリゴテ**(C)で白ワインが生産されている。2,000円台前半。

フランケン（Franken）（ドイツ）
バイエルン州北部のヴュルツブルグ、ニュルンベルグ、バイロイトを含む地域。特にヴュルツベルグを中心としてフランケンワインは造られ、辛口の白ワインとして知られている。

プリオラート（Priorat）（スペイン）
カタルーニャ地方タラゴナ近くの生産地。2009年、DOC（特選原産地呼称）を獲得し（**リオハ**(R)とプリオラートのみ）、スペインでも有数の高価格ワインを造る。19世紀末、害虫によってワイナリーが全滅しかけたが、1980年代に、4人の醸造家が伝統的なプリオ

AOC。シャトー・ディケムやシャトー・リュー・セックなど貴腐葡萄から造られる極甘口の白ワインで世界に名を知られている。ドイツのトロッケンベーレンアウスレーゼ、ハンガリーのトカイとともに、世界3大貴腐ワインの一つ。

ソミュール・シャンピニー（Saumur Champigny）（フランス）

ロワール(R)地方のAOCで、トゥールとアンジェのほぼ中間に位置し、ロワール川の南側に広がる地域。ソミュール地域のグラン・クリュ的存在クロ・ルジャール、ドメーヌ・デ・ロッシュ・ヌーヴなど、評判の良い造り手がいくつもある。赤は**カベルネ・フラン**(C)を100%、白は**シュナン・ブラン**(C)を100%使用する。フランスでは20ユーロほど、日本では高くても3,500円ほど。クロ・ルジャールのもので5,000円ほど。

ソローニュ（Sologne）（フランス）

ロワール(R)地方の中上流の南部、ブロワの南に広がる地域で、森と湖の国として知られる。これまで、あまり葡萄栽培が行なわれていなかった地域だが、近年いくつかの優良生産者が上質のワイン造りを行なっている。ロモランタンという品種が白用に認められている。

トスカーナ（Toscana）（イタリア）

イタリアのワイン産地。トスカーナ州の州都はフィレンツェ。ワインは**キャンティ**(R)をはじめ、モンテプルチアーノ、モンタルチーノ、スーペル・トスカーナなど銘醸ワインのドメーヌやシャトーが多くある。値段も幅広く、2,000円ほどから、ブルネッロ・ディ・モンタルチーノの30,000円ほどまで。スーペル・トスカーナのオルネライヤやフレスコバルディ、アンティノーリなども10,000～20,000円ほど。

ナーヘ（Nahe）（ドイツ）

ライン川支流のナーヘ川流域のワイン産地を指し、**リースリング**(C)を使った白とドンフェルダーを使った赤が知られている。比較的安価で白は2,000～3,000円、赤は1,000円を少し超えるくらいの価格。「ナーエ」とも表記される。

ナパヴァレー（la Vallée de Napa）（アメリカ）

アメリカ、カリフォルニアワインの産地で、ロバート・パーカーの影響力の強い地域。モンダヴィが造るオーパス・ワンなどが有名。現在は高級ワインの産地として世界に知られており、260以上のワイナリーがあるが、生産量としてはカリフォルニアワインの4%、面積も**ボルドー**(R)と比べて8分の1という。

ニュイ・サン＝ジョルジュ（Nuits-Saint-Georges）（フランス）

ブルゴーニュ(R)で最も高価な赤ワインを産する**コート・ド・ニュイ**(R)地区の中心都市で、ワイン産業の中心であるとともに集散地。有力なネゴシアンが多く本拠を構える。この町自身も、隣のプリモー・プリッセ村とともに村名AOCニュイ＝サン・ジョルジュに指定されている。赤と白のワインが生産されるが、白は2%のみ。グラン・クリュはなく、最高はプルミエ・クリュ。他の**ブルゴーニュ**(R)と同じく、赤は**ピノ・ノワール**(C)、白は**シャルドネ**(C)。赤は**ブルゴーニュ**(R)の中でも、男性的な力強いワインとして知られる。プルミエ・クリュのみのため、特に日本ではコスト・パーフォンマンスの良い上質のブルゴーニュの1つ。

コート・デュ・ローヌ(R)の南部地域の中心にある村。14世紀、ローマ法王庁が一時期、アヴィニョンに移った時、法王（パップ）の夏の居城として開かれた。現在の人口は2,000人ほど。1935年にINAOによってアペラシオン認定を受け、3,200haの土地に28の造り手がいる。生産は赤中心で93%を占める。畑に、ローヌ川岸から運び入れたこぶし大の石を敷き詰められているのが、他ではあまり見られない特徴。

シャブリ（Chablis）（フランス）
ブルゴーニュ(R)の北部、イヨンヌ県に位置し、**シャルドネ**(C)を使用したさわやかな酸味を特長とする辛口の白ワインで知られる。その品質には上から下まで大きな開きがあり、グラン・クリュ、プルミエ・クリュ、シャブリ（畑の名前を付けたものもある）、プティ・シャブリの順に格付けされる。

シャンパーニュ（Champagne）（フランス）
パリから東に100kmほど行ったマルヌ県・オーブ県・エーヌ県にまたがる地域で、葡萄栽培の北限に位置していると考えられてきた。シャンパーニュと呼ばれる発泡性のワインは、この地方のテロワールで造られた葡萄によるもので、他の地域ではクレマンやヴァン・ムスーと呼ばれる。赤用の**ピノ・ノワール**(C)やピノ・ムニエと白用の**シャルドネ**(C)が使われ、その割合はドメーヌによってさまざま。また、「ブラン・ド・ブラン」とはシャルドネ種のみから造られたシャンパーニュワインのこと。北限に近い気候の影響で葡萄が完熟しにくく、品質を保つため、通常、取り置きワイン（ヴァン・ド・レゼルヴ）を混ぜるので、ミレジム（収穫年）はつかない。優良年のみ、ほぼ100%その年の葡萄だけでワインを造り、これがミレジムとして高級品になる。

シャンボール・ミュジニー（Chambolle-Musigny）（フランス）
ブルゴーニュ(R)の**コート・ド・ニュイ**(R)の村で、**ブルゴーニュ**(R)で最も女性的なフィネス溢れるワインを産出するアペラシオン（AOC）として知られている。

ジュラ（Jura）（フランス）
フランス東部のスイス国境に近いジュラ山脈の山麓にある産地。葡萄畑の多くは、標高200〜500mの山々に囲まれた深い谷の険しい斜面にある。冬は長く厳しく、夏は暑い。土壌は石灰岩質に覆われた泥灰土。小規模生産者が多く、伝統を受け継いだ個性的なワインで知られる。赤は軽やかなプルサール、しっかりとしたトゥルソー、白はサヴァニャンといった現地産の品種で造られる。これ以外に、**ピノ・ノワール**(C)、**シャルドネ**(C)といった**ブルゴーニュ**(R)の品種からも造られ、赤はこれらの混合も行なわれる。ヴァン・ジョーヌ、ヴァン・ド・パイユ（藁ワイン）という特産のワインがある。

ジュランソン（Jurançon）（フランス）
フランス南西部ピレネー地区の中心都市ポーの町の南に広がっているAOC。葡萄の品種としては、プティ・マンサンを中心に、グロ・マンサン、クルビュを85%以上用い、残りをカマラレかローゼのどちらか一方を用いている。主にジュランソン・セック（辛口白）、あるいはジュランソン・モワルー（甘口白）という銘柄のワインが出回っている。高いものでも30ユーロ程度と品質のわりにはお買い得なワインと言える。

ソーテルヌ（Sauternes）（フランス）
ボルドー(R)地方の南部ソーテルネ地域の

ブルゴーニュ(R)地方、コート・ドールの一番南にある AOC で、約3分の1がプルミエ・クリュ。**ピノ・ノワール**(C)100% の赤がほとんどで、プルミエ・クリュで 4,000 ～ 6,000 円ほど。

ジヴリー（Givry）（フランス）
ブルゴーニュ(R)地方南部、コート・シャロネーズの中央にある AOC。**ボーヌ**(R)からさらに南下し**マコン**(R)に至る途中、高速道路 A6 が近くを走っているところで、北に**メルキュレー**(R)、そのさらに北に**リュリー**(R)があり、最も北に**ブーズロン**(R)が位置している。プルミエ・クリュに指定された畑もあり、基本的なセパージュは**ピノ・ノワール**(C)、白は**シャルドネ**(C)だが、他に**ピノ・グリ**(C)（薄いロゼ）やピノ・ブラン（白）なども許可されている。白で 2,000 円ほどから、赤は 3,000 ～ 4,000 円ほど。

ジュヴレー・シャンベルタン（Gevrey-Chambertin）（フランス）
ブルゴーニュ(R)地方**コート・ド・ニュイ**(R)にあり、グラン・クリュのある AOC 村としてはこの地域で最も北に位置する。一般には、さらに南に位置する**コート・ド・ボーヌ**(R)のテロワールのワインに比べボディがしっかりして力強いと言われる。ちなみに、シャンベルタンの名前の付くグラン・クリュ畑はさらに細分化されており、単にシャンベルタン・グラン・クリュと呼ばれるアペラシオンから、シャンベルタン・クロ・ド・ベーズ、シャペル・シャンベルタン、シャルム・シャンベルタン、グリヨット・シャンベルタン、ラトリシエール・シャンベルタン、**マジ・シャンベルタン**(R)、マゾイワエール・シャンベルタン、リュショット・シャンベルタンまでと群を抜いて数が多く、全部で9つのグラン・クリュがある。これは、シャンベルタンの歴史が長く、評価の高い畑が数多くの醸造家によって分け持たれていることを示す。なお、シャンルタン・クロド・ベーズのワインは AOC シャンベルタンを名乗れるが、逆は不可。この2つのグラン・クリュが別格。

シノン（Chinon）（フランス）
ヴァレ・ド・ラ・ロワールのトゥーレーヌ地域のヴィエンヌ川の川岸に広がる産地。中心都市トゥールの南西部に広がり、シノンの町はジャンヌ・ダルクが初めて王太子シャルル（後のシャルル7世）に謁見した町としても知られる。ワイン産地としては、支流ヴィエンヌ川がロワール川に合流する一帯の 19 の村で構成される。畑はヴィエンヌ川右岸の丘陵にあり、基本的には土壌は石灰質。丘陵の傾斜と方位で、早飲みタイプと熟成タイプがある。一般に平野部は面積も広いが、軽めのワインになる。シャルル・ジョゲの後継者が畑を広げたのは、主にこの平野部。濃いルビー色の赤は主に**カベルネ・フラン**(C)を、量は少ないが白はほぼ 100% シュナン種を使用。高くても 20 ユーロまでのものが多い。

ジャニエール（Jasnières）（フランス）
ロワール(R)地方でトゥールの北 40 ～ 50km のあたりラ・ロワール（いわゆるロワール川）の支流ル・ロワール（同じロワール川）の川岸。ル・ロワール流域は通常 AOC コトー・デュ・ロワールで、ジャニエールはそのグラン・クリュ的存在。シュナンを使った白が多く造られている。生産量も少なく、一部の愛好家にしか知られていないが、価格も高くなく、隠れた名醸辛口白ワインの一つ。

シャトーヌフ＝デュ＝パップ（Châteauneuf-du-Pape）（フランス）

サン＝ジュリアン（Saint-Julien）
ボルドー(R)の**メドック**(R)地域にある産地。**ボルドー**(R)市からガロンヌ川を河口に向けて川の西側に並ぶ銘醸地域の中ほどに位置し、上流側の内陸部にリストラック、下流側が**ポイヤック**(R)となる。この地域はデュクリュ・ボカイユ、レオヴィル・ラス・カズをはじめ、1855年に格付けされた有名シャトーが数多い。**カベルネ・ソーヴィニヨン**(C)の割合の多い地区で（70％ほど）、他に**メルロ**(C)が20％ほどの作付け。シャトーの規模も50ha以上の中規模から大規模なものが比較的多い。

サンセール（Sancerre）（フランス）
ロワール(R)川中上流域のサントル地区にあるAOCで、隣接する地域として東に**プイィ・フュメ**(R)、西にメヌトゥ・サロンがある。白が主体で、小量ながら赤とロゼもある。赤とロゼは**ピノ・ノワール**(C)100％、白は**ソーヴィニヨン・ブラン**(C)100％。

サンタ・バーバラ（Santa Barbara）（アメリカ）
カリフォルニア州南部の地名で、数多くの別荘やホテルがあるリゾート地として知られる。ワインの歴史は意外に古く、200年以上前からワイン醸造が行なわれていた。ナパなどと比べるとのんびりしたワイナリーの素朴さを楽しめる。赤・白とも2,000～3,000円ほど。

サン＝テミリオン（Saint-Émilion）（フランス）
ボルドー(R)地域のワイン産地で、1999年に周囲のワイン用葡萄畑とともに世界遺産に指定されたサン＝テミリオン村を中心とし、ドルドーニュ川の北（右岸）に位置する。**メルロ**(C)と**カベルネ・フラン**(C)を中心にそれらを混合した赤ワインを主に造っている。**メドック**(R)地域の**カベルネ・ソーヴィニヨン**(C)中心のワイン造りとは対照的。また特徴としては比較的規模の小さな造り手が多い。約5,000haの畑に300を超える造り手がいる。大きなところでも40ha程度（シャトー・フィジャック、年産14万本）で10ha未満年産3万本程度のところも多い。

サント＝クロワ・デュ・モン（Sainte-Croix-du-Mont）（フランス）
ボルドー(R)のアントル・ドゥー・メール地区の**ルーピアック**(R)と隣り合ったAOCで、やはりガロンヌ川の北側に位置する。**ルーピアック**(R)と同様、甘口の白ワインを造る。2005年で2,000円ほどで**ソーテルヌ**(R)と比べると圧倒的に安い。

サン＝ニコラ・ド・ブルグイユ（Saint-Nicolas-de-Bourgueil）（フランス）
ロワール中流域、トゥーレーヌ地方のAOCで、赤は75％以上を**カベルネ・フラン**(C)使用が義務づけられる。ブルグイユは同じトゥーレーヌのAOCだが東に隣接する別の地域。畑は約1,000ha。丘陵地帯では厚みのあるワインが、平野部では軽めのワインができる。比較的安価な赤ワインの産地。

サン＝ロマン（Saint-Romain）（フランス）
ブルゴーニュ(R)地方、**コート・ド・ボーヌ**(R)にあるAOCで、**ムルソー**(R)、オーセイ・デュレスからするとさらに山側に位置する。プルミエ・クリュの畑はないものの、品質からするとお買い得のワインと言える。赤は**ピノ・ノワール**(C)40ha、白は**シャルドネ**(C)55haの畑がある。白・赤ともに3,500～5,000円ほど。

サントネー（Santenay）（フランス）

やタヴェル、リラックなどのアペラシオン（AOC）も分布している。赤は、**グルナッシュ**(C)が主品種となり、**シラー**(C)やカリニャン、ムールヴェードルも混合される。白は、主にグルナッシュ・ブランだが、ルーサンヌやクレレット、そしてブールブーランも栽培され混合されている。日本ではコート・デュ・ローヌというと比較的安いワインが多いと誤解されがちだが、北のコート・ロティやエルミタージュ、南のシャトヌフ＝デュ＝パップ、ジゴンダスなど、実際にはかなり高級なワインも造られている。

コート・ド・ニュイ（Côtes de Nuits）（フランス）
ブルゴーニュ(R)地方のワイン産地は、ディジョンからマコン南郊のサン＝ヴェランあたりまでの地域で、ディジョンに近い方からコート・ド・ニュイ、そして**コート・ド・ボーヌ**(R)の2つに分かれる。本文で言及されている**シャンボール・ミュジニー**(R)、**ヴォーヌ・ロマネ**(R)、ニュイ・サン＝ジョルジュは、コート・ド・ニュイに属し、それぞれグラン・クリュのAOCの葡萄畑がある。

コート・ド・プロヴァンス（Côte de Provence）（フランス）
フランス南部サン・ラファエルからトゥーロンに至る地域を指し、カリニャンや**シラー**(C)、ムールヴェードル、**グルナッシュ**(C)などの品種をブレンドしてワインを造っている。比較的に安価なワインが多い。また香りの高いロールという品種を使った白ワインも造られる。

コート・ド・ボーヌ（Côte de Beaune）（フランス）
ブルゴーニュ(R)地方コート＝ドール県南部にあり、北に接する**コート・ド・ニュイ**(R)地区とともに、最も偉大なブルゴーニュワインの生産地とされる。地区名のほかに地域AOC名としても使われ、地区名を表わす際には、**ボーヌ**(R)地区と呼ばれることもある。ボーヌ市から東および北に広がる地域は、赤ワインが多く造られ、赤・白ともに特級畑がある。**ボーヌ**(R)より南の**ムルソー**(R)からは、白ワインが多く作られ、シャサーニュ・モンラシェ村とピュリニー・モンラシェ村にまたがるグラン・クリュの畑モンラシェから造られる白ワインは、世界で最も偉大な白ワインとされる。なお、最南端のサントネーは、かなりしっかりした赤ワインの産地として知られる。

コート・ドール（Côte d'Or）（フランス）
ブルゴーニュ(R)地方のワイン生産の代表的な地域で、中心都市ディジョンから南に向かって高速道路A31の北側に広がる斜面がつづき、**ボーヌ**(R)のさらに南に至るまでの地区を指しているとともにディジョンを県都とする県名にもなっている。北の**コート・ド・ニュイ**(R)と南の**コート・ド・ボーヌ**(R)に分かれる。

コトー・デュ・ラングドック（Coteaux du Languedoc）（フランス）
ラングドック(R)地方のエロー県郡庁所在地のベジエの北に広がる広大な地域のAOC名。プリウーレ・ド・サン＝ジャン・ド・ベビアン、マス・ジュリアン、ドメーヌ・ペイル・ローズなどが知られている。赤には、**グルナッシュ**(C)、**シラー**(C)、カリニャンなどを、白にはルーサンヌやロールなどをブレンドする。安価なものが多く、高くても25ユーロ、日本では1200～1500円、高いもので4,000円ほど。

ヴォルネー（Volnay）（フランス）
ブルゴーニュ(R)の中心都市ボーヌの南西にあるコート・ド・ボーヌ地区にある AOC 村。隣接地区に**ボーヌ**(R)、**ポマール**(R)、**ムルソー**(R)、モンテリーがある。この村の葡萄畑は、ほぼ半分がプルミエ・クリュ。プルミエ・クリュは北隣の**ポマール**(R)村から南隣りの**ムルソー**(R)村まで途切れることなくつづく。

ヴォルネー・サントノ（Volnay Santenots）（フランス）
特殊なアペラシオンで、畑自体は**ブルゴーニュ**(R)の**ムルソー**(R)の地域内にあり**ピノ・ノワール**(C)を栽培するが、赤ワインの場合のみこの呼称が認められる。繊細さとまろやかさを持つバランスの取れたもので、**ムルソー**(R)の赤ワイン全体の評価を上げるのに一役買っている。

オート・コート・ド・ニュイ（フランス）（Hautes Côtes de Nuits）
ブルゴーニュ(R)地方**コート・ド・ニュイ**(R)のさらに西にある山側の地域レベルの AOC 名。ブルゴーニュ全体を対象とする AOC ブルゴーニュの次に広い地域呼称。

キャンティ（Chianti）（イタリア）
イタリア、**トスカーナ**(R)州の生産地。**サンジョベーゼ**(C)種をほぼ 100% 使用。歴史は古く、8 世紀の文献にもその名前が見られる。**トスカーナ**(R)州の 4 つの DOCG の一つで、生産者によって品質にばらつきがある。

グラーヴ（Graves）（フランス）
もともとは**ボルドー**(R)地方の生産地区名称だったが、**ボルドー**(R)地域の AOC の改変によって、現在は、シャトー・オ・ブリオンをはじめ主だったシャトーが多く存在する。ボルドー市に近い北部地域が 1987 年に AOC ペサック＝レオニャンとして分離し、さらにその南に広がる地域を指すようになった。**ボルドー**(R)市の南、ガロンヌ川の南岸で**ソーテルヌ**(R)の北にある。

クロ＝ヴージョ（Clos-Veugeot）（フランス）
ブルゴーニュ(R)地方**コート・ド・ニュイ**(R)にあるヴージョ村に、12 世紀にシトー会修道士が造り上げた葡萄畑（約 67ha）。現在は 80 名以上の所有者に分割され、グラン・クリュのクロ・ド・ヴージョ（50.6ha）のほか多くの一級畑もある。現在、シャトー・クロ・ド・ヴージョはワイン博物館となり、「コンフレリ・デ・シュヴァリエ・デュ・タストヴァン」（利き酒騎士団）の本拠地ともなっている。

クロ・ド・ラ・クロシェット（Clos de la Crochette）（フランス）
ブルゴーニュ(R)地方の南部にある**マコン**(R)の畑でムルソー(R)の**コント・ラフォン**(W)が造る白ワイン。日当たりの良い西向きの中腹の斜面という完璧な条件を有し、クレイ（白亜土壌）と石灰岩の土壌で、この地域で一番素晴らしい葡萄畑と言われる。

コート・デュ・ローヌ（Côtes du Rhône）（フランス）
一般にはヴァレ・デュ・ローヌというローヌ川に沿ったフランス南部に広がる地域を指し、北部のコート・ロティやエルミタージュを含む地域と、南部のアヴィニョンの北に広がる地域を指す。南部では大まかに西にコート・デュ・ローヌ、東にコート・デュ・ローヌ・ヴィラージュ、そして中心に**シャトーヌフ＝デュ＝パップ**(R)が入り組んで分布している。また小さな地域としては、この中にジゴンダス

〈ワイン産地〉　(R)

・本文で太字で表記され（R）のルビが付した〈ワイン産地〉を 50 音順に並べて紹介した。

アルザス（Alsace）（フランス）
ドイツとの国境付近の産地。白ワインで知られるが､次の品種で造られる。リースリング、ゲヴュルツトラミネール、ピノ･グリ、ピノ･ブラン、シルヴァネール、ミュスカ、オーセロワ。またわずかだが手頃な辛口白ワイン用にかつて広く栽培されていたシャスラを作付けするドメーヌもある。さらに非常に少ないが多くのドメーヌで 0.5 ～ 2ha ほど赤用のピノ･ノワールを栽培する。グラン･クリュに指定されているリュー･ディ（畑の名前）は 51 か所（2007 年)、アルザス全体では年産 1 億本を大きく超えるワインが生産されている。

アロ地方（Haro）（スペイン）
リオハ(R)のワイン造りの中心地。フランスの**ボルドー**(R)からワイン醸造が伝わったとされる。**ヴィーニャ･トンドニア**(W)、**ラ･リオハ･アルタ**(W)などが伝統的なリオハワインを生産している。

アンジュ（Anjou）（フランス）
ロワール(R)地方中流域の生産地。メーヌ＝エ＝ロワール県のほぼ全域にあたる 128 の村、ドゥー＝セーヴル県北部の 14 の村、ヴィエンヌ県北西部の 9 か村が AOC アンシュの指定地域になる。赤･白･ロゼと発泡性ワインが造られている。

ヴァレ･ドス･ヴィニェドス（Vale dos Vinhedos）（ブラジル）
ベント･ゴンサウベスの近くにあるワイン生産地で、直訳すると「葡萄園の谷」。18 軒ほどの醸造所があり、**ミオーロ**(W)が著名。イタリアからの移民が家族経営でワインを製造しているところが多く、ブラジルでも品質の良いワインを造るところとして国際的に注目され始めている。

ヴーヴレー（Vouvray）（フランス）
ロワール地方トゥーレーヌにある村。畑は、川に面した南に向いた石灰岩の斜面にあり、AOC ヴーヴレーの指定地域。**シュナン･ブラン**(C)100％の辛口の白ワインのほか、発泡性ワインも造られる。優良年にだけ、貴腐ワイン「モワルー」が造られる。**シュナン･ブラン**(C)から造られる白は、若い時も潑剌とした酸味があり美味しいが、長期熟成しても非常にまろやかでバランスが良い。**ブルゴーニュ**(R)や**ボルドー**(R)に比べて安価。

ヴォー（Vaud）（スイス）
ローザンヌを中心にレマン湖の北に広がる州。愛らしい辛口白ワインを生む**シャスラ**(C)を使ったワイン造りが行なわれる。畑は全体で 3,870ha に及ぶ。

ヴォーヌ･ロマネ（Vosne-Romanée）（フランス）
ブルゴーニュ(R)地方の**コート･ド･ニュイ**(R)にある AOC で、北にヴージョ、南にニュイ･サン＝ジョルジュが位置する。グラン･クリュの畑が 7 つもあり、**ブルゴーニュ**(R)で最も高価なグラン･クリュである**ロマネ･コンティ**(V)をはじめ有名なワインの産地。ほとんどは赤ワイン。

ルミエ・クリュ（ラ・フォレ、ヴァイヨン、セシェ）、ACシャブリ、プティ・シャブリを生産。なお、ルネの妹は**ラヴノー**(W)に嫁いでいる。

ルネ・ジョフロワ（René Geoffroy）
シャンパーニュ(R)地方マルヌ川沿いのキュミエール村のドメーヌ。**ピノ・ノワール**(C)主体のシャンパーニュを造る。**シャルドネ**(C)80%。ミレジムのないもので5,000円から。あるものは12,000円ほど。

ルフレーヴ（Leflaive）
—— アンヌ・クロード・ルフレーヴ（Anne-Claude Leflaive）
ブルゴーニュ(R)のピュリニー・モンラシェ村にあるドメーヌ。白ワイン造りの名匠とうたわれたヴァンサン・ルフレーヴの娘、アンヌ・クロードが現在の当主。**シャルドネ**(C)100%の畑24haに、4つのグラン・クリュの畑、5つのプルミエ・クリュの畑がある。父の代からすでにビオを取り入れて、この地域でも先駆者であった。ピュリニー・モンラシェ・プルミエ・クリュを主に造り、日本では4.8haで造っているクラヴォワイヨンで2005年が15,000円ほど。1.9haのグラン・クリュ、バタール・モンラシェとなると2005年で40,000～50,000円。また親戚で同じ地でネゴシアン・ワイン（買い葡萄で醸造したワイン）を造っているオリヴィエ・ルフレーヴというドメーヌもある。

ルメール・フルニエ（Lemaire Fournier）
銀行で情報処理をしていたマリーヤニック・ルメールという女性が、2001年、自然派ワインの醸造家として名高いニコラ・ルナールを迎えて設立したドメーヌ。その費用は、約3億円の宝くじが当たったからという噂がある。しかし2005年、ニコラ・ルナールが辞めたことにより生産は中止してしまった。**シュナン・ブラン**(C)を使った**ヴーヴレー**(R)を造っていたが、2002年のセック（辛口）は2,500円ほどだった。

レジス・フォレイ（Régis Forey）
ブルゴーニュ(R)地方の1840年創設のドメーヌ・フォレイの当主(1989年から)。**ヴォーヌ・ロマネ**(R)やニュイ・サン＝ジョルジュを造る。グラン・クリュのエシュゾーや**クロ・ヴージョ**(R)は2006年・2007年で13,000～15,000円、**ヴォーヌ・ロマネ**(R)は6,000円、プルミエ・クリュで9,000円ほど。

レミレス・デ・ガヌサ（Remirez de Ganuza）
—— フェルナンド・レミレス・デ・ガヌサ（Fernando Remírez de Ganuza）
スペインの**リオハ**(R)・アラベサ地区のワイナリー。不動産業で財をなしたフェルナンド・レミレス・デ・ガヌサが、1989年、52歳で畑とワイナリーを買収して始めた。現在の栽培面積55ha、年産約10万本。テンプラニーリョ90%、グラシアーノ7%、**グルナッシュ**(C)3%。カベルネや**メルロ**(C)には関心を持たない。平均樹齢は70年近い。収穫の良くない年はワインを造らない。果汁の移動にポンプを使わず自然の重力を利用し、プレス方法も独自。レゼルバが7,000円ほど。

ロバート・モンダヴィ（Robert Mondavi）
アメリカのワイン企業経営者。技術革新とマーケティング戦略によって、カリフォルニア・ワインを世界に認知させた。生没年1913～2008年。両親はイタリア系移民。

ロマン・リニエ　→ リニエ

フィサンから**コート・ド・ボーヌ**(R)の**ヴォルネー**(R)までの南北に幅広い地域に、さまざまなテロワールの畑14haほどを所有。6世代に渡っているが、真の実力を発揮したのは現当主であるピエールと兄のルイが引き継いでから。ここの**ヴォルネー**(R)は日本では2005年ものが5,000円あまり。**ポマール**(R)やジュヴレー・シャンベルタン、ニュイ・サン＝ジョルジュのプルミエ・クリュは8,000円ほど。

リュドヴィック・パシュー（Ludovic Paschoud）（スイス）
スイス、ラヴォー地方のドメーヌ・パシューの当主。レマン湖畔の町リュトリにワインショップを開いている。

ルイ・ジャド（Louis Jadot）
ブルゴーニュの非常に大きなネゴシアン（ワイン生産販売会社）。赤用の畑122haを所有し、さらに葡萄を買い取っている。白用には22haの畑がある。自社畑の多くがプルミエ・クリュやグラン・クリュ。年産800万本。さまざまなワイン約150種類を市場に提供している。価格はルイ・ジャドというブランド名によってやや割高。1997年のジュヴレー・シャンベルタンのプルミエ・クリュであるコンブ・オ・モワーヌは15,000円ほど。

ルイス・エンリケ・ザニーニ（Luiz Henrique Zanini）
ブラジルの**リオ・グランデ・ド・スル**(R)州の小さなワイン農家を経営する。「プロヴァル」のワイン生産者組合の会長。**ヴァロンターノ**(V)の造り手。

ル・タン・デ・スリーズ（Le Temps des cerises）
ラングドック(R)地方にあるドメーヌ。「サクランボの実る頃」という意味で、同じタイトルの有名なシャンソンに由来する。ドイツ人のアクセル・プリュファーが、2003年にジャン＝フランソワ・ニック（ドメーヌ・デ・フラール・ルージュの当主）の醸造所を借りて始め、現在は独立。**グルナッシュ**(C)、カリニャン、**シャルドネ**(C)などを使って数種類のワインを造る。10ユーロほど。

ルーロ（Roulot）
―― ジャン＝マルク・ルーロ（Jean-Marc Roulot）
ルーロは、**ブルゴーニュ**(R)の**ムルソー**(R)にあるドメーヌ。1830年創業の**ムルソー**(R)の老舗的存在。1.8haで赤用の**ピノ・ノワール**(C)、9.2haの畑に**シャルドネ**(C)90%と**アリゴテ**(C)10%を作付け。年産5万本。最近特に評価が高まっている。現在の当主ジャン＝マルクは俳優だったが、父ギィの急死で1982年に跡を継いだ。プルミエ・クリュだけでなく、ヴィラージュ（村名ワイン）も区画ごとにボトル詰めした先駆けで、ムルソー・テソン・モン・プレジール、ムルソー・レ・メ・シャヴォー、ムルソー・レ・ティエなど、畑名のついた秀逸なＡＯＣムルソーを生産している。

ルネ・エ・ヴァンサン・ドーヴィサ（René et Vincent Dauvissat）
ブルゴーニュ(R)の**シャブリ**(R)のドメーヌ。**ラヴノー**(W)と並ぶ、代表的な**シャブリ**(R)の造り手。1931年創業。1989年に父ルネの跡を3代目の息子ヴァンサンが継いだ。ステンレスタンクを使った醸造が一般的な**シャブリ**(R)で、伝統的な小樽を使用して造られている。2002年からはすべての畑でビオディナミで栽培。畑は12.35haで、年産75,000本。グラン・クリュ（レ・クロ、レ・プルーズ）、プ

ラ・リオハ・アルタ（La Rioja Alta）
—— ギレルモ・デ・アランサバル（Guillermo de Aranzabal）
スペインのリオハ・アルタ地区は、海抜400～600mの高地で、良質のワイン産地として知られていたが、1890年、ラ・リオハ・アルタという会社が設立され、その品質の良さから評判になった。現在の社長はギレルモ・デ・アランサバル。グラン・レゼルバは6,000円、**ヴィーニャ・アルダンサ**(V)は4,000円、白のレゼルバで3,000円ほど。

ラルー・ビーズ=ルロワ（Lalou Bize-Leroy）
ブルゴーニュ(R)のワイン醸造家。1933年生まれ。父が経営するメゾン・ルロワに1955年から関係し、**オーベール・ド・ヴィレーヌ**(W)とともに**ロマネ・コンティ**(V)のテイスターとして黄金期を築いたが、1992年に共同経営者を解任された。現在は、ドメーヌ・ルロワでビオディナミによって、高級ブルゴーニュワインを生産している。ちなみに、ドメーヌ・ルロワのグラン・クリュ、ロマネ・サン＝ヴィヴァン2005年は131,250円で販売されていた。

ランダル・グラハム（Randall Graham）
カリフォルニアのサンタ・クルーズで、南フランスやイタリア系の品種をブレンドするという変わった方法を実践している造り手。彼のドメーヌのボニー・ドゥーンでは、**シラー**(C)、カリニャン、**サンジョベーゼ**(C)、バルベーラ、ムールヴェードル、ネッビオーロ、**グルナッシュ**(C)などの品種をブレンドし、さまざまなワインを造る。原産地呼称は無視され、ラベルもかなり個性的。1,750～2,800円ほど。

リスカル社（Riscal）
リオハ最古級のワイナリーで、1858年、リスカル侯爵（マルケス・デ・リスカル）によって設立された。2つの地下貯蔵庫には大量のオールド・ヴィンテージがあり、スペイン国王専用ワインも保管されている。国王家主催の晩餐会ではリスカル社のワインが出される。また画家ダリが愛したワインとしても有名。1960年代のものでも20,000円台、近年のティント・レゼルバは2,000円台。

リッジ（Ridge）
カリフォルニア州を代表する名門ワイナリー。1986年に大塚製薬が取得。伝統的な手法を重視し、葡萄栽培、ワイン醸造の両面において自然なプロセスを尊重したワイン造りをしている。著名な醸造家ポール・ドレーパーが、40年以上にわたってワインを造りつづける。

リニエ（Lignier）
—— ユベール・リニエ（Hubert Lignier）
—— ロマン・リニエ（Romain Lignier）
リニエは、**ブルゴーニュ**(R)の**モレ・サン＝ドゥニ**(R)のドメーヌ。ユベール・リニエの跡を、息子ロマンが継いだが、2004年に34歳で逝去。現在、ロマンの妻ケレン（アメリカ人）が、子ども2人の名前を冠したリュシー・エ・オーギュスト・リニエというワインも造っている（醸造にはドミニク・ポワロットも関わっている）。義父ユベールとは土地や自社保存ワインなどの権利関係で、複雑な関係がつづいている。この新しいドメーヌのもので5,000～6,000円ほど。義父ユベール・リニエの名を冠したものは15,000円ほどだが、入手は困難。

リュシアン・ボワイヨ（Lucien Boillot）
ブルゴーニュ(R)のジュヴレー・シャンベルタンにあるドメーヌ。**コート・ド・ニュイ**(R)の

(R)などのワインを抑え「世界一のシャルドネ」に輝き、世界を驚愕させた。その成功物語は、映画『ボトル・ドリーム』に描かれている。**シャルドネ**(C)2008年で7,000円、**カベルネ・ソーヴィニョン**(C)2007年で6,000円ほど。

ユエット（日本ではユエ）(Huet)
—— ノエル・パンゲ (Noël Pinguet)
—— ガストン・ユエット（日本ではユエ）(Gaston Huet)
ユエットは、フランスのトゥーレーヌ地方**ヴーヴレー**(R)にあるドメーヌ。ガストン・ユエットが5haの畑でワイン造りを始め、1976年、娘婿のノエル・パンゲが後を継いだ。ビオディナミによる栽培を1991年から本格化し、世界中にその名を知られる。現在は4つの区画の35haの畑に白用の**シュナン・ブラン**(C)を造り、年産約15万本。ヴーヴレー・モワルーは30ユーロほど、また辛口の白は銘柄によって14～17ユーロ。日本でも前者は8,000円ほど、後者は3,000～4,000円で販売。ただ貴腐のキュヴェ・コンスタンスは高価格で、年によっては30,000円以上する。

ユベール・ド・モンティーユ　→ モンティーユ

ユベール・リニエ　→ リニエ

ヨハネス・ゼルバッハ (Johannes Selbach)
モーゼル(R)を代表する1660年からの歴史を誇るワイナリー。「ゼルバッハ・オースター」の名で**リースリング**(C)などを造っている。やや甘口のシュペトレーゼで2,000円台、やや辛口のリースリング・クラシックやトロッケンは1,000円台。

ヨハン・ヨーゼフ・プリュム (Johann Josef Prüm)
モーゼル・ザール・ルーヴァーを代表するワイナリーで、ドイツでも最も有名。栽培面積14ha、年産平均12万本。**リースリング**(C)のみを栽培し、長く熟成に時間のかかるワインを造る。生き生きとした酸味とフルーティさで知られる。ともに甘口のアウスレーゼやシュペトレーゼで6,000円ほど、カビネットでも4,000円ほどで流通している。

ラヴノー (Raveneau)
—— ジャン＝マリ・ラヴノー (Jean-Marie Raveneau)
フランスの**ブルゴーニュ**(R)地方**シャブリ**(R)のドメーヌ。**ルネ・エ・ヴァンサン・ドーヴィサ**(W)と並ぶ代表的な**シャブリ**(R)。父フランソワの跡を継いだジャン＝マリと弟ベルナールが、7.5haの畑で作る**シャルドネ**(C)を用いて、**シャブリ**(R)のグラン・クリュとプルミエ・クリュを年間約4万本造っている。**シャブリ**(R)を代表するワインで、安くても日本では1本10,000円以上。また白ワインだが15年から20年以上の熟成が可能。

ラ・スピネッタ (La Spinetta)
ピエモンテ(R)の「モダン・バローロ」の中でも大規模なワイナリー。1977年に創立され、リヴェッティ家の4人兄弟が運営。アルゼンチンに移民として渡りワインで成功を収め、父親の代に戻ってきたという。「Pin」とラベルに記されたモンフェラート・ロッソ・ピンは、ネッビオーロとバルベーラのブレンドで6,000～8,000円。1996年から販売しているラ・スピネッタ・バルバレスコ・スタルデリは15,000～18,000円ほど。

ラフォン　→ コント・ラフォン

ンが造られている。また自身が所有する畑で採れた葡萄での醸造も行なっている。彼の力は、盟友ロバート・パーカー氏とは違い、技術的な面からワインのグローバル化に影響を強く与えたと言える。特に葡萄をなるべく遅い時期に収穫すること、長い発酵期間、新樽をできるだけ100%使用することなどにより、比較的アルコール度数が高く、果実系の香りの強い、色の濃いワインを特徴としている。ロランのコンサルティングを受けるや、その銘柄のワインの価格が高騰することから、彼に対しての依頼は絶えないという。

ムリエタ社（Murrieta）
リオハのアルタにある最古級のワイナリー。1852年創立。グラン・レゼルバのカスティーリョ・イガイは、単独畑イガイの葡萄からのみ造られる代表銘柄。そのオールド・ヴィンテージの歴史的コレクションは有名で、創立の1852年までさかのぼることができる。田崎真也氏が「第8回世界最優秀ソムリエコンクール」で優勝を決めたテイスティング・ワインがこれだった。オールド・ヴィンテージだと1950～60年代で20,000～100,000円ほどで出回ることがある。2000年以降で6,000～8,000円ほど。、

メオ・カミュゼ（Méo Camuzet）
1959年設立のフランス、**ブルゴーニュ**(R)地方**ヴォーヌ・ロマネ**(R)のドメーヌ。故アンリ・ジャイエが醸造顧問。現在はジャン・ニコラ・メオが当主。11haの畑を所有し、ニュイ・サン＝ジョルジュ、コルトン、クロ・ド・ヴージョや**ヴォーヌ・ロマネ**(R)のグラン・クリュを造っている。ともにグラン・クリュのクロ・ド・ヴージョやコルトンは年により1本20,000円から。村名AOCの**ヴォーヌ・ロマネ**(R)は1本11,000円から。また最良のグラン・クリュの1つリシュブールもあり、1本50,000円以上。

モンティーユ（Montille）
—— ユベール・ド・モンティーユ（Hubert de Montille）
—— アリックス・ド・モンティーユ（Alix de Montille）
—— エティエンヌ・ド・モンティーユ（Etienne de Montille）
—— 二人のモンティーユ（Deux Montille）
モンティーユは、**ヴォルネー**(R)と**ポマール**(R)に主に畑を所有するドメーヌ。畑はそれぞれプルミエ・クリュに格付けされている。11haに赤用の**ピノ・ノワール**(C)を、3haに白用の**シャルドネ**(C)を栽培し、年産は約7万本。**ヴォルネー**(R)と呼ばれるワインには2種類ほどあり、タイユピエとキャレル・ス・シャペル。日本では、タイユピエは2006年で9,000円ほどだが、2003年や2004年は14,000円ほど。映画『モンドヴィーノ』で重要な出演者となっていた当主ユベールは引退し、現在、息子エティエンヌと娘アリックスが跡を継いでいる。二人のモンティーユ（ドゥー・モンティーユ）は、エティエンヌとアリックスが、ドメーヌ・ド・モンティーユとは別に、2003年、**ムルソー**(R)に建てた醸造所。葡萄は100%買い取りで、年産6万本。日本では、4,000円（オーセイ・デュレス2003年）から10,000円（ピュリニー・モンラシェ2003年）、12,000円（**ムルソー**(R)2005年）、17,000円（コルトン・シャルルマーニュ2003・2004年）などが販売されている。

モンテレーナ（Montelena）
アメリカ、カリフォルニアのナパヴァレーのワイナリー。1976年、パリで行なわれたブラインド・テイスティングで、**ブルゴーニュ**

マリオ・ガイセ（Mario Geisse）
マリオ・パブロ・シルヴァ所有のドメーヌ・カーサ・シルヴァの醸造責任者。カーサ・シルヴァは19世紀末に設立され、**ボルドー**(R)から輸入された葡萄の苗木（フィロキセラで全滅する前のもので寿命90年以上のもの）を使った伝統あるワイン造りで知られる。カーサ・シルヴァはチリのワイナリー。ガイセ自身はブラジルに自分の所有する畑を持ち、そこで取れた葡萄を使ってヴィニコラ・ガイセ・ジェイスを設立し醸造も始めている。ここで造られた発泡性ワインは2005年もので現地で37レアル（日本円で1,850円ほど）、2007年もので42レアルで売られている。

マルセル・ダイス（Marcel Deiss）
アルザス地方を代表する造り手。赤用の畑2ha、白用の畑25haで、年産135,000本。グラン・クリュは60ユーロはする。日本では6,000～16,000円、単に「アルザス」と名前の付いたものは3,000円ほど。もともとアルザスでは、品種別にワインに名前が付けられていたが、畑の名を付けたワインを販売したのは彼が初めで「革命家」「異端児」と呼ばれるという。

マルセル・ラピエール（Marcel Lapierre）
ボジョレ地区のモルゴンで、自然派の造り手として知られる。**フィリップ・パカレ**(W)の叔父で、3つ星レストランのワインリストに載るボジョレを造る。シャプタリザシォン（補糖）をせず、天然酵母で醸造し、亜硫酸は無添加。葡萄の有機栽培を1980年代から実践する少量生産のドメーヌ。マルセルは2010年に亡くなり、現在は息子のマチューが継いでいる。キュヴェ・マルセル・ラピエールは2005年で5,000円、ボジョレは2,000円ほど。

ミオーロ（Miolo）
ブラジル、リオ・グランデ・ド・スール州にある南米屈指のワイナリー。高級ワインを年間1,200万リットル生産し、そのうち約30%を輸出する。1897年、イタリア移民のジュゼッペ・ミオーロが創設。現在、4代目が450haの自社畑で家族経営している。2012年、ロンドン五輪のオフィシャルワインに認定された。

ミシェル・ニエロン（Michel Niellon）
ブルゴーニュ(R)地方のシャサーニュ＝モンラシェの造り手で、畑はわずか7.5haで、グラン・クリュのバタール・モンラシェ、シュバリエ・モンラシェをはじめ、AOC**シャサーニュ・モンラシェ**(R)などの白ワインを多く造り、グラン・クリュには非常に高価なものもある。**ピノ・ノワール**(C)の赤も少量ながら造っており、シャサーニュ・モンラシェ・プルニエ・クリュ・クロ・サン＝ジャンなどがある。

ミシェル・シャプティエ（Michel Chapoutier）
コート・デュ・ローヌ(R)のエルミタージュの丘の麓にある町タン・エルミタージュを拠点とする生産者。1808年の創立で、80haを超える畑を持つ。1977年に当主を引き継いだミシェルとマルクによって、テロワール重視のビオディナミによるワイン造りが行なわれている。

ミシェル・ロラン（Michel Rolland）
世界で最も有名なワインコンサルタント。1947年、**ボルドー**(R)のサン＝テミリオン地域の中心都市リブルヌの生まれ。**ボルドー**(R)でワイン醸造のコンサルタントとして活動を始め、現在、世界13か国で彼の指導でワイウスレーゼ・トロッケンは10,000円ほど、通常のトロッケンやカビネットは2,000円台。

フランツ・プラーガー (Franz Prager)
プラーガー家は、18世紀初めからオーストリアの**ワッハウ**(R)地方でワインの醸造を始めたが、現在の当主のフランツは、この地方の葡萄栽培の第一人者。土地の個性と繊細な気候を反映したワイン造りで知られる。畑は**リースリング**(C)65%、グリューナー・フェルトリーナー25%、**シャルドネ**(C)を栽培する。

フレデリック・ラファルジュ (Frédéric Lafarge)
ブルゴーニュ(R)地方**ヴォルネー**(R)で、最も高い評価を受けていると言われるドメーヌ・ミシェル・ラファルジュの息子。2000年から完全なビオディナミを実践している。赤用として10haの畑に**ピノ・ノワール**(C)を98%、ガメイ2%を作付け。また白用として2haの畑に**シャルドネ**(C)と**アリゴテ**(C)を半分ずつ栽培。年産約6万本。赤のヴォルネー・クロ・ド・シェーヌ（プリミエ・クリュ）は9,000円ほど。

ベガ・シシリア (Vega Sicilia)
スペインの**リベラ・デル・ドゥエロ**(R)地方にあるワイナリー。所有者はパブロ・アルバレス、醸造責任者はハビエル・アウサス。特にスペインのロマネ・コンティとも言われる「ウニコ」は人気が高い。

ヘスース・マドラーソ (Jesús Madrazo)
リオハ(R)の老舗ワイナリー（1879年創業）のC.V.N.E社の5代目当主。

ベルナール・モーム (Bernard Maume)
ベルトラン・モーム (Bertrand Maume)
ベルナールは、ドメーヌ・モームの当主であり、ディジョン大学の生化学の教授でもあった。今は引退して、息子のベルトランがこのドメーヌを引き継ぐ。4haの畑すべてが**ジュヴレー・シャンベルタン**(R)にある。グラン・クリュの畑は**マジ・シャンベルタン**(R)にあり樹齢70年近く、プルミエ・クリュの畑はラヴォーやペリエールにあり樹齢80年近い。グラン・クリュの**マジ・シャンベルタン**(R)は14,000円ほど、プルミエ・クリュは8,000～10,000円。

ボワセ・グループ (Groupe Boisset)
ブルゴーニュ(R)地方のニュイ・サン＝ジョルジュを本拠とする、**ブルゴーニュ**(R)最大のネゴシアン（ワイン取扱会社）。社長ジャン＝クロード・ボワセが1961年に設立し、2002年以降は自社醸造も行なっている。カナダやカリフォルニアのワイナリーも買収して、世界的なワイン企業となっている。**ラングドック**(R)の安いワインを紙パックに入れて売り出すなど話題も豊富。

マリア・ロペス・デ・エレディア　→ ヴィーニャ・トンドニア

マリアノ・ガルシア (Mariano Garcia)
スペインの醸造家。ベガ・シシリアの醸造責任者を長年務めた後、複数のワイナリーおよびワインプロジェクトを興す。息子のアルベルトとエドアルドとともに活動している。トゥデラ・デル・ドゥエロのボデガス・マウロのテレウス（2001年で20,000円ほど）、トロのボデガス・イ・ビニェドス・マウロドスのサン・ロマン（2001年で6,000円ほど）、リベラ・デル・ドゥエロのボデガス・アアルトのアアルト・パゴ・セレクショナドス（2005年で20,000円ほど）など。

いる。基本的には**サンジョベーゼ**(C)が中心。高級ワインとして、**サンジョベーゼ**(C)(20%)と**カベルネ・ソーヴィニョン**(C)(75%)、**カベルネ・フラン**(C)(5%)をブレンドしたソライヤ、そして**ティニャネッロ**(V)(**サンジョベーゼ**(C)80%、**カベルネ・ソーヴィニョン**(C)15%、**カベルネ・フラン**(C)5%)で知られる。**サンジョベーゼ**(C)を90%以上使用しなければ**キャンティ**(R)のDOCとして認められないが、これらは「スーパー・トスカーナ」として世界中に知られる。

ビクトール・デ・ラ・セルナ　→ フィンカ・サンドバル

ファレール・メール・エ・フィーユ　→ ヴァインバック

ファレール家　→ ヴァインバック

フィリップ・パカレ (Philippe Pacalet)
ブルゴーニュ(R)地方、**ボーヌ**(R)に本処を置く自然派ワインの若き造り手。リュショット・シャンベルタン、シャルム・シャンベルタン（ともにグラン・クリュ）などが代表的。25,000円ほど。ポマール・プルミエ・クリュ2004年は10,000円ほど。自社畑を持たないため、各地から厳選した葡萄を買い入れ、全部で25種類のワインを造っている。

フィリップ・フォロー (Philippe Foreau)
ロワール(R)地方**ヴーヴレー**(R)のドメーヌ、デュ・クロ・ノーダンの造り手。祖父の代1923年からつづくこのドメーヌを、1983年に継いだ。**シュナン・ブラン**(C)を主に11.5haの畑で栽培。30,000本の白（辛口）と25,000本の甘口のモワルーを年産。モワルーは、フランスではレゼルヴで36ユーロほど（極甘口のモワルー・レゼルヴ2005年は、日本では11,000円ほど)。ヴーヴレー・ドゥミ・セック（半甘口）は14ユーロほど（日本では2,600円ほど)。

フィンカ・サンドバル (Finca Sandoval)
――ビクトール・デ・ラ・セルナ (Victor de la Serna)
フィンカ・サンドバルは、スペインの有力紙『エル・ムンド』（世界）の副編集長を務めていたビクトール・デ・ラ・セルナが、ワイン産地として無名に近かった**ラ・マンチャ**(R)の東にあるマンチュエラという村に、1998年に立ち上げたワイナリー。

フェルナンド・レミレス・デ・ガヌサ　→ レミレス・デ・ガヌサ

二人のモンティーユ　→ モンティーユ

フランソワ・ジョバール (François Jobard)
ブルゴーニュ(R)の**ムルソー**(R)で白ワインを主に造るドメーヌ。畑6haほどに30年を超える樹齢の葡萄を育て、アルコール度数の比較的高くないワイン造りをする。ムルソー・プルミエ・クリュで2006年で8,000円、もう少し手に入れやすい価格のピュリニー・モンラシェが6,000円、ブルゴーニュ・ブランで3,000円ほど。最近は息子アントワーヌの名前もラベルに併記されている。

フランツ・キュンストゥラー (Franz Künstler)
ラインガウ(R)の代表的な造り手で、各批評家から高い評価を得ている。7haの畑をホッホハイムに所有していたが、さらにアシュロットを買収し、現在は20ha。現在は息子のギュンダーが当主。辛口のリースリング・アアルザスの 300 年近い歴史を持つドメーヌ。自己所有の畑に 25.5ha は**リースリング**(C)やゲヴュルツなどを作付けし、赤用には**ピノ・ノワール**(C)を 1.5ha。また他の葡萄栽培農家から赤用 5ha 分と白用 85ha 分を買い付けしている。辛口の白ワインのほか、甘口の高級ワイン（遅摘みを使用したもの）も造っており、これはフランスでも 90 ユーロ以上の価格。通常の辛口の白は日本でも 2,500 円ほど。アメリカへの輸出でも知られている。

ナパヴァレー（Napa Valley）（アメリカ）
カリフォルニアの新世界を代表する産地。ナパとは、アメリカ先住民（ワポ族）の言葉で「豊潤の地」を意味する。**ロバート・モンダヴィ**(W)、**モンテレーナ**(W)をはじめ、18,600ha に 373 ものワイナリーが存在する。

ノエル・パンゲ　→ ユエ

パテルノステル（Paternoster）
イタリアの**バジリカータ**(R)州で、アリアニコ種を使って辛口のワインを造るワイナリー。創業者はアンセルモ・パテルノステル。「ロトンド」や「ドン・アンセルモ」という名で、**アリアニコ・デル・ヴルトゥーレ**(V)を造る。2003 年のドン・アンセルモ、2000 年のロトンドが 6,000 円ほど。

バチスタ・コロンビュ（Battista Colombu）（サルデーニャ）
映画『モンドヴィーノ』にも出てくる、イタリアのサルデーニャ、ボサ村の造り手。味覚の画一化に反対する立場から、自然派のワインを造りつづけている。90 歳近くになる。

ピーター・シセック（Peter Sisseck）
デンマーク出身の醸造家。ワイン造りを**ボルドー**(R)の「ガレージワイン」の旗手とも言うべきシャトー・ヴァランドローで学ぶ。スペインの**リベラ・デル・ドゥエロ**(R)で、**ピングス**(V)というワイナリーを創設し、ロバート・パーカーが初めてスペインワインで 100 点満点をつけたことで世界的に有名になった。2002 年には新たなブランド「キンタ・サルドニア」を立ち上げた。

ピエール＝ジャック・ドリュエ（Pierre-Jacques Druet）
トゥーレーヌ地方**ブルグイユ**(R)のドメーヌ。**カベルネ・フラン**(C)の赤を造らせたら、ロワール・ナンバーワンと言われる。1993 年のキュヴェ・ヴォーモローが 5,000 円ほど。普通は 2,500 円ほど（1996 年）。

ピエール・ペテルス（Pierre Peters）
シャンパーニュ(R)地方コート・デ・ブラン地域のメニル・シュル・オジェ村のドメーヌ。**シャンパーニュ**(R)を代表する造り手として、近年特に評判が高い。100% **シャルドネ**(C)を使い、ステンレスタンクで醸造している。日本では NV で 5,000 円、ミレジムで 10,000 円ほどだが、入荷量は希少。

ピエール・マッソン（Pierre Masson）
ビオディナミ農法の権威として著名。30 年近い経験をもち、コンサルタントとしてさまざまなドメーヌで指導する。**コント・ラフォン**(W)、ディディエ・モンショヴェ、フレデリック・マニャンなどが所属するビオディナミ実践団体「ビオ・リュネール」の会長。

ピエロ・アンティノーリ（Piero Antinori）
イタリア、トスカーナ地方の名門ワイナリーの 26 代目の所有者。1385 年創立。キャンティ・クラシコ地区を中心に多くの畑を持ってグラン・クリュのボンヌ・マール 2004 年が 42,000 円、プルミエ・クリュのレ・ザムルーズは 55,000 円ほど。

ド・ラギッシュ伯爵　→ シャトー・ダルレイ

ドゥニ・モルテ (Denis Mortet)
シャンベルタンの造り手。1990 年代初めに父の跡を継いで 11ha ほどの畑で**ピノ・ノワール**(C)を栽培。非常に丹念に手を尽くして、一貫した有機栽培を行ない、グラン・クリュのシャンベルタンは 30,000 〜 50,000 円ほど。村名 AOC の**ジュヴレー・シャンベルタン**(R)で 12,000 〜 40,000 円。

ドクター・ローゼン (Dr. Loosen)
ドイツ、**モーゼル**(R)地方のベルンカステル地区にあるワイナリー。200 年の歴史を持つ。現当主エルンスト・ローゼンは、1988 年に父親から畑を受け継ぐと、収穫量を半分に減らし、有機農法を積極的に取り入れ、天然酵母を用いたワイン造りを始めた。彼によって、**モーゼル**(R)と**リースリング**(C)は再評価されたと言っても過言ではない。イギリスの雑誌『デカンター』で 2005 年の Man of The Year に選ばれている。

ドミニク・ラフォン　→ コント・ラフォン

ドメーヌ・オット (Domaine Ott)
2つのワイナリーで生産している南フランスで最も知名度のあるドメーヌ。そのため、本文にあるように、品質のわりに高価。南フランスの**バンドル**(R)のシャトー・ロマッサンと、**コート・ド・プロヴァンス**(R)のクロ・ミレイユ。本文で「兄弟ワイン」と記述しているのはそのため。どちらも新たに**シャンパーニュ**(R)のルイ・ロデレールの所有となった（株式の 60% を取得)。醸造責任者ドゥニ・デュブールデューが、いずれ良い効果をもたらすだろうと言われている。どちらも 20 ユーロ代で白と赤を生産している。

ドメーヌ・ド・ラ・ヴージュレ・ド・ボワセ (Domaine de la Vougeraie)
ブルゴーニュ(R)最大のワイン取扱会社**ボワセ・グループ**(W)が、巨大な資金力による高品質ワインの生産を目指して、1999 年に立ち上げたドメーヌ。3,000 円台の AOC ブルゴーニュ・ルージュから、高いものではグラン・クリュのクロ・ド・ヴージョで 21,000 円ほど。

ドメーヌ・ド・ラ・ロマネ・コンティ (Domaine de la Romanée-Conti)
ブルゴーニュ地方**ヴォーヌ・ロマネ**(R)村にあるドメーヌ。**ロマネ・コンティ**(V)用の畑は、1.8ha ほどしかない。隣接するグラン・クリュ畑ラ・ターシュ、グラン・ゼシェゾー、リシュブールなどからピノ・ノワールを用いて上質なワインを造り、白用に**シャルドネ**(C)を 0.85ha 栽培している。

ドメニコ・クレリコ (Domenico Clerico)
ピエモンテ(R)の「モダン・バローロ」を代表する造り手。祖父と父の跡を継いで、1977 年に自らのブランドを立ち上げ、ネッビオーロ、バルベーラ、ドルチェットという 3 種類の葡萄を栽培しながらも、**カベルネ・ソーヴィニョン**(C)を混合するなど、実験的なワインを市場に発表している。数種類のワインを生産しているが、バローロは、日本では 13,000 円ほどで流通。他にバルバレスコは 4,000 〜 6,000 円。

トリムバック（日本ではトリンバック） (Trimbach)

培している。→「ブラウン・ランチ」

セルジュ・ダグノー（Serge Dagueneau）
ロワール(R)地方**プイィ・フュメ**(R)のドメーヌ。現在はセルジュの娘2人が実質的にワイン造りをしている。**ソーヴィニヨン・ブラン**(C)の畑 18ha を所有し、2007 年のプイィ・フュメが 3,500 円ほど。ビオディナミを取り入れた自然派の造り手。ここ 10 年で有名になり、ワインの価格が 3 倍になった**ディディエ・ダグノー**(W)は従兄弟。

ダヴィッド・デュバン（David Duband）
1991 年から醸造を自分で始めた**ブルゴーニュ**(R)の若き造り手。ジャイエ・ジルと親交が深く、現在、注目度が最も高い。比較的安価な AOC ブルゴーニュ・オート・コート・ド・ニュイ 2007 年（3,500 円ほど）から、グラン・クリュのシャルム・シャンベルタン 2006 年（24,000 円）まで数多くのワインを造っている。

ダル・ピゾル家（Dal Pizzol）
—— アントニオ・ダル・ピゾル（Antonio Dal Pizzol）
—— リナウド・ダル・ピゾル（Rinaldo Dal Pizzol）
ダル・ピゾル家は、**リオ・グランデ・ド・スル**(R)州ベント・ゴンサウベスにあるワイナリーで、年産約 25 万本。ここのワインは 24 ～ 46 ブラジル・レアル（日本円で 1,200 ～ 2,300 円）で現地では売られている。兄アントニオと弟リナウドが経営している。

ダンジェルヴィル（d'Angerville）
ブルゴーニュ(R)地方**ヴォルネー**(R)にある伝統あるドメーヌ。赤用に**ピノ・ノワール**(C)を 12ha、**シャルドネ**(C)を 1ha 栽培。**ヴォルネー**(R)はプルミエ・クリュのクロ・デ・デュック（2.4ha）をはじめ、5 つの畑を所有。年産約 55,000 本。**ムルソー**(R)や**ヴォルネー**(R)のプルミエ・クリュ 2004 年が、フランスでは 45 ユーロ、日本では 8,000 ～ 12,000 円ほど。

ディディエ・ダグノー（Didier Dagueneau）
プイィ・フュメ(R)の造り手。奇才、天才、異端児といった表現で形容され、ワイン造りに関してはマロラクティック発酵をさせないなど、独特のやり方をしている。11.5ha ほどの畑を所有し、100% **ソーヴィニヨン・ブラン**(C)を作付け、年産 5 万本。ここ 10 年で価格が上昇し、日本では年号と銘柄によって 10,000 ～ 14,000 円ほど。**セルジュ・ダグノー**(W)は従兄弟。

デーンホーフ（Dönnhoff）
ナーヘ(R)川に近い 20ha の土地に葡萄を栽培しているこの地方の代表的な造り手。当主のヘルムート・デーンホーフは、現在 7 つのグラン・クリュ畑を所有し、**リースリング**(C)を使った辛口の白を生産しているほか、アイスヴァイン、ベーレンアウスレーゼも造っている。**リースリング**(C)は日本では 3,000 円ほどで流通している。

ド・ヴォギュエ家（De Vogüé）
ドメーヌ・コント・ジョルジュ・ド・ヴォギュエの当主。ヴォギュエ伯爵が 1987 年に亡くなってからは、娘エリザベートが栽培と醸造の責任者となっている。1980 年代後半から 90 年代にかけて、品質に劣るものが出たが、現在は持ち直している。畑はすべて AOC **シャンボール・ミュジニー**(R)にあり、グラン・クリュの畑の多くを所有する。7.2ha のうち 0.5ha が**シャルドネ**(C)。村名 AOC のシャンボール・ミュジニー 2004 年で 24,000 円、年、ロバート・パーカーに高い評価を受けたとして注目されたが、実際には彼はこのワインを知らず、接待を受け適当に高い評価を与えたとして後に暴露本に書かれたため、違う意味で有名になった。

ジャン=マリ・ラヴノー　→ ラヴノー

ジャン=マルク・ルーロ　→ ルーロ

ジャン=ルイ・ラプランシュ (Jean-Louis Laplanche)

ブルゴーニュ(R)、**コート・ド・ボーヌ**(R)の**ポマール**(R)を代表する造り手の一人。2003年までシャトー・ド・ポマール当主だった。プルミエ・クリュの畑はないものの20haの畑で力強いワイン造りをしている。心理学者で、フランス心理学会会長を務め、フロイト研究の権威として日本でも著書が翻訳されている。近年、人気が上がり、2004年で9,000円ほど。

ジョ・ランドロン (Jo Landron)

ロワール(R)地方ミュスカデのドメーヌ・ランドロンの当主の一人。ジョ（ジョゼフ）とベルナールの兄弟で経営している。畑の95%は、AOCミュスカデに使用できる唯一の品種ムロン・ド・ブルゴーニュ（別名ミュスカデ）を栽培。

ジョゼフ・ロティ (Joseph Roty)

ブルゴーニュ(R)地方の**ジュヴレー・シャンベルタン**(R)にある名門ドメーヌ。当主ジョゼフが2008年に亡くなり、現在は息子のフィリップが畑と醸造を受け継ぐ。8.5haの畑では早くからビオディナミを取り入れている。グラン・クリュのシャルム・シャンベルタンで22,000円、同じくグラン・クリュの**マジ・シャンベルタン**(R)が24,000円、その他AOCマルサネーの赤やロゼが4,000〜5,000円ほど。

**ジョルジュ・ルーミエ (Georges Roumier)
—— クリストフ・ルーミエ (Cristophe Roumier)**

ジョルジュ・ルーミエは、**ブルゴーニュ**(R)の**シャンボール・ミュジニー**(R)村にあるドメーヌ。現在は、クリストフ・ルーミエが当主。ジョルジュは祖父の名前。主に赤ワインを産し、畑は11.67haに**ピノ・ノワール**(C)、0.2haに**シャルドネ**(C)を栽培。年産約4万本。ここ10年来、非常に人気が高く、1本300,000円以上の値が付くミレジムもある。天然酵母を活用した自然有機農法の造り手として名高い。

**ジンド=ウンブレシュト（日本ではシィント=ウンベレヒト）(Zind-Humbrecht)
—— オリヴィエ・ウンブレシュト**

ジンド=ウンブレシュトは、アルザスを代表する3つのドメーヌの一つ。父レオナールと息子オリヴィエの所有。赤用に**ピノ・ノワール**(C)を1ha作っているが、39haの畑に白用のゲヴュルツトラミネール、**ピノ・グリ**(C)、**リースリング**(C)をそれぞれ3割、そして残りの1割でピノ・ブラン、オーセロワ、**ミュスカ**(C)などを栽培。年産約16万本。現地でもゲヴュルツトラミネールは100ユーロ以上する。グラン・クリュではない単なる**リースリング**(C)でも2005年で35ユーロほど。オリヴィエは「マスター・オブ・ワイン」の称号を持つ。

セインツベリー (Saintsbury)

カリフォルニアのカーネロスのワイナリー。ワイン・シンクタンクとして著名なカリフォルニア大学デイヴィス校出身のデイヴィッド・グレイヴスとディック・ワードの二人が、1981年に設立。**ブルゴーニュ**(R)系品種を栽まで存在する。

シャトー・ベイシュヴェル（Château Beychevelle）

ボルドー(R)の**メドック**(R)地域の**サン＝ジュリアン**(R)にあり、赤ワイン用の葡萄畑 90ha（62% **カベルネ・ソーヴィニョン**(C)、**メルロ**(C)31%、ほか**カベルネ・フラン**(C)とプティ・ヴェルド）を作付けしており、年産約 48 本。17 世紀からの古い歴史があり、1855 年の**メドック**(R)の格付けでは 4 級にランクされているが、実力としてはもっと高い評価を受けている。2000 年以前のミレジムのものだと 10,000 円ほど、2005・2006 年だと 6,000 円ほど。

シャルル・ジョゲ（Charles Joguet）

トゥーレーヌ地方**シノン**(R)のドメーヌ。37ha に**カベルネ・フラン**(C)、3ha に**シュナン・ブラン**(C)を栽培し、年産 20 万本。シャルル・ジョゲの名前でドメーヌは残っているが、本文にあるようにすでに売却され、現在の経営は別人。しかし、ジョゲによって**シノン**(R)のワインは名を上げ、現在でも人気がある。現地ではキュヴェにもよるが 10 ～ 20 ユーロ、日本では新しい年度であれば 3,000 円ほど。シャルル本人が造ったジョゲは、すでに入手が困難。

ジャン＝クロード・ベルーエ（Jean-Claude Berrouet）

シャトー・ペトリュス(V)の醸造責任者を 44 年間務めたあと、家族とさまざまなシャトー、ドメーヌのプロデュースをしている。サン＝テミリオンの第 1 特級格付けのシュヴァル・ブランの醸造責任者を務める息子オリヴィエ（現在はペトリュスで働いている）とともに**ポムロル**(R)で 0.8ha の畑を造り、**メルロ**(C)100% のシャトー・サミオン（2006 年で 6,600 円ほど）の他、モンターニュ・サン＝テミリオンでヴュー・シャトー・サン＝タンドレ（**メルロ**(C)85%、**カベルネ・フラン**(C)15%）を造る（3,000 円ほど）。また自身の出身地のフランス南西部ピレネー山中の AOC イルレギで、ドメーヌ・エリ・ミナの**カベルネ・フラン**(C)100% の赤（2006 年で 4,400 円ほど）、白（2003 年が 3,500 円）も造っている。しかし、**ミネルヴォワ**(R)のワインについての情報はほとんど見当たらない。

ジャン＝フランソワ・コシュ＝デュリ（Jean-François Coche-Dury）

ブルゴーニュ(R)地方**ムルソー**(R)のドメーヌ。**ブルゴーニュ**(R)の白の造り手として 5 本の指に入る。ジャン＝フランソワは 1989 年に父から引き継ぎ当主となったが、2009 年に引退し、息子ラファエルが新当主になった。赤ワイン用に**ピノ・ノワール**(C)2.5ha、白用の畑 7.8ha に**シャルドネ**(C)95% と**アリゴテ**(C)5% を栽培。年産 45,000 本。ブルゴーニュ・アリゴテ 2001 年は 10,000 円、**シャルドネ**(C)のブルゴーニュは 15,000 円、**ムルソー**(R)だと 30,000 円ほど。酸味が比較的強く長期保存に向く。白のグラン・クリュである AOC コルトン・シャルルマーニュ 2001 年は 300,000 円近い。

ジャン＝フランソワ・フィラストル（Jean-François Fillastre）

ボルドー(R)地方の**サン＝ジュリアン**(R)の小規模ドメーヌであるジョガレの当主。わずか 1.25ha の畑で、たった 1 人で有機農法で葡萄を育て、伝統的なワイン造りを頑固に守っている。フィラストル家は、この地で 1654 年から 350 年以上もワイン造りをつづけ、平均樹齢は 50 年以上で 100 年を超える古樹もある。セラーは石造りの昔ながらの小屋。2005

せるバローロは、モンフォルティーノ・リゼルヴァで30,000円ほど。**ラ・スピネッタ**(W)や**ドメニコ・クレリコと**(W)とは対照的で、コンテルノのワインは飲み頃を迎えるまではかなりの時間を要する。

ジャック・セロス（Jacques Selosse）
シャンパーニュ好きでこの名を知らない人はいない、コート・デ・ブランのRM（葡萄生産者元詰めシャンパーニュメーカー）。すべてグラン・クリュの自社畑から、年産わずか4,000ケースのシャンパーニュを造る。父ジャックの跡を継いだアンセルム・セロスは、ビオディナミから離れ、独自の自然農法を実践している。1999年のミレジムは78,000円。「スロス」とも表記される。

ジャック・ピュフネー（Jacques Puffeney）
ジュラ(R)地方のアルボワを代表するドメーヌ。ジュラワインの最も偉大な造り手の一人。赤用は3.2ha（プルサール60%、トゥルソー40%）、白用は4.2ha（サヴィニァン60%、**シャルドネ**(C)40%）を栽培し、ヴァン・ジョーヌも造っている。年産35,000本。それぞれ日本では5,000円ほど。

ジャック・レイノー（Jacques Reynaud）
シャトー・ライヤス(V)の当主であり、天才的な醸造家として知られた。1997年、心臓発作で急死したため、甥の**エマニュエル・レイノー**(W)がシャトーを引き継いだ。シャトー・ヌフ＝デュ＝パップでは珍しい砂地で、赤色土の痩せた土地の畑で、極端に少ない収穫量の葡萄から醸造している。

シャトー・ダルレイ（Château d'Arlay）
ド・ラギッシュ伯爵（Marquis de Laguiche）
ダルレイは、フランスの**ジュラ**(R)にあるド・ラギッシュ伯爵のシャトー。ちなみにシャトー（城）は13世紀に建てられたもの。伯爵は、5種類の葡萄（赤用**ピノ・ノワール**(C)47.5%、プルサール5%、トゥルソー4%。白用**シャルドネ**(C)21%、サヴァニァン22.5%）を植え、現在は息子のアランを中心にワイン造りを行い、30haの葡萄畑になっている。ヴァン・ジョーヌだけでなく、**ピノ・ノワール**(C)を使った赤ワイン、コート・ド・ジュラ（2003年で3,000円ほど）、甘口白のヴァン・ド・パイユ（藁ワイン）など、8種類ほどのワインを造っている。年産12万本。**ブルゴーニュ**(R)、**モンラシェ**(R)のマルキ・ド・ラギッシュとは別である。

シャトー・ド・ラ・ネグリ（Château de la Nēgly）
フランス、ランドックの生産者。もともとは生産性を重視した平凡なワインを造っていたが、アメリカのワイン輸入業者**ジェフリー・デイヴィス**(W)のプロデュース、クロード・グロの醸造コンサルティングにより、注目を得るようになった。ロバート・パーカーは5つ星を付けている（**ラングドック**(R)では5つ星は5つのワイナリーのみ）。

シャトー・バレジャ（Denis Barréjat）
フランス南西部マディランで、1900年から4代つづく家族経営のドメーヌ。3代目モーリス・カップマルタンが1967年からドメーヌ元詰めを始め、1993年に4代目のドゥニ・カップマルタンがシャトーを継承。ゴー・ミヨのワインガイドが「シャトー・バレジャの強みは、尋常ではない古樹という資産を持っていることである」と絶賛するように、平均樹齢は80年ある。なかには200年に達する接ぎ木をしていないフィロキセラ以前の葡萄の木

クリストフ・ルーミエ　→ジョルジュ・ルーミエ

クレデンヴァイス（日本ではクレイデンヴァイス）（Kreydenweiss）
アルザスで1989年からビオディナミを実践している造り手として、マルセル・ダイスと同様に知られる。11.5haの畑に白用のみを作付けし、その44%は**リースリング**(C)。年産6万本。**リースリング**(C)のグラン・クリュはフランスでも40ユーロ、日本では11,000円近い。その他、3,000～8,000円のさまざまなワインが造られている。

クロード・クルトワ（Claude Courtois）
ロワール(R)地方の**ソローニュ**(R)にあるドメーヌ。畑13haで、20年以上も前から有機栽培を行なう。現在は息子ジュリアンとともにワイン造りを行なう。

クロード・グロ（Claude Gros）
ランドック地方のエノロジスト（醸造学研究家)。**シャトー・ド・ラ・ネグリ**(W)の醸造コンサルタントを行ない、ロバート・パーカーに称賛された。

コレット・ファレール　→ ヴァインバック

コレット・フェレ（Colette Ferret）
ブルゴーニュ(R)南部の**プイィ・フュイッセ**(R)にあるドメーヌの所有者。1993年に母からドメーヌを受け継ぎ15haの畑を持つ。アメリカで2006年ものが33ドルほど。2001年春にネゴシアンのアラン・コルシアの紹介で来日したことがある。

コント・ラフォン（Comtes Lafon）
── ドミニク・ラフォン（Dominique Lafon）
コント・ラフォンは、**ブルゴーニュ**(R)の**ムルソー**(R)にあるドメーヌ。1984年に、父ルネからドミニクが当主を引き継いだ。**ムルソー**(R)でジャン＝フランソワ・コシュ＝デュリと双璧をなす造り手。ビオディナミにより、白の**ムルソー**(R)、赤の**ヴォルネー**(R)など多くの高級ワインを造っている。赤は**ピノ・ノワール**(C)を5.8ha、白は**シャルドネ**(C)を8haの畑に栽培。

ジェフリー・デイヴィス（Jeffrey Davies）
サンフランシスコ出身のワイン・ジャーナリスト、ネゴシアン（ワイン仲買業者)。アメリカ人として初めてボルドー大学醸造学部を卒業。ネゴシアン「シグナチャー・セレクションズ」を設立し､1990年代以降､**ボルドー**(R)の右岸地区（サン＝テミリオンやポムロルがある。フランスでは中心都市リブルヌの名を取ってリブルネ地区という）の無名の生産者を発掘し、「ガレージワイン」と呼ばれる超少量の超高価格ワインを注目させるムーヴメントを仕掛けた。

ジャイエ・ジル（Jayer Gilles）
アンリ・ジャイエの従兄弟ロベールが始めたドメーヌ。現在は息子のジルが継いでいる。ロベールの妻方のジル家のAOC**オート・コート・ド・ニュイ**(R)の白の1995年で6,500円、1999年･2001年だと3,500円ほど。ジャイエ家所有のグラン・クリュの畑エシェゾーから造られる同名のワインは30,000円ほど。他にもAOCニュイ・サン＝ジョルジュなどがある。

ジャコモ・コンテルノ（Giacomo Conterno）
ピエモンテ(R)州の古典派バローロを代表する造り手。4～7年かけて大きな樽で熟成さ

ーヴィニョン(C)主体のワインは10,000円以上の高値もついている。

エリック・ニコラ（Eric Nicolas）

ロワール(R)地方北部のAOCの**ジャニエール**(R)で、ドメーヌ・ド・ベリヴィエールを営む。AOCコトー・デュ・ロワールのヴィエイユ・ヴィーニュなど白5種類、赤1種類を造る。2006年で20ユーロほど。その評価はかなり高い。**シュナン・ブラン**(C)の畑が8.5ha、赤用のピノー・ドーニスが4ha。

エリック・ミシェル（Eric Michel）

コート・デュ・ローヌ(R)の**シャトーヌフ＝デュ＝パップ**(R)の造り手で、ドメーヌ・クロ・ド・ラ・ミュールの当主。姉妹のミリアムと二人で運営している。畑16hのうち0.15haをAOCの**シャトーヌフ＝デュ＝パップ**(R)に所有し、年産300本。その他は**コート・デュ・ローヌ**(R)になる。基本的には**グルナッシュ**(C)80%、**シラー**(C)とムールヴェードル各々10%でAOCジゴンダスを造る。

オーブリー（Aubry）

シャンパーニュ(R)地方のランス丘陵、ジュイ・レ・ランス村にあるシャンパーニュの造り手。現在、双子の兄弟ピエールとフィリップによって運営される。畑16.85haでは主力の**シャルドネ**(C)や**ピノ・ノワール**(C)以外の品種を栽培してシャンパーニュ醸造に使うなど、新たな試みを積極的にしている。8,000～9,000円。

オーベール・ド・ヴィレーヌ（Aubert de Villaine）

ブルゴーニュ(R)で最も素晴らしいワインとされる**ロマネ・コンティ**(V)を生産する**ドメーヌ・ド・ラ・ロマネ・コンティ**(W)の共同経営者。1939年生まれ。この**ヴォーヌ・ロマネ**(R)村のグラン・クリュ畑で造られるワインの他、妻のパメラ夫人とともに**ブルゴーニュ**(R)南部のコート・シャロネーズの**ブーズロン**(R)でドメーヌを経営し、**アリゴテ**(C)種を使った白ワインを生産している。この**ブルゴーニュ・アリゴテ・ブーズロン**(V)は、1979年にINAOに新しいアペラシオンとして認められている。ちなみに**ロマネ・コンティ**(V)は、生産年にもよるが、おおむね500,000円以上。またブーズロンは2,500～3,000円ほど。

オリヴィエ・ウンブレシュト　→ ジンド＝ウンブレシュト

カステロ・ディ・フォンテルトーリ（Castello di Fonterutoli）

イタリア、シエナ県で580年の歴史あるドメーヌ。所有者のマッツェイ家は**キャンティ**(R)の歴史を語るには欠くことのできない造り手。キャンティ・クラシコであれば、年にもよるが3,000～5,000円。シエピという名前のワイン（**サンジョベーゼ**(C)と**メルロ**(C)50%）は8,000～15,000円ほど。

ガストン・ユエ　→ ユエット（日本ではユエ）

ギレルモ・デ・アランサバル　→ ラ・リオハ・アルタ

キム・ビラ（Quim Vila）

バルセロナで最も老舗で、最も品揃えの多いワインショップ「ビラ・ビニテカ」（Vila Viniteca: Agullers, 7, 08003 Barcelona）のオーナー。4,500本以上の品揃えがある。また、**パイサヘス**(V)、カ・ネストラック（Ca N'Estruc）などのワイナリーも経営している。

ヴァレット（Valette）
ブルゴーニュ(R)南部の**マコン**(R)の造り手フィリップ・ヴァレットのドメーヌ。1992 年創設と新しいが、国内外で評判になり、パーカーの評価もあり、現在この地区で最も人気のある生産者と言われる。

ヴァンサン・ジャンテ（Vincent Geantet）
ドメーヌ・ジャンテ・パンショの当主。**ジュヴレー・シャンベルタン**(R)を中心に、畑 13ha を作付け。2005 年の AOC ブルゴーニュ・ルージュで 3,000 円ほど、AOC マルサネーが 5,000 円ほど、AOC ジュヴレー・シャンベルタンキュベ・ヴィエイユ・ヴィーニュは 7,500 円ほど。

ヴィーニャ・トンドニア（Viña Tondonia）
—— マリア・ロペス・デ・エレディア（Maria Lopez de Heredia）
ヴィーニャ・トンドニアは、スペインの**リオハ・アルタ**(W)地区の中心部に位置し、1877 年創立でオールドヴィンテージワインの生産を得意とする、**リオハ**(R)で最も老舗のワイナリーの一つ。マリア・ロペス・デ・エレディアは 4 代目当主で、スペインワインの伝統を継承するクラシカル・リオハの第一人者として知られる。

ヴィルマール（Vilmart）
シャンパーニュ(R)地方のランス丘陵、リリー・ラ・モンターニュにあるシャンパーニュ造りのドメーヌ。1890 年からの歴史を持ち、畑 11ha を所有。現在はルネ・シャンの息子ロラン・シャンが醸造に携わっている。樽での発酵・熟成を行ない、ミレジムのもので 10,000 ～ 18,000 円ほど。

ウンブレシュト → ジンド=ウンブレシュト

エグレン家（Les Eguren）
リオハ(R)で 1870 年からワイン業を営んできたが、1998 年、**リベラ・デル・ドゥエロ**(R)の上流の DO トロに進出し、ボデガ・ヌマンシア（ボデガ・ヌマンシア・テルメス）を立ち上げた。ティンタ・デ・トロ（テンプラニーリョの一種）の古木に注目し、ロバート・パーカーの賛辞「ウニコよりも高い評価」との触れ込みの**ヌマンシア**(V)の他、テルメスやテルマンシアを造る。日本には、エピコ、エストラテゴ・レアルなど 1,400 円ほどの赤が盛んに輸入されている。

エティエンヌ・ド・モンティーユ → モンティーユ

エマニュエル・レイノー（Emmanuel Reynaud）
伯父の**ジャック・レイノー**(W)から受け継いだ**シャトー・ライヤス**(V)、**シャトー・ド・フォンサレット**(V)（以上は AOC シャトーヌス＝デュ＝パップ）、そして父から受け継いだシャトー・デ・トゥール（AOC コート・デュ・ローヌ）の当主。**ピニャン**(V)は**シャトー・ライヤス**(V)（AOC シャトーヌフ＝デュ＝パップ）のセカンドワイン。

エメ・ギベール（Aimé Guibert）
ラングドック(R)地方のエロー県アニアーヌにあるドメーヌ、マス・ド・ドーマス・ガサックの当主。50ha 以上の土地に様々な品種の葡萄を作り、年産は約 22 万本。映画『モンドヴィーノ』では、カリフォルニアのモンダヴィの資本に対抗して地元の土地を守った、頑固なワインの造り手のような印象があるが、その実態については本文を参照。かつては革製品製造業を営んでいた。**カベルネ・ソ**

じめ日本でも売られている。ピノ・ブランは2007年でアメリカで15ドル、辛口のゲヴェルツラミネールで日本で4,000円ほど。

アルマン・ルソー（Armand Rousseau）
ブルゴーニュ(R)地方**ジュヴレー・シャンベルタン**(R)を中心に14haの作付けをするドメーヌ。シュヴレー・シャンベルタンにはグラン・クリュの畑が3.6ha、プルミエ・クリュが3.5haある。この地域を代表する造り手。グラン・クリュのシャンベルタンは、安い2004年でも46,000円、高い2005年は100,000円ほど。現在、3代目のエリック・ルソーが仕切る。

アンゲーベン（Angheben）
ブラジルの**リオ・グランデ・ド・スル**(R)州、**ヴァレ・ドス・ヴィニェドス**(R)のベント・ゴンサウベスにあるワイナリー。創設者はイタリア系の移民。

アンジョリーノ・マウレ（Angiolino Maule）
イタリア、ヴェネト州のソアヴェの隣のガンベッラーラのワイナリー「ラ・ビアンカーラ」の経営者であり、イタリア自然派を代表する造り手。 有機農法での葡萄栽培、野生酵母のみでの発酵、二酸化硫黄も少量添加するのみ。ワインに余分な木のニュアンスを与えないために新樽は用いず、大樽と使い古しの小樽で熟成させている。ガルガーネガと**トレビアーノ**(C)種による白ワイン「サッサイア」で2,300円ほど、ガルガーネガ100％の「**ピコ**(V)」で3,000円ほど。

アンヌ・クロード・ルフレーヴ　→ルフレーヴ

イヴォンヌ・エゴビュリュ（Yvonne Hégoburu）
フランス南西部ピレネー地区の**ジュランソン**(R)のドメーヌ。本文にあるように、イヴォンヌは夫の死後、1987年に60歳になってから葡萄の木を植え、醸造を始めた。現在6.5haの畑に南西地方独自の甘口用白品種プティ・マンサンを中心に（75%）葡萄を作り、年産約25,000本はすべて白ワイン。価格は2006年ものでフランスでは12～25ユーロ、日本で約5,000～8,000円ほど。

ヴァインバック（Weinbach）
―― ファレール家（Faller）
―― コレット・ファレール（Colette Faller）
―― ファレール・メール・エ・フィーユ（Faller mère et filles）
ヴァインバックは、フランスのアルザスのドメーヌで、ファレール家が経営する。テオ・ファレールが当主だったが1979年に亡くなり、妻コレットと二人の娘ロランスとカトリーヌが引き継ぎ、同地方で最高ランクを保つ。白用の葡萄25.9haと赤用の**ピノ・ノワール**(C)1.1haを栽培し、年産13万本。リースリング・グラン・クリュの貴腐SGNはフランスでも200ユーロ近くする。また辛口のものでも同地方産では飛び抜けて高く、平均40ユーロ前後。日本では3,000～6,000円。ロバート・パーカーが100点満点を付けたワインを生産するドメーヌとしても知られる。「ファレール・メール・エ・フィーユ」は、フェレールの母と娘たちの意味で、同ドメーヌの異称。

ヴァルドゥーガ家（Valduga）
イタリアから1875年にブラジルへ入植し、ベント・ゴンサウヴェスでカーサ・ヴァルデュガを1973年に設立し、経営している。この地域で最も古くから葡萄の栽培とワイン醸造を手がけているワイナリー。

〈ワイン造り手〉全 171　(W)

・本文で太字で表記され (W) のルビが付した〈ワインの造り手〉(ワイナリー、その当主、醸造家、ワインメーカー、ネゴシアンなど) を 50 音順に並べて解説した (ワイン生産に関わっていない評論家は取り上げなかった)。

アガト・ブルサン (Agathe Bursin)
アルザス地方ヴェストアルテンの女性醸造家。祖父の土地を受け継いだ伯父と母は葡萄栽培だけをしていたが、若い頃からワイン醸造の技を磨いてきた彼女が土地を受け継ぎ、2003 年、ワインを造り始めた。畑 3.7ha に**リースリング**(C)や**シルヴァネール**(C)、ゲヴュルツトラミネール、**ミュスカ**(C)、**ピノ・グリ**(C)など、アルザス地方の品種を栽培。化学肥料や農薬に頼らず、天然酵母で醸造する。樹齢は畑ごとにさまざまで 6 年から 100 年を超えるものも。世界的に評価が高まっている。

アニェス・エ・ルネ・モス (Agnès et René Mosse)
ロワール(R)地方**アンジュ**(R)で、アニェスとルネのモス夫妻が 1999 年に立ち上げたドメーヌ。ビオディナミを実践し、化学肥料を全く使わず、除草も収穫もすべて手で行なっている。

アラン・ビュルゲ (Alain Burguet)
ブルゴーニュ(R)地方**コート・ド・ニュイ**(R)の**ジュヴレー・シャンベルタン**(R)にあるドメーヌ。畑の面積は 8ha。自然派ワインの先駆け的存在で、葡萄の選果の厳しさでも知られる。作付けはすべて**ピノ・ノワール**(C)。年産約 4 万本。グラン・クリュのシャンベルタン・クロ・ド・ベーズは、フランスでも蔵出しで 180 ユーロ (2004 年)。日本では同じ年のが 40,000 円ほど。通常の村名 AOC **ジュヴレー・シャンベルタン**(R)で、蔵出し 36 ～ 52 ユーロ、日本では 8,000 ～ 12,000 円ほど。一番安い AOC 地域名称のブルゴーニュ・ルージュで 5,000 円ほど。

アリックス・ド・モンティーユ　→ モンティーユ

アルタディ (Artadi)
リオハ(R)のリオハ・アラベサのワイナリー。1985 年創立。経営者のホアン・カルロス・ロペスは、2004 年のパーカーが選ぶ世界のワイン醸造家 18 人に選ばれている。

アルフォンス・メロ (Alphonse Mellot)
フランス、**ロワール**(R)地方の**サンセール**(R)で最大の造り手で、長い歴史をもつドメーヌ。1513 年の文献にはメロ家の記載があるという。畑は 48ha で、**ソーヴィニョン・ブラン**(C) 38ha、残りは**ピノ・ノワール**(C)。年産 33 万本ほど。

アルベール・マン (Albert Mann)
アルザス地方、ウェトルシャイムのドメーヌ。赤用の**ピノ・ノワール**(C)を 2.2ha、白用に 17.63ha の畑がある。年産 12 万本。自然派のワインを造っていたが、近年ビオディナミを積極的に取り入れ、さらに味わい豊かなワイン造りをしている。このドメーヌのゲヴェルツトラミケール、**リースリング**(C)、**ピノ・グリ**(C)は高い評価を得て、アメリカをは

レルミタ（L' Ermita）（アルバロ・パラシス）
アルバロ・パラシスによって、スペインの**プリオラート**(R)のグラタヨップスに設立されたワイナリーで造られる。山頂の急勾配に位置するレルミタ畑の樹齢60年以上のガルナッチャ（**グルナッシュ**(C)）を使い、ビオディナミによる。**カベルネ・ソーヴィニョン**(C)やカリニャンを混ぜていたが、2005年以降はガルナッチャ100%になった。**プリオラート**(R)2004年で84,000円ほど。

ロマネ・コンティ（Romanée-Conti）（ドメーヌ・ド・ラ・ロマネ・コンティ(W)**）**
世界で最も高貴で神秘的なワインとして著名なワイン。ロマネ・コンティ・グラン・クリュ用の畑は、1.8haほどしかなく、年産6,000本ほど。銘柄の名称は畑の名で、「ロマネ」はこの畑を最初に耕作した古代ローマ人に、「コンティ」は18世紀ブルボン朝のコンティ公爵に由来する。公爵は、国王ルイ15世の愛人ポンパドゥール夫人と争い、1760年にこの畑を入手した。安いミレジムでも60万円を超え、良い年だと90万円以上。最高額は、アメリカの競売で落札された約2万ドル。

ラシェ、シュヴァリ・モンラシェ、クリオ・バタール・モンラシェ、ビヤンヴニュ・バタール・モンラシェの4つのグラン・クリュの畑がある。**シャルドネ**(C)。バタール・モンラシェも2つの村にまたがり、**ドメーヌ・ド・ラ・ロマネ・コンティ**(W)のものだと500,000円、ほかでも40,000円ほど。

ラ・ターシュ（la Tâche）（ドメーヌ・ド・ラ・ロマネ・コンティ(W)）

ラ・ターシュは、**ロマネ・コンティ**(V)の隣にあるグラン・クリュに格付けされている畑。1.8hの**ロマネ・コンティ**(V)に比べ、畑が6hと大きく、5分の1ほどの値段で買えるため人気が高い。それでも安い年で120,000円ほど。

ラスデン・バロッサ（Rusden Barossa）（ラスデン・バロッサ）

ラスデンは南オーストラリアのバロッサ・ヴァレーのワイナリー。この地の伝統的な醸造法を継承し、**シラーズ**(C)と**カベルネ・ソーヴィニョン**(C)をそれぞれ木製の籠とフタが特徴のバスケット・プレスという伝統的な圧縮機にかけ、古い樽で熟成させた後、混合させるという方法で造られる。代表銘柄のラスデン・リッパークリーク・カベルネ・シラーズは、1998年で5,000円ほど。

リースリング・キュベ・テオ（Riesling Cuvé Théo）（ヴァインバック(W)）

リースリングは**アルザス**(R)を代表する白品種。**ヴァインバック**(W)の先代当主テオ・ファレールへのオマージュとして、その名が冠されたワイン。2003年は4,500円、2004年で3,400円ほど。

リベイロ（Ribeiro）（ホセ・ルイス・クエルダ）

スペイン、ガルシア地方DOリベイロで、映画監督でもあるホセ・ルイス・クエルダが、15世紀からの屋敷、6haの畑を購入し造っている白ワイン。ガリシア地方の土着品種トレイシャドゥーラ種70%に数種の品種をブレンドして造る。本文に銘柄が明記されていないが、日本でも入手できるのはサンクロディオという銘柄。3,000円ほど。田崎真也氏のコメントが、ワイン専門誌『ヴィノテーク』(2010年9月号）に掲載されている。

ル・マス・ド・ドーマス・ガサック（Le Mas de Daumas Gassac）（ル・マス・ド・ドーマス・ガサック）

ラングドック(R)、アニアンヌ村のワイナリー。**ボルドー**(R)大学のエミール・ペイノーをコンサルタントに迎え、**カベルネ・ソーヴィニョン**(C)を中心に600種類もの品種が植えられ、最高の状態の葡萄をブレンドして造る。ただし、ボルドー品種を用いるためAOCはついておらず、一時期世界一高いヴァン・ド・ターブル（地域限定のない最下層のランクのワイン）といわれた。ヒュー・ジョンソンに「**ラングドック**(R)唯一のグランド・クリュ・ワイン」と絶賛された。年産20万本。

ル・ルージュ・フェール（Le Rouchefer）2003年（アニェス・エ・ルネ・モス(W)）

アニェス・エ・ルネ・モスは、**ロワール**(R)地方**アンジュ**(R)に、アニェスとルネのモス夫妻が1999年に立ち上げたとドメーヌ。ドメーヌ・モスがドメーヌ名。**シュナン・ブラン**(C)からAOCアンジュの白ワインを造っている。ビオディナミを実践し、化学肥料を全く使わず、除草も収穫もすべて手で行なう。酸化防止剤（SO2）もほぼ不使用。ルーシュフェールは1999年が4,000円ほどで販売されていた。

ペリエールは、1998年で50,000円、以降の年で40,000～60,000円ほど。

ムルソー・ティエ（Meursault Tillets）2004年（ジャン=マルク・ルーロ(W)）
ムルソー・ブシェール（Meursault Bouchères）2002年（同）
ムルソー・ペリエール（Meursault Perrières）1982年（同）
ムルソー・プルミエ・クリュ・ペリエール（Meursault Premier Cru Perriéres）（同）
ムルソー・メ・シャヴォー（Meursault Meix Chavaux）1984年／2004年（同）
ムルソー・リュシェ（Meursault Luchets）（同）
ムルソー・レ・テソン・クロ・モン・ド・プレジール（Meursault Les Tessons Clos de Mon Plaisir）1996年／2004年（同）
ムルソー（Meursault）1973年（ギィ・ルーロ）
ムルソー(R)には、グラン・クリュはないが、数多くのプルミエ・クリュがあり、この中ではブシェールとペリエールの畑がそれに当たる。**ジャン=マルク・ルーロ**(W)は、プルミエ・クリュだけでなく、ヴィラージュもの（村名ワイン）にも区画ごとのボトル詰めをいち早く始めたドメーヌで、その他のワインはそれに当たる。特に、本文で話題になるティエは、丘の頂上に位置し、厚みのあるムルソーの中で、独特なきれいな酸のあるワインを生む。ムルソー1973年は、ジャン=マルクの父親ギィの時代のもの。

モーゼル・リースリング（Mosell Riesling）2004年（ドクター・ローゼン(W)）
ドクター・ローゼン(W)のドメーヌは、ドイツの**モーゼル**(R)地方のベルンカステル地区にあり、200年の歴史がある。辛口のモーゼル・リースリング2004は、ヨーロッパ市場では21ユーロほど。日本では2005年ものが4,000円ほど。

モランデ・カリニャン（限定版）（Morandé Carignan）2003年（パブロ・モランデ）
チリのパブロ・モランデによる醸造。モランデは1996年の創設以来、チリワインのブランド確立を目指し、『ワインデカンター』誌で5つ星を獲得するなど努力を重ねている。日本にはカリニャンは入っていないが、モランデのレゼルバ・カベルネ・ソーヴィニヨンは2006年で2,000円ほど、またハウス・オブ・モランデ2003年は5,800円ほど。

モルゴン（Morgon）（マルセル・ラピエール(W)）
モルゴンはAOCボジョレの10あるクリュ（ボジョレの特級的存在）の1つ。村名はヴィリエ=モルゴン。**マルセル・ラピエール**(W)は、ボジョレで葡萄の有機栽培を1980年代からいち早く実践している。管理が難しく繊細なワインなので国外へはあまり出さなかったが、輸送技術の発達によって日本でも味わえる。2011年が3,000円ほど。

モルゴン（Morgon）（ジャン・フォワイヤール）
ジャン・フォワイヤールは、マルセル・ラピエールの仲間の一人で、**ブルゴーニュ**(R)地方ボジョレのヴィリエ=モルゴン村で、ガメイを使いAOCモルゴンやAOCボーショレ・ヌーヴォーを造るドメーヌ。畑11haうち6haはボジョレのAOC。4,500円ほど。

モンラシェ（Montrachet）（ドメーヌ・ド・ラ・ロマネ・コンティ(W)）
フランス、**ブルゴーニュ**(R)の**コート・ド・ボーヌ**(R)の最良のグラン・グリュ。世界で最も入手できない白ワインの一つ。畑は、ピュリニー・モンラシェ村とシャサーニュ・モンラシェ村に分かれ、このほかに、バタール・モン

1990年は24,000円ほどで販売されていたようだ。1999年は2002年当時でフランスでは330フランほど。近年のものだと15,000円ほどか。ブルゴーニュの優良ワインは畑の狭さと厳しい気候のため生産量が少ないので、どうしても価格は上昇しがちである。

ボランジェ（Bollinger）1996年
ボランジェは、**シャンパーニュ**(R)地方でも特に知られるシャンパーニュのメーカー。118haほどの畑を所有し、さらに葡萄を他から買い取っている。しっかりとしたボディと良い酸味が特長。年産200万本以上。1996年は出来の良い年で年号の入っているものは、フランスでも135ユーロ。日本では年号の入っていないキュヴェ・スペシャルが8,000円ほど。

マディラン（Madiran）（シャトー・バレジャ(W)）
シャトー・バレジャ(W)は、フランス南西部マディランで1900年からつづく家族経営のドメーヌ。平均樹齢80年という古樹の**タナ**(C)100％で造る。本文に出てくる「マディラン」とは、キュヴェ・デ・ヴュー・セップ2007年のことで、2,500円ほど。良いものになるとキュヴェ・ド・レクストレームで45,000円ほど。

マルサネー（Marsannay）2000年（ジャン＝ルイ・トラペ）
ジャン＝ルイ・トラペは、フランスの**ブルゴーニュ**(R)地方ジュヴレー・シャンベルタンのドメーヌ。13haの畑を所有し、1890年創立の名門で、多くの3つ星レストランに卸している。トラペのマルサネーは格付けとしてはヴィラージュで、日本には赤とともに白も輸入されている。3,000～5,000円ほど。ただし、AOCマルサネーとしてはロゼもあり、かつてはマルサネーと言えばロゼだった。

ミュスカデ・アンフィボリット（Muscadet Amphibolite）（ジョ・ランドロン(W)）
ミュスカデはロワール川河口域の代表的AOC。生の海産物によく合う酸味の強い手頃な白ワインとして知られる。畑はもともとは海だったところで、土壌はすべて角閃石（アンフィボリット）でできている。天然酵母でセメントタンクで発酵し、補糖はなし。醸造中に亜硫酸はごく少量添加。辛口で酸味が強い。1,700～2,000円ほど。フランスでは2004年で7～8ユーロ。

ムルソー・ヴィラージュ（Meursault Village）2001年（ジャン＝フランソワ・コシュ＝デュリ(W)）
ムルソー・レ・ルージョ（Meursault Les Rougeots）2000年／2001年（同）
ヴィラージュとは、**ムルソー**(R)のプルミエ・クリュに格付けされていない畑の総称(380haの畑の3分の1はプルミエ・クリュ)。2001年は24,000円ほどで販売されていた。1998年は30,000円ほど。レ・ルージョは、この名の区画の西側の斜面にある0.65haの畑の**シャルドネ**(C)100％で造られる。2000年は40,000円ほどで販売されていた。2001年は105ユーロほど。2002年は40,000円、2004年は70,000円、2,007年は50,000円ほど。

ムルソー・ジュヌヴリエール（Meursault Genevrières）1997年（コント・ラフォン(W)）
ムルソー・ペリエール（Meursault Perrières）1998年（同）
ジュヌヴリエール、ペリエールともに、ムルソーを代表するプルミエ・クリュ。ジュヌヴリエールは、1991年で45,000円、1999年で40000円、以降の年は30,000～40,000円ほど。

ドメーヌ・ジャン＝マルク・ルーロ(W)のブルゴーニュ・ブラン1997年は、**ムルソー**(R)のアペラシオンに隣接した畑2.64haに植えられた**シャルドネ**(C)100%の白ワイン。AOC**ムルソー**(R)村名ワインの廉価版。AOCは地域名称としてのブルゴーニュ・ブラン。近年のもので3,500～4,000円。

パイサヘス（Paisajes）（キム・ビラ(W)**）**
キム・ビラは**リオハ**(R)の造り手。パイサヘスは、2001年のものにロバート・パーカーは95点を付けた。40ドルほど。日本にはまったく出回っていないよう。

ペヴェレラ（Peverella）（オウヴィドール）
オウヴィドールは、ブラジルのサンタ・カテリナ州のドメーヌ。辛口で苦味も酸味もある白ワイン。ペヴェレラとは、**マルヴォワジー**(C)種（**ピノ・グリ**(C)の別名）のこと。この品種は、1930年代にヴェネツィアからの入植者によってこの地に持ち込まれた。この品種を使って、歴史経済学者だったアルヴァロ・エシェル（Álvaáro Escher）という人物が、風味を保持したままワインを造りつづけたことによって、すでにイタリアでは消滅したワインの味が奇跡的に現在に伝えられた。

ペトロリオ（Petrolio）1996年
「ペトロリオ」とは、もとは石油の意味で、色としては青紺をさす。このワインについては日本に紹介されている記事はない。

ベルガイム（日本ではベルグハイム）(Bergheim) 2001年（マルセル・ダイス(W)**）**
ベルガイムは、マルセル・ダイスのドメーヌがある村。平均樹齢25年のピノ・ブラン100%で造られる。2009年で3,000円ほど。

ボーカステル（Beaucastel）1990年（シャトー・ド・ボーカステル）
ボーカステル・ヴィエイユ・ヴィーニュ（Beaucastel Vieille Vigne）1994年／1992年／1991年（同）
ボーカステルは、フランスのAOC**シャトーヌフ＝デュ＝パップ**(R)をシャトー・ライヤスとともに代表するドメーヌで、ジャン＝ピエールとフランソワのペラン兄弟が当主。130haの畑のうち、100haが**シャトーヌフ＝デュ＝パップ**(R)のAOC区域内。白は、ルーサンヌを中心にグルナッシュ・ブランをブレンド。特にヴィエイユ・ヴィーニュのものは高価で、2005年がフランスでも70ユーロを超える。日本では、2001年で14,000～23,000円、2004年で16,000円ほど。

ボジョレ（Beaujolais）（ドメーヌ・ジャン・エティエンヌ）
ボジョレ・ヌーボー（Beaujolais Nouveau）（同）
ジャン・エティエンヌは、ボジョレ地方の北部マコン地区にあるAOCサン＝ヴェランで、ピエールとマリーのシェルメット夫妻が伝統的な家族経営で醸造しているドメーヌ。2006年に息子の名前から取って名称変更した。

ポマール・リュジアン（Pommard Rugiens）1990年／1999年（ドメーヌ・ド・モンティーユ(W)**）**
リュジアンは、ブルゴーニュのコート・ド・ボーヌのAOC**ポマール**(R)を代表する畑で、現在はプルミエ・クリュに格付けされているが、INAOにグラン・クリュへの変更を申請している。モンティーユ家は代々リュジアン中腹に畑を所有しており、**ドメーヌ・ド・モンティーユ**(W)の代表的なワインとなっている。

挟んで対岸にある（東側）AOCで、辛口の白ワインとして定評がある。一般にサンセールより厚みがある。100％**ソーヴィニヨン・ブラン**(c)を使って造られている。フュメとはこの白ワインが「煙でいぶしたような」独特の香りがあることから付けられた名前。サンセールやプイィの一帯は旧ベリー地方に属し、フランスではベリーのソーヴィニヨン・ブランとして知られ、**ソーヴィニヨン・ブラン**(c)の白ワインの典型とされる。

フィンカ・サンドバル・キュヴェTNS（Finca Sandoval Cavée TNS）2003年（フィンカ・サンドバル(w)）

ワインジャーナリストでイギリス『デカンター』誌に記事を書き、スペインで権威のある新聞「エル・ムンド」の副編集長も務めている**ビクトール・デ・ラ・セルナ**(w)が、フランス産**シラー**(c)とスペイン品種モナストレルをブレンドした赤ワイン。葡萄は完熟した段階で収穫されている。

フォンサレット　→ シャトー・ド・フォンサレット

ブラウン・ランチ（Brown Ranch）（セインツベリー(w)）

カリフォルニアの**セインツベリー**(w)による**ピノ・ノワール**(c)を使ったワイン。日本では90年代には15,000円ほどしたが、現在では7,000円ほど。

ブルグイユ（Bourgueil）（ピエール＝ジャック・ドリュエ(w)）1990年

ドリュエは、トゥーレーヌ地方AOC**ブルグイユ**(R)のドメーヌ。赤は**カベルネ・フラン**(c)100％。キュヴェ・ヴォーモロー1993年で5,000円ほどで販売されていた。

ブルゴーニュ・アリゴテ（Bourgogne Aligoté）2001年（ジャン＝フランソワ・コシュ＝デュリ(w)）

ブルゴーニュ・アリゴテは**ブルゴーニュ**(R)地方で**アリゴテ**(c)種の葡萄を使って造られている白ワインの総称でAOC名はブルゴーニュ・アリゴテ。**ブルゴーニュ**(R)では白ワイン用には**シャルドネ**(c)が主に使われているが、**アリゴテ**(c)を造っているところもあり、比べると**アリゴテ**(c)を使って造られたワインの方が安価で、より酸味がある。ただ、**シャルドネ**(c)から造ったワインに比べると、コクや深みに欠ける。

ブルゴーニュ・アリゴテ・ブーズロン（Bourgogne Aligoté Bouzeron）2000年（オーベール・ド・ヴィレーヌ(w)）

フランス、ブルゴーニュ(R)南部のコート・シャロネーズ北部**ブーズロン**(R)で、**ドメーヌ・ド・ラ・ロマネ・コンティ**(w)の共同経営者**オーベール・ド・ヴィレーヌ**(w)が1986年から完全有機農法で造っている100％**アリゴテ**(c)の白ワイン。実際には甥のピエール・ド・ブノワが醸造を担当。1979年、ブルゴーニュ・アリゴテ・ブーズロンはINAOに新しいアペラシオンとして認められた。近年のもので2,500～3,000円ほど。

ブルゴーニュ・ピノ・ノワール（Bourgogne Pinot Noir）（ドメーヌ・フォレイ）

レジス・フォレイ(v)が当主のブルゴーニュにあるドメーヌ・フォレイによる赤ワイン。AOCブルゴーニュ（村名より広い地域名称）。2,500円ほど。

ブルゴーニュ・ブラン（Bourgogne Blanc）1997年（ジャン＝マルク・ルーロ(w)）

は3,000円ほどで出回ることがある。現在、大手ワイン生産者でも、画一化・均質化するテクノロジー主体のワイン造りへの反省があり、伝統的技法への回帰が見られる。たとえば、開放式の発酵槽は**ブルゴーニュ**(R)の大手メーカーのルイ・ジャドでもグラン・クリュにかぎって導入されている（麻井宇介『ワインづくりの思想』、中公新書、2001）。

ピニャン（Pignan）2002年（エマニュエル・レイノー(W)）

コート・デュ・ローヌ南部のAOC**シャトーヌフ＝デュ＝パップ**(R)に**エマニュエル・レイノー**(W)が所有する**シャトー・ライヤス**(V)のセカンドワイン。赤のみ。2002年は11,000円で販売していた。2005年で26,000円、2007年で14,000円ほど。

ピノ・グリ（Pinot Gris）2003年（ジンド＝ウンブレシュト(W)）

ジント＝ウンブレシュト(W)は、フランス、アルザス地方を代表するドメーヌ。**ピノ・グリ**(C)は、**リースリング**(C)やゲヴュルツトラミネールとならぶ**アルザス**(R)を代表する品種で、厚みが特徴。なかでも、ジンド＝ウンブレシュトのピノ・グリは、アルザスワインとしては特別に高級なワイン。なお、本文には**ピノ・グリ**(C)と**リースリング**(C)が「ルグランと同じ値段」とあるが、ピノ・グリにも数種類あり40ユーロからハーフボトルで90ユーロのもの（SGN貴腐）まである。日本では2002年で7,000～10,000円ほど。

ピュリニー・モンラシェ（Puligny-Montrachet）2001年（アンヌ・クロード・ルフレーヴ(W)）

ブルゴーニュのAOCピュリニー・モンラシェの**シャルドネ**(C)100%で造られる。2001年はすでに市場では入手困難で、近年のものでは9,000円ほど。同じピュリニーでもレ・コンベット（プルミエ・クリュ）など畑の名前の入ったものは2倍以上する。ちなみに、ブルゴーニュの村名AOCは、通常、前半が本来の村名で（ジュヴレー、シャンボール、ピュリニーなど）、後半が村内のもっとも有名なグラン・クリュの畑名（シャンベルタン、ミュジニー、モンラシェ）。モンラシェの畑はピュリニー村とシャサーニュ村にまたがっているため両村はそれぞれピュリニー・モンラシェ、シャサーニュ・モンラシェとなった。

ピングス（Pingus）（ピーター・シセック(W)）

スペインの**リベラ・デル・ドゥエロ**(R)で造られる、**ウニコ**(V)と並ぶスペインの代表的な高級ワイン。ロバート・パーカーが初めてスペインワインで100点満点をつけた銘柄として知られている。ちなみに日本での販売価格は生産年にもよるが、1999年のもので1本140,000円ほど。

プイィ・フュイッセ（Pouilly-Fuissé）（ドメーヌ・ヴァレット(W)）

プイィ・フュイッセはブルゴーニュ(R)南部の村名AOCで、白ワインのみ。**ヴァレット**(W)の**プイィ・フュイッセ**(R)は、わずか0.29haの畑にある樹齢70年の葡萄から造られている。**シャルドネ**(C)100%でコクと深みのある味。ブラインドテイストでモンラシェに勝ったとされる伝説的な白ワイン。グレードがいくつかあるが、一番安価なのはトラディションで7,000円前後。

プイィ・フュメ（Pouilly-fumé）（セルジュ・ダグノー(W)）

プイィ・フュメ(R)はフランス、**ロワール**(R)地方のAOC**サンセール**(R)地域とロワール川を

18～20か月熟成。年間生産本数600本(2樽)のみ。1998年は13,000円ほどで販売されていた。

ジンクプフレ（Zinnkoepflé）（アガト・ブルサン(W)）
リースリング(C)100%、ハチミツや白い花の香りなど複雑な香りの中にしっかりしたミネラルも感じられる白ワイン。2012年で4,000円以上。

ディオットリ　→ シノン・クロ・ド・ラ・ディオットリ

ティニャネッロ（Tignanello）（ピエロ・アンティノーリ(W)）
イタリアの**トスカーナ**(R)の赤ワインだが、伝統的な**キャンティ**(R)の製法とは異なり、**サンジョベーゼ**(C)に**カベルネ・ソーヴィニョン**(C)をブレンドし、「スーパー・トスカーナ」と呼ばれる。2010年で11,000円ほど。

テロルデゴ（Teroldego）（アンゲーベン(W)）
イタリア・トレント北部の一部でのみ生産されている**デロルデゴ**(C)種を用いて、**アンゲーベン**(W)がブラジルで生産した赤ワイン。ごつごつした田舎らしさがありながら、熟成した豊かさも感じられる。日本で手に入れられるかは不明。

トラスノッチョ（レミレス・デ・ガヌサ(W)）（Trasnoche）
スペインの**レミレス・デ・ガヌサ**(W)による赤ワイン。銘柄の名前は「夜ふかし」という意味。2006年にパーカーが97点を付け、価格は60ユーロほど。

ヌマンシア（Numanthia）（ボデガ・ヌマンシア・テルメス）
スペインの**エグレン家**(W)がDOトロに立ち上げた、ボデガ・ヌマンシア・テルメスの醸造。ティンタ・デ・トロと呼ばれるテンプラニーリョの古木（樹齢70～100年）を100%用い、フレンチオークの新樽で18か月熟成。ロバート・パーカー絶賛「ウニコよりも高い評価」というふれ込みで高い評判となった。5,000円以上で年によってはさらに高価。

バタール・モンラシェ　→　モンラシェ

バルベーラ（アンゲーベン(W)）（Barbera）
イタリア・**ピエモンテ**(R)州が主な産地のバルベーラを使って、**アンゲーベン**(W)がブラジルで造っている赤ワイン。フローラルな香りと果実味にあふれ、深い味わいがある。日本で入手できるかどうかは不明。

ピエール・コスト（Pierre Coste）
ボルドー(R)の**グラーヴ**(R)地域のランゴンで18haの畑を作り、ワイン造りをしている。ピエール・コスト・グラーヴは、2003年で7.5ユーロほど。また12haの畑を持つシャトー・ド・ガイヤ（Château de Gaillat）でもワイン造りをしている。シャトー・ド・ガイヤは白ワインを生産していたが、1960年代後半から70年代にかけてピエールが赤用の葡萄を植えて、現在は**カベルネ・ソーヴィニョン**(C)中心（65%）で10ポンドほど。日本にはどちらも入っていないようだ。

ピコ（Pico）（ラ・ビアンカーラ）
イタリアの自然派ワインの牽引者、ラ・ビアンカーラの最上級の白ワイン。ガルガーネガ100%、伝統にのっとった開放式の木製発酵槽で発酵され、大樽で熟成されたキュヴェ。ピコは「頂（ピーク）」のこと。日本で年のものは4,000～5,000円ほど。プティ・シャブリは2,000円ほど。

シャンボール・ミュジニー（ヴィラージュ）(Chambolle-Musigny) 1982年／1993年／2003年（ジョルジュ・ルーミエ(w)）
シャンボール・ミュジニー・プルミエ・クリュ・レ・ザムルーズ (Chambolle-Musigny Premier Cru Les Amoureuses) 2001年（同）
シャンボール・ミュジニー・グラン・クリュ・ボンヌ・マール (Chambolle-Musigny Grand Cru Bonnes-Mares) 1995年（同）
シャンボール・ミュジニーはゴルゴーニュ(R)のコート・ド・ニュイの代表的村名AOC。同じコート・ド・ニュイ(R)のジュヴレーが荒々しさを特長とするのに対し、女性的優美さを特質とする。レ・ザムルーズはシャンボールのプルミエ・クリュ、ミュジニーはグラン・クリュ。ともにシャンボール村でもっとも有名な畑。プルミエ・クリュの下のランク、ヴィラージュの近年のもので6,000円ほど、レ・ザムルーズは近年のもので20,000円以上、ボンヌ・マールは1990年が230,000円、1999年が140,000円ほどで販売されていた。

シャンボール・ミュジニー・プルミエ・クリュ・レ・ザムルーズ (Chambolle-Musigny Premier Cru Les Amoureuses) 1993年／2002年（ドメーヌ・アミヨ＝セルヴェル）
ドメーヌ・アミヨ＝セルヴェルは、**ブルゴーニュ(R)**地方の**コート・ド・ニュイ(R)**のAOC**シャンボール・ミュジニー(R)**にあるドメーヌ。**ピノ・ノワール(C)**6.53ha、**シャルドネ(C)**0.5haを作付け、年産3万本。もとはセルヴェル家のドメーヌだったが、婿に**モレ・サン＝ドゥニ(R)**のアミヨ家のクリスチャアンを迎え、1990年から両家の名前が併記された。1993年は価格不明だが、2002年は22,000円、2004～07年で14,000～19,000円ほど。

シュヴェルニー (Cheverny) 2004年（ドメーヌ・デュ・ムーラン）
ドメーヌ・デュ・ムーランは、トゥレーヌ地方のクール・シュヴェルニーにあるドメーヌで、エルヴェ・ヴィルマードが当主。シュヴェルニーは1993年にAOCになった。ビオディナミ農法を実践。**ピノ・ノワール(C)**とガメイによる赤ワイン。2010年で1,700円ほど。ソーヴィニョン・ブラン(C)から白ワインも造っている。

ジュヴレー・シャンベルタン・コンブ・オ・モワーヌ (Gevrey-Chambertin Combe aux Moines) 1999年（ルイ・ジャド(w)）
ルイ・ジャドは、フランスの**ブルゴーニュ(R)**の非常に大きなネゴシアン（ワイン仲介業）兼ワイン生産者。赤用の畑122haを所有し、さらに葡萄を買い取っている。また白用には22haの畑がある。自社畑の多くがプルミエ・クリュやグラン・クリュ。年産800万本。さまざまなワイン約150種類を市場に提供している。ジュヴレー・シャンベルタンはコート・ド・ニュイ(R)を代表する村名AOC。コンブ・オ・モワーヌはジュヴレーの代表的なプルミエ・クリュ。1997年で15,000円、2002年で8,200円ほど。

ジュヴレー・シャンベルタン・プルミエ・クリュ・レ・コンボット (Gevrey-Chambertin premier Premier Cru les Combottes) 1998年（ユベール・リニエ(w)）
レ・コンボットは、コンブ・オ・モワーヌとともにAOCジュヴレー・シャンベルタンを代表するプルミエ・クリュ。わずか0.1376haの畑で造られ、平均樹齢50年、新樽100％で

ルロ(c)を中心に栽培。白用に**ソーヴィニョン・ブラン**(c)も栽培。2000 年が 4,200 円。

シャトー・ライヤス（Château Rayas）2002 年（ジャック・レイノー）

フランス、コート・デュ・ローヌ南部の AOC **シャトーヌフ＝デュ＝パップ**(R)にあるシャトー。先代の当主ジャック・レイノーが 1997 年に亡くなり、現在 4 代当主の**エマニュエル・レイノー**(w)が経営。13ha ほどの土地に、白と赤それぞれ 1.8ha と 11.8ha の畑。面積に対してのワイン生産量が少ないことでも知られる。2002 年は 20,000 円ほど。セカンドワインとして**ピニャン**(v)(赤のみ)、サードとして**シャトー・ド・フォンサレット**(v)を生産している。

シャトー・ラ・ラーム（Château La Rame）（サント＝クロワ・デュ・モン）

フランス、**ボルドー**(R)、AOC サント＝クロワ・デュ・モンにあるシャトー。畑は 35ha。白用は 21ha（**ソーヴィニョン・ブラン**(c)5ha、セミヨン 16ha）。フランスでは甘口の白が 22 ユーロほど。日本では 1995 年が 8,000 円ほど。

シャトー・ランシュ＝バージュ（Château Lynch-Bages）1982 年

ボルドー(R)の**メドック**(R)地方 AOC **ポイヤック**(R)にあるシャトー。格付けでは第 5 級だが、実力上は 2 級あつかいのシャトー。ジャン＝ミシェル・カーズの所有。90ha に**カベルネ・ソーヴィニョン**(c)を 84% 作付けし、白も 4.5ha に**ソーヴィニョン・ブラン**(c)やセミヨンなどを栽培し、醸造している。ただし、白ワインは AOC ボルドーとなる。年産 42 万本。1982 年は 50,000 円ほど。2005 ～ 2010 年で 12,000 ～ 23,000 円ほど。

シャトー・ル・ゲ（Château Le Gay）（カトリーヌ・ペレ＝ヴェルジェ）

フランス、**ボルドー**(R)地方 AOC **ポムロル**(R)にあり、2002 年に所有者がカトリーヌ・ペレ＝ヴェルジェに変わった。畑 10.5ha に**メルロ**(c)80%、**カベルネ・フラン**(c)20% を作付け。年産 28,000 本。隣に**シャトー・ペトリュス**(v)がある。**ミシェル・ロラン**(w)の指導によって品質を上げたと評価されている。2006 年が 15,000 円ほど。

シャトー・ローザン＝セグラ（Château Rausan-Ségla）1983 年／ 2002 年

ボルドー(R)の**メドック**(R)地方 AOC マルゴーのシャトー。第 2 級格付け。畑 52ha に、**カベルネ・ソーヴィニョン**(c)54%、**メルロ**(c)41%、プティ・ヴェルド 4%、**カベルネ・フラン**(c)1% を作付けし、年産 22 万本。第 2 級に格付けされる。現在はシャネルの所有。1983 年は 30,000 円、2002 年は 25,000 円ほど。なお 2004 年は 20,000 円、2005 年が 15,000 円、2006 年は 10,000 円ほど。

シャブリ・グラン・クリュ・プルーズ（Chablis Grand Cru Les Preuses）2001 年（ルネ・エ・ヴァンサン・ドーヴィサ(w)）

シャブリ・プルミエ・クリュ・ラ・フォレ（Chablis Premier Cru La Forêt）2001 年／ 2002 年／ 2003 年（同）

プティ・シャブリ 2002 年（同）

AOC シャブリにある生産者、**ルネ・エ・ヴァンサン・ドーヴィサ**(w)では、グラン・クリュ（レ・クロ、レ・プルーズ）、プルミエ・クリュ（ラ・フォレ、ヴァイヨン、セシェ）、AC シャブリ、プティ・シャブリを生産する。レ・プルーズは、2008 年で 17,464 円、2011 年で 11,000 円ほど。ラ・フォレの 2001 年・2002 年・2003 年は 4,000 円ほどで販売されていた。近

シャトー・ピション・ロングヴィル・コンテス・ド・ラランド（Château Pichon Longueville Comtesse de Lalande）2000年

ボルドー(R)、**メドック**(R)地区のAOC**ポイヤック**(R)村にあるシャトーで、1855年の格付けで第2級にランクされる。85haの畑に、**カベルネ・ソーヴィニョン**(C)45%、**メルロ**(C)35%、**カベルネ・フラン**(C)12%、プチ・ヴェルド8%の作付け。「ポイヤックの貴婦人」と称される同村を代表する人気シャトー。年産約40万本。2000年は28,000円ほどだが、年によって7,000～30,000円。

シャトー・フィジャック（Château Figeac）82年（ティエリ・マノンクール）

ボルドー(R)のAOCサン＝テミリオンにあるシャトーで、グラン・クリュに格付けされる。砂地で造られることもあり、肌目の細い上品なワイン。40haの畑に**カベルネ・フラン**(C)35%、**カベルネ・ソーヴィニョン**(C)35%、**メルロ**(C)30%を作り、年産14万本。良い年であった1982年で46,000円。2003年は10,000円ほど。

シャトー・フィロー（Château Filhot）（シャトー・フィロー）

フランスの**ボルドー**(R)地方AOC**ソーテルヌ**(R)の第2級格付けシャトー。貴腐による甘口白ワイン。100haにセミヨン70%、**ソーヴィニョン・ブラン**(C)30%を栽培し、年産10万本。日本では9,000円ほど。また辛口の白ワインも造っているが、こちらは安価で1本2,000円ほど。

シャトー・プラドー（Château Pradeaux）1997年（シャトー・プラドー）

南フランス、プロヴァンスのAOC**バンドル**(R)を代表するシャトー。赤とロゼを生産。ムールヴェードル95%、**グルナッシュ**(C)5%。10年以上をかけて熟成すると言われる。ヒュー・ジョンソンの『ポケット・ワイン・ブック』にも最良の生産者として紹介される。2001年頃までは60フラン（1,400円）ほどでフランスでは流通していたが、近年人気が高まり2003年もので20ユーロ（2,800円ほど）。日本では1997年は4,000円ほど。

シャトー・ベイシュヴェル（Château Beychevelle）1959年（シャトー・ベイシュヴェル(W)）

ボルドー(R)、**メドック**(R)地域のAOC**サン＝ジュリアン**(R)にあるシャトー。1961年で85,000円ほど、1971年で23,000円で出回っている。1959年は特に葡萄の品質が良かった年として記憶される。

シャトー・ペトリュス（Petrus）（J.P. ムエックス社）

ロマネ・コンティ(V)と並び称される世界最高の赤ワイン。**ボルドー**(R)地方のAOC**ポムロル**(R)で**メルロ**(C)95%、**カベルネ・フラン**(C)5%で造られる。年産4,500ケースあまりの生産量という希少性も価格を押し上げている。11.4haの畑。J.P. ムエックス社が所有。2000年で25～45万円、2001年・1904年でも10万円ほど。

シャトー・マルテ（Château Martet）2003年（シャトー・マルテ）

フランス、**ボルドー**(R)地方のサント＝フォワ（AOC名はサント・フォワ・ボルドー、サン＝テミリヨンから西に20Km）にあるシャトー。所有者はルイ・ミジャヴィル。13世紀に修道院によって創設され、現在使っている建物は1620年建築の修道院。畑は23ha。メ

Montrachet Premier Cru Clos Saint-Jean）1994 年（ミシェル・ニエロン(W)）
シャサーニュ・モンラシェはブルゴーニュ(R)、コート・ド・ボーヌ(R)を代表する村名 AOC。赤と白を産する。クロ・サン・ジャンはシャサーヌ村のプルミエ・クリュ。ブルゴーニュのシャサーニュ・モンラシェは、大理石の切り場のふもとにあり、ベネディクト派の修道士が開発した村。2001 年もので 10,000 円、2010 年だと 7,000 円ほど。

シャトー・ギロー（Château Guiraud）（シャトー・ギロー）
フランスの**ボルドー**(R)地方 AOC **ソーテルヌ**(R)にある貴腐ぶどうによる甘口白ワインで、ソーテルヌの 1 級格付け。ギローは 85ha の畑にセミヨン 65%、**ソーヴィニョン・ブラン**(C)35% を作付けし、年産 6 万本。**ソーテルヌ**(R)として販売している。2001 年もので 5,000 円ほど。年代物になると高くなる。2011 年、AOC ソーテルヌで初の有機認承を受ける。

シャトー・ド・フォンサレット（Château de Fonsalette） 白 1962 年／白 1987 年／白 1997 年
南部コート・デュ・ローヌの AOC **シャトーヌフ＝デュ＝パップ**(R)にある**シャトー・ライヤス**(V)が造る三種類のワインの一つ（ほかは、**シャトー・ライヤス**(V)と**ピニャン**(V)）。白と赤があり、白はクレレットとグルナッシュ・ブランを 50% ずつ使用、赤はグルナッシュ・ノワール。フランスでは白が 45 ユーロほど、日本では 8,000 ～ 9,000 円ほど。赤の方が若干安い。

シャトー・ド・ポマール（Château de Pommard）（ジャン＝ルイ・ラプランシュ(W)）
フランス、ブルゴーニュ(R)のコート・ド・ニュイにある有名なドメーヌ。AOC ポマール。1726 年、ルイ 15 世の命により摂政ヴィヴァン・ミコーが開設した宮廷向けの赤ワイン。**ボーヌ**(R)の高名な数学者のモレ・モンジュ伯が引き継ぎ、1802 年に現在のシャトーと長大な石囲いが建てられた。2003 年まで、オーナーは心理学者としても著名な**ジャン＝ルイ・ラプランシュ**(W)。年産 8 万本ほど。2001 年で 10,000 円ほど。

シャトー・ド・ラ・プルイユ（Château de la Preuille）2004 年（デュモルティエ）
フランス、ヴァル・ド・ロワール（ロワール下流域）の生き生きとした酸味を特長とする代表的白ワイン AOC ミュスカデを造るシャトーで、造り手はフィリップとクリスティアン・デュモルティエ。2004 年は 17 ユーロほど。

シャトー・パップ＝クレマン（Château Pape-Clément）2000 年（シャトー・パップ＝クレマン）
フランス、**ボルドー**(R)地方の AOC ペサック＝レオニャンを代表するシャトーで、赤用に 30ha、白用に 2.5ha の畑を所有。白は**ソーヴィニョン・ブラン**(C)、セミヨン、ミュスカデルをそれぞれ 45・45・10% 作付け。名前は、1299 年にこの地を取得した所有者ベルトラン・ド・ゴットが 6 年後にローマ法王クレメンス 5 世になったことに由来する。年産 16 万本だが、白は 7,000 本ほどで非常に稀少。赤は 2004 年で 11,000 円、白は 11,000 円ほど。赤はグラーヴワインで格付けされているが、白は少量生産のため格付けされていない。1986 年から**ミシェル・ロラン**(W)の醸造指導を受けている。

フィルター。「トリュフィエ」とは、葡萄畑の土地がトリュフの収穫地だったことによる。この名の銘柄は年産200ケースほど。ロバート・パーカーが気に入り98＋点を付けたため、ホテル・クリヨンなどの高級レストランに卸され、パーカー自身、毎年自分用にケース買いするという。日本では2000年が18,000円ほど。

コルトン・ルナルド（Corton-Renardes）2003年（アリックス・ド・モンティーユ(W)）
ここで出されたコルトン・ルナルドはメゾン・ドゥー・モンティーユが2003年に最初に売り出したワインで、2004年で生産終了。2004年ものが日本では11,000円。もともとコルトン・ルナルドはAOCアロース・コルトン（日本ではしばしばアロクスないしアロックス）村のグラン・クリュ畑で広さは0.5ha。ちなみに、アロース・コルトンは村名AOCだが、コルトンはすでに全体がグラン・クリュで、さらにルナルド、ブレッサンド、クロ・デュ・ロワなどに下位区分されている。同じ2003年のものでもルロワのものは日本では1本90,000円ほど。他の造り手でも10,000円ほどで販売されているが量は少ない。

コロンベット・シャルドネ（Colombette Chardonnay）（ドメーヌ・ラ・コロンベット）
コロンベットは、**ラングドック**(R)地方ベジエ近郊のヴァン・ド・ペイ（AOCやVDQSよりも下位にあたる格付け）のコトー・デュ・リブロンのドメーヌ。父フランソワ・ピュジベと息子ヴァンサンが、赤5種、ロゼ1種、白7種を造る。**シャルドネ**(C)は1,300～2,000円ほど。**ピノ・ノワール**(C)、**ソーヴィニョン・ブラン**(C)、**グルナッシュ**(C)などは1,000～2,000円ほど。

サン＝ジュリアン（Saint-Julien）（ドメーヌ・デュ・ジョガレ）
ジョガレは、フランスの**ボルドー**(R)地方の**サン＝ジュリアン**(R)の小規模のドメーヌ。**ジャン＝フランソワ・フィラストル**(W)が当主。「サン＝ジュリアン」とラベルに大きく書かれた「ドメーヌ・デュ・ジョガレ2007年ラシーヌ」は、**カベルネ・ソーヴィニョン**(C)80％とプティ・ヴェルド、マルベックの混合。年産5～6,000本で、7,600円ほどで販売されていた。

シェーヌ・ヴェール　→シノン・クロ・デュ・シェーヌ・ヴェール

シノン（Chinon）2003年（クーリー＝デュテイユ）
クーリー＝デュテイユは、フランスの**ロワール**(R)地方**シノン**(R)の大手ドメーヌ。78haの畑を所有するが、かつては作家ラブレーの一族の土地だった。村名AOCのシノンのほか、クロ・ド・レコーをはじめ畑名のついたより品質の高いシノンも造っている。

シノン・クロ・デュ・シェーヌ・ヴェール（Chinon Clos du Chêne Vert）（シャルル・ジョゲ(W)）
シノン・クロ・ド・ラ・ディオットリ（Chinon Clos de la Dioterie）1999年（同）
ロワール(R)の**シノン**(R)のドメーヌ、**シャルル・ジョゲ**(W)の醸造。このドメーヌは、**シャルル・ジョゲ**(W)から別の人に経営が移っており、シャルル本人によるものは入手が困難。栽培面積を大きく広げた新経営者によるものは、フランスでは17ユーロほど、日本では3,000円ほど。

シャサーニュ・モンラシェ・プルミエ・クリュ・クロ・サン＝ジャン（Chassagne-

1953年（ドメーヌ・ド・ラ・ロマネ・コンティ(W)）
ヴォーヌ・ロマネ(R)村のグラン・クリュの1つ。ロマネ・コンティやラ・ターシュとならぶ最高のブルゴーニュ(R)の赤の1つ。近年のものでも、2000年や1991年で250,000円、1993年で300,000円、2002年だと831,600円ほど。1953年となると、いくらの値がつくのか。本文では、**オーベール・ド・ヴィレーヌ**(W)が所有していた最後の5本とある。

クレマン（Clément）（メヌトゥ・サロン）
メヌトゥ・サロンは、ロワール川中上流域の村名AOC。AOCメヌトゥ・サロン全体で100haほどの小さな地域でAOC**サンセール**(R)の西側に隣接している。日本には**ピノ・ノワール**(C)が輸入されており、2005年のフルボトルで1本2,000円ほど。このドメーヌの正式な名前はドメーヌ・ド・シャトノワ・イザベル・エ・ピエール・クレマン。

クロ・デュ・シェーヌ・ヴェール　→シノン・クロ・デュ・シェーヌ・ヴェール

クロ・ド・ラ・ディオットリ　→シノン・クロ・ド・ラ・ディオットリ

ゲヴュルツトラミネール（Gewurztraminer）1991年（ヴァインバック(W)）
ゲヴュルツラミネールは**アルザス**(R)を代表する香り高い白品種。アルザス地方の代表的なドメーヌ、ヴァインバックが造るゲヴュルツトラミネールには6種類あり、3,000～5,000円ほどとさまざま。

ゲヴュルツトラミネール（Gewurztraminer）（マルセル・ダイス(W)）
マルセル・ダイス(W)のゲヴュルツトラミネールは、等級のついていないアルザスワインとしては飛び抜けて高い。1本5,000円ほどで、グラン・クリュでは10,000円を超える。

コート・デュ・ルシヨン（Côtes du Roussillon）（ドメーヌ・フラール）
ドメーヌ・デ・フラール・ルージュは、ジャン＝フランソワ・ニックの所有で、9.5haの畑がコート・ド・ルシヨンにある。本文に出てくる赤は、フリーダ（**グルナッシュ**(C)とカリニャン50%）、レ・ヴィラン（カリニャン100%）、レ・グラヌル（**グルナッシュ**(C)80%、**シラー**(C)20%）のいずれかで、それぞれ2,400～3,000円ほど。

コトー・デュ・レイヨン（Coteaux du Layon）1976年（ドメーヌ・ダンビノ）
フランス、**ロワール**(R)地方の都市アンジェの南、レイヨン川の丘陵にあるAOCで、**シュナン・ブラン**(C)種から上質の甘口ワインを造る。1976年ボーリュー（畑名）で5,000円ほどだが、1995年で2,000円、2005年の貴腐で3,000円ほど。上質な甘口ワインとしてはさほど高価ではない。

コトー・デュ・ラングドック・クロ・デ・トリュフィエ（Coteaux du Languedoc Clos des Truffiers）1998年（シャトー・ド・ラ・ネグリ(W)）
フランス、**ラングドック**(R)地方のドメーヌ、**シャトー・ド・ラ・ネグリ**(W)の醸造。醸造コンサルタントは、**クロード・グロ**(W)、**シラー**(C)100%。標高800mにある2haの畑から14hl/haという低収穫量で（ちなみに、**ロマネ・コンティ**(V)の収量は20～25hl/ha）、木製開放発酵槽を使い、70日間の長期マセラシオン、100%新樽フレンチオークでマロラクティック発酵、15か月間シュール・リー熟成、ノンロ・マティスなど名前のついたものが24.5ユーロ、最も安価なリースリング・ヴィニョーブル・デ・ピフィグが12.5ユーロほど。また遅詰みの甘口もあり49.5ユーロほど。クロ・マティス2005年が4,000円ほどで販売されていた。

オルネライア（Ornellaia）1998年
イタリア、トスカーナ地方の名門ワイナリー、アンティノーリの当主ピエロの弟**ロドヴィコ・アンティノーリ**(W)が、1981年、同地方のボルゲリに創設したワイナリー。アメリカでワインビジネスを学んだロドヴィコは、兄の成功に学び、**ボルドー**(R)品種の**カベルネ・ソーヴィニョン**(C)と**メルロ**(C)を使ってオルネライアを売り出し人気を得た。今では3大スーパー・トスカーナの一つと言われる。さらにコンサルタントに**ミシェル・ロラン**(W)を登用し、**メルロ**(C)100%のマッセトを発売した。

ガッティナーラ・モンセッコ（Gattinara Monsecco）1978年（レ・コッリーネ）
レ・コッリーネは、イタリアの**ピエモンテ**(R)地方ガッティナーラの造り手だったが、すでに廃業。地元の貴族ウーゴ・ラヴィッツァ伯爵によって、ネッビオーロ100%を何年も古い大樽で寝かし、ボトル詰めしてさらに長く寝かすという古典的な方法で造っていた。「モンセッコ」は伯爵自慢のワインで「わが辛口」という意味。廃業した際には1950年代から古酒が膨大にストックされていたという。ガッティナーラのワインは、1900年代には「ワインの王」と称えられたが衰退の一途をたどった。しかし復活の兆しもあり、他の造り手のものが日本にも流通している。

カンシー（Quincy）（マルドン）
マルドンは、**ロワール**(R)地方のシェール川沿いのAOCカンシーにあるドメーヌ。ロワール中上流に位置し、代表的AOCはサンセールとプイイ・フュメ。近郊には、AOCヌトゥー・サロン、AOCルイィーがある。これらの地域では、主に**ソーヴィニョン・ブラン**(C)による白が造られている。カンシーのワインは、有名なプイィ・フュメやサンセールより手頃な値段で、味も軽やか。2,000〜2,500円ほど。

キュヴェ・エドモン（Cuvée Edomond）2000年（アルフォンス＝メロ(W)）
アルフォンス＝メロ(W)は、**ロワール**(R)地方**サンセール**(R)の長い歴史をもつドメーヌ。キュヴェ・エドモンは、19代目当主の名前エドモンを冠した白ワイン。

キンタ・ド・セイヴァル（Quinta do Seival）（ミオーロ(W)）
キンタ・ド・セイヴァルは、ブラジルの**ミオーロ**(W)の代表的な赤の銘柄。ワインコンサルタントの**ミシェル・ロラン**(W)の指導を受けて、ポルトガル原産の葡萄を栽培し、3種類を混合して造られる。主にブラジル、北アメリカ、ヨーロッパで消費される。ちなみにフランスのワイン屋ラヴィニアでは、ミレジムによって1本14.5〜20ユーロで販売されている。

クワルツ・ソーヴィニョン・ブラン（Quartz Sauvignon Blanc）1998年（クロード・クルトワ）
フランス、**ロワール**(R)地方の**ソローニュ**(R)にあるドメーヌによるビオディナミの白ワイン。「レ・カイユ・デュ・パラディ」（Les Cailloux du Paradis）で、2,500円ほど。

グラン・ゼシェゾー（Grands-Échézeaux）

ヴェーレナー・ゾンネンウーア（Wehlener Sonnenuhr）2002 年（ヨハネス・ゼルバッハ）

ヨハネス・ゼルバッハは、ドイツのベルンカステル地区ツェルティンゲン村のワイナリー。**リースリング**(C)100%。ゾンネンウーアとは「日時計」の意。畑は、ツェルティンゲンからモーゼル川に沿ってヴェーレン、グラッハ、ベルンカステルまで 7 km におよび計 16ha。この地域ではローマ時代から**リースリング**(C)を栽培していたと言われる。モットーは「葡萄畑ではハンズオン（できるかぎり手を加える)、醸造所ではハンズオフ（できるかぎり手を加えない)」。リースリング・カビネット 2002 年が 2,300 円ほど。

ヴォルネー（Volnay）（リュシアン・ボワイヨ(W)）2000 年

ブルゴーニュ(R)のジュヴレーシャンベルタンにある 6 世代つづくドメーヌ。収穫は手摘、100% 除梗、低温マセラシオンを 3 〜 5 日間行ない、天然酵母で 18 〜 21 日間醗酵。熟成は樽（新樽比率は 25 〜 30%）で 18 〜 20 か月寝かせる。ノンフィルター、ノンコラージュ(非清澄)で瓶詰め。2007 年で 5,000 円ほど。

ヴォルネー・タイユピエ（Volnay Taillepieds）（ユベール・ド・モンティーユ(W)）1985 年

ヴォルネー・ヴィラージュ（Volnay-Villages）2002 年（同）

モンティーユ(W)は、400 年以上の歴史を刻むブルゴーニュ伝説のドメーヌ。ワイン造りの魔術師と呼ばれている**ユベール・ド・モンティーユ**(W)は、1995 年に引退し、ワイン作りを息子たちに任せた。1997 年からは有機栽培へ、そして近年ビオディナミへ移行した。ヴォルネーは村名 AOC、タイユピエはプルミエ・クリュで、ともにピノ・ノワール(C)100%。2006 年が 9,000 円ほど、2003 年や 2004 年は 14,000 円ほど。

ウニコ（Unico）（ベガ・シシリア）

80 年以上の古木のテンプラニーニョほぼ 100% で造られる。「ウニコ」とは「唯一無二の」という意味で、特別に葡萄の出来の良かった年にしか醸造されず、最低でも 10 年は熟成させる。35,000 〜 40,000 円ほど。セカンドワイン「バルブエナ」は 15,000 円ほど。

エルミタージュ・ブラン（Chave Hermitage Blanc）2001 年（ジャン=ルイ・シャーヴ）

エルミタージュはフランスの北部コート・デュ・ローヌ(R)を代表する AOC。AOC エルミタージュには赤と白がある。シャーヴは、ローヌ地方を代表する有名なドメーヌ。父ジェラールと息子ジャン＝ルイは 6 世紀に渡ってエルミタージュを造りつづける家を継ぐものとして称賛されている。赤用の畑 10ha には**シラー**(C)種、白用の畑 5ha にはマルサンヌ 85% とルーサンヌ 15% を作っている。2001 年・2002 年が 22,000 円、2003 年で 26,000 円ほど。フランスでも 120 ユーロはする。

オステルタグ・リースリング（Ostertag Riesling）（アンドレ・オステルタグ）

オステルタグは、フランスのアルザス地方エピフィグにある 1966 年設立のドメーヌ。13.1ha で**リースリング**(C)(43%)、ゲヴュルツ (20%)、ピノ・グリ（15%)、**シルヴァネール**(C)(14%) などを造り、赤用の**ピノ・ノワール**(C)も 0.7ha を栽培。年産約 9 万本。ビオディナミを実践する自然派ワインとして注目を集めている。当主はアンドレ・オステルタグで、夫人がラベルの絵を描く。グラン・クリュ 2005 年で 33 ユーロ、フロンフォルツやク

ダルレイ(W))
フランス、**ジュラ**(R)地方で、この地方特有の品種サヴァニャンで造られるスペインのシェリーを濃厚にした味わいの独特の白ワイン。**シャルドネ**(C)や**ソーヴィニョン・ブラン**(C)が世界各地で栽培されているが、サヴァニャン種はほぼジュラでのみ作られている。ヴァン・ジョーヌは、黄色いワインの意味。樽で6年間熟成させ、ワインの表面にはフロールという酵母の膜が張り、特徴的な香りとなる。2000年で9,000円ほど。

ヴィーニャ・アルダンサ（Viña Ardanza）（ラ・リオハ・アルタ(W)）
今も、昔ながらにオーク の大樽でじっくり寝かせて造られる、スペインの古典派リオハ・ワインを代表するワイン。4,000円ほど。

ヴィーニャ・トンドニア（Viña Tondonia）1976年／1981年（R. ロペス・デ・エレディア）
ヴィーニャ・トンドニア・ブランコ（Viña Tondonia Blanco）1964年／1981年／1987年（同）
ヴィーニャ・トンドニア・レゼルバ（Viña Tondonia Reserva）（同）
ヴィーニャ・トンドニア(W)は、スペインの**リオハ**(R)で最も老舗のワイナリーの一つ。1877年創立でオールド・ヴィンテージ・ワインを得意とする。日本では安い年のものは3,500円ほどで購入できるが、良い年のものになると15,000円ほどする。白も同様に日本に輸入されている。レゼルバのオールド・ヴィンテージは、例えば1964年で22,785円ほど。

ヴィレ・クレッセ（Viré-Clessé）2002年（ドメーヌ・ヴァレット(W)）
ヴァレット(W)は、フランスの**マコン**(R)の造り手フィリップ・ヴァレットのドメーヌ。ヴィレ・クレッセは、**マコン**(R)の村名AOCで**シャルドネ**(C)100%の白ワイン。2002年は4,000円ほど。

ヴーヴレー・セック（Vouvray şec）2002年（ルメール・フルニエ(W)）
ヴーヴレーはロワール川中流にある村でAOC。**ルメール・フルニエ**(W)は実質的には2002年から2004年の3年間のみしか生産していないため、幻のワインとなっている。

ヴーヴレー（Vouvray）1984年／1999年／2001年（ドメーヌ・ユエット（日本ではユエ）(W)）
ヴーヴレー・ドゥミ・セック（Vouvray demi-sec）2002年（同）
ヴーヴレー・セック（Vouvray sec）1993年（同）
ユエット（日本ではユエ）(W)は、フランスの**ロワール**(R)地方**ヴーヴレー**(R)のドメーヌで、ビオ・ワイン造りの第一人者。ユエットのヴーヴレーは、近年のものは4,000円ほど。

ヴーヴレー・セック（Vouvray sec）1984年（フィリップ・フォロー(W)）
ヴーヴレー・ドゥミ・セック（Vouvray demi-sec）（フィリップ・フォロー(W)）
AOCヴーヴレーでは**シュナン・ブラン**(C)種から辛口（セック）、やや甘口（ドゥミ・セック）、甘口（モワルー）、発泡性（ペティヤン）の白ワインが造られる。**フィリップ・フォロー**(W)は、フランスの**ロワール**(R)地方**ヴーヴレー**(R)のドメーヌ、デュ・クロ・ノーダンの造り手で、世界最高の白ワイン生産者の一人と言われる。

〈ワイン銘柄〉全148　(V)

・本文で太字で表記され（V）のルビを付した〈ワイン銘柄〉を50音順に並べて解説した。
・ただし、〈ワイン銘柄〉は造り手が明示され特定の銘柄を指すもののみを取り上げている。

アリアニコ・デル・ヴルトゥーレ（Aglianico del Vulture）1998年（パテルノステル(W)）
イタリア、**バジリカータ**(R)州の唯一のDOC。ギリシア原産でイタリアへ6〜7世紀頃に渡ってきたアリアニコ品種を使用。火山質の土壌との相性が非常に良く、濃いルビーレッドで、香り高く、濃厚な力強い味わい。

アルザス・シルヴァネール（Alsace Sylvaner）（トリムバック(W)）
フランス、アルザス地方の同名の伝統的品種による白ワイン。近年のもので2000円ほど。また、ガングランジェやテュルクハイムの**アルザス・シルヴァネール**(C)も、2,000円以下で流通している。

アルザス・リースリング（Alsace Riesling）（アガト・ブルサン(W)）
フランス、アルザス地方ヴェスタルテンの女性醸造家による。ステンレスタンクに天然酵母で発酵。24か月かけて澱が落ち着くと、清澄・濾過せずにボトル詰めし、二酸化硫黄はボトル詰め時に少量添加。標高380mの急斜面にあるディレステルベルグというパルセル（地区）の**リースリング**(C)100%。土壌には、グレローズと呼ばれる鉄分由来のピンク色を帯びた石が多く含まれており、爽やかな果実味と柔らかい酸が特徴。樹齢約60年。2012年で2,500円ほど。

ヴァイヨン（Vaillons）2001年（ジャン＝マリ・ラヴノー(W)）
フランス、**ブルゴーニュ**(R)北部、イヨンヌ県、AOC**シャブリ**(R)のプルミエ・クリュ。AOCシャブリはすべてシャルドネ種による白ワイン。ヴァイヨンは**シャブリ**(R)でもスラン川左岸に位置し、5つの小地区に分けられる。ここには多くのドメーヌが畑を所有しているが、なかでもラヴノーは**シャブリ**(R)を代表するドメーヌだけあって、グラン・クリュ畑で採れた葡萄を使用している。2001年の価格の情報はないが、6,000円ほどではないかと推測される。

ヴィーニャ・エル・ピソン（Viña El Pisón）（アルタディ）
アルタディは、リオハのアラベサのワイナリー。テンプラニーリョ100%、新樽100%で16〜18か月熟成される。2004年ものにパーカーがスペイン初の100点を付けた。2006年（パーカー97点）で30,000円ほど。

ヴァロンターノ（Vallontano）（ルイス・エンリケ・ザニーニ(W)）
ブラジルの**ヴァレ・ドス・ヴィニェドス**(R)（ワインの谷）にあるドメーヌで、正式名にはヴァロンターノ・ヴィノス・ノブレスという。ここで飲まれている**タナ**(C)100%の赤ワインのほか、**カベルネ・ソーヴィニョン**(C)、**メルロ**(C)、**シャルドネ**(C)を使った白や2種類の発泡性ワインなどを生産している。2005年の**タナ**(C)はアメリカでは16ドルほど。

ヴァン・ジョーヌ（Vin Jaune）（シャトー・

本書に登場する〈ワイン〉関連事典

（V）：〈ワイン銘柄〉全 148
（W）：〈ワイン造り手〉全 171
（R）：〈ワイン産地〉
（C）：〈葡萄の品種〉

・本文で上記の合印が付いている太字の語句を、それぞれの事典で50 音順に並べ解説した。また、事典の説明文で合印の付いている太字の語句も、同様に別項目の解説がある。
・名称のカタカナ表記は、一般的に流通しているものに合わせたが、誤った表記が流通している場合は、適切な表記を用いたうえで、（日本では○○○）と付記した。
・ワイナリー名は、「ドメーヌ」「シャトー」などを省略して表記している場合といない場合が混在しているため、両方で調べられたい。
・価格は、2013 年以前の参考価格である。円での表記は日本での価格、その他の通貨はその当該国での価格である。

[著者・訳者紹介]

ジョナサン・ノシター（Jonathan Nossiter）

映画監督でありソムリエ。1961年、ワシントンDC生まれ。少年時代は、ヨーロッパや米国、アジアなど、新聞社の海外特派員だった父の赴任先を転々として育つ。ニューヨークやロンドンの一流レストランでのソムリエ経験があり、ニューヨークの人気店“バルタザール”のワインリストの作成を行なった。ワイン雑誌にも記事を執筆している。

映画監督としては、『SUNDAY』（1997年）で、サンダンス映画祭とドーヴィル映画祭でグランプリを受賞、シャーロット・ランプリング主演の映画『サインズ&ワンダーズ』（2000年、ベルリン映画祭出品）など経て、2004年に発表した『モンダヴィーノ』は世界的な話題をさらった。現在、妻と3人の子供たちとリオデジャネイロに暮らす。

加藤雅郁（Masafumi Kato）

1959年生まれ。早稲田大学大学院文学研究科フランス文学専攻博士課程修了。早稲田大学文学部ほかで講師を務めた。1999年に、学生たちともに「ブドウ収穫隊」を結成し、以降十数年間にわたって、「隊長」として日本から延べ500名以上を引率し、フランス各地の醸造所をめぐった。

2012年11月2日死去、享年53。

著書に、『21世紀フランス語表現辞典』（共著、駿河台出版）、『ラピッド・フランス語会話』（1巻・2巻、駿河台出版社）、『フランス語日常単語集+英語』（ナツメ社）、『フランス語分類単語集』（共著、大学書林）ほか。

訳書に、ジャン=リュック・エニグ『果物と野菜の文化誌』（共訳、大修館書店）、セルジュ・フォーシュロー『印象派絵画と文豪たち』（共訳、作品社）、ロジェ=アンリ・ゲランほか『ビデの文化史』（作品社）、ジャン・ストレフ『フェティシズム全書（仮題）』（近刊、共訳、作品社）ほか。

[映画『モンドヴィーノ』について]

本書の著者の監督によるドキュメンタリー映画。カンヌ映画祭に出品された後（2004年）、世界40か国以上で上映され、各国のワイン関係者の間で大論議を巻き起こした（日本公開は2005年）。
ジョナサン・ノシターは、ボルドー、ブルゴーニュ、ナパヴァレー、トスカーナ、アルゼンチンなど三大陸に足を運び、世界のワインの値を左右していると言われるワイン評論家ロバート・パーカー、「売れるワイン」を世界に伝授するコンサルタントのミシェル・ロラン、アメリカ随一の巨大ワイン企業から、ブルゴーニュの職人的なワイン醸造家、田舎の小さな葡萄畑を代々守りぬいているワイナリーの親子までを取材していく。そこから見えてくるのは、世界的なブームが続くワイン業界の内側であり、ワインと人生を共にする人々の味わい深い人間ドラマであった――「ワインと世界を見る目が変わる映画」。日本語版ＤＶＤは、東北新社より発売されている。

• 世界の反響
「ワイン・ドキュメンタリーのグラン・クリュ。スクリーンが暗くなった後、残り続けるフィニッシュが心を打つ」（英タイムズ紙）
「ワインを超えて普遍的テーマに到達した傑作」（米バラエティ誌）
「ワイン讃歌を超えた人間讃歌となっていて、なんとも魅力的だ」（仏フィガロ紙）
「ワインとは何か、本当に美味しいワインとは何かを、私たちは問いかけてくる」（仏ルモンド紙）

• 日本での反響
「ワイン好きの人間にはたまらない作品。ドキュメンタリーだが、職人と商業主義のガチンコ対決は、フィクションを超える面白さだ」（弘兼憲史、漫画家）
「ワイン党にはもちろん、ワインに興味津々な人たちは必見な映画！　極上のミステリーを味わう楽しさに満ちている！」（おすぎ、映画評論家）
「次から飲むワインの味が変わるでしょう」（小山薫堂、放送作家）

ワインの真実

本当に美味しいワインとは？

2014年6月15日　第1刷印刷
2014年6月25日　第1刷発行

著者——————ジョナサン・ノシター
訳者——————加藤雅郁

発行者———髙木 有
発行所———株式会社作品社
〒102-0072 東京都千代田区飯田橋 2-7-4
tel 03-3262-9753　fax 03-3262-9757
振替口座 00160-3-27183
http://www.sakuhinsha.com

編集担当——内田眞人
本文組版——有限会社閏月社
装丁————伊勢功治
印刷・製本——シナノ印刷(株)

ISBN978-4-86182-486-9　C0077

作品社の本

テロワールとワインの造り手たち

ヴィニュロンが語るワインへの愛

ジャッキー・リゴー 野澤玲子訳

テロワールとはどういう概念なのか、テロワールを表現するとは、どういうことか。醸造の神様アンリ・ジャイエの精神を継ぐヴィニュロンたちやワイン関係者、総勢56名が、テロワールの意義を問い、ワイン造りの哲学とその真髄に迫る。

フランス・グルマン・アワード「フランスワインに関する最優秀書籍」受賞作!

ブルゴーニュ 華麗なるグランクリュの旅

その歴史と土壌をたずねて

ジャッキー・リゴー 野澤玲子訳

ブルゴーニュを知り尽くしたワインジャーナリストが、33のグランクリュすべての歴史、地理的な条件、土壌や地質の構成、そこから誕生するワインの味わいの特徴を詳細に解説する、ワインラヴァー必携の一冊!**【カラー写真/地図多数収録】**

印象派絵画と文豪たち

セルジュ・フォーシュロー 作田 清・加藤雅郁 訳

受容と反発、賛美と嫌悪……。文豪たちは、いかに印象派を罵倒し、絶賛したか! 歴史の後に生まれた者の快楽を味わえる、23人の作家・詩人の言葉を通してつづられた、驚きと残酷さを秘めた印象派論争史」《在庫僅少》